近代ドイツの
農村社会と下層民

平井 進

日本経済評論社

目　　次

序章 ………………………………………………………………… 7

  1.　問題関心　　　　　　　　　　　　　　　　　　　　　　7
    1.1.　日常的な地域管理の自律性　　　　　　　　　　　　7
    1.2.　農村住民の社会的分化と下層民問題　　　　　　　　13
  2.　課題と方法――定住管理問題　　　　　　　　　　　　　19
    2.1.　下層民と地域管理　　　　　　　　　　　　　　　　19
    2.2.　下層民管理の考察枠組み　　　　　　　　　　　　　24
    2.3.　定住管理問題　　　　　　　　　　　　　　　　　　26
  3.　事例地――北西ドイツ・オスナブリュック地方　　　　　30
    3.1.　北西ドイツ農村社会　　　　　　　　　　　　　　　30
    3.2.　北ヴェストファーレン・オスナブリュック地方　　　33

第 1 章　近世後半のマルク共同体・領邦当局と下層民定住 …… 49

  課題　　　　　　　　　　　　　　　　　　　　　　　　　49
  1.　近世オスナブリュック地方の農村社会　　　　　　　　　53
    1.1.　オスナブリュック司教領　　　　　　　　　　　　　53
    1.2.　オスナブリュック地方の農村社会　　　　　　　　　56
    補論：オスナブリュック地方の領主制　　　　　　　　　64
  2.　領邦当局の定住政策――定住に対する領邦当局の影響力の限界　65
    2.1.　共有地での入植政策――領邦当局とマルク共同体　　66
    2.2.　住居新設同意金――領邦当局と個々の農場保有者　　70
  3.　農村社会の定住規制――マルク共同体と個々の農場保有者　75

3.1.	共同体規制の制度——定住管理の対象	76
3.2.	共同体規制の実態——定住管理の構造	78
3.3.	共同体規制の帰結——定住管理の機能	84

結びに　　91

第2章　近世末の下層民問題と定住管理体制の再編 …………… 107

課題　　107

1. 近世末の下層民問題——メーザーの立法の背景　　110
    1.1. ホイアーリングの社会的地位・生活基盤　　110
    1.2. ホイアーリング問題としての救貧・治安問題　　120
2. 領邦当局の対策——メーザーの立法　　125
    2.1. 領邦統治層の認識とホイアーリングの定住　　125
    2.2. メーザーによる定住管理の規律化の試み　　128
3. 農村社会の対応——メーザーの立法の影響　　134
    3.1. 法規制と農村社会　　134
    3.2. 新定住管理体制の帰結　　142

結びに　　148

第3章　3月前期の「大衆窮乏」と定住・結婚規制 …………… 162

課題　　162

1. 3月前期の農村社会と下層民　　167
    1.1. 農村住民の構成　　168
    1.2. 下層民の生活基盤の動揺　　175
2. 定住・結婚規制条例の成立とオスナブリュック地方　　182
    2.1. 3月前期初めの下層民問題と定住管理への注目　　182
    2.2. 1827年居住権地条例・結婚許可状条例の成立　　186
    2.3. 居住権地条例・結婚許可状条例とオスナブリュック地方　　191
3. 定住・結婚規制と農村社会の対応——規制の構造と性格　　194

	3.1. 定住・結婚規制の基本手続とゲマインデ	195
	3.2. ゲマインデの基本関心と規制行動	197
	3.2.1. 経済力・人格審査	198
	3.2.2. 居住権と救貧責任への対応	202
	3.3. ゲマインデと領邦当局	208
	3.3.1. 申請地の判断	209
	3.3.2. 経済力・人格の評価	211
	3.3.3. 保証問題の扱い	214
	3.3.4. 受け入れ農場保有者との関係	217
	考察：定住・結婚規制の構造と性格	220
4.	定住・結婚規制の社会的影響	221
	4.1. 下層民の定住行動への影響	221
	4.2. 貧窮化と定住・結婚規制の限界	227
結びに		233

第4章　3月革命と定住管理　……………………………… 255

課題　255

1. 1840年代中頃の貧窮化対策の議論・試行と定住管理　258
2. 3月革命期の農村社会の状況　265
   - 2.1. 3月革命期の下層民運動　266
   - 2.2. 領邦当局と農場保有者たち　272
3. 1848年法と農村社会の対応　277
   - 3.1. 1848年法の成立　277
   - 3.2. 農村社会の対応とホイアーリング委員会の成立　281
   - 3.3. ホイアーリング委員会と定住管理　289

結びに　300

終章 …………………………………………………………… 321
    1. 定住管理体制の構造と展開　　　321
    2. 下層民管理と農民の自律性　　　324

参考史料・文献　　　333
あとがき　　　371
索引　　　375

序　　章

　本書は，17世紀末から19世紀中頃のドイツにおける農民・農村社会の自律性の歴史的な展開に，農村下層民に対する定住管理問題という観点から接近する試みである．

1. 問題関心

1.1. 日常的な地域管理の自律性

　周知のごとく，ブリックレの問題提起に端を発して，中・近世の農民が中欧各地でゲマインデ（Landgemeinde [1]）・その他の地域的組織に水平的に結合して形成した自律的秩序が活発に検討されてきた．

　バーダーの中世村落共同体研究[2]やフランツの農民戦争研究[3]の伝統を受け継ぎつつ，ブリックレは，1970年代から現在に至るまで，16世紀の上ドイツ（西南ドイツ，スイス東部やアルプス・オーストリアを中心とする[4]）を典型地域として，1300～1800年の身分制社会における農民の政治的意義（「ゲマインデの国家的機能と農民身分の政治的機能」）を究明してきた．成員集会（ゲマインデ集会）を中心機関とし，固有の法をもちそれを自らの立法・行政・裁判において保証し，内的・外的な平和の維持を担うゲマインデ（politisch verfasste Gemeinde）と，それを基礎とする農民の領邦身分資格と領邦身分制議会参加・ラントシャフト委員会の意義が注目され，そうしたゲノッセンシャフト的な秩序原理が封建制（領邦君主・貴族の統治権力〔Obrigkeit〕）と対立する共同体主義（Kommunalismus）と名付けられた[5]．共同体主義の担い手は，基礎組織であるゲマインデの成員，つまり成員権の物的基礎となる「家（Haus, 家屋敷〔狭義のHof〕）」及びそれを中心とす

る自立的な経営単位である農場（Hof[6]）の保有者である「名誉」ある家父（「家持ち〔Haushäbige〕」である農場保有者〔Hofbesitzer〕）——ゲマインデはその集団統治制度——で，「平民（gemeiner Mann）」と呼ばれる[7]．共同体主義はヴィリカツィオン制が解体し，上記の意味でゲマインデが成立した中世盛期の末に始まり，16世紀の宗教改革期に全盛に達したが，領邦当局の支配が強化されていく17・18世紀に後退し，身分制社会が解体され始める19世紀初頭に消滅したと考えられている[8]．

以上のような共同体主義論は一種のパラダイム論[9]として，領邦国家・封建制とゲマインデとの関係や「平民」概念と農村住民の社会的分化の関係といった理論的・概念的な問題[10]を含めて多様な批判を受けつつ，広範囲に農村社会史研究を刺激し，活性化させてきた．

近年のこうした研究によれば，近世後半の農民の自律性の評価には，公式に制度化された狭義の政治的自治のみならず，日常的生活領域での自律的な行為余地（Handlungsspielräume）・行為可能性（Handlungsmöglichkeiten）とそれによる地域秩序の形成・維持，社会統制への主体的な関与——地域管理の自律性——の如何をも検討すべきであるように思われる．

領邦国家が「権力資源」の集中と行政の集権化・官僚制化を進めたとされる[11] 17世紀末・18世紀について，16世紀の農民戦争における領邦国家の「勝利」後，農民は「臣民として領邦君主の権力に完全に服従させられ」「至るところで農民自治は制限された」という[12]フランツほどではないにせよ，かつてブリックレも農村へ影響を拡大する領邦当局によって農民が政治的自治を制限されて次第に非政治化された時期とし，「臣民（市民と農民——引用者）は……当局の措置の対象」となり，ゲマインデは「絶対主義の平準化・統合傾向によって領邦君主の官房室の受付部屋になり下がることになった[13]」と評価した．ヴンダーはこの過程を伝統的・慣習的な「法の簒奪」と行政の「職業化」による農民とその諸制度の「価値下落」を伴うゲマインデの最下級行政単位としての領邦行政への統合の進展ととらえて，「農民参加の支配（Herrschaft mit Bauern）」から「農民に対する支配（Herrschaft über Bauern)」への転換と巧みに表現した[14]．

　むろんこうした傾向に相当の地域差があったことは以前から知られていた[15]が，近年の研究によれば，近世後半にも，ゲマインデと「臣民」は，宮廷・官庁に対する請願によって領邦行政への利益・不満表明の機会や立法への影響力をもち得たし[16]，少なくとも一部地域では帝国裁判所への提訴という司法闘争の形で強力な抗議運動を展開し得た[17]．

　そもそも，ゲマインデは18世紀に至っても概ねその機構と管轄権を失っていなかった[18]．例えば，「絶対主義期」のヘッセンでは「領邦条例に基づく無数の厳格な政策」（領邦当局の介入の増大）にも関わらず，ゲマインデの自律性は，「本来的な活動領域」（農業経営や隣人関係に関する重要領域）で手つかずのまま残され[19]，バーデンでは，領邦当局は長期的には会計検査・村役人選挙の監視などで「ゲマインデの自治行政の核心部分（Kernbereiche gemeindlicher Selbstverwaltung）」に踏み込み得たが，18世紀後半まで村長選挙制度・財産管理・集会・仲間団体的行為とともに「ゲマインデの自律性の核（Kern gemeindlicher Autonomie）」は維持された[20]．ニーダーザクセン中部では，貴族・修道院の領主支配に対する領邦当局による制限策とも関わり，非政治的な領域でゲマインデの機能と行為余地（「部分的自律〔Teilautonomien〕」）は18世紀まで確保され[21]，ブランデンブルクでは，グーツヘルシャフト下でもゲマインデは存続し，農村への行政的要求を強めるプロイセン国家との関係から，18世紀にはその行政的な機能と意義が増大していった[22]．

　そして，近世後半にも農村に対する支配を強化したい領邦当局が利用し得る人的・物的な手段の限界は小さくなく，その政策の実現はゲマインデに依存したため，領邦当局と農民との対峙・対立のみではなく，両者の相互依存や絡み合いによって農村統治（地域支配）がなされたという状況が指摘されている[23]．例えば，ヘッセンでは領邦行政に「平民」とゲマインデ機関の協力は不可欠だったといわれ[24]，18世紀シュヴァルツヴァルトのハプスブルク領（Herrschaft Triberg）における農村統治の分析によれば，領邦官吏に

よる統治は農民的な地域エリートの協力に依存し，特にこの両者の協調・対立の相互作用として支配の実践がとらえられるという[25]．またフランケンの小領邦（Grafschaft/Fürstentum Hohenlohe）の農村統治において，領邦当局は16世紀後半以来農場保有者（tenant farmer）たちに「村落エリート」としての地位を保証して自らの権威を正当化し，統治の安定化を図ったが，こうした「互酬関係」は19世紀初めまで存続した[26]．18世紀のバーデンでも領邦官吏はゲマインデ指導層の協力なしには統治に必要な地域の基礎情報が得られず，個々の住民世帯と関係することもできず，領邦当局の影響力拡大の試みの中でそれが依存する「村当局」の権威の強化が生じた[27]．

デュルメンは，総括的に，近世全般について，領邦当局は農村社会における秩序維持において農民の協力に依存しており，実際には労働・生活領域における組織化・統制は農民によって担われ，政治的自治が公的には制約されていたとしても，多くの場合「決定的な責任」は農民に残されていたという[28]．ニーダーザクセン中部の場合，16・17世紀に様々な「部分的自律」が成長した結果，ゲマインデは，「広範な経済的自律性」と「高度な自己規制」から，「政治的自律性をもつことなく」「事実上広範な日常的自律性」をもつに至り，領邦当局による農村社会への干渉が強まると18世紀末に抗議運動が生じた[29]．

また，規律・秩序・服従を価値とする政治規範によって領邦当局が「臣民」の行為・精神を統御・成型する作用として概念された社会的規律化（Sozialdisziplinierung）[30]の過程が進行する場の多様さが認識される中で，領邦当局による「上から」の作用とともに，「臣民」による「下から」の秩序要求あるいは自己規制（Selbstregulierung）・自己規律化（Selbstdisziplinierung）をとらえるという視角がシュミットによって提起された[31]が，関連して犯罪の社会史研究[32]におけるフランクの研究が注目される．それは，北ヴェストファーレンのリッペ伯領（Grafschaft Lippe）を事例にして，「国家の秩序観念」と「村の秩序観念」とを区別し，両者の相互作用から規律化[33]をとらえようとした．その中で，公式の「ゲマインデの自治業務」は

限定されていたが農民に担われた地域的秩序システム（住民間の社会的ネットワークを前提にした私的・非公式・家父長的な社会統制システム＝「自己規制機構」）が18世紀まで機能しており，農村住民は自己の秩序観念にしたがって相互の紛争の解決のために領邦地区裁判所をも利用したことが指摘された[34]．

同様に，ブランデンブルクでもグーツヘルシャフト下の村落裁判が「平和維持の権利と義務」から「些細な程度であれ」農村住民の日常生活を自己の責任で規制し[35]，またゲマインデが領主裁判に先立ち捜査（dörfliche Ermittlung）と事前尋問（dörfliches Vorverhör）を担って情報面から領主裁判の審理と判決を左右し，さらに「村人」は領主裁判を相互の紛争の解決手段として主体的かつ戦略的に利用した[36]．

以上のような研究潮流は，行為余地（Spielraum-Konzept）に注目した観点による，「ヘルシャフトとゲノッセンシャフトの二元論的に固定化」された従来の視角の「柔軟化・拡大」とも評価され得る[37]が，そこでは，制度化された公式の政治的自治の制限にもかかわらず，非公式・実質的なものを含む農民による地域秩序の形成・維持，社会統制の「実践における自律性」による日常的な地域管理の自律性の余地が小さくはなかったという指摘・示唆が少なくない[38]．

こうした観点・指摘は，それらが直接対象とする近世後半の状況のみならず，そうした状況を直接の前提かつ起点とし，それに続く19世紀前半の農村社会の歴史的特質の理解にも関わってくると考えられる．

ブリックレによれば，中・近世の共同体主義（を支えた農民共同体〔bäuerliche Gemeinde〕の自治＝「国家的機能」）と近代国家行政の一部（Department）としての19世紀以降のゲマインデの自治とは質的に断絶し[39]，また共同体主義論の批判者ハウプトマイアーは農業共同体的基礎をもつ農民共同体の自律性（自己決定慣行）を農業改革後の農村自治体（moderne Landgemeinde）は失い，その長は国家行政の末端（letztes Glied）にとどまったという[40]．他方，我が国の農村社会史研究では，農民

共同体が 18 世紀末以降の農業改革と救貧・定住立法及び自治体条例の制定によって再編された農村自治体に関して，後述のように農民身分団体的な性格や「大農寡頭制」という近世以来の連続性が認められつつ，領邦国家の下部行政機関的な側面がプロイセンを中心に西南ドイツ[41]を除いて強調されてきた[42]．

しかしながら，最近ラファエルが指摘したように，ゲマインデ・レベルにおりた「近世領邦国家から近代国民国家への移行における地域支配の構造」の具体的な検討はドイツではまだ出発点にあるに過ぎず，しかも近世（Frühe Neuzeit，16～18 世紀）から 19 世紀への連続的かつ一括した検討による考察は従来乏しかったように思われる[43]．ラファエルはドイツ史の枠を超えてライン・マース川間の 4 地域に関して旧体制解体以降の農村社会への国家行政の浸透（Durchstaatlichung）を比較した共同研究「村の中の国家（Staat im Dorf）」[44]を組織し，そこではゲマインデ制度・地域エリート・森林管理・救貧といった領域からゲマインデとその成員の行為余地も検討され始め[45]，グレーヴェによって，共有林の管理問題から領邦当局が係争時に強い決定権限をもつ下で日常的にはゲマインデが大きな行為余地をもっていたという像が提起された[46]．しかし，共同研究の対象期間は主に 19 世紀（1815～1885 年）であり，旧体制期との関係が必ずしも明確ではなく，18 世紀に検討を拡張する必要も指摘された[47]．それに対して，考察期間の長さで例外をなすマーラーヴァインの研究によれば，18・19 世紀前半のラインヘッセンでは，領邦当局の影響拡大とゲマインデの自治権の縮小という全体的な傾向の中で，領邦当局が一定の権限を委任したゲマインデ指導者によって 19 世紀前半に領邦当局の秩序観念が次第に受容されていった一方，彼らに対する領邦当局による効果的な監督は欠如し，彼らには治安維持を初めとする日常的な行政活動において独自の行為余地がかなり存続した．そして，ゲマインデの一般成員も，現実には法的に認められた範囲を超えて自己の意思を主張・貫徹し得たという[48]．

農民による日常的な地域管理あるいは社会統制への関与とその自律性の如

何という観点からみた場合，近世までの農民共同体から近代農村自治体への変容に示される，19世紀前半の領邦当局と農村社会の関係の再編は，いかにとらえられ，あるいは展望できるであろうか．

以上の指摘・提起を踏まえて，領主制や領邦支配の陰で従来十分に注目されることがなかった，日常的な地域管理の自律性の如何というべき観点から，ドイツ農村社会史を見直すことが要請されているように思われる．すなわち，日常的生活領域における社会統制あるいは地域秩序の形成・維持という観点から，18・19世紀前半の地域における農民の自律性の展開はどのように理解され，把握されるのだろうか．

1.2. 農村住民の社会的分化と下層民問題

ここで注目したいのが，16世紀から19世紀前半まで進行した農村社会の社会・人口的な構造変容，すなわち農村住民の社会的分化・下層民増加との関わりである．

中世末以降の農村住民の社会的分化は，マイツェン[49]以来歴史地理学が農村の定住過程を対象にしてきたこともあり，農村社会史研究において古くから知られてきたが，地方史研究を除けばクナップ学派以来領主制（領主・農民関係）や「農民身分」を中心課題とした伝統的農業史研究[50]の主要テーマとなることはなかった[51]．そして，1981年になおミッテラウアーが，農村下層民は「従来著しくなおざりにされてきた領域である」と指摘した[52]ように，長らく農村住民は農民に同一視あるいは代表されてきたといってよい[53]．しかしながら，いくつかの先駆的業績[54]を経て，1970年代末以降プロト工業化，社会的抗議，歴史人口学・家族史，社会構造史などの研究関心[55]から，下層民の存在形態や農民・下層民関係が本格的に対象化されるに至った（下層民研究[56]）．

18・19世紀前半を中心に，農村住民の社会的分化と下層民の増加・堆積に関して，近年の研究成果を整理・概観すれば，以下のようになろう．

第1に，1914年のドイツ帝国の領域で人口は18世紀前半に30年戦争直

前の水準である 1,710 万人を超え，1800 年には 2,200〜2,300 万人に増加したと推計される[57]が，増加人口の中心は農村下層民だったとみられる．農村社会では 18 世紀末までに，フーフェ農場保有者（フーフェ農民，Bauer, Hüfner, Vollbauer），小農場保有者（Kleinbauer, Kleinstellenbesitzer），零細地保有者（Landarme, Kleinststellenbesitzer）及び土地なし住民（Landlose）からなる高度に分化した階層構造が形成された[58]．土地なし住民世帯の最下層が自己の住居（家屋・宅地）も保有しない土地なし借家人（Inwohner, Mieter, Einlieger）であり，農民農場や騎士農場（Rittergut）内に借家して自己の世帯をもった[59]．その他に，乞食・浮浪者・ユダヤ人といった周縁者，独自の世帯をなさずに労働力として農民農場・騎士農場に住み込む独身の奉公人（Gesinde）が存在した[60]．フーフェ農場保有者が「本来の農民」といわれる狭義の農民（Bauer）であり，他方フーフェ農場保有者・小農場保有者・零細地保有者・土地なし住民の全体が特権身分ではない農村住民という意味で最広義の「農民身分」をなしたといえないこともないとされる[61]が，後二者はそうした極めて限定的な意味でしか「農民身分」に属さない[62]．本書では農民的土地保有者として特にフーフェ農場保有者を念頭におきつつ小農場保有者も加えた農場保有者を考えたい．それに対して，農村下層民とは最広義には小農場保有者・零細地保有者・土地なし住民・奉公人であるが，とりわけ零細地保有者・土地なし住民（unterbäuerliche Schichten）を意味し[63]，本書でも両者を念頭において用いたい．相当の地域差があるが，ドイツ全体で 18 世紀末に特権身分を除く農村住民が全世帯の 74% を占め，フーフェ農場保有者世帯 20%（農村住民世帯の 1/4），小農場保有者世帯 23%（同 1/3），零細地保有者・土地なし住民世帯が 24%（同 1/3），その他（農村手工業者）7% という推計がある[64]．

　第 2 に，下層民の増加を 16 世紀以降経済的に大きく促したのが，農村における様々な非農業的活動の発展，特に都市商人に媒介された域外市場向けの家内工業，とりわけ亜麻・麻・綿織物業などの繊維産業を中心とするプロト工業の発展であった．下層民はたいてい家内工業やさらに日雇い・出稼

ぎ・行商・手工業などといった非農業的活動と零細地経営・共有地用益とを組み合わせつつ，不安定な生計を営んでいた（「当座しのぎの経済〔Ökonomie des Notbehelfs〕」）[65]．こうした下層民の結婚行動・世帯設立は，特にプロト工業に従事する場合保有地相続に必ずしも拘束されず必要資金も少ない点で農場保有者とは異なり（「乞食結婚」），またその家族ぐるみの生産活動は，祝祭への参加やタバコなどの顕示的な消費も含む，慣習的な生活・消費水準を維持するよう調整されており，下層民はこうした生活・消費水準が危うくなると，食糧暴動・森林盗伐などの担い手ともなった[66]．

第3に，人口増加が19世紀前半まで続く（1850年に3,580万人[67]）中で，農村下層民問題が展開した．生活基盤の不安定な下層民の増加・堆積によって，18世紀には次第に救貧・治安問題が拡大した．食糧危機（穀物の凶作・価格騰貴）や農村工業の不況を経て，同世紀末に「過剰人口」の恐怖が語られ始め，「大衆窮乏」と「生存維持騒擾の古典期」に突入していく．下層民はドイツ各邦で3月前期にも増加し続けたが，共有地分割やイギリス産業革命の側圧による農村工業の壊滅によって農業的・工業的な生活基盤が動揺・縮小すると，「大衆窮乏」の主たる関係階層となった．彼らこそが，ドイツ各地で3月革命期の農村住民運動の中心的な担い手であった[68]．

3月前期の「解放危機」としてかつて想定された[69]よりも早くから生活不安定者は増加し始めており，農村社会は構造的かつ継続的に少なくとも潜在的な秩序不安を抱えていたと考えられるのである[70]（下層民問題）．

かかる農村住民の社会的分化は，経済的な差異を意味するのみならず，19世紀前半までのゲマインデとその自治の社会的な性格にも関わる．

住民の階層分化とゲマインデとの関係について，農村社会史研究では，近世において大半の地方でゲマインデ内に「自己の『カマド』をもつ者」（自己の住居を保有する男性世帯主）がゲマインデ集会に参加したとされる[71]が，零細地保有者や単なる住宅（家屋・宅地）保有者については，成員権から完全に排除された地域や定住時期が遅い場合あるいは加入金（成員権購入金）制度の関係で排除された地域もあった[72]．そして，土地なし借家人に関して

は，19世紀前半に至るまで成員権から排除されたという事実が広くドイツ各地に関して指摘されてきた[73]．ヴンダーは，農民・下層民間の経済的従属関係の意義を認めつつ，たとえ小農場保有者や零細地保有者がゲマインデ機関に制度上関与しても，17～19世紀にゲマインデは，住民の大多数から浮き上がった少数派の「本来の農民」たちが主導し，他の住民を支配する「大農寡頭制」というべき状態になっていったことを強調している[74]．総括的に，カシューバは，「下層民，しばしば土地なし住民さえ増加し，法的な村落団体からそれが広範に排除されるとともに，農民の支配はほとんど寡頭制的形態に制度化された」という[75]．

他方，ブリックレ学派は，むろん農村住民の階層分化を認識しており，これを領邦当局の支配強化と並ぶ，ゲマインデの「腐食現象」の原因，内的団結・統合への負担としてとらえている[76]が，共同体主義論に組み入れることはしていない．その結果「共同体一元論」・「臣民一元論」というべき像にとどまりかねず[77]，そうした社会史的関心の弱さはゲマインデを「支配の空間」としてとらえる視点の欠如に関わるなどと批判されてきた[78]．しかし，身分制社会下のゲマインデ自治は，「家」をもつ家父（「家持ち」）の集団統治という制度構造上，女性・未成年者はもとより，成人男性でも「非家持ち（Nicht-Haushäbige）」である「下層民」と周縁者（乞食・ユダヤ人）を「名誉」なき「賤民」として排除して成り立つものであったとブリックレは認めている[79]．「下層民」としては奉公人が挙げられているが，その論理から他の「非家持ち」も含まれよう．「非家持ち」として，例えば「家」保有の有無による身分差を「階級」分化として強調したレーベルは，奉公人と農場非相続者・土地なし借家人を挙げている[80]．

こうした問題をゲマインデの身分制的構成というべき枠組みで整理・追究したのが，我が国の「家父長的農民身分論[81]」であった．我が国のドイツ経済史研究は，伝統的に農民的中間層の市場的競争を通じた階層分化を分析する「農民層分解論」の観点から18・19世紀のドイツ農村社会を論じてきた[82]が，1970年代末以降身分制社会下の「賤民」から19世紀前半の「プロ

レタリアート」への直接的転化を説くコンツェの議論[83]，またプロト工業化論と歴史地理学の定住史研究が摂取・検討され，ドイツ農村社会の理解は大きく修正された．

　第1に，農業改革前のゲマインデは，「ゲマインデ株」たるフーフェの保有者を完全な権利をもつ本来的な成員とする，閉鎖的で特権的な身分団体であった．すなわち，ゲマインデは，フーフェ農場保有者を完全成員とし，小農場保有者・零細地保有者を権利が制限された成員，土地なし借家人・奉公人を非成員とする構造をもち，住民は身分的にも分裂していた．フーフェ農場保有者を中核とする農場保有者たちは，個々に家父として自己の農場に奉公人や土地なし借家人を抱える一方，成員集団としてゲマインデの自治行政を独占的に担い，それらの奉公人・土地なし借家人を居留者・滞在者として排除し，いわば被保護民として支配した[84]．

　第2に，このような身分階層分化は，長期間の定住過程の帰結であった．中世盛期までのフーフェ農場保有者の定住に始まり，近世末まで各階層が時期を異にしつつ定住したが，定住は時期が下るにつれて付属するゲマインデ成員権がより劣等で保有地規模もより小さな農場を設立する形で行われ，下方堆積的に階層が形成された．この過程の背後には，一子相続制の下で農場相続から排除された農場保有者の子弟の世帯設立があった．こうした農場非相続者は，結婚する場合共有地から開墾地や既存の農場から小作地を得て生活基盤として世帯を設立し，定住した[85]．

　第3に，こうした身分階層分化が最も先鋭かつ明瞭に現れた時期が18世紀末・19世紀前半であった．ドイツの大部分を占める農場一子相続制地帯では，19世紀に至るまでフーフェ農場とそれを身分的基礎とする「本来の農民」が維持された一方，零細地保有者・土地なし住民の定住と増加・堆積が一層進んだ．共有地分割や共同用益慣行の廃止が政策的に進められ，共同体規制がなくなっていく19世紀前半にも，ゲマインデは「身分制的に編成された自治団体」としての性格を維持し，旧フーフェ農場保有者を中核とする農場保有者たちの自治独占が守られたのである[86]．

以上のような研究状況の整理から，農村社会において，農場保有家父の集団統治としてのゲマインデ自治は，19世紀前半まで人口増加に伴う社会的分化の中でゲマインデ内特権身分による，その他の住民，特に多数の下層民に対する「寡頭制」支配と化しつつ，少なくとも制度上奉公人・土地なし借家人（「非家持ち」）を完全に排除して存立していたことになる．

　それでは，常に増加する下層民が引き起こす秩序問題との関係からみて，近世後半以降のそうしたゲマインデとそれを担う農場保有者たちは，農村社会でどのような役割・機能を果たしていたのであろうか．

　以上の2つの問題領域の交錯点に，近世後半から19世紀の農業改革期まで，農村社会における下層民管理の自律性というべき問題が浮かび上がってくる．

　すなわち，増加・堆積する生活不安定な住民の存在は大きな社会的圧力を意味したはずであり，高度に階層分化した農村社会は，近世後半以降19世紀前半まで，下層民の管理・統制（下層民管理）という，これまでの研究では主に3月前期について強調されてきた社会秩序上の問題を，地域管理においていわば構造的に抱え込んでいたとみられるが，誰がどのように下層民を管理・統制し得ていたのだろうか．そして，農民の自律性にとって，それを地域管理への農民の主体的な関与ととらえた場合，「寡頭制」化し，実質的にも制度上も相当数の農村住民を排除して存立・機能していたゲマインデ自治とそれを担う農場保有者たちは，下層民管理にどのように関わっていたのだろうか（下層民管理の自律性）．逆にいえば，下層民管理のあり方に，当時の地域秩序あるいは地域管理の自律性の特質がよく現れているのではなかろうか．さらに，こうした問題の考察は19世紀までを含む射程をもつ．ゲマインデ自治と下層民をめぐる上述の状況・構図は，19世紀前半まで基本的に継続していくが，下層民管理のあり方は農業改革期における，領邦当局との関係を含む地域管理の再編とどのように関係し，それにつながったのだろうか．18世紀末・19世紀前半は，身分制的な農民共同体から近代農村自

治体への再編が始まるとともに，各地で下層民が堆積して3月前期を頂点に諸問題が生じたことから，農村社会における下層民管理の自律性という問題を特に明瞭に問い得ると考えられる．

本書では，17世紀末から19世紀中頃まで主に最下層の住民である土地なし借家人の管理のあり方に注目し，それを系統的に分析することによって，日常的な地域管理における農民の位置・役割とその変容を考察したい．こうした考察は，農民の自律性を，狭義の政治的自治ではなく地域秩序の形成・維持あるいは社会統制の自律性，それも下層民に関する自律性というべき観点から長期的に探る試みである．

2. 課題と方法——定住管理問題

以上のような問題関心から，本書では，具体的な分析対象として，農村社会における日常的な下層民管理の領域の一つである定住管理をめぐる問題に注目し，18・19世紀前半を中心にそれに関する個々の農場保有者・その身分団体であるゲマインデ・領邦当局との関係の長期的な展開を分析したい．

2.1. 下層民と地域管理

下層民管理の自律性という問題は，従来下層民問題を扱ってきた，農村の社会構造や農民・下層民関係に関する研究（下層民研究）と，一般にそれとは別個の系譜をなす，領邦当局・ゲマインデ関係についての研究（ゲマインデ研究）との交錯点にある．

多くは社会経済史研究の系譜を引く18・19世紀の下層民研究において，農民・下層民関係と領邦当局の農村統治や領邦当局・ゲマインデ関係との関連は，従来十分自覚的に検討されてきたとはいえないように思われる．他方ゲマインデ研究——近世に集中——では農民・下層民関係への関心は周縁的で，近世後半については農村住民の階層分化が抗議運動の担い手との関係などで言及はされる[87]が，下層民が独自に注目されることもそれが引き起こす

問題がゲマインデ自治にとってもつ意味が関心を引くこともあまりなかったように思われる[88]．

　むろん，農村住民の社会的分化や下層民の問題を，領邦当局の農村統治や領邦当局・ゲマインデ関係の観点から扱った研究が，従来全くなかったわけではない．本書の対象から外れる近世前半には，セーベアン，レーベル，ロビショーによる一連の英語圏の研究がある[89]が，近世後半以降についてこうした研究系譜は明確ではない．さしあたり，従来の研究における農民・下層民関係と領邦当局・ゲマインデ関係の交錯領域を整理すれば，下層民と地域管理の関係について以下のような諸点を指摘できよう．

　(1)　18世紀に関しては，農村下層民に関する領邦当局による政策として，人口増殖政策の一環として零細地保有者を定住させた内地植民政策，生活の不安定な下層民を対象とする救貧・治安政策の強化（世紀中葉以降），下層民の生活基盤の一つとされる共有地用益・共同放牧に関わる農業改革の開始（世紀末）などが一応知られている[90]．これらの政策は領邦当局による農村社会への介入という性格をもっていたと考えられ，地域管理における農民の自律性との関連から注目される．

　下層民を入植させる人口増殖政策について，ヴンダーやアキレスは，ゲマインデの利害（特に共有地管理）と対立的で，その抵抗を招く恐れがあったと指摘する[91]．エントレスは，フランケンとバイエルンの村法の分析から，そうした新入植者も含めて零細地保有者がゲマインデ集会と共有地用益への参加権を求めて旧来の成員身分である農場保有者たちとしばしば対立し，新入植者を支援して領邦当局が介入したとみられるという[92]．また，狭義のドイツではないが，ズッターやベルナーによる，18世紀のバーゼル司教領（Fürstbistum Basel）の研究によれば，下層民に限らず他所者の定住や居留民の増加は，ゲマインデにおいて共有地用益，さらに土地・住居，結婚機会，救貧扶助などの村内「資源」の配分と絡んで紛争化しやすいが，領邦当局の人口増殖政策的な定住促進（成員権・居住権の付与）策が介在すると，領邦当局・ゲマインデ間の紛争に容易に転化した[93]．

そして，そうした人口増殖政策については，やはり狭義のドイツではないティロル・フォーアアルルベルクに関して，マントルは，18世紀後半のオーストリア政府のカメラリスムス的な政策，特に結婚法制の自由化が，貧民に対するゲマインデ指導層による結婚制限要求に反し，「集権主義」(国家)と「地域主義」(地域)との対立関係をもたらしたという[94]．

他方，カシューバは，下層民との関係で，救貧扶助，成員権・営業権，共有地管理の問題が村内紛争の原因となったと指摘し，特に共有地管理がゲマインデによる自律的な地域管理にとって試金石であり，それをめぐる農民・下層民対立による紛争は領邦当局の介入を招く恐れがあったと，特にヴュルテンベルクの状況から主張している．もっとも，ゲマインデは内部に階層間の緊張をはらみつつも，外部の支配者との関係のためにその緊張は制約されたともいう[95]．

こうした共有地の分割政策が18世紀末に始まるが，プラスによれば，領邦当局の政策実施力の限界から，その実現はゲマインデの対応に制約され，ゲマインデの支持を必要とした[96]．北ヴェストファーレンではゲマインデを掌握する農場保有者たちが分割政策を支持し，下層民(土地なし借家人)と対立しつつその抵抗を排して共有地分割を進めた[97]．ラインヘッセンやヴュルテンベルク，バイエルンでは，共有地分割への下層民(零細地保有者)の利害(土地獲得機会)を排して，ゲマインデ政治を支配する農場保有者たちの抵抗・無関心のため分割は停滞した[98]．他方，バーデンでは下層民(零細地保有者)を含む反改革派は，ゲマインデ集会で多数を占めると，改革派(「富裕者」)と結ぶ領邦当局の干渉に抵抗して共同放牧を維持し得た[99]．

(2) 19世紀前半に関しては，コンツェ以来の3月前期の農村社会像[100]を基本的に引き継ぎつつ，モーザーに代表される社会構造史的な諸研究によって，また我が国のドイツ経済史研究でも，主に北ドイツ(北西ドイツ[101]・東エルベ)の事情から，以下のような歴史像が形成されてきた．すなわち，「有産者」としてゲマインデに結集する農場保有者たち(「共同体農民」)と，貧窮化し，ゲマインデからしばしば排除された下層民群(無産者

〔Eigentumslose〕,「農村プロレタリアート」)とが対峙するという構図の中で,「改革国家」は「自由主義的」農業改革を通じて農場保有者の所有利害を配慮・保護し,モラル・エコノミー的な生存権観念にとどまる下層民に対しては近世以来のパターナリステックな政策を放棄したとされた[102]（北ドイツ的な「農村の階級社会」像）。そして,「大衆窮乏」の下で,ゲマインデは領邦当局によって下層民——しばしば社会的抗議の担い手となる——に対する監視・統制団体として再編されたと評価され[103],3月革命期に下層民運動を領邦当局とゲマインデが協力して各地で「挫折」させたことが明らかにされた[104]。

しかしながら,領邦当局とゲマインデ及び農場保有者たちのこうした協調的な像とは別に,「大衆窮乏」状況の下で貧窮者に対する排除・閉鎖化に執着するゲマインデとそれを制限したい領邦当局との対抗関係の存在が指摘されてきたことにも注意したい[105]。それは,まさに下層民問題における農民の自律性に関わる。

北ドイツに限らずこうした関係が特に現れる領域として,3月前期の農村社会史研究でしばしばふれられてきた,救貧・定住規制や行政的結婚規制が挙げられる。それらは下層民を主たる対象にゲマインデがその定住（救貧責任に結合）やそれを前提として結婚に同意権をもつ制度で,一般にゲマインデの利害と要望を反映した領邦議会と領邦当局が交渉・協働して立法化された[106]。行政的結婚規制に関して,それは国家の「集権主義」とゲマインデ自治との緊張関係に規定されたとエーマーは指摘し[107],19・20世紀初頭のティロル・フォーアアルルベルクの場合,マントルによれば,1820年の規制導入・1850年の強化は,それらを求めた「村落エリート」（ゲマインデ指導層及びそれを代表する州議会）にとって,18世紀後半のヨーゼフ2世の改革で抑圧されたゲマインデの自律性の回復（自己決定権の拡大）という性格をももち,ゲマインデが奉公人などの「非自立者」に対して結婚制限を貫徹する道を開いた[108]。

(3) さらに,農村住民の社会的分化や下層民の増加が領邦当局とゲマイ

ンデ・農村社会との関係に与えた長期的な影響に関して，近年以下のような指摘がなされていることも注目される．

まず，フランクによれば，1.1. で言及したように近世後半のリッペの農村では，住民の社会的ネットワークを前提にした「村の自己規制システム」が機能していたが，それを担う農場保有者たちは下層民（特に土地なし借家人）の増加が引き起こした社会的緊張の中で所有利害を脅かされ，18世紀後半に私的所有の保護を求めて領邦官吏に窃盗の追求を委ねていった．旧来の地域的秩序システムが機能不全に陥り，農場保有者たちは領邦当局が提供する秩序観念（私的所有の規範）に接近していったと考えられ（「社会変動に基づき村落寡頭制と国家の利益の接近が生じた」），18世紀末以降領邦当局の規範と影響が次第に農村社会内に浸透していくことになったとみられる（「社会的分極化〔Polarisierung〕と村の規制機構の腐食が……国家の侵入可能性の拡大の前提」）という[109]．フランクの考察は1800年までであるが，(2)で述べた19世紀前半の北ドイツ的な「農村の階級社会」像への展望が開けている．

それに対して，フリーデブルクの研究はかなり異なった歴史像を示している．フリーデブルクは，農村住民の社会的分化を組み込んで社会的組織原理から「平民」の動員様式へと共同体主義概念を再構成することを主張してきた[110]が，そうしたブリックレ批判を背景に[111]，18〜20世紀初頭のヘッセンの一地域を事例にして，またバーデンやフランケンも視野にいれて上述の北ドイツ的な「農村の階級社会」像の相対化を模索し[112]，農民・下層民関係との関連から，領邦当局に対するゲマインデの抗議行動を長期的に分析した．ゲマインデ内で農場保有者たち（ゲマインデ指導層）と下層民（大半は零細地保有者）は，18・19世紀を通じて主に救貧扶助や共有地用益，さらに借家人の受け入れをめぐって対立し，下層民の請願を受けた領邦当局が介入するという関係があった．しかし，租税・森林管理などにおいて農村社会に対する領邦当局による圧力が増大し，他方で経済状況が悪化してゲマインデ・農場保有者たちへの依存が強まると，増加していく下層民は階層固有の利害

表出を制限されていき，領邦当局に対するゲマインデぐるみの抗議行動へ統合されるという関係が次第に形成され，19世紀に強まったという[113]．

以上のように研究史から農民・下層民関係と領邦当局・ゲマインデ関係との交錯を探ると，下層民管理の自律性が問題化する領域として，共有地管理，定住（入植，成員権・居住権の取得），結婚規制，救貧扶助という相互に関連した諸領域が挙げられるであろう．そこにおいて両関係の交錯は，おおむね下層民をめぐる領邦当局・ゲマインデ（農場保有者集団）関係あるいは領邦当局・農民（ゲマインデやその指導層である農場保有者たち）・下層民の三者の関係という考察枠組みから理解されてきたが，その対立・協調関係の構図は，地域事情[114]や時期によって一様ではなかったといえよう．

2.2. 下層民管理の考察枠組み

ここで，下層民管理を分析し，そこから地域管理における農民の位置・役割をとらえるべき考察枠組みについて批判的に検討しておきたい．

これまで下層民問題を論じてきた，農民・下層民関係に関する研究では，2.1. でみた領邦当局・ゲマインデ関係と交錯する諸研究も含めて，一般に，下層民・領邦当局に対する農民の関係を考える際に，個々の農場保有者とその身分団体であるゲマインデの位置・利害が必ずしも十分には区別されず，両者は同一視または調和視され，あるいは後者の影に前者が隠れるという傾向があったように思われる．その結果，個々の農場保有者が家父として支配する「家」（家屋敷）及びそれを中心に経営する農場（Hof）の地域秩序上の問題はほとんど考慮されてはこなかった．

近年の下層民研究で大きな関心を集め，本書でも注目する土地なし借家人に関しても，個々の農場保有者とゲマインデとの関係はほとんど検討されていない．例えば，19世紀前半に関して代表作であるモーザーと藤田の北ヴェストファーレン研究では，ゲマインデに結集する農場保有者たちと下層民との対峙・対立という社会的構図の把握（「共同体農民と下層民」あるいは「共同体と農村プロレタリアート」の対立）の中で，土地なし借家人に対す

る個々の農場保有者とゲマインデとの関係はそれ自体特に問題として意識されず，事実上調和的に想定されている[115]．同時期のニーダーザクセン東部の土地なし借家人に関する，ブーフホルツやシルトの研究における扱いでも同様である[116]．北ヴェストファーレンにおける18世紀末から19世紀前半の農民・下層民関係を実証的に論じたシュルムボームも，個々の農場保有者・土地なし借家人関係とゲマインデとの関連にはふれていない[117]．ちなみに奉公人研究の一部でも，奉公人に対する個々の農場保有者とゲマインデとの関係は，「家父の連合としてのゲマインデ」という考察枠組みの下で漠然と調和的に想定されているように思われる[118]．

　このようにゲマインデとその成員たる個々の農場保有者が農民として暗黙の内に一体として扱われ，それらが下層民に対峙するという社会的構図が事実上想定されてきたが，その上で領邦当局との関係を検討すれば，2.1.でみた諸研究のように，領邦当局・農民（ゲマインデやその指導層である農場保有者たち）・下層民の「紛争の三角関係[119]」，あるいは下層民をめぐる領邦当局・ゲマインデ（農場保有者集団）関係を枠組みとして考察されることになろう．

　しかしながら，ゲマインデと個々の農場保有者の「家」とは，社会的に次元が異なる秩序単位（Ordnungseinheit）であり，この点は，奉公人・土地なし借家人などといった，家屋敷・農場に受け入れられ，その保有者と個別的な関係にたつ存在に関して，管理・統制の分析上無視し得ないはずである．マウラーによれば，下層民は，「農民（個々の農場保有者――引用者）の『家』から自立した」零細地保有者と，「農民の『家』」に法的・経済的に従属した土地なし借家人とに区別されるが，前者がゲマインデと直接関係した「村落共同体の居留者（Hintersassen der Dorfgemeinde）」であったのに対して，後者は，奉公人とともに，「農民（個々の農場保有者――引用者）の寄留者（Hintersassen oder Hintersiedler des Hubners oder des Bauers）」であったという[120]．藤田の場合土地保有権のない下層民は「農民（個々の農場保有者――引用者）の家父長的保護のもとにおかれ，同時に農民共同体

の隷属民である」とされて2つの属性が並列的に認識されているが，モーザーは土地なし借家人は「ゲマインデ以上に農民（個々の農場保有者，引用者）の『保護民（Schutzuntertan）』であった」と述べている[121]．近年トロスバッハも，マウラーと同様に下層民を個々の農場保有者の「家」との関係で新入植者（零細地保有者）と土地なし借家人とに大別し，後者とその家族は個々の農場保有者の「家」に法的に統合・結合され，それによって対外的に「保護され，代表される」ことが多かったという[122]．そうした「家」は国制史や民俗学の研究がいうごとく身分制社会の「細胞」としての役割を果たしたが，特に家屋敷あるいは屋敷地は元来外部権力に対する家父の自律的支配圏という性格をもっていた[123]．そして，家父は「隣人や国家当局」によって一定の統制を受けつつも，近世にも「家」の秩序はもっぱら家父の権力に服し，保証されたといわれる[124]．したがって，下層民管理においても個々の農場保有者はゲマインデに還元し得ない独自の役割を担っていたのではなかろうか．下層民管理の自律性は，上記の考察枠組みでは分析しきれず，下層民に対する領邦当局・ゲマインデ・個々の農場保有者の相互関係を踏まえる必要があるように思われる．

　本書では下層民管理の自律性を分析する枠組みとして，下層民に対する，個々の農場保有者とゲマインデとの関係・両者と領邦当局との関係という，いわば農村の地域秩序の構成に注目し，下層民の増加・堆積がそれらの関係に対して及ぼした長期的な影響・作用を探るという方法で，地域秩序の形成・維持装置としての下層民管理における農民——個々の農場保有者とゲマインデ——の位置・役割とその変容をいわば立体的に検討したい．

2.3. 定住管理問題

　具体的な考察対象としては，2.1. の整理を踏まえて下層民管理の自律性が問題化する中心領域として定住問題に注目し，下層民の以下の意味での定住に対する管理・統制（定住管理）をめぐる社会的諸関係（定住管理体制）とその長期的な展開を分析することを本書の課題とする．

序　章

　定住は，住居を確保して自己の世帯を営むため住みつく行動とやや広くとらえる．入植（Siedlung, Besiedlung）に加え，空間的な移動や法的所属地の変更（成員権・居住権の取得）を意味する転入（Niederlassung）も，この意味での定住に包括される．さらに，結婚も，ヨーロッパ型結婚パターンのネオ・ローカリズム（新夫婦は両親の世帯とは別の新世帯を設立する慣行[125]）の下「家的定住（häusliche Niederlassung）」としてもとらえられたように，この意味での定住行動である．かかる意味での定住に対する管理は，狭義の定住規制（入植・転入の規制など）として共有地管理や救貧扶助の問題にも直接関連するほか，結婚規制に――前述のごとく19世紀には法的にも――結びついていた[126]．

　このような定住管理は，農村社会における日常的な社会統制の一つと考えられ，その意味を整理すれば，以下のようになる．

　18・19世紀前半の農村社会の社会構造が中世以来の農場非相続者・奉公人の世帯設立・定住行動の帰結であり，近世後半には非農業的活動の発展などを背景として彼らが零細地保有者・土地なし借家人として世帯設立・定住していったことは前節で述べた．したがって，この時期の定住管理は，それらの定住を対象にして下層民の増加を統制するという社会秩序の根幹に関わり，農村社会における代表的な下層民管理の領域であったと考えられる．

　そうした定住管理には，地域管理における農民の位置・役割をめぐる様相が明確に現れると思われる．2.1.で述べたが，人口増加は共有地の縮小・荒廃や救貧制度に対する負担につながりかねないため，下層民の定住は一般にゲマインデの利害と対立関係にあったといわれる．他方それには，農地開発や工業的な発展，戦災後の復興・軍事的関心から人口増殖を図りたい，または救貧・治安問題などから下層民の増加を抑制したい領邦当局（及び東エルベでは地域支配者たるグーツヘル）の意図が関係していた[127]．ヴンダーは18世紀の「人口増加は決して『自然な』ものではなかった[128]」というが，19世紀前半も含めて，この時期の定住過程はこのような諸利害の協働・対抗関係の所産であったとみられる[129]．

したがって，下層民に対する定住管理をめぐる諸関係とその展開を追究することによって，日常的な地域管理における農民の自律性とその変容を的確にとらえることができると考えられる．そこで，本書では，18・19世紀前半の農村社会において，誰がどのように下層民の定住を管理・統制し得ていたのか，またそこにおける農民の自律性の如何という問題が検討対象となろう．

本書の対象時期の定住管理制度として，(1) 18世紀以前のいわゆる共同体規制としての定住規制，(2)近世後半の領邦法による諸規制，(3) 3月前期以降の定住・結婚規制がある．

(1)はゲマインデ成員・居留者の受け入れ，共有地への入植，借家人の受け入れに関する規制といった「共同体の閉鎖性」を実現し，それを体現するもので，近世に関しては，マウラーの研究以来，主にゲマインデ制度史の研究において各地の村法及び関連する領邦法の分析の中で諸規定が紹介されてきた[130]．

(2)については，近世後半，特に18世紀における救貧政策の再編[131]とも関わり，資力なき民衆の定住や結婚を領邦当局やゲマインデの許可・同意の下におくことが領邦当局によって法的に試みられたことが知られている．その内結婚規制は，19世紀の行政的結婚規制の起源とされる[132]．

(3)はすでにふれたが，「大衆窮乏」を背景に主に1830年前後に立法化されて1867～1868年まで存続した制度で，ゲマインデの救貧責任と定住規制が結びついた救貧・定住規制に行政的結婚規制が結合し，定住と結婚がゲマインデの同意の下におかれた．一般に3月革命後の反動期に最も厳格化されたとされる[133]．

各制度の研究史上の問題点は次章以下に譲り，ここでは本書の研究関心から，対象時期の定住管理の研究状況全体に関わる問題点を指摘しよう．

第1に，これらの制度は，(1)～(3)全体について長期的に論じられることがほとんどなく，また従来の研究の中心は(3)であり，その前提となる(1)・(2)は主に前史として言及され，正面から検討されることはあまりなかったように

思われる．それらの結果，近世後半の下層民の増加と(1)がいかに関係していたのか，そしてそれに(2)がいかに対応していたのかは明瞭ではない．かつてコンツェは，下層民の増加が身分制的な束縛によって制約された中世とそれらの束縛が消滅した3月前期とを対比しつつ，近世，特に「問屋制工業」（プロト工業）の発展によって下層民が増加し始めたという18世紀を十分な検証なしに規制の弛緩期・過渡期と抽象的かつ曖昧にみなした[134]が，現在でも(1)・(2)との関係でこうした評価が克服されたとはいい難く[135]，そのため(3)の歴史的位置づけも不鮮明とならざるを得ない．

第2に，定住管理制度に言及されることが多いわりには，規制の運用面での実態に踏み込んだ研究は乏しい．(1)～(3)とも定住管理のいわば現場での状況，つまり農村社会における下層民管理としての実態もそれをめぐる諸関係も十分に問題とされてこなかった．研究蓄積が乏しい(2)はもちろん，(1)についても，法規定の紹介が中心であり，農村社会における規制実態の検討は，バーゼル司教領に関する上述（2.1.）のベルナーの研究[136]を除けば，管見の限りほとんどないように思われる．(3)についても，主に領邦レベルでの規制立法の制定過程や結婚規制の人口動態への影響に関する分析が中心であり，やはり農村社会における規制実態はあまり検討されていない．規制実態の検討は，ヴュルテンベルクに関するリッペによる歴史人口学的な分析[137]，ティロル・フォーアアルルベルクに関する上述のマントルの結婚規制の総合的な分析[138]にほぼ限られると思われる．

第3に，従来の研究視角にも不満が残る．(3)の研究の多くは社会経済史研究の系譜にあるためか，ゲマインデの「恣意」が指摘されても，上述のエーマーが指摘した，定住・結婚規制とゲマインデ自治との関係が問題として必ずしも十分に意識されてこなかったように思われる．逆に，ゲマインデ研究の系譜に立つベルナーは，18世紀のバーゼル司教領に関して(1)における領邦当局の農村統治とゲマインデの自律的行為余地との交錯を正面から検討したが，農民・下層民関係や下層民管理という問題関心は薄い（後述）．こうした限界を例外的にかなり克服したと思われるのが，社会構造史の研究文脈

にたって結婚規制を分析した上述のマントルの研究である．ただし，それは本書の対象時期とはややずれて広く1810～1920年を対象とする一方，規制の運用に関しては1850～1869年，特に1860年代を分析しており，また分析対象を(3)の内行政的結婚規制に限定しているため，(1)や(3)の定住規制との関係が明確ではない（後述）．

我が国の研究ではさしあたり若尾の研究のみにふれておきたい[139]．それは，17～19世紀のヴュルテンベルクを中心に西南ドイツ諸邦について，研究史上例外的に(1)～(3)全体を主に法的側面から検討し，農村社会における定住と結婚の結合に注目して結婚規制の推移を長期的に示した．そこでは農民・下層民関係や領邦当局・ゲマインデ関係との関連も簡単にふれられたが，規制の運用や規制が機能した農村社会それ自体の実態分析を欠き，それらの関係との関連やその推移は具体的には把握・検討されていない．

以上のような研究状況に対して，本書では，定住管理の制度面のみならず，農村社会におけるその運用面，特に農民，すなわち個々の農場保有者及びゲマインデの対応と領邦当局との関係に注目して，下層民に対する定住管理体制の変容を特定の地域について長期的かつ系統的に分析することを課題としたい．

3. 事例地——北西ドイツ・オスナブリュック地方

本書では事例地として北西ドイツ・北ヴェストファーレンのオスナブリュック地方（Osnabrücker Land）を取り上げる．

3.1. 北西ドイツ農村社会

本書が考察を開始する近世後半について，さしあたり領主制の形態[140]と農場相続制度[141]とを基準にドイツ農村を地帯区分すれば，北西ドイツ（ニーダーザクセン，ヴェストファーレン，シュレースヴィヒ・ホルシュタイン西部）は，大まかにいって，グーツヘルシャフト（農場領主制）・農場一子

相続制地帯である東エルベと，グルントヘルシャフト（土地領主制）・実物分割相続制地域であるライン・マイン・ネッカー川流域地方（ラインラント南部・プファルツ・バーデン・ヴュルテンベルクなどの西南ドイツ，フランケンとテューリンゲンの一部など）とに挟まれた，ドイツの中央を北西から南東に貫く広大なグルントヘルシャフト・農場一子相続制地帯に属する．この地帯においてこそ，一方でグルントヘルシャフト地帯として東エルベと比べてゲマインデの社会的意義が，他方でライン・マイン・ネッカー川流域地方と比べて一子相続制に守られた農場の社会的単位としての機能が相対的に明瞭に把握し得ると考えられる．

　北西ドイツは，近年の研究で農村住民の社会的分化・下層民問題を論じる際の重要な事例地とされ，その意味でドイツ農村社会の代表的な存在，いわば「農村の階級社会」の古典地帯と位置づけられてきた．

　研究史によれば，北西ドイツでは，第1に，18・19世紀の農民の法的・経済的な安定が指摘される．領主制が未確立な北海沿岸地方（オストフリースラントからシュレースヴィヒ西岸に至る）を除いて，領主・農民関係は，東部（歴史的意味でのニーダーザクセン，概ねヴェーザー川以東）でマイアー法（Meierrecht）及び西部（同ヴェストファーレン，概ねヴェーザー川以西）で所有法（Eigentumsordnung）と総称される慣習法・領邦法の下にあり，16世紀以来領邦当局の規制（「農民保護」政策）を受けた．内陸部では領主による農民地の自己経営地への編入は禁止されていき，対領主負担は定量化・固定化されて（特に東部），土地保有権は世襲的なものとなっていった．その一方，北海沿岸地方とニーダーザクセン最南部を除き，農民農場の不分割原則・一子相続制が領邦法レベルでも確立しており，農民農場は安定的に維持されていた[142]．そして，領主制的負担の償却（「農民解放」）に関する3月前期の各邦の立法の後も農場の不分割原則・一子相続制が概ね法的に維持され，農民農場の保全が図られた[143]．「北西ドイツは基本的に農民地（Bauerland）であり，圧倒的に大農経営に特徴づけられる[144]」とリュトゲはいう．

第2に，定住形態・経済事情をみれば，北西ドイツは，南部に多い集村・三圃制・穀作中心地域と北部に多い非集村・非三圃制・畜産中心地域とに大別できる[145]が，たいていの地域で近世を通じて非農業的な収入機会が存在・増加した．すなわち，稠密度の地域差はあるが16世紀以来農村亜麻織物業が買い入れ制の形態で発展する一方，17世紀初頭にはいわゆる近代世界システムの中核であるオランダへの出稼ぎ活動が始まり，19世紀まで存続した[146]が，このような非農業的収入機会の拡大を経済的な背景にして，農村において下層民の定住が広範に進展した[147]．

　第3に，それらの結果，フーフェ農場保有者を頂点にして，農村社会の最底辺に位置し，農民農場や騎士農場に寄留する土地なし借家人まで広がる高度に分化した社会構造が形成された[148]．ザールフェルトによれば，例えば18世紀北西ドイツ最大の領邦で約10ラントの複合体であったハノーファー選帝侯領（Kurfürstentum Hannover）とそれに隣接したブラウンシュヴァイク・ヴォルフェンビュッテル公領（Herzogtum Braunschweig-Wolfenbüttel）を合わせて，1780年頃に貴族・聖職者を除く農村住民世帯が全世帯の73％を占め，フーフェ農場保有者世帯が12％（農村住民世帯の16％），小農場保有者世帯が17％（同23％），零細地保有者世帯・土地なし住民世帯が36％（同49％），その他を農村手工業者世帯が占めた[149]．

　農民農場が維持される下で，非農業的活動の発展を経済的な背景にして下層民の定住が進んだ点で，北西ドイツは，少なくともグルントヘルシャフト・農場一子相続制地帯の典型をなすが，その結果19世紀前半には下層民の「大衆窮乏」問題においても典型的な地域となり，しかもそれは3月前期・3月革命期に農民・下層民対立という形を明確にとることにもなった[150]．

　他方，北西ドイツ農村のゲマインデ制度は，機能が異なるゲマインデ諸団体が領域的に相互に重なりあって存在することが特徴とされる．特に非集村地帯でその傾向が強く，行政村（Bauerschaft），マルク共同体（Markgenossenschaft），教区団体（Kirchspielverband），さらに堤防共同体（Deichgenossenschaft）などが併存した[151]．

序　章　　　　　　　　　　　　　33

　そうしたゲマインデを基礎にした農民の政治的自治は，北海沿岸地方などを除き，限定されていた．中世末には「農民国家（Bauernstaat）」的状況にあったエルベ川・ヴェーザー川の下流域及び北海沿岸の低湿地（Marsch）地帯やオストフリースラント侯領（Fürstentum Ostfriesland）では，研究史が注目してきたように近世後半にも教区団体が下級裁判に関与し，教区教会の牧師を選出し，領邦身分制議会やラントシャフト委員会に代表を送った[152]．広大な内陸部に関しては研究蓄積に乏しいが，ニーダーザクセン中部について「村々に上ドイツ・モデルの政治的な自律性はない」といわれるように，農民の政治的自治は制約され，ゲマインデは一般に下級裁判権をもたなかった[153]．そうしたゲマインデ自治の状況を，ハウプトマイアーは「東部ドイツと南ドイツ（上ドイツ――引用者）との……中間的位置」とし，ブリックレは分類困難という[154]．

3.2.　北ヴェストファーレン・オスナブリュック地方

　オスナブリュック地方は，北西ドイツの西部，ヴェーザー川とオランダ国境に挟まれた北ヴェストファーレンに位置する．

　北ヴェストファーレンは非集村・非三圃制地帯に属し，一般に農業生産では広大な共有地を利用した畜産が伝統的に優越した．近世には領主規制と領邦条例によって農場の分割禁止・一子相続制が確立していた一方，下層民の生活を支える経済的条件は北西ドイツの中でも恵まれていた．16世紀以来，亜麻織物業においてもオランダへの出稼ぎにおいても，北西ドイツにおける中心的な地方の一つであった[155]．下層民の中でもとりわけ，農民農場や騎士農場に受け入れられて居住する土地なし借家人であるホイアーリング（Heuerling）またはホイアーロイテ（Heuerleute）が，16世紀から農村社会の最底辺で増加・堆積し，18世紀後半にはいくつかの地域で農村住民世帯の半数前後を占めた[156]．

　したがって，この地方の農村社会は，北西ドイツにおいて農民農場が維持される下で下層民の増加・堆積が進んだという点で典型的であるとともに，

最下層の土地なし借家人の比重では頂点に位置した．北西ドイツ農村社会のドイツ全体における前述のような位置づけを鑑みれば，この地方は，社会的分化あるいは身分階層構造の発展という意味で，18・19世紀前半のドイツ農村社会にとって典型性と頂点性をもっていたといってよい．

こうした北ヴェストファーレン農村は，1970年代末から最近まで，特に土地なし借家人の問題を中心に注目されてきた．とりわけ，モーザーは1770～1848年のミンデン侯領（Fürstentum Minden）・ラーヴェンスベルク伯領（Grafschaft Ravensberg）の農村社会の社会構造を，農民・下層民関係を中心に，農業と亜麻織物業の発展・衰退を背景にして政治史・社会的抗議・家族史とも関連させながら総合的に論じ[157]，また，シュルボームは1650～1860年のオスナブリュック地方の1教区を例に亜麻織物業，人口動態，結婚・相続行動，農民・下層民関係を分析し[158]，両者は農村住民の社会的分化の実態と意義を，地方史の枠を超えて広く提示した[159]．しかしながら，定住管理は制度面を中心にふれられ，下層民の定住・結婚規制が扱われても，本書が問題とする規制運用などの管理実態やそれをめぐる社会的諸関係は従来ほとんど関心が向けられてこなかったといってよい[160]．

我が国のドイツ農村社会史研究では，北西ドイツへの言及自体が乏しかった[161]が，1970年代末以降北ヴェストファーレンは，前述の「家父長的農民身分論」において重要な事例地とされてきた．藤田は，19世紀前半の「共同体と農村プロレタリアート」の対立を論じた中で，ミンデン・ラーヴェンスベルクの土地なし借家人問題を取り上げた[162]．また，肥前は，主としてこの地方の研究成果に基づき上述の定住史的階層形成を整理・紹介した[163]．そして，若尾は，18・19世紀のラーヴェンスベルクの土地なし借家人の世帯設立の方法にも注目して，プロト工業家族から労働者家族への転換を分析した[164]．しかし，定住管理は制度面が簡単にふれられた[165]だけでやはり管理実態の分析はない．

さて，ドイツ歴史主義及び保守主義の源流（マイネッケ及びマンハイム），「18世紀ドイツ最大の経済学者」（ロッシャー），「国制史研究の出発点」（ベ

ッケンフェルデ）といわれるメーザー（Justus Möser, 1720~1794年[166]）やハノーファー「農民解放」の立て役者シュトゥーヴェ（Johann Carl Bertram Stüve, 1798~1872年[167]）の名に分かち難く結びつくオスナブリュック地方は，1803年まで司教領をなし，その世俗化の後ハノーファー選帝侯領・ハノーファー王国に属した．同地方には16世紀末から20世紀のワイマール期まで，土地なし借家人が引き起こす「ホイアーリング問題」とその対策の長い歴史があり，あらかじめいえば，18世紀後半から19世紀中頃に，定住管理を含む下層民管理がしばしば問題化し，その対策としてあるいはそれに関連して，1766年条例・1774年条例，1827年の2条例，1848年法が継起的に成立した[168]．そのため，18世紀の救貧・治安政策による再編，3月前期の定住・結婚規制と3月革命後のその修正という形で定住管理制度が典型的に段階的な発展をみたため，定住管理体制の展開が比較的把握し易いと考えられる．

　なお，同地方は最近ではシュルムボームの研究で知られる．中心となるその教授資格論文はプロト工業地域における歴史人口学的・家族史的分析であるが，その一連の研究はゲマインデという地域団体の枠組みを概ね捨象している[169]．本書は，シュルムボームの研究を前提としつつそれと補完的な関係に立つことを付言しておきたい．

　以下の叙述では，近世後半から3月革命後の反動期までの同地方の定住管理をめぐる諸関係の展開を論じたい．対象時期を通じて，定住管理に関わる領邦当局の政策と農村社会の対応が検討され，下層民（特に土地なし借家人）の定住に対する領邦当局・ゲマインデ・個々の農場保有者の相互関係とその変化が考察される．そして，そうした検討全体を通じて，農村の地域管理における農民の位置・役割の特質と変容の把握が目標とされる．

　そして，上の諸立法（定住管理制度の画期）に対応する形で次のような構成がとられる．第1章で，近世後半のこの地方の農村社会の基本事情を説明した上で，ゲマインデを中心とする定住管理体制と下層民の増加・堆積との

関係が検討され，次に第2章では，18世紀末の救貧・治安問題への領邦当局の介入と農村社会の対応による定住管理体制の再編が考察される．第3章では，3月前期の「大衆窮乏」の下での定住・結婚規制の実態が検証され，第4章では，1840年代後半の社会的危機への対応としての3月革命期の定住管理制度の修正の意味が考察される．終章では，以上の実証研究を整理しつつ，下層民管理と農民の自律性という観点から考察成果が総括される．

1) 自治的地域団体である Gemeinde（農村では Landgemeinde）は，18世紀以前について共同体，19世紀以降について自治体と訳されることが多いが，Landgemeinde は18世紀以前においても本書で扱う教区団体のように必ずしもそれ自体が農業共同体であったとは限らず，他方後述のように19世紀前半にも旧来の身分団体としての性格を残していた．本書では基本的に単にゲマインデとし，文脈上必要に応じて共同体あるいは自治体とも呼びたい．
2) Bader [1957]; ders. [1962]; ders. [1973]．ブリックレはこれらを「記念碑的業績」といい，農村共同体形成史を扱った Meyer (Hg.) [1964] とともに近年の中世村落共同体研究の出発点の地位を与えている（Blickle [1998], S. 11f.）．
3) 中心作の邦訳として，フランツ [1989]．
4) Blickle [2000], Bd. 1, S. 10-13.
5) 例えば，Blickle [1977]; ders. [1981]（邦訳 [1990]）; ders. [1986]; ders. [1991]; ders. [2000], Bd. 1. さらに，成瀬 [1989], 292-293頁；前間 [2000]；同 [2003]．
6) かかる意味での Hof は，実体的に屋敷地（「住居の周りの屋敷地〔der um einen Wohnhause befindliche Hofraum〕」）を中心にして共有地用益権が付属した一つの経営単位をなす保有地（「付属設備全てを含む農民農場全体〔das ganze Bauergut (sic!) mit allem Zubehör〕」）である（Klöntrup [1798-1800], Bd. 2, S. 172）．本書では農場とするが，それは交換分合以前に空間的にまとまった地所をなしたわけではないことを断っておきたい．
7) Blickle [1981], S. 20-22（邦訳 [1990], 19-22頁）; ders. [1991], S. 14; ders. [2000], Bd. 1, S. 70f., 76-78.
8) Blickle [1991], S. 22-26, 31-36; ders. [2000], Bd. 2, S. 358.
9) 前間 [2000], 132頁．

10) 例えば, Press [1989]; ders. [1991]; Hauptmeyer/Wunder [1991]; Vogler [1991]; Kaschuba [1991], bes. S. 89-91; Scribner [1994]; Friedeburg [1994]; 服部 [1990], 202-205 頁. さらに, 前間 [1998], 88-89 頁; 同 [2003], 157-158 頁も参照.
11) Wehler [1987], S. 221-224.
12) フランツ [1989], 423-424, 426 頁, 引用は 423 頁; Franz [1976], S. 149.
13) Blickle [1983], S. 516, 519-521, bes. S. 520; ders. [1991], S. 26. さらに, ders. [1981], S. 43f., 133-136 (邦訳 [1990], 43-44, 141-145 頁).
14) Wunder [1986], S. 80-92.
15) 例えば, Blickle [1981], S. 43-48 (邦訳 [1990], 44-48 頁).
16) Würgler [1998], S. 196-203, 206; Holenstein [1998], S. 346-357. 近世全般に請願と領邦行政との関係について, Blickle [1998a], S. 14f.; Fuhrmann/Kümin/Würgler [1998], bes. S. 319-321.
17) 代表的なものとして, Troßbach [1985]; ders. [1987]; Gabel [1995]; Sailer [1999], Kap. 1.
18) 一般的に, Dülmen [1990-1992], Bd. 2, S. 51 (邦訳 [1993-1995], 第 2 巻, 69 頁); Rösener [1993], S. 212 (邦訳 [1995], 231 頁).
19) Reyer [1983], S. 137, 147.
20) Zimmermann [1996], bes. S. 43f..
21) Hauptmeyer [1988], S. 217, 225; ders. [1991], S. 376.
22) Harnisch [1991], bes. S. 318, 325-328; 山崎 [2005], 23-26 頁; 加藤 [2005], 14-18 頁.
23) Vogler [1991], S. 56-58; Kaschuba [1991], S. 67; Press [1991], S. 447-450; Friedeburg [1997], S. 19; Zimmermann [1999], S. 44. 最近の個別研究では次註以下で挙げる文献以外に, Berner [1994], Kap. 3; Frank [1995], S. 158f., 164-166, 237; Troßbach [1999]; Mahlerwein [2001], S. 346-370. こうした地域支配 (lokale Herrschaft) の実態と変容の解明が, 近世の国家形成 (Staatsbildung) 過程の研究の重要な一部であることはいうまでもない (Freist [2005]).
24) Reyer [1983], S. 137.
25) Hohkamp [1998], bes. S. 89-92, 98-106, 253f..
26) Robisheaux [1989], cap. 5, esp. pp. 228-237, 255-256, 261-263.
27) Zimmermann [1996], S. 34f., 41.

28) Dülmen [1990-1992], Bd. 2, S. 47f., 50f., 55f.（邦訳 [1994-1995]，第2巻，63，65-66, 69, 75頁）．
29) Hauptmeyer [1988], S. 224-231 ; ders. [1991], S. 370-374, 377f..
30) 社会的規律化の概念は，Oestreich [1969]（邦訳 [1982]）．さらに，屋敷 [1999]，2-5頁．
31) Schmidt [1995], bes. S. 371-376. 社会的規律化に関する近年の議論に関して，Hohkamp [1998], S. 16-18 ; Schilling [1999], bes. S. 15-32 ; Brakensiek [2000], S. 244f. ; 千葉 [1995] ; 増井 [2002]，199-215，253-257頁；踊 [2003]，5-10，13-25頁．共同体主義論との関係について，千葉 [1995 a]．
32) なお，近年の犯罪の社会史研究では社会的規律論への懐疑が目立つとされる（池田 [2005]，75-77頁）が，農村に関してもGleixner [1998], S. 66-68は批判的である．
33) 犯罪の社会史研究による整理として，Frank [1995], S. 31-39, 354-359.
34) Frank [1995], S. 163, 210f., 217, 351, 354f.. さらに増井 [2002]，255頁．民衆のこうした司法利用に関する近年の議論の紹介として，池田 [2005]，65-67頁．
35) Harnisch [1991], S. 325.
36) Gleixner [1993] ; dies. [1994], bes. S. 186-203 ; dies. [1995], bes. S. 310, 312 ; ders. [1998], S. 61f.. さらに山崎 [2005]，228-237頁．
37) Troßbach [1999], S. 172.
38) ブリックレも近年全欧的な規模でだが，「絶対王政期の国家」によるゲマインデへの影響の限界は「無数の日常的紛争がゲマインデ機関によって調停されたことと合致する」という（Blickle [1998a], S. 18）．
39) Blickle [1991], S. 25f..
40) Hauptmeyer [1986], S. 8f. ; ders. [1988], S. 231-233 ; ders. [1991], S. 375f..
41) 藤田 [1984]，205-208頁；三ツ石 [1997]，97-98頁．関連業績としてバーデンの「ゲマインデ自由主義」運動の生成・展開・挫折を論じたNolte [1994] が重要である．
42) 藤田 [1984]，89-90，115-116，168頁．さらに，藤瀬 [1974]，91-92頁；北住 [1990]，163頁．加藤 [1990]，70頁も「大農」の「農村自治体における支配」を「地方行政＝支配機構の一翼を担当する任務を負わされた，プロイセン＝ドイツ国家存立の社会的一藩屏としてその重要な地位・役割」と結びつけた．なお，農村自治体を含む19世紀のプロイセンの地方自治に関する我が国

での否定的評価(「官僚主義的・集権主義的構造」の強調)の整理として，北住 [1990]，3-5 頁；三成 [1997]，94-96 頁．19 世紀末の農村自治体に関して，加藤 [2005] は「給付行政」の展開に注目し，かかる否定的評価や都市自治と比較した農村自治の発展の軽視を厳しく批判した (241, 270, 277-278 頁).

43) Raphael [1999], bes. S. 10f.；ders. [2003], bes. S. 43.
44) Franz/Grewe/Knauff (Hg.) [1999]；Dörner/Franz/Mayr (Hg.) [2001].
45) 特に，Franz/Knauff [1999]；Grewe [1999]；ders. [2001]；Zissel [1999]；Franz [2001].
46) Grewe [2001], bes. S. 244. 関連してバイエルン領プファルツを事例にした 19 世紀の森林管理制度の分析は，ders. [2004], Kap. 2.
47) Franz [1999], S. 299.
48) Mahlerwein [1999]；ders. [2000]；ders. [2001], S. 384f., 390-395, 397, 402-409, 427-430.
49) Meitzen [1895], Kap. 5-7, 10.
50) 「農民身分による土地用益の領主制的な法形式の枠内におけるの農業生産の歴史」と特徴づけられ，Abel [1978]；Lütge [1967]；Franz [1976] という農業史の古典的概説に総括されて概ね 1970 年代に終焉した (Blickle [1998], S. 7-9). さらに，Wunder [1995], S. 23-33.
51) 例えば，Franz [1976]は「まず第1に農民身分の歴史」を対象とし (S. 218)，社会史的概説という性格にもかかわらず，全17章の内農村住民の社会的分化・下層民を取り扱うのは第15章のみで，しかもその叙述は「個別研究 (Einzelbeobachtung) にのみ依拠し得る」という (S. 214). かかる研究伝統について，Friedeburg [2004], bes. S. 79-83.
52) Mitterauer [1981], S. 315. しかし，同論文は同時に Kriedte/Medick/Schlumbohm [1977] を挙げ，プロト工業化に関する議論によって「根本的な方向転換が生じ得る」と鋭く予言した．
53) Friedeburg [2004] は，こうした傾向はクナップに由来しフランツを経てブリックレの「平民」概念に至るとし (bes. S. 81-83)，ブリックレをも批判する (bes. S. 85f.).
54) 例えば，旧西ドイツでは，Buchholz [1966]；Boelcke [1967]；Grees [1975]. 旧東ドイツでは，Peters [1967]；ders. [1970]；Hübner [1958]；Mahlert [1961]；Blaschke [1967]；Bleiber [1975]. むろん，19 世紀末以降の農業労働者問題については同時代の社会政策学会の調査以来の研究蓄積がある．我が国

における近作として，足立［1997］；肥前［2003］．
55) 1970年代末から生じた農村社会史研究の転換について，総括の試みはさしあたり，Wunder［1995］；Troßbach［1997］；ders./Zimmermann (Hg.)［1998］；Brakensiek［2000］．
56) 例えば，Wunder［1995］, S. 32f.. 研究総括として，Kocka［1990］；ders.［1990a］, Kap. 3；Hippel［1995］；Friedeburg［2002］. 文献目録として，Harrasser［1996］．
57) Pfister［1994］, bes. S. 10；Dipper［1991］, S. 45.
58) Wehler［1987］, S. 170-177；Saalfeld［1989］, S. 105-110；Kocka［1990］, S. 83-89；Rösener［1993］, S. 197-199（邦訳［1995］, 213-215頁）；Hippel［1995］, S. 16f., 67f.；Dipper［1996］, bes. S. 60-62, 65.
59) 一般的に，例えば，Kocka［1990］, S. 90f.；ders.［1990a］, S. 172-182.
60) 例えば，一般に奉公人について，Kocka［1990］, S. 146-148；ders.［1990a］, S. 154-161；若尾 1986．周縁者については，Roeck［1993］（邦訳［2001］）．
61) 北西ドイツを例に，Wittich［1896］, S. 115.
62) Franz［1976］, S. 218.
63) 農村下層民の意味に関して，Wehler［1987］, S. 170；Hippel［1995］, S. 15f..
64) Saalfeld［1989］, S. 106. 同論文は農村手工業者を独自の階層区分として挙げるが，土地保有との関係からはほかのいずれかの階層に属するはずである．Ders.［1982］, S. 232, 245 も参照．
65) 一般的に，例えば，Kocka［1990］, S. 91-96；Troßbach［1998］, S. 116f.. プロト工業との関係は古典だが，Kriedte/Medick/Schlumbohm［1977］, bes. Kap. 2-4；dies.［1992］, S. 231-243；Mager［1981］；馬場［1993］，特に第5章．近年のプロト工業研究については，さしあたり，Ogilvie［1996］；Mager/Ebeling (Hg.)［1997］；Brakensiek［2000］, S. 226-230 を参照．
66) 一般的に，例えば，Kriedte/Medick/Schlumbohm［1977］, Kap. 2；Mooser［1989］；Hippel［1995］, S. 63f., 72；Dipper［1996］, S. 77-81；メディック［1991］；若尾［1996］, 167-171頁．食糧暴動に関して，Schmidt［1991］．
67) 最新の推計として，Ehmer［2004］, S. 17.
68) 一般的に，Herzig［1988］（邦訳［1993］）；Mooser［1989］；Dipper［1996］, S. 65f., 84f.；Gailus［1982］, S. 96-102；ders./Volkmann［1994］, S. 14.
69) 旧西ドイツ史学の見解の概観は，川本［1997］, 31-36, 55-61頁．
70) Dülmen［1990-1992］は，18世紀における下層民の増加によって，それが統

序　章　　　　　　　　　　　　　　　41

合困難な存在になったという（Bd. 2, S. 288, 邦訳［1993-1995］, 第 2 巻, 389 頁）．また, Dipper［1996］, S. 66 は「18 世紀末には賎民から『プロレタリアートへ』（コンツェ）の道はかなり……進行していた」という．同様の指摘は, Wehler［1987］, S. 172.

71) 例えば, Troßbach［1993］, S. 22. Friedeburg［2002］, S. 1f.は「男性世帯主」とするが, 土地なし借家人世帯の問題を無視しており, 適切ではない．

72) 例えば, Dipper［1986］, S. 252f.；Endres［1982］, S. 215-219；Mooser［1979］, S. 240；Blaschke［1967］, S. 182f.；ders.［1991］, S. 134, 141；Troßbach［1991］, S. 256f., 278；Harnisch［1991］, S. 312.

73) Wittich［1896］, S. 108；Blaschke［1967］, S. 188；ders.［1991］, S. 134, 141；Mooser［1979］, S. 240, 246；Wunder［1986］, S. 96；Schildt［1986］, S. 75；Saalfeld［1989］, S. 108；Harnisch［1991］, S. 312；Press［1991］, S. 450.

74) Wunder［1986］, S. 97, 126；ders.［1991］, S. 394f；ders.［1995］, S. 37, 42-44. 同様に, Friedeburg［2002］, S. 6. 例えば 18・19 世紀前半のラインヘッセンではゲマインデの指導的役職, 特に村長（Unterschlultheiß, Maire, Bürgermeister）は長い伝統と豊かな経済力をもった少数の農民的上層家族の出身者が占め, その職務活動は一般のゲマインデ成員（多くは下層民）に対する「地域支配」と呼び得るという（Mahlerwein［2001］, Kap. 4, bes. S. 267f., 309f., 429）．なお関連して, Gleixner［1998］, S. 62f., 66f. は, 領邦裁判所・領主裁判所へのゲマインデの直接的・間接的な関与（平和維持への参加）の自治行政的性質は「有産既婚男性とその家族」の大きな影響力によって「有産男性世帯主」による「名望家支配」に転化したという．

75) Kaschuba［1991］, S. 70.

76) Blickle［1983］, S. 509f., bes. 515；Holenstein［1996］, S. 78.

77) 例えば, Friedeburg［1994］；ders.［2004］, S. 85f.；Hohkamp［1998］, S. 12f.；服部［1990］202 頁；前間［2003］, 158 頁．関連して, 前間［1998］, 16 頁．

78) Franz［1999］, S. 289.

79) 明示的には, Blickle［2000］, Bd. 1, S. 70, 80.

80) Rebel［1983］, e. g. pp. 194-198. さらに, Troßbach［1993］, S. 84；若尾［1996］, 87 頁．

81) 藤田［1987］, 106 頁．

82) 主なものを挙げれば, 松田［1967］；同［1968］；藤瀬［1967］；柳澤

[1974］；加藤［1990］；佐藤［1992］；北条［2001］（特に第3章, 初出1956年）.

83) Conze［1954］. この問題の紹介として, 川本［1997］, 第1部第Ⅰ章.
84) 藤田［1984］, 特に第1章；若尾［1986］；肥前［1988］；同［1992］.
85) かかる定住史的階層形成論は, 我が国では藤田［1984］, 122-125頁が北ヴェストファーレンに関する古典的研究であるRiepenhausen［1938］を紹介した後に, 肥前［1992］が従来の「農民層分解論」的な視角に対する批判として本格的に整理・紹介した. もっとも, 地理学においては現地調査を踏まえた成果が比較的早く出されていた（浮田［1970］）. その他に, 馬場［1993］, 148-149頁；若尾［1996］, 158-159頁. 他方, 近年ドイツでは18・19世紀の農村の土地市場への関心が生じ（Brakensiek［2003］；Fertig［2004］）, 藤田［2004］, 34-41頁は北海沿岸地方について土地取引とそれによる階層分化の可能性を指摘した.
86) 藤田［1984］, 特に第2・3章が専論である. 引用は, 同22頁.
87) 例えば, Blickle［1988］, S. 87. 個別研究では, Hauptmeyer［1983］, S. 226f.；ders.［1991］, S. 203, 217；Suter［1983］, 343-345；ders.［1985］, S. 98-104, 242f.；Troßbach［1985］, S. 98-104, 181-188, 214-217, 361-364, 435-437.
88) 例えば, Brakensiek［2000］, S. 236f. は, 近世全般にこの研究系譜ではゲマインデ内の社会的分化は所与とみなされるが, 内部における意見形成や対外的な利害表出にとってのその意義は, 後述するFriedeburg［1997］を除けば, 通常体系的には論じられないという. また, 近世前半を念頭に置いているが, ブリックレ学派でもHolenstein［1996］, S. 80は,「農村ゲマインデの制度的性格の強調は, 集団的単位としての『ゲマインデ』と『農民』という観念を促し, ゲマインデ内の分化と分裂, 病理を顧みない」と指摘する.
89) Sabean［1972］, bes. Kap. 6は, 16世紀のシュヴァーベンを例に, 共有地の管理問題などで領邦当局及び下層民と対立した農場保有者による共有地防衛とゲマインデの権限拡大運動として農民戦争をとらえた. 他方, 16・17世紀初頭の上オーストリアについて, Rebel［1983］, cap. 5-8は, 個々の農場保有者（家父）の「家」支配権を法的に強化する領邦当局の政策を, 両者の協同による農場非相続者・奉公人・土地なし借家人に対する管理強化を通じた社会秩序の再編策と解釈した. 西南ドイツの小領邦を考察したRobisheaux［1989］, esp. cap. 5-6は, 領邦当局は, 階層分化で不安定化した農村社会に対して, 16世紀後半・17世紀初頭に農場保有者（Hofinhaber）に家父長的な家族理念の

普及や農場と経営の保護策，下層民にパターナリスティックな救貧・市場政策をとって，統治の安定化を狙ったという．

90) 総括的に，人口増殖政策に関して，Pfister [1994], S. 51-54；救貧・治安政策に関して，Hippel [1995], S. 107-111；18 世紀後半の共有地分割の開始に関して，Abel [1978], S. 307-311.
91) Wunder [1986], S. 97f.；Achilles [1991], S. 54.
92) Endres [1977], S. 172f.；ders. [1982], S. 217, 219；ders. [1991], S. 113f..
93) Suter [1983], S. 104f., 109；ders. [1985], S. 252-254, 304-308；Berner [1994], S. 274-309.
94) Mantl [1997], S. 137-139.
95) Kaschuba [1991], S. 70-73.
96) Prass [2000], S. 76f.；ders. [1997], S. 124-127, 133-140. さらに，Zimmermann [1983], S. 168-171.
97) Brakensiek [1991], Teil 1.
98) Zimmermann [1989], S. 106-108；Prass [1997], S. 137-139；Mahlerwein [2000], S. 357-363.
99) Zimmermann [1983], S. 148, 151-153, 156f, 160-167.
100) コンツェの19世紀前半の農村社会像については，Conze [1954] に加え，ders. [1947]；特に ders. [1950], S. 5-26 が重要である．
101) Südwestdeutschland は一般に西南ドイツと訳され本書もそれにしたがうが，Nordwestdeutschland の訳語は肥前 [1992]，馬場 [1997] にならい北西ドイツとする．表現の不一致をあらかじめ断っておきたい．
102) 総括的に，Herzig [1988], bes. S. 8-19（邦訳 [1993]，12-30 頁）．先駆的に，Buchholz [1966], Kap. 1-2. さらに，Husung [1981]；Mooser [1979]；ders. [1984]；ders. [1984a]；藤田 [1984]，第2・3章；若尾 [1986]，157-158頁；平井 [1994]．なお，プロイセンにおけるパターナリスティックな市場政策の消滅過程は，山根 [2003] が専論である．
103) 藤田 [1984], 85-90, 92-100, 115, 110, 158-162, 165-168 頁．さらに，Mooser [1979], S. 255-261；Schildt [1986], S. 87f..
104) 例えば，Gailus [1982], bes. 88 - 90；ders. [1990], S. 117f., 124f.；藤田 [1979], 236-237 頁；同 [1984], 110-116, 173-183 頁．
105) Mooser [1984], S. 277-280；藤田 [1984], 161-162 頁；金子 [1993], 214-215 頁．

106) 例えば，我が国でも，藤田［1984］，92-93, 157-163 頁；若尾［1996］，92-95 頁；酒井［2001］，21-23 頁．
107) Ehmer [1991], S. 51f..
108) Mantl [1997], Kap. 4-5, bes. S. 157-160. 農民が高度なゲマインデ自治を享受し，14世紀後半及び16世紀以来領邦身分制議会に代表を送った共同体主義の典型地である両地方で，厳格な行政的結婚規制が展開した事実は注目してよいだろう．Blickle [1981], S. 67-76（邦訳［1990］，71-79 頁）；ders. [2000], Bd. 1, S. 11f.；佐藤［1992］，452-469 頁も参照．
109) Frank [1995], bes. S. 265-271, 348, 351-353, 引用はS. 352. さらに，増井［2002］，256 頁．
110) Friedeburg [1994].
111) Ders. [1997], S. 18f., 21.
112) Ebenda, S. 15, 117.
113) Ebenda, bes. Kap. 1-2, bes. S. 92-105, 115f., 130-149, 218-220.
114) この点は，ebd., S. 33. 藤田［1984］では，北西ドイツ・東エルベと西南ドイツとの対比という地帯差として定式化されている．
115) Mooser [1984]；藤田［1984］．さらに，第3章；平井［1994］．
116) Buchholz [1966], Kap. 1-3；Schildt [1986], Teil C, bes. S. 75-89.
117) Schlumbohm [1994], Kap. 7.
118) 金子［1993］；酒井［2001］．金子［1993］には定住・結婚規制から18・19世紀の農村社会の地域秩序を描くという本書に通じる視点が含まれるが，農場保有者集団としてのゲマインデ（及びその利害と結びつく領邦条例）と下層民との対峙という枠組みのみで考察している．
119) Friedeburg [1997], S. 33.
120) Maurer [1865], S. 150-154.
121) 藤田［1984］，27 頁；Mooser [1979], S. 239. なお，藤田［1994］，66-69 頁は，中・近世都市における，個々の市民の「家父長的支配権」と都市団体の「共同体的支配権」との区別に留意している．
122) Troßbach [1993], S. 41, 91；ders. [1998], S. 113-115.
123) Brunner [1965], S. 256f.；ders. [1968], S. 193（邦訳［1974］，295 頁）．平和領域としての「家」の空間的範囲は，農村では「屋敷地の囲みの中」，「しばしば柵に囲まれている家屋・屋敷地・菜園地の総体」といわれる（Bader [1957], S. 52；Blickle [2000], Bd. 1, S. 78）．さらに，肥前［1992］，8 頁．

序　章　　　　　　　　　　　　　　45

124)　Dülmen [1990-1992], Bd. 1, S. 12-15（邦訳 [1993-1995]，第1巻，13-14, 17-18頁）．なお，海老原 [1982]，463-467, 474-481頁は，プロイセンに仕えたカメラリストであるユスティの1750年代の著作に，国家干渉を排した「家父の権力に支えられた自律的領域」として「家」をとらえるという，「絶対主義権力による一元的秩序形成に抵抗する」「前国家的な家の権力」の主張を見いだす．現実の近世農村における「家の平和」に関わる係争は，バイエルンを事例に，Heidrich [1983]．
125)　さしあたり，ヨーロッパ型結婚パターンとドイツ語圏におけるその特質として，Ehmer [1991], S. 15-17；Pfister [1994], S. 24-32. 最近の研究成果は，Schlumbohm (Hg.) [2003]．
126)　近世後半の狭義の定住規制と結婚規制の結合について，若尾 [1996]，85頁．なお，同書は，事実上の結婚規制となる定住規制を，ゲマインデの土地制度を前提に成員権の取得規制とするが，非農業的な収入機会が存在する状況ではやや緩和され，住居・居住権の取得規制ではなかろうか．
127)　近世後半に関して，概観的にRösener [1993], S. 169-172, 215（邦訳 [1995]，184-186, 228頁）；Hippel [1995], S. 73. さらに若尾 [1996]，88頁；藤田 [1984]，50頁；馬場 [1988] が「定住のポリティクス」を示唆する．
128)　Wunder [1986], S. 97. 同様の指摘は，Hippel [1995], S. 73.
129)　こうした問題は，肥前 [1992] では，ほとんど捨象されている．
130)　総括的に古典としてMaurer [1865], S. 175-185；その後の代表的なゲマインデ制度研究としてBader [1957], S. 61f., 67f.；ders. [1962], S. 438f.. また，共同体主義に関するBlickle (Hg.) [1991] の各寄稿でも言及されている．
131)　さしあたり，Hippel [1995], S. 51f., 107f.；Gömmel [1998], S. 88-92.
132)　Ehmer [1991], S. 47-52；Pfister [1994], S. 25f.；Hippel [1995], S. 69f..
133)　最新の概説的叙述として，Ehmer [2004], S. 64f., 68.
134)　Conze [1954], S. 247f.. この点の紹介は，川本 [1997]，48-49頁．
135)　例えば，Dipper [1996], S. 63 は社会統制の弛緩をいうのみである．
136)　Berner [1994], S. 274-309.
137)　Lippe [1982], Kap. 2-3.
138)　Mantl [1997].
139)　若尾 [1996]，第3章．
140)　Lütge [1967], S. 182-200. なお，本書は領主制の地域差を，ヴンダーが研究史を回顧しつつ批判した（Wunder [1995], S. 23-34）ように，「農業構造の二

重性」として絶対視するのではなく，農村社会の分類指標の一つとする立場にたつ．

141) Henning [1985], S. 73；Troßbach [1993], S. 31-43. 農場相続制度についても一子相続制と実物分割制という二分法的な制度理解の硬直性が指摘されている（Rouette [2003], S. 147-152；藤田 [2004], 7-8 頁）が，この類型化は農村社会の大まかな分類のための指標の一つとしては許されよう．

142) 領主制について，Wittich [1896], Kap. 1, 10；Schotte [1912]；Scharpwinkel [1965]．18・19 世紀の北西ドイツ全域の定住形態・経済事情・社会構造の整理は，Brakensiek [1991], Teil 2. 北海沿岸地方については，藤田 [2001]；同 [2004]．

143) Wittich [1896], S. 435-445；Mooser [1984], S. 106-118；Rouette [2003], S. 154f.. 償却に関しては近作として，Hindersmann [2001], Kap. 2.

144) Lütge [1967], S. 191.

145) Brakensiek [1991], Teil 2；藤田 [1997], 13-15, 17 頁．

146) 全般に例えば，Hagenah [1985], S. 162-178. 出稼ぎについて，Tack [1902]；Beutin [1939]；Kleeberg [1948]；Bölsker-Schlicht [1987]；Lucassen [1987], Part 3. 亜麻織物業について，Hornung [1905]；Aubin [1964]；Schmitz [1967]；Harder-Gersdorff [1986], S. 209-212, 215f., 218-221.

147) Rothert [1949-1951], Bd. 2, S. 224-230；Bd. 3, S. 244-248；Mittelhäusser [1980], S. 351-370. なお，北西ドイツ各地の地方史研究は，歴史地理学や民俗学と絡み合いながら，伝統的農業史研究では手薄な下層民問題も早くから取り上げてきた．特に北ヴェストファーレンの土地なし借家人は戦前から研究蓄積があり（Wilms [1913]；Wrasmann [1919-1921]；Rothert [1921]；Niehaus [1923]；Schulte [1939]；Seraphim [1948]；Wüllner [1985]；Triphaus [1987]；Haverkamp [1997]），1970 年代以降オルデンブルク，南ニーダーザクセン，エルベ川下流域などでも下層民の歴史が検討された（Pintschovius [1975]；Schaer [1978]；Mittelhäusser [1980]；Wolf [1989]）．

148) 総括的に，Saalfeld [1982]；肥前 [1992]．

149) Saalfeld [1989], S. 106 より算出．前述のように同論文は農村手工業者を独自の階層区分として挙げるが，土地保有との関係からほかのいずれかの階層に属するはずである．

150) 次に述べる北ヴェストファーレン関係を除いても，Conze [1947]；ders. [1950], S. 10-15；Linde [1951]；Buchcholz [1966]；Husung [1981]；Kamp-

hoefner [1982]; Hagenah [1985]; Schildt [1986]; Schmiechen-Ackermann [1990]; Henkel [1996]; Aengenvoort [1999].

151) ゲマインデ制度について，Stüve [1851], Teil 1; Wittich [1896], Kap. 3; Meyer zum Gottesberge [1933] が包括的である．中世を中心に，Wrede [1964]; Ebel [1964]; Deike [1964]; Stoob [1964]．近年は，Lange (Hg.) [1988]．概観として，Hauptmeyer [1991], bes. S. 365-373.

152) Swart [1910], S. 191; Falkenhagen [1967], S. 148-150, 156-163; Franz [1976], S. 83-94; Blickle [1976], S. 168f.; Kappelhoff [1982], S. 32-70; Krüger [1984]; Luebke [2003]．さらに成瀬 [1989]，291 頁．

153) Hauptmeyer [1988], bes. S. 222-225, 234-235; ders. [1991], S. 371-373; Blickle [2000], Bd. 2, S. 85.

154) Hauptmeyer [1988], S. 234; Blickle [2000], Bd. 2, S. 85

155) Rothert [1949-1951], Bd. 2, S. 206f.; Bd. 3, S. 210-214. Bölsker-Schlicht [1987], S. 34.

156) Mager [1982], S. 18; Wrasmann [1919-1921], Teil 1, S. 126.

157) Mooser [1979]; ders. [1980]; ders. [1982]; ders. [1984], ders. [1984a]．同様の研究として，リッペ地方に関する Potente [1987] も挙げられる．

158) Schlumbohm [1979]; ders. [1982]; ders. [1993]; ders. [1994]; ders. [1994a].

159) その他に主なものとして，上述のフランクによるリッペ地方の犯罪の社会史研究（Frank [1995]）に加え，下層民の副業について，マーガーは 18・19 世紀のラーヴェンスベルク地方の農村亜麻織物業の発展を，農民・下層民関係の観点を交えて農工業の絡み合いの中でとらえ（Mager [1981]; ders. [1982]; ders. [1984]），ベルシュカー・シュリヒトは 18・19 世紀のオランダへの出稼ぎ活動の数量的把握を試みた（Bölsker-Schlicht [1987]）．また，ブラーケンジークは，18 世紀末以降のラーヴェンスベルクの共有地分割の実態と帰結から，国家干渉としての農業改革を介した，フーフェ農場保有者層を中心とする農業的発展と自由な所有者社会の生成を主張し（Brakensiek [1991], Teil 1），近年フェアティッヒが世帯と土地用益の関係の観点からこれを批判的に検証した（Fertig [2001]; ders. [2004]）．オスナブリュック地方に関する近作は次章以下でふれたい．

160) モーザーは，18 世紀の土地なし借家人の定住に領邦当局の許可は必要だが，ゲマインデ（行政村）の同意は恐らく不要だったこと，プロイセンの 1842 年

救貧・定住法によってゲマインデに定住制限の可能性が与えられたが，行政的結婚規制はなく（Mooser [1979], S. 239f., 260f.），1841年に一地域で結婚規制運動が生じたことに言及した（Mooser [1984], S. 279f.）．他方，シュルムボームは，ハノーファー王国の1827年の結婚許可状条例による結婚規制に関して，生涯独身率や土地なし借家人の移動への影響を指摘した（Schlumbohm [1994], S. 111f., 138f., 580）ほか，土地なし借家人の階層成立期の1600年前後のマルク共同体の規制に言及し，その受け入れに関する1848年法についてもごく簡単にふれた（ebd., S. 60-63, 614f.）．なお，結婚規制に関連して婚外同棲問題も取り上げた（ebd., S. 243f.; ders. [1993]）．

161) Wittich [1896] を橡川 [1972] が「家父長的奴隷制」説との関係で取り上げ，近世の領主制の地帯区分の紹介で，松田 [1967], 198頁；同 [1968], 265頁；藤瀬 [1969], 271頁が言及した程度である．

162) 藤田 [1984], 第3章（初出1977年）．

163) 肥前 [1992]．

164) 若尾 [1996], 第5・6章．農村亜麻織物業に関しては，領邦国家とプロト工業との関係という観点から論じた，馬場 [1996] が重要である．

165) 藤田 [1984], 159-162頁は，プロイセンの1842年の救貧・定住法に関するヴェストファーレン州議会での審議から，下層民の定住・結婚を嫌うゲマインデの態度と同法による転入拒否の可能性を指摘した．若尾 [1996], 164-165, 189-190頁は，18世紀について1753年の奉公人条例による結婚・借家許可証制度に注目したほかゲマインデの定住規制を想定し，19世紀について行政的結婚規制の欠如と警察行政的な建築規制との関係に簡単にふれた．

166) メーザーの一般的な評価は，坂井 [2004], 3-6頁．メーザーについて総括的な大著として，Welker [1996]．

167) シュトゥーヴェについて最も包括的な業績として未公刊の博士論文であるが，Graf [1970]．

168) 当地方の土地なし借家人の事情については，地方史的研究であるが，Wrasmann [1919-1921] が対象時期（16-20世紀）の長さや叙述の包括性において今なお基本文献である．

169) Schlumbohm [1994] においてゲマインデという地域的枠組みが正面から言及されているのは，16世紀末のホイアーリング人口増加（S. 61-63）と19世紀の救貧事情（S. 285-289）についての叙述のみである．

第 1 章
近世後半のマルク共同体・領邦当局と下層民定住

課題

　序章で述べたように，下層民，特に土地なし借家人の生活基盤の動揺・窮乏化に伴い，オスナブリュック地方を含む北ヴェストファーレンの農村社会が 3 月前期・3 月革命期に社会的な緊張・危機を経験し，この点でまさに典型的な地域であったことは研究史上よく知られているが，亜麻織物業や出稼ぎなどの副業の発展に経済的に支えられてそうした下層民が増加・堆積していった近世後半においては，誰がどのように下層民の定住を管理しており，ゲマインデやその成員身分たる農場保有者たちは，下層民の増加・堆積にいかに関係し，対応していたのだろうか．

　中・近世ドイツ農村社会の伝統的な定住管理制度について，ゲマインデ制度に関するマウラーの古典的業績は，ゲマインデの成員または居留者としての定住も，また共有地への入植も農場保有者による借家人の受け入れも，ゲマインデの同意または許可を要し，次第に公権力，地域によっては領主の許可も必要となったことや 15・16 世紀以降定住が制限されていったことをドイツ各地の村法によりつつ指摘した[1]．その後も，主に 16 世紀までのいわゆる上ドイツの村法を素材にしてゲマインデの同意・許可制度や入居金制度を示したバーダーの著作を初めとして近年に至るまで，こうした定住規制は共同体規制の一つとしてしばしば言及されてきた[2]が，近世後半について下

層民定住との関係も含めて，その実態検証はあまりなされていないように思われる．

　しかしながら，序章（2.1 及び 2.3）で研究史上の指摘として述べたように，ゲマインデと下層民定住との利害対立が一般的だったと考えられ，しかもそれは零細地保有者の入植を促進しようと内地植民政策・人口増殖政策を進める領邦当局とゲマインデとの対立関係にもつながった点で，近世後半における地域管理の自律性の如何にとって，ゲマインデの定住規制のあり方は重要である．ゲマインデの定住規制と領邦当局との関係に関しては，やはりすでに序章（2.1. と 2.3.）で言及した 18 世紀中頃のバーゼル司教領に関するベルナーの業績が数少ない実証研究である．それは，人口増加の圧力によって様々な村内「資源」の不足にさらされたゲマインデと産業的発展による税収増加をもくろむ領邦当局との他所者の定住許可をめぐる対立の法的枠組みと紛争事例（主に 1750・1760 年代）を分析し，自己の定住許可権を公式に主張しつつそれを強制し得ない領邦当局と原則的にそれを否定せずに自己の要求（定住拒否）を貫徹しようとするゲマインデとの関係のあり方を解明した点で注目されるが，扱われる定住問題が他所者の受け入れに限られる反面，それは下層民に限定されず，特に下層民定住やそれに対する管理・統制という関心はないといってよい[3]．

　他方，これまで近世後半の下層民定住を論じてきた定住史研究はゲマインデ研究というよりも主に歴史地理学的な観点や領邦当局の内地植民政策という関心の下で行われてきた[4]が，領邦当局とゲマインデの利害対立が指摘されることはあっても，やはり下層民定住の進展とゲマインデの定住規制との関係は必ずしも十分明確にされてこなかったように思われる．

　北西ドイツに関しては，ハノーファー選帝侯領について共有地への入植や農場への借家人の受け入れに関するゲマインデの同意権と領邦当局の許可権とが研究史上指摘されており[5]，あらかじめいえば，オスナブリュック地方でも，ゲマインデによる定住管理制度がマルク共同体[6]によって担われつつ，18 世紀末に始まる共有地分割まで存在していた．そこで，本章では，ゲマ

第1章　近世後半のマルク共同体・領邦当局と下層民定住　　　　51

インデの伝統的な定住管理のあり方を，領邦当局の影響力や個々の農場保有者との関係から検討し，全体としてどのような定住管理体制が存在していたのか，そしてそこにおいて農民の自律性はいかなる状況にあったのかを解明することを課題としたい．

　近世後半の北ヴェストファーレンの下層民定住をめぐる状況を研究史から整理すれば，以下のようになるだろう．

　第1に，18世紀には，共有地を管理するゲマインデと零細地保有者の入植・それを支援する領邦当局との対抗関係がやはり確認される．北ヴェストファーレンでも，ハノーファー選帝侯領ディープホルツ・ホヤ両伯領（Grafschaften Diepholz und Hoya）やミュンスター司教領（Hochstift Münster）下領（Niederstift）のオルデンブルガー・ミュンスターラント地方（Oldenburger Münsterland）においてゲマインデによる領邦当局の入植政策の制約やそれへの抵抗[7]が，さらに同下領のエムスラント地方（Emsland）やプロイセン王国領ミンデン・ラーヴェンスベルク地方においてゲマインデによる，領邦当局の内地植民政策に反対する司法闘争が知られている[8]（地図1）．

　ただし，近世後半のオスナブリュック地方についてはこうした対立関係が研究史上必ずしも明確に指摘されているわけではない上に，この構図には北ヴェストファーレンに特徴的な多数の土地なし借家人の定住までは位置づけ難い．なお，このことに関連し，プロト工業の研究史上ゲマインデによる定住制限をプロト工業の発展の阻害要因としてとらえる見解がある[9]が，よく知られるように土地なし借家人がこの地方における農村亜麻織物業の発展を支えていたことから，土地なし借家人の増加と定住管理との関係は，プロト工業の担い手の創出とゲマインデの規制との関係という意味でも重要である．

　第2に，そこで注目されるのは，16世紀末・17世紀前半のオスナブリュック地方で土地なし借家人ホイアーリングの定住が本格化し始めた際の対立である．この種の定住（Ansiedlung）は，周知のごとく既存の農場による受け入れという形をとったが，これをめぐって領邦当局及びゲマインデと

地図1　18世紀の北西ドイツ（ヴェストファーレンとニーダーザクセン）

①ディープホルツ伯領　②リンゲン伯領（下領）　③テクレンブルク伯領　④リンゲン伯領（上領）　⑤ラーヴェンスベルク伯領　⑥オスナブリュック司教領レッケンベルク管区　⑦シャウムブルク・リッペ伯領　⑧ブラウンシュヴァイク・ヴォルフェンビュッテル公領
註：主な地方のみを示す．
出典：Brakensiek [1991], S. 186 より作成（一部修正）．

個々の農場保有者との間に対立が生じていた[10]．しかし，この問題は，その後の17世紀後半・18世紀の歴史的展開においてほとんど全く検討されていないといってよい．

　第3に，オスナブリュック地方で活動したメーザーに関する一連の研究によって，同司教領では7年戦争後に土地なし借家人の定住が救貧問題との関連で社会問題化し，序章でもふれたように，領邦当局によって定住規制的な

第1章　近世後半のマルク共同体・領邦当局と下層民定住　　　　53

意味をもつと考えられる救貧法（1766年・1774年の両条例）が成立したことが知られる[11]．しかし，それまでの定住管理の事情は，文字どおり全く検討されていない．

以上の研究状況を踏まえて，本章では，研究史の空白をなす近世後半のオスナブリュック地方の農村社会における定住管理体制を，上述の救貧法の成立の頃までについて，領邦当局とゲマインデとの関係・その両者と個々の農場保有者との関係という枠組みで分析しつつ，上の課題を果たしたい．

以下の叙述では，次のような構成をとる．まず，第1節で，本章のみならず，本書前半の考察の前提となるオスナブリュック地方の国制，農村社会における農場制度・ゲマインデ制度や定住史の状況を確認する．そして，第2節で領邦当局の定住政策を，第3節でゲマインデ（マルク共同体）による基層的な定住規制を検討することによって，同地方におけるいわば近世的な定住管理体制を解明する．そして最後に，定住管理における農民の自律性とその社会的帰結についてまとめて本章を結びたい．

1. 近世オスナブリュック地方の農村社会

1.1. オスナブリュック司教領

まず，オスナブリュック司教領（Hochstift Osnabrück）について説明しておかなければならない．低山地帯トイトブルクの森（Teutoburger Wald）と北西ドイツ低地（Nordwestdeutsches Tiefland）に南北を接するオスナブリュック地方は，近世においてオスナブリュック司教領として，北ヴェストファーレンの一領邦を形成していた（現在はニーダーザクセン州に所属）．近世後半には，東西をプロイセン王国の飛び領ミンデン・ラーヴェンスベルク地方とテクレンブルク・リンゲン両伯領（Grafschaften Tecklenburg und Lingen），南北をミュンスター司教領とハノーファー選帝侯領ディープホルツ・ホヤ地方とに囲まれ（地図1），飛び領を除きおよそ2,300平方キロメートル，人口は初の本格的なセンサスが行われた1772年に約11万

人を数えた[12]．

　宗教的には，16世紀の宗教改革の際にルター派が導入され（1543年），その後再カトリック化が行われたという経緯のために宗派混在状態にあり[13]，1803年の世俗化・ハノーファー選帝侯領への併合まで司教領の国制を定めた1650年の永続協定（Die immerwährende Capitulation des Hochstifts Osnabrück）によって，司教領内の各教区がカトリック教区・ルター派教区・混在教区のいずれであるのかが規定されていた[14]．

　領邦君主たる司教は，司教領国家の通例に漏れず中世以来聖堂参事会（Domkapitel）により選出されていたが，近世後半には，1648年のヴェストファーレン条約（オスナブリュック条約第13条）によって，従来のように聖堂参事会が選出するカトリック司教と，ヴェルフェン（Welfen）家ブラウンシュヴァイク・リューネブルク流（1692年以降ハノーファー選帝侯家・1714年以降イギリス王室）出身の俗人・ルター派の司教とが交互に即位することが取り決められた（Welfens Alternation[15]）．初代ハノーファー選帝侯となるエルンスト・アウグスト1世（Ernst August I., 在位1661～1698年），その末息子でイギリス国王ジョージ1世（Georg I.）の末弟エルンスト・アウグスト2世（Ernst August II., 在位1716～1728年），同国王ジョージ3世（Georg III.）の次男ヨーク公（Friedrich von York, 在位1764～1803年）の3人が俗人司教となっている[16]．

　オスナブリュック司教領の国制をみれば，司教は，領邦身分制議会（以下身分制議会）をなす諸身分，すなわちその第1院でもある聖堂参事会に加え，第2院の騎士会（Ritterschaft），第3院の都市会（Städtekurie）と対抗関係にあったが，歴代司教の在位期間が比較的長かったこともあり，16世紀以降司教権力を支える官僚制が発展し，司教職が半ば世俗化された近世後半には最高統治機関としての枢密参議会（Geheimer Rat）・唯一の中央官庁である行政・司法庁（Land- und Justizkanzlei）・地方統治を担う管区庁（Amt）からなる行政機構が確立していた[17]．また，16世紀にオスナブリュックの上級裁判所（Generalkommissionsgericht）と領邦内9つの地区裁判

第1章　近世後半のマルク共同体・領邦当局と下層民定住　　55

地図2　近世後半のオスナブリュック司教領

■都市（Stadt）　●町（Flecken；Weichbild）　○教会村（教区教会所在村，Kirchdorf）
註：飛び領レッケンベルク管区（Amt Reckenberg）は除く．
出典：Bölsker-Schlicht [1987], S. 83 及び Rudersdorf [1994], S. 290 より作成．

所（Obergogericht und Gogerichte）からなる司法制度が整備され，18世紀になると貴族・教会の家産裁判所（Patrimonialgericht）は4つのみしか残らず，ほぼ排除されていた[18]．

　本書にとって特に重要な地方行政機構をみれば，17・18世紀のオスナブリュック司教領の農村部は，行政的に，飛び領（レッケンベルク〔Reckenberg〕管区）を除き，フュルステナウ（Fürstenau），フェルデン（Vörden），フンテブルク（Hunteburg），ヴィットラーゲ（Wittlage），イブルク（Iburg），グレーネンベルク（Grönenberg）の6つの管区（Amt）に分かれ（地図2），6管区は合計37の小管区（Vogtei）に分かれていた．各管区庁のトップである管区長（Drost）には地元貴族（騎士身分）が就任した

が，実務を指揮したのは市民的官吏である事務長（Rentmeister）であった[19]．

30年戦争の困難を乗り越えた司教フランツ・ヴィルヘルム（Franz Wilhelm von Wartenburg, 在位1625～1661年）時代の末期には絶対主義が成立したとみる見解もある[20]．身分制議会は課税同意権など強力な共同決定権（Mitsprachrecht）を世俗化まで維持しており，この「絶対主義」を過大には評価できないが，ロタートは近世後半のヴェストファーレンの司教領国家の中で，オスナブリュック司教領は「最もよく統治されていた」という[21]．

なお，メーザーは1744年以降騎士会秘書（Sekretär）・1756年以降同法律顧問（Syndicus）であった一方，1747年以降国務弁護士（Advocatus patriae）で，ヨーク公即位後に在英の幼君（Minderjährigkeitsregierung, 1764～1783年）の現地政府の法律顧問（Konsulent, 1764～1768年）と書記官（Referendar, 1768～1783年）を兼ね，枢密参議会のために政策提案を含む意見書を作成し，また身分制議会側で対政府請願書を，政府側でその返答書を起草する形で政策立案に対して大きな影響力を行使し，1783年に枢密参議会の正規メンバー（Geheimer Referendar；Geheimer Justizrat）となった[22]．

1.2. オスナブリュック地方の農村社会

次に，近世における農村社会の内部事情を，農場制度と身分階層，ゲマインデ，領邦国家との関係，定住史的状況の順でみておきたい．

農場制度をみれば，フーフェ制度との関係で農村住民は，貴族・聖職者を除き，いわば身分階層的にエルベ（Erbe）・ケッター（Kötter）・付属居住者（Nebenwohner）と分化していた．オスナブリュック地方は，ルーズな集落を定住形態上の特徴とするドルッベル地帯として前述のように本来穀作よりも畜産の比重が高い非集村地帯に属したが，フーフェ（屋敷地と菜園地・共同耕地片・共有地用益権）の内容において，広大な共有地の用益権あるいは共有地権（ヴァーレ〔Wahre〕，Markberechtigung）がとりわけ重

第1章　近世後半のマルク共同体・領邦当局と下層民定住　　　　　57

要であった[23]．

　(1)エルベは，菜園地のほかに完全な共有地用益権と共同耕地（エッシュ〔Esch〕）の一定区画の保有権とが付属し，13世紀中頃以前に成立した農民屋敷及びそれを中心とする農場（Erbe）の保有者であり，当地方のフーフェ農場保有者である．16世紀まで時折みられた農場分割相続の関係で，完全エルベ（Vollerbe，1〜2ヴァーレ保有）と半エルベ（Halberbe，2/3〜1/2ヴァーレ保有）とに分かれていた[24]．

　このエルベが当地方における農地の大半を保有し，農業生産の主たる担い手であった．その経営基盤をみれば次のようになる[25]．

　第1に，共有地は，荒れ地（Heide）・森林・自然草地（Grasänger）・湿原（Moor）・沼沢などからなる．ヴァーレの内容は，荒れ地・自然草地での馬・雌牛・羊の放牧権と森林での豚の放牧権，森林からの建築用材・薪・木の葉・豚肥育用のどんぐりの採取権，荒れ地での芝土（Plaggenstich）や燃料となる泥炭の湿原での採取権などであった．農業経営にとってとりわけ重要な意義をもったのは家畜の共同放牧と芝土の採取であった．畜産は，本来この共有地に依存して行われ，雌牛・豚・羊（北部）がその中心であった[26]．第2に，共同耕地であるエッシュでは，芝土を厩舎の敷わらとして用いてつくる厩肥を多投して休閑年をおかず，耕地強制に服しつつ，主としてライ麦，さらに亜麻が一圃制的に連作された（Einfelderwirtschaft）．収穫後には切り株放牧地（Stoppelweide）として家畜が共同放牧された[27]．第3に，個々の農場に所属する私的開墾地である自由農圃（Kamp）が中世以来共有地から分離されて成立し，牧草地（Wiese）・放牧地（Weide）・耕地・林地として各農場によって自由に用益されていた．耕地の場合，主にカラス麦・亜麻・豆果が，肥沃であれば大麦，砂質地ではソバも栽培された[28]．第4に，菜園地では豆果・野菜類や亜麻が栽培された．18世紀後半には蕪・クローバなどの飼料作物や馬鈴薯などの栽培が広がり，18世紀末における家畜の通年厩舎飼い導入の前提となった[29]．

　(2)エルベに対して成立がより遅く，不完全な共有地用益権が付属した家屋

敷である「小屋（Kotten）」及びそれを中心とする小農場（Kötterei）の保有者がケッターである．ケッターは，15世紀までにエルベの屋敷地の一部が分離して成立し，1/3～1/4ヴァーレの共有地用益権と若干の共同耕地片，さらに共有地から分離された私的開墾地が付属した世襲小屋（Erbkotten）の保有者であるエルプケッター（Erbkötter）[30]と，15世紀以降特に同世紀末から16世紀第3四半期までの時期を中心に共有地に入植して設立され，1/6～1/12ヴァーレの共有地用益権と私的開墾地が付属した共有地小屋（Markkotten）の保有者であるマルクケッター（Markkötter）[31]とに分化していた．「完全エルベ・半エルベにエルプケッターも本来のマルク仲間（共有地用益権者——引用者）」であり，「完全エルベ・半エルベとともに世襲小屋も農民屋敷（Bauernhöfen）とみなされる[32]」ともいわれ，またエルプケッターの経営はエルベに準じたものとみられるが，保有地が零細なマルクケッターは共有地用益，とりわけ家畜の共同放牧に依存した畜産を主な生活基盤とした[33]．他方，マルクケッターも含めてケッターは相対的に小規模ながらもエルベとともに農民農場（Bauerngut）をもつ土地保有者として同時代人によって概括され[34]，コロン（Colon，農場保有者[35]）と呼ばれた．

さらに，「最下級のケッター」ともいわれ，通常共有地用益権がないかせいぜい家畜の放牧が許されるのみで，「小屋」とわずかな菜園地しか保有しない零細地保有者ブリンクジッツァー（Brinksitzer, Brinklieger）が17・18世紀に共有地の周縁部などに小規模な私的開墾地（Zuschlag）を獲得して定住し，また教会近くにはそれに類似したキルヒヘーファー（Kirchhöfer）が居住していた．両者は家畜の放牧や菜園地の用益，しかし主に様々な非農業的な営業に従事していた[36]．

以上のようにフーフェ制度，特に共有地用益権は農場等級（Hofklasse）を規定し，領邦当局の租税制度もかかる農場等級を基礎としていた[37]が，(1)・(2)で述べた独立した定住者は，全体で「家持ち」身分（Hausmannstand）として家屋・土地の世襲的保有者（Hofgesessene, Erbgesessene, Angesessene，「家持ち」土地保有者[38]）層をなした．

第1章　近世後半のマルク共同体・領邦当局と下層民定住　　　　59

　(3)付属居住者とは,「家持ち」身分・土地保有者層の外部に位置した隠居人（農場の前保有者）やとりわけ自己の住居・農場をもたない借家人, ホイアーリングの世帯である．エルベやケッターは，常雇いの独身住み込み奉公人を補完・代替する労働力とするために，とりわけ家賃や小作料を得るために，さらには農場非相続者への遺産分与（Abfindung）の代わりに，農場内に借家人世帯を受け入れた．このような付属居住者は，受け入れ農場内に居住するという性格上共有地用益権をもたず，その共有地用益は，共有地の慣習によるが，用益権者たちの黙認か受け入れ農場の用益権に参加する形がとられたといわれる[39]．

　この階層の本格的な増加は16世紀末からであり，18世紀初頭までにいわゆる農民・ホイアーリング関係が形成された．すなわち，夫婦が農場保有者から通常その屋敷地内に（後には私的開墾地にも）ある付属小屋住居（Nebenhaus, Nebenwohnung：隠居小屋〔Leibzucht〕や居住用に改造された納屋・パン焼き小屋・家畜小屋，専用に建てられたホイアー小屋〔Heuerkotten〕），時には家屋敷の母屋（Hauptwohngebäude）の一部とわずかな耕地・菜園地を賃借し（あわせてホイアー〔Heuer〕という），家賃・小作料を現金で支払うほか，農場保有者に対して量的に制限なく労役を義務づけられ，日時の事前取り決めなく随時その呼び出しに応じなければならなかった（不定労役義務）．農場保有者は，それによって収穫・打穀などの農業労働の季節的なピークに対応したとみられるが，反対給付として小作地の犂耕・収穫物の運搬などを連畜を用いて助けた．この関係の基礎となる借家・小作契約（ホイアー契約）は短期（通常4年）の口頭契約であった[40]．

　ホイアーリングは小作地の集約的耕作・共有地用益を基礎に極小規模の農業経営を営みつつ，非農業的な副業活動を行う最下層の世帯であった．オスナブリュック地方では序章で述べたように近世北西ドイツの代表的な農村工業である亜麻織物の家内工業的生産やオランダなどへの出稼ぎ活動が発展したが，ホイアーリングがそれらの主たる担い手であった．これらの点は第2章で詳しくふれることにしたい．

さらに，以上に述べた民衆的な農場・保有地に加え，特権身分の大農場 (Gut) が当地方でも存在した．すなわち，広義の貴族農場（飛び領を除き 1778 年に 96 個，その内保有者が身分制議会騎士会の出席権をもつ騎士農場 〔Rittergut〕70 個とそれをもたない貴族的自由人〔adelige Freie〕の自由農場〔Freigut〕26 個），修道院（飛び領を除き 6 つ）の付属農場 (Klostergut)，さらにいくつかの領邦君主農場 (Domänengut) が存在した[41]．これらの大農場は 1808 年まで免税地であった[42]ほか，近隣の共有地に 3〜4 ヴァーレという比較的大きな用益権をもち，その保有者は，共有地の特権的用益者 (Erbexsen) であった．大農場の大部分は細分化されてホイアーリングや近隣の農村住民に貸し出され，わずかな直営部分は，奉公人とホイアーリングの労働に依存して経営されていた．大農場は全体で 18 世紀末に耕地・菜園地・牧草地合計の 10% 程度を占めたと推計される[43]．

このような農場制度とそれに基づく農村住民の階層分化のあり方は，オストフリースラント・北海沿岸地方などを除き，定住形態やフーフェの内容の地域的相違に関わらず，北西ドイツで概ね共通するものである[44]．

民衆的な諸農場を単位に，ゲマインデが組織されていた．すなわち，フーフェ農場保有者エルベを本来的かつ完全な成員，小農場保有者ケッター（及び零細地保有者ブリンクジッツァー）を不完全な成員，付属居住者を成員権から排除された存在として[45]，行政村とマルク共同体とが併存し，さらに前者のいわば連合として教区団体が存在した．

1801 年に邦内に合計 298 を数えた[46]行政村は，中世には最下位の裁判団体だったといわれ，すでに 12 世紀には成立していたとみられる．それは普通 5〜20 個，多くは 8〜12 個のエルベ農場が所属する規模だった．輪番でエルベ（またはそれにエルプケッターを合わせたエルプロイテ）から選ばれた村長 (Bauerrichter) とそれによって招集される成員集会 (Bauersprache) を中心に行政村は組織され，村内における違法行為の告発，道路管理，緊急時の援助，耕地規制などを行っていた[47]．以下行政村を単に村と呼ぶこともある．

第1章　近世後半のマルク共同体・領邦当局と下層民定住　　　　61

　行政村が平均5～6個，時には10個程度集まって教区が形成され，邦内農村部は飛び領を除き51教区に分かれていた（ただしその内4つでは都市〔stadt〕，同じく4つでは町〔Flecken, Weichbild〕の教区教会に周辺の行政村が所属）．教区は教区団体として組織されており，教区民から選ばれた教区長（Kirchspielvorsteher）や各行政村から選出された教区役員（Provisoren）を中心に，教会管理業務のほかに，救貧，消防などの世俗の業務にも関わっていた．なお，教区教会では礼拝が行われるほかに，その周辺は契約などの法的行為や社交の場であり，市が立つなど，教会所在地は教区の中心であった．教区教会が所在する行政村は，教会村（Kirchdorf）と呼ばれた[48]．

　これに対して，マルク共同体はいわば経済的なゲマインデであった．それは，起源的には自由だった共有地（Mark），特に森林・放牧地の用益を定住の進展・人口増加にともなうその狭隘化の中で秩序づける必要から，ヴェストファーレンでは11・12世紀に成立した．当地方では11世紀頃に一般的な成立をみたと考えられ，史料上の初出は1118年である[49]．1778年に飛び領を除き領邦内に共有地は112個が数えられたが，1か村から数教区にまたがるものまでその規模は全く様々であった．マルク共同体は，かかる共有地の所有主体として，共有地規則（Markordnung）にしたがって，共有地裁判権者（Holzgraf, 選出方法は後述）によって主催される共有地裁判集会（Hölting, Holzgericht）を中心に，共有地監視係（Mahlleute, 成員から選出され，しばしば関係する行政村の村長）の日常的な監督行為に支えられ，共有地の用益管理を行っていた[50]．

　ゲマインデと領邦当局の地方行政機構との関係をみれば，まず，行政村の場合，領邦当局はその道路管理などを広範に規制し，様々な業務をそれに課し，例えば，村長は，道路改良・地区裁判官（Gograf）に対する奉仕・巡視の責任を果たし，領邦当局に対する住民の賦役（Landfolge, 国道役・狩役・輸送役など）の履行を監督させられた[51]．また，教区団体は，15世紀以来しばしば徴税業務に関わるなど，次第に領邦国家の下級行政単位として

利用されていった．16世紀以来，その執行吏として小管区役人（Vogt）が司教により任命されたが，その行政区域が1～2個の教区からなる小管区であった．小管区役人は，徴税と治安維持業務をその下僚（Untervogt）とともに，小管区内の教区長・村長たちを指揮して遂行した[52]．

マルク共同体についても，16世紀以来領邦君主たる司教は，邦内全ての共有地の最上級所有・監督権を主張していた[53]．また，共有地裁判権は本来共同体成員が選出する農民的な共有地裁判権者か，マイアーホーフ（Meyerhof）またはシュルテンホーフ（Schultenhof）などと呼ばれる有力農民農場に付属する場合が多かったが，中世末から領邦君主たる司教または有力農民農場の領主に移ることが多く，研究史上マルク共同体における支配関係的な要素の発展が指摘されてきた[54]．飛び領を除く領邦内の上記の共有地の内，1723年の調査によれば，約半数の55で司教が裁判権者となっているか農民的裁判権者の上位の裁判権職（Oberholzgrafschaft）を獲得し（ランデスヘル共有地），残りの共有地では，24で貴族，15で修道院・聖堂参事会，6で都市に共有地裁判権が所属し，9で共有地裁判権者がマルク共同体成員から選出され（自由共有地），その他は不明であった[55]．
（ヘルシャフトリッヒ）

このようにゲマインデは，近世ドイツ一般にいわれるように，当地方でも，領邦国家の地方行政機構に次第に編入されていったといえるだろう．

最後に，近世における定住史的な状況を確認しておこう．オスナブリュック司教領では，フーフェ農場たるエルベ農場に対して1618年の身分制議会決議によって，また小農場たるケッター農場にも1667年にこの決議が適用されて，農場一子相続制が領邦法レベルでも最終的に確定した[56]．したがって，農場非相続者・奉公人は，一部オランダなどに移住したとみられる[57]が，農村社会で結婚し，世帯を設立したければ，既存の農場に婿入り・嫁入りできない場合，共有地内に小規模な私的開墾地を設定・購入し，住居と小農場・零細保有地を設立するか，または既存の農場にホイアーリングとして受け入れられるほかなかった．後年の数字だが，イブルク管区のベルム（Belm）教区では，1771～1800年エルベの子弟の22%，ケッターの子弟の

42%が農場相続者かその配偶者になれず，またホイアーリングの子弟は全子弟の52%を占めていた[58]。

近世前半において，16世紀には農場非相続者が共有地へマルクケッターとして多数入植していき（「マルクケッター定住の時代」），これを一つの契機として共有地の荒廃・縮小が始まったといわれる[59]。また，16世紀前半から，本格的には16世紀末以降，彼らは，エルベ農場・小農場内の付属小屋にホイアーリングとして定住し始めた．16世紀には租税賦課の恒常化と対領主負担の増加がみられ，またオランダ独立戦争・30年戦争などによる荒廃と外国占領軍の軍税賦課によって農場保有者の現金収入の要求が著しく高まり，他方で，商工業が高揚した反面独立戦争による労働力不足に悩んでいたオランダへ16・17世紀転換期頃から奉公人たちが高収入を求めて出稼ぎに行き始めたことにより，奉公人不足が嘆かれていた．農場保有者は，小作地を設定して農場非相続者や零落者を受け入れることで対応していったのである[60]．

近世前半の農場非相続者・奉公人の世帯設立活動の結果として，1663年・1670年の保有地・住居の階層構成を示せば，表1-1のようになる[61]。

さて，北西ドイツの近世後半は一般に零細地保有者とホイアーリングやホイスリンゲ（Häuslinge）などの土地なし借家人の定住期といわれる[62]．本書前半では，これらに対する定住管理を基本システムと1766年・1774年の

表1-1 1663/1670年の保有地・住居の構成

(単位：個数)

完全エルベ農場	半エルベ農場	エルプケッター農場	マルクケッター農場など	付属小屋住居
2,144	988	1,222	3,018	4,425

註：1）保有地は1663年，付属小屋住居は1670年．
　　2）都市・町は除く．ブラムシェ町（Weichbild Bramsche）・オスターカッペルン町（Weichbild Ostercappeln）分を除く際に史料の都合上前者では保有地・付属小屋住居に1667年，後者では保有地に1667年・付属小屋住居に1669年の数値を用いた．
　　3）飛び領レッケンベルク管区分と免税特権者分を除く．
史料：STAO Rep100-23 Nr. 3, Bl. 12f.；Rep100-88 Nr. 74, Bd. 1, Bl. 74-76；Nr. 87, Bl. 60-62；Nr. 91, Bl. 32f.；Rep100-188 Nr. 5, Bl. 5.

両条例によるシステムとに区別して考察したい．まず本章では，次節以下でこのような下層世帯の設立・定住に対する管理システムを領邦当局の定住政策とその下での農村社会における定住規制との二面から検討したい．

補論：オスナブリュック地方の領主制

なお，当地の領主制についてもふれておきたい．近世北ヴェストファーレンの領主制アイゲンベヘーリヒカイト（Eigenbehörigkeit）は，農場に関する物的関係に純化してその保有者は人身的に自由（persönlich frei）だったニーダーザクセンのマイアー法下の領主制とは異なり，農場（土地）に対する支配関係であるグルントヘルシャフトと農場の保有者アイゲンベヘーリゲ（Eigenbehörige）及びその家族に対する人身支配（Leibeigenschaft）とが形式上結合していた[63]．オスナブリュック地方[64]でも領主（Eingentumsherr）は支配下の農場の用益・処分行為に対する同意権，農場相続・保有者交代の際の保有者決定権や劣悪経営と同意取りつけ義務違反の際の保有者罷免権をもちつつ，農場保有者に対して貢租や人身支配に基づく賦課を徴収していた[65]．

すなわち，(1)基本貢租（Pacht）は貨幣及び現物からなっていた．後者は穀物（主にライ麦とカラス麦）や家畜（豚が中心）などで，両者の水準は伝統的に固定されていた．賦役（手賦役・馬賦役）も存在したが早くから大部分が金納化されていた．(2)保有者決定権や人身支配権に基づき，死亡税（Sterbefall），農場相続金（Winngeld）や農場相続人の配偶者の嫁入り・婿入りの際の持参金（Auffahrt），農場を相続しない子弟の自由買い戻し（Freikauf）金などの不定貢租が賦課された．領主の直営地経営は小規模であり，(1)・(2)が領主の主たる収入源であった．(3)さらに，農場保有者の子弟に対する領主の奉公人優先雇用権や遅くとも30年戦争後には半年の強制奉公制度（実際には金納）も存在した[66]．

これらの賦課が農場保有者にとって経済的に重圧であったことは間違いないが，近世後半には貢租増徴は管区庁の許可を要し，事実上不可能であった

第1章　近世後半のマルク共同体・領邦当局と下層民定住　　65

など，領主制は領邦当局によって租税収入的関心から規制されていた[67]上に，次のような限界をもっていた．第1に，アイゲンベヘリヒカイトは基本的に農場ごとの関係であり，領主裁判権と結合していなかったために領域支配の性格は全くなかった．例えば，ベルゼンブリュック修道院（Kloster Bersenbrück）が17世紀初頭から18世紀末まで用いた支配下の農場一覧によれば186の農場が11教区49か村に散在し，またミュンスター伯爵（Graf zu Münster）のレーデンブルク騎士農場（Gut Ledenburg）には19世紀初め10教区19か村に分散する41の農場に対する領主権が付属していた[68]．さらに，第2に，支配範囲に階層的な限界があった．1723年に領邦当局が調査した7,501の農場の内領主制下にあるのは4,112のみであった[69]．エルベは概ね領主をもったが，エルプケッターの1/4～1/5，マルクケッターの大部分が自由農であり[70]，例えば，1772年のイブルク管区シュレデハウゼン（Schledehausen）教区ヴィスィンゲン（Wissingen）村の場合，15の農場の内5つのエルベ農場と3つのエルプケッター農場は合計4貴族を領主とし，7つのマルクケッター農場は領主なし（„frey"）であった[71]．最下層のホイアーリングは農場を保有しないためニーダーザクセンのホイスリンゲと同様に事実上領主制とは無関係だった[72]．

このように当地の領主制は領域支配の性格をもたず，土地なし借家人に関わっていたわけでもなく，定住管理と直接関係するものではなかった．したがって，領主制への言及は，定住管理体制を具体的な検討対象とする本書において今後最低限に止めたい．なお，領主制のこのような特質も北西ドイツ一般に概ね妥当する．

2．領邦当局の定住政策——定住に対する領邦当局の影響力の限界

17世紀後半はオスナブリュック司教領でも30年戦争後の農村統治の再編期にあたり，復興政策とともに，保有地台帳の整備，租税制度の改革などが遂行された．このような農村政策の再編の中で，領邦当局と農村社会におけ

る定住との関係の，19世紀初頭まで続く枠組みが形成された．1650年の永続協定による共有地入植政策の制限と住居新設同意金制度による住居新設の管理である．

2.1. 共有地での入植政策——領邦当局とマルク共同体

序章でも述べたが，近世後半には共有地への入植によって零細地保有者を創出し，共有地の開墾や工業振興を図るという内地植民政策がかなりの領邦でみられた．最も有名なものはプロイセン東部におけるそれであろう．例えば，この時期ドイツ最大の亜麻織物産地であったシュレージエンでは農村工業振興政策と結びつきつつ，農場非相続者や近隣地域からの移住者が共有地に定住させられることによって，零細地保有者ホイスラーが増大し，農村工業の担い手となっていった[73]．オスナブリュック司教領ではどのような政策がとられたのであろうか．

同司教領においてもすでに述べた15・16世紀におけるマルクケッターの入植運動の背後には領邦当局の促進的な姿勢があったといわれる．すなわち，領邦君主たる司教は，1482年の司教協約と1495年のラント協定で共有地における私的開墾地の設定と居住に対する同意（または許可）権を獲得する（ただし聖堂参事会のそれも併存）と同時に，新入植者に対する賦役賦課権を確保し[74]，そのため，司教は共有地への入植者の増加に積極的な利害関心をもつことになった．例えば，ヴィットラーゲ管区ではマルク共同体の反対を押し切って官吏が共有地への入植の同意を与え，「小屋」を建設させたことによって紛争が生じたことが，1521年に管区長によって報告されている[75]．

しかし，近世後半の領邦当局の共有地入植政策に関しては，前述の1650年の永続協定が注目される．すなわち，同第46条で「聖堂参事会及びそれ（共有地——引用者）に利害をもつ者（共有地用益権者——引用者）の個別の了承」を得ない，領邦君主たる司教とその役人による共有地の「開墾」や共有地における「小屋住居の建設」は明文をもって禁じられた[76]．

第1章　近世後半のマルク共同体・領邦当局と下層民定住　　　　67

　この条項がいかなる背景で成立したのかは不明であるが，まずここに領邦当局と身分制議会（第1院たる聖堂参事会）やマルク共同体成員集団との，共有地入植政策をめぐる利害対立の存在が示されているといえる．領邦君主による共有地における私的開墾地設定・住居新築の促進に対して領主層が結集した身分制議会が反対していたことは，すでに1482年の司教協約で司教に対して共有地における私的開墾地設定の抑制が求められたことから分かり，1496年のラント協定では「聖堂参事会とラントシャフト」，つまり身分制議会の同意権によって制約が試みられた[77]が，注目すべきことに，1650年の永続協定では，領邦当局による共有地入植政策に対するマルク共同体成員集団の同意権が聖堂参事会のそれとともに明示的に規定されていたのである[78]．
　この条項は，現実に影響力をもって領邦当局の入植促進政策を制約し，それによって，共有地への入植による新たな土地保有者の創出を困難にしたとみてよいだろう．以下ではこのことを確認してゆきたい．
　オスナブリュック司教領では，零細地保有者の入植を促進する領邦当局の定住政策についてみるべきものはなく，18世紀末の共有地分割開始以前には欠如していたといってよい．例えば，オスナブリュック地方における17・18世紀の共有地政策に関する研究史ではそれは全く論じられておらず[79]，それをめぐる領邦当局とマルク共同体との紛争もこの時期については知られていない[80]．
　時期的にみれば，17世紀後半・18世紀前半には30年戦争後の復興政策として，保有者がいなくなった農場の再保有化促進政策とならんで，近隣のハノーファー選帝侯領の一部や特にプロイセン領で零細地保有者の入植が企てられたこともあった[81]．しかしオスナブリュック司教領では，管見の限り，前者のみしか存在しなかった[82]．
　また，18世紀後半には北西ドイツにおいても，「大きな人口なしに強国は考えられない」というユスティ（Johann Heinrich Gottlob von Justi, 1720～1771年）を代表とするカメラリストの人口増殖論[83]の受容が一定程度みられ，その成果はともかくとしてハノーファー選帝侯領ブレーメン・フ

ェルデン両公領 (Herzogtümer Bremenund Verden), 同ディープホルツ・ホヤ地方やプロイセン領ミンデン・ラーヴェンスベルク地方, 同オストフリースラントでは零細地保有者の入植促進とそれによる共有地の開墾が企てられた[84]. しかし, オスナブリュック司教領の同時期の共有地政策は, 森林経営の改善の奨励のほかに, 共有地上に設定した私的開墾地に対する免税措置という17世紀以来の方針を確認し, 司教を裁判権者とする共有地から開墾地を獲得する場合に司教の同意料を減免することによって, 既存の農場保有者による私的開墾地の設定を促すというものであった[85].

7年戦争後にこのような政策を推進したとみられるメーザーは内地植民政策に対して慎重であった. 例えば, 共有地に零細地保有者として有能なライン人を入植させて開墾を進めるという, 隣接するプロイセン領ミンデン地方の官吏による, フリードリヒ大王の意を受けた内地植民の提案に対して, 1770年6月メーザーは自身が創刊した週刊紙『オスナブリュック週報 (Wöchentliche Osnabrückische Anzeigen)』の付属誌『ヴェストファーレンの寄与 (Westphälische Beyträge zum Nutzen und Vergnügen)』上で非現実的だと反論し, 根拠の一つとして農場保有者たち (Hofgesessene) の反対を挙げている. ライン人はヴェストファーレン農業の実情に適さないほか, 新入植者が既存の農場に供給しうる労働力はホイアーリングによって満たされており, 零細地保有者の入植は新入植者の共有地用益への参加によって農場保有者たちの権利の縮小をもたらし, 「財産の侵害」となり, 反発を生むだけであるという[86]. メーザーの反論に, 定住政策においてマルク共同体の意向を配慮する領邦当局の姿勢がよく現れている.

なお, 17・18世紀のオスナブリュック司教領において恐らく唯一の組織的な内地植民事業は飛び領レッケンベルク管区で行われ, 植民村フリードリヒスホーフ (Friedrichshof) が成立しているが, その事業は1786年の同地における共有地分割 (マルク共同体も解体) の後に私人の主導で行われたものだった[87].

以上の事情の結果として, 18世紀後半まで新たな土地保有者の定住はわ

ずかであった．表 1-2 により 1670 年と 1772 年の住居数を比べれば，この期間における農村亜麻織物業の発展・オランダへの出稼ぎの増加などに支えられた世帯数の増加の内容を知ることができる．この表によれば，「家持ち」住居（Hauptfeuerstätte）数（保有地数に近似）の増加は，付属小屋住居（Nebenfeuerstätte）の激増（1.9 倍以上）に対してわずか 7.5％であった[88]．前者の増加分の一部は 30 年戦争による荒廃などで保有者不在となった農場（wüste und vakante Höfe，1667 年・1669 年の報告では 206[89]）の減少分によると考えられ，また表 1-1 と表 1-3[90]の比較より 1663〜1801/1802 年の長期間にエルベ農場数やエルプケッター農場数が安定していたことを考えれば，このことは 1772 年までブリンクジッツァーなどの零細地保有者の入植が少なかったことを意味する．

事情は，隣接するラーヴェンスベルク地方と比較すればより明瞭である．同地方は亜麻織物業の発展や非集村地帯という定住形態がオスナブリュック地方と共通した一方，1647 年以降プロイセンの飛び領の一つであり，近世

表 1-2　1670 年と 1772 年の住居

（単位：個数）

	1663 年	1670 年	1772 年
保有地	7,372		
「家持ち」住居		7,371	7,921
付属小屋住居		4,425	8,604

註：1）飛び領レッケンベルク管区と免税特権者分を除く．
　　2）都市・町分は除く．
史料：1663 年・1670 年：表 1-1 に同じ．
　　　1772 年：STAO Rep100-188 Nr. 41, Bl. 29-89.

表 1-3　1801/1802 年の保有地

（単位：個数）

完全エルベ農場	半エルベ農場	エルプケッター農場	マルクケッター農場など	キルヒヘーファー地及びノイバウアー地など
2,134	973	1,253	3,363	424

註：1）フュルステナウ管区分は 1802 年，他の 5 管区分は 1801 年．
　　2）飛び領レッケンベルク管区分と免税特権者分を除く．
　　3）都市・町分は除く．
史料：1801 年：STAO Rep100-188 Nr. 5, Bl. 135-139；1802 年：STAO Rep100-188 Nr. 73, Bl. 306-453.

後半には領邦当局によって人口増殖・入植政策が進められ，またマルク共同体制度の事実上の解体が進んだが，1672年から共有地分割令発令の翌年1770年までにホイアーリング世帯が19％増加したのに対して，土地保有者世帯は76％増加した[91]．オスナブリュック司教領における定住事情の背後に，1650年の永続協定で同意権が確認されたマルク共同体の存在があったことは明らかである．

以上でみてきたごとく，マルク共同体との関係で領邦権力による入植政策が妨げられたという，ミュンスター司教領や7年戦争期までのディープホルツ・ホヤ地方における定住政策の限界[92]についての評価が，オスナブリュック司教領でも妥当すると考えられる．

2.2. 住居新設同意金——領邦当局と個々の農場保有者

それでは，領邦当局は，農村社会における定住行動，とりわけその中心をなすホイアーリングの定住にいかに関与し，それを管理していたのだろうか．

研究史によれば，17世紀前半にはホイアーリングの受け入れ・増加は奉公人不足・共有地の荒廃を引き起こし，既存の農場の経済力・担税力を弱めるという懸念から，領邦当局は，身分制議会とともに定住抑止策をとっていた．1607年にはイブルク管区で教区外出身の付属居住者の追放が命じられ，翌年司教の諮問に答えて領邦全体に対してフーフェ農場たるエルベ農場での隠居小屋以外の付属小屋住居の保有と2世帯以上の付属居住者受け入れの禁止，それ以外の付属小屋住居の取り壊し・付属居住者の追放が身分制議会で決議された[93]．さらに1609年には居住農場のために働く付属居住者の軍役動員とそれ以外の付属居住者の追放が命じられるなど，30年戦争が始まる1618年まで，領邦当局・身分制議会によるホイアーリングの定住抑止を目指す試みは続き，戦争終結後も身分制議会によって一時的に旧来の措置の復活が試みられた[94]．

近世後半について注目されるのは，1646年以降領邦当局によって賦課が企てられた住居新設同意金である．

第1章　近世後半のマルク共同体・領邦当局と下層民定住　　　　71

　住居新設同意金とは，住居新設の際に国庫に対して同意金（Consensgeld für neue Feuerstätten）を，管区金庫に対して付属手数料（Amtsgeld）を支払わせる制度であった．同意金は新住民が領邦君主の保護に入る代償とされ[95]，この手続は同意付与（Bedingung）と呼ばれた．同意金の額は時期・地域によって一様ではないが，例えば，1719年には8～18ターラー，付属手数料は同意金の6/21と規定されている[96]．この制度において賦課対象は新設住居であり，被賦課者は共有地から私的開墾地を獲得して入植した場合入植者自身，また農場保有者がその農場内に付属小屋住居を新設（新築または既存の付属小屋の住居への転用）し，ホイアーリングを受け入れる場合にはその農場の保有者となった．

　この制度の実際の意図・機能はどこにあったのであろうか．研究史上下層民の増加を制限する政策意図・機能を推測する説もある[97]が，住居新設同意金の意図については，まずこの制度の成立背景から知ることができる．従来のホイアーリングの定住抑止政策が効果を挙げぬと，領邦当局は，1650年頃から方針を転換し，ホイアーリングの定住を租税収入源としてとらえ直し始めた．ホイアーリングの家畜は1654年の家畜税条例で課税対象にされたとみられ[98]，1670年の炉税条例で隠居小屋・パン焼き小屋・納屋などの付属小屋住居の炉税（Rauchschatz）額が居住者による支払いを一応前提にして規定される[99]とその定住は最終的に法的に容認されるに至った．1646年に住居新設同意金が賦課され始めたのは，それらの措置の先駆けあるいは政策転換の契機であり，通達によればホイアーリングは同意金支払いによって定住が許されたのである[100]．

　また，1719年のこの同意金制度に関する政府委員会報告をみれば，関心は，もっぱら住居新設，特に農場内の付属小屋住居の新設に対する同意金徴収の法的な可能性に集中している[101]．

　さらに，1730～1789年のフェルデン，フュルステナウの2管区にまたがるベルゼンブリュック地域（メンスラーゲ〔Menslage〕，バットベルゲン〔Badbergen〕，ゲーアデ〔Gehrde〕，アンクム〔Ankum〕，ベルゼンブリュ

ック〔Bersenbrück〕，アルフハウゼン〔Alfhausen〕の6教区からなり3月前期に1管区を形成）についての住居新設関連の申請書・請願書（計20通）とそれへの小管区役人・管区庁・枢密参議会の回答文書を主な内容とする管区庁文書を筆者は調査し得た．申請者・請願者は共有地への入植者（1通），付属小屋住居を新設する農場保有者（16通），その他（共有地裁判権者など3通）である[102]．この文書群から実際の同意金手続をみれば，住居を新築または既存の付属小屋を住居へ転用する際に，管区庁に同意付与を申請する形がとられた（1730～1760年代のバットベルゲン教区の諸例）が，1765年のメンスラーゲ教区のエルベの請願によれば，「同意の前に（vor dem Consens）」同意金を官吏に要求され，実際には同意を買い取るという状況であった．また，1762年のアンクム教区のエルベからの請願によれば，この手続を行わなかったことが露見すると，住居新設者に対して8日以内に管区庁に出頭するか居住者（ホイアーリング）を追放するかが命じられた．命令に応じて出頭した場合，1758年の同教区からの請願によれば，罰金12ターラーが課された[103]．

以上の事実から，住居新設同意金は，定住制限ではなく，主にホイアーリングの定住に対する財政的な関心に基づくものであったとみてよい．

同意金制度の機能については，この制度が漸進的に定着したにすぎなかったことに注意すべきである．そもそも住居新設に対する同意金賦課は，身分制議会・マルク共同体によって共有地裁判権者の権利として理解されていたため，1646年に初めて同意金が賦課された際にすでに，司教が裁判権をもたない共有地に用益権をもつ農場内に新設された住居への賦課に対して，身分制議会やアンクム教区などのマルク共同体から抗議が出されていた[104]．

そして，1667年頃から18世紀初めまで住居新設同意金は十分に徴収されなかったといわれる．司教エルンスト・アウグスト2世によってこの制度の確立[105]と1667年以降の未徴収分の事後的な徴収とが図られると，1789年に司教側の主張が認められるまで賦課権をめぐって司教と身分制議会との長期にわたる論争が呼び起こされた[106]．

第1章　近世後半のマルク共同体・領邦当局と下層民定住　　　　　　73

　実際に，18世紀初頭まで住居新設同意金の手続はあまり行われていなかったとみてよい．例えば，1717年にフュルステナウ管区のベルゲ（Berge）教区で「過去30年に新設された住居」，アルフハウゼン教区で「1674～1711年の新設住居」，またイブルク管区の全13の小管区で1718年に「1667～1718年に建てられた全住居」が小管区役人の手で調査され，各々の一覧表が現存する[107]．住居新設同意金は，このような事後的な調査を経てやっと領邦当局によって要求される状況であったと考えられる．

　その後の状況については，フェルデン，フュルステナウの2管区にまたがるデースベルガー共有地（Deesberger Mark）に関する文書群に，ダーメ（Damme）教区・ノイエンキルヒェン（Neuenkirchen bei Vörden）教区・ゲーアデ教区の農場保有者が管区庁に出頭し，同意金を支払ったという記載が1733年以降断続的に存在する．例えば1733～1741年には8件が記載され，1779年には5人の支払い記録が残されている[108]．また，上述のベルゼンブリュック地域の住居新設関連文書では，フュルステナウ管区庁に提出された住居新設の同意付与申請（バットベルゲン教区から1732年以降6通）や同意金減免の請願（メンスラーゲ教区から1765～1769年に3通，ベルゼンブリュック教区から1789年に1通）が見いだされる[109]．同意金制度は一応定着しつつあったようにみえる．

　しかし，これらの事例地の共有地の多くでは領邦君主たる司教が裁判権をもっていたのに対して，司教が裁判権をもたない共有地への定住の把握やそれに所属する農場保有者による付属小屋新設に対する賦課は，少なくとも1750・1760年代にはまだ容易ではなかった．このような共有地が多いアンクム教区をみれば，1768年9月18日に小管区役人は1750～1767年に「私の知る限り」（＝知っているにも関わらず）「管区庁で同意金の手続をしていない」新設住居が19もあると報告している[110]．実際に1758年同教区内にあるノルトルップ・ロクステン共有地（Nortrup-Loxtener Mark）に所属し，付属小屋住居を新設した農場保有者4人は住居新設の同意付与を申請していなかったし，それが発覚して彼らが管区庁で罰金を支払わされると，

1646年以来この同意金制度を批判してきた地元貴族である共有地裁判権者ハマーシュタイン男爵（Freiherr von Hammerstein zu Loxten）は7月17日枢密参議会に対して不当であると抗議している[111]．また，1768年にディニンガー共有地（Dinninger Mark）では住居新設同意金制度がそれまで全く無視されてきたことが露見した．同年この共有地内で住居を新設して貸し出した者を管区庁が呼び出したのに対して，11月28日に裁判権者（エルベ）は，同共有地は（成員が裁判権者を選出する）自由共有地なので管区庁に同意金徴収の権限はなく，それは自分たちの「旧来の権利」だと管区庁に抗議した[112]．

領邦当局の攻勢が読みとれる一方，同意金制度の定着は，マルク共同体との関係が絡み，かなりの限界があったとみてよい．

そして，炉税徴収に関する1753年の小管区役人条例では，農場保有者は付属小屋住居を新設した場合小管区役人に届け出るよう規定されている（第45条[113]）．ここに，農場保有者による住居新設に対する領邦当局の把握のありかたが示されており，領邦当局は結局付属小屋住居の新築や既存の付属小屋の住居への転用を事後的に追認するにとどまっていたことが分かる．

また，以上で述べた住居新設同意金制度は，もっぱら住居新設を対象とし，定住を人的に管理するものではなかったことも重要である．ここで問題となるのが，ホイアーリングの定住が既存の付属小屋住居への受け入れなど住居新設を伴うとは限らないことだった．

領邦当局による定住の対人管理の実態を知る上で，興味深い史料が存在する．これは，1770～1772年の食糧危機に関連して1772年10～12月に，外国人のホイアーリングとしての定住を管区庁がどの程度把握しているのかを，枢密参議会が各管区庁に報告させたものである．それによると，イブルク管区で小管区役人を通じて外国人の定住を管区庁に届け出るという慣行が存在したものの，実際には機能しておらず，小管区役人もこれを把握していなかった．フュルステナウ管区，フェルデン管区，ヴィットラーゲ管区，フンテブルク管区，グレーネンベルク管区ではいかなる定住許可・届け出制度も存

在しなかった[114].

　他方，租税徴収との関係では，住居新設をともなわないホイアーリングの受け入れは，1786年3月14日の布告[115]で炉税の課税単位が住居から世帯に変更されるまで，その増徴に関係がなかった．またホイアーリングにも直接課税される人頭税（Kopfschatz）は臨時税にすぎず[116]，それが徴収される際に農場の付属居住者を把握すれば十分であった．こうした事情をも考慮すれば，ホイアーリングの受け入れそのものは，外国出身者に限らずより一般に領邦当局によって事実上ほとんど管理されていなかった可能性が極めて大きい．

　結局のところ，せいぜい，半年に一度の炉税徴収の際に住居新設が事後的に確認されたにすぎなかったと思われ，領邦当局は，農村社会における個々の定住行動——実際にはホイアーリングの定住——を，住居新設においても人的にも十分管理していなかったといってよい．

　以上にみてきたような，農村社会における定住行動に対する領邦当局の関与の諸特徴，つまり住居新設同意金制度の財政的関心の下での住居新設に対する把握・賦課の限界，対人管理の弱さは，自己の農場内にホイアーリングを受け入れる個々の農場保有者に対する領邦当局の把握・統制の限界でもあったといえる[117]．

　本節における共有地入植政策と住居新設同意金制度の検討から分かるように，マルク共同体との関係においても個々の農場保有者との関係においても，定住行動への領邦当局の影響力（定住促進・制限）は限定的であった．したがって，この時期の定住管理に本質的な役割を果たしたのは農村社会自体の動向であったと考えてよい．

3. 農村社会の定住規制——マルク共同体と個々の農場保有者

　それでは農村社会はどのように定住を管理していたのであろうか．ホイア

ーリングが本格的に定住し始めた16世紀末・17世紀初頭には，領邦当局の政策に先駆け，それと同様に成果はあまりなかったものの，マルク共同体が個々の農場保有者に対して受け入れの抑制・禁止を図ったことが研究史上知られている．ベルム教区のポヴェ・フェーアテ共有地（Powe-Vehrter Mark）では，ホイアーリングが「共有地に様々な被害をもたらす」（1587年），一部の共同体成員が受け入れたホイアーリングが「鷲鳥や豚で」また「家畜や燃料のために」「生け垣や柵」，「ホップの支え木」，「樹木」に大きな被害を与えている（1592年）などと1580年以来繰り返し問題となった．そのため，1580年の共有地裁判集会で他所者ホイアーリングの受け入れ禁止・マルクケッターによる受け入れの禁止などが取り決められてから同様の決議が1604年まで5回も繰り返され，1605年にはホイアーリングの受け入れの全面禁止が決定された[118]．同様の動向は，ヴィットラーゲ管区のエッセン共有地（Essener Mark）やフェルデン管区のゼーグラー共有地（Sögler Mark）でも確認される[119]．

本節では，17世紀末・18世紀の状況を，フュルステナウとフェルデンの両管区のマルク共同体を事例にした定住規制の制度・実態・帰結の分析に基づいて，共同体規制の対象・構造・機能を検討しよう．

3.1. 共同体規制の制度——定住管理の対象

19世紀プロイセンの農政家ハクストハウゼン（August von Haxthausen, 1792〜1866年）が農村ゲマインデ制度に関する鑑定書において，そしてハノーファー農業改革の主唱者シュトゥーヴェが同じく農村ゲマインデ制度に関する有名な著作においていうように，非集村地帯である北ヴェストファーレンでは，ゲマインデの内行政村は定住管理に関与せず[120]，代わってマルク共同体が定住に対する同意権をもっていた．これが前節で述べた1650年の永続協定で確認され，18世紀末に始まる共有地分割まで農村社会で機能していた基層的な定住管理制度であった．

近世後半の事情に関して，まず法律家の見解をみると，オスナブリュック

第1章　近世後半のマルク共同体・領邦当局と下層民定住　　　　　　　77

司教領の慣習法を叙述した18世紀末・19世紀初頭の法律家クレントルップ（Johann Aegidius Klöntrup, 1755～1830年）は，1800年頃変わりつつあったものの，「裁判権者と他のマルク共同体成員の同意がなければ，かつてはいかなるマルク共同体成員も自己の土地に新しい住居を建ててはならなかった」という[121]。また19世紀初頭のオスナブリュック地方の農村法の専門家リヒャルト（Konrad Heinrich Richard, 生年・没年不明）によれば，「共有地権または共有地用益権は，周知のようにマルク共同体成員のみに属し，それゆえ誰もマルク共同体成員の許可を得るほか，共有地に定住することはできない」という[122]。定住の前提たる共有地からの私的開墾地の獲得も，共有地裁判権者とマルク共同体成員集団の同意が必要であった[123]。

　また，共有地用益についても，住居を新設した者は「他のマルク共同体成員の同意なくしていかなる共有地用益も」享受できなかった。例えば新設住居の住人による家畜の共有地での放牧（Austrift）は，住居新設者が他のマルク共同体成員と共有地裁判権者から同意を得ない限り，新設住居が「マルク共同体成員の付属小屋である場合でさえ」許されなかった[124]。これも追加的な定住規制である。

　そして，これらの規制は17世紀末・18世紀において広く確認される。司教を裁判権者とする共有地の状況を反映するといわれる1671年の共有地裁判集会条例案では，私的開墾地の設定や囲い込み（第6条）とともに「新しい住居の設置，家畜小屋の建設，パン焼きカマド，その他の部屋（Zimmer）の建築」には「（裁判権者の代理人である――引用者）官吏とマルク共同体成員の同意がいつも求められる」（第9条[125]）。また，地元貴族を裁判権者とするフュルステナウ管区のノルトルップ・ロクステン共有地やズットルップ・ドルヒホルン共有地（Suttrup-Druchhorner Mark, アンクム教区），フェルデン管区のエンクター共有地（Engter Mark），カルクリーゼ共有地（Kalkrieser Mark, 以上エンクター教区）では18世紀の共有地規則から上述の規制が確認される。例えば，ズットルップ・ドルヒホルン共有地では，「誰かが禁じられていること，つまり……私的開墾地の設定・囲い

込みや……新しいホイアー小屋の設立，その他に共有地に害を与えることを行った場合」は共有地裁判集会で告発され処罰の対象となった（第7条）．エンクター共有地では，「私的開墾地の設定・囲い込み……新住居……」は「共有地裁判集会の管轄であり」，「裁判権者に」「知らされなければならない」（第5条）という[126]．さらに，農民的な共有地裁判権者が残った，フェルステナウ管区のヴェスター共有地（Wester Mark，メルツェン〔Merzen〕教区・ヴォルトラーゲ〔Voltlage〕教区）についても，1781年に管区庁が同様の規則を言明している[127]．

このように，共同体規制の対象は，定住行動そのものというよりも住居新設同意金制度の場合と同じく住居新設であり，定住者というよりも住居新設者であった．すなわち，共有地の一部を獲得・開墾し，自己の住居を新築する零細地保有者の入植は，常にマルク共同体の規制の下におかれ，定住者自身が規制対象者となった．その一方，農場保有者がホイアーリングを受け入れる場合，付属小屋住居の新設が伴えば，その農場保有者を対象者として規制が加えられたが，農場内の既存の付属小屋住居への受け入れは，十分規制されなかったと考えられる．

3.2. 共同体規制の実態——定住管理の構造

マルク共同体の定住規制の実際をズットルップ・ドルヒホルン共有地とデースベルガー共有地を例にとり検討しよう．両共有地は，規模・裁判権の所在（＝領邦当局との関係）で対照的であるが，それぞれオスナブリュック地方の共有地の代表をなす．ズットルップ・ドルヒホルン共有地は，アンクム教区のズットルップ・ドルヒホルン（Suttrup-Druchhorn）村の農場保有者と隣接数ヶ村の農場保有者の一部を成員とした小型の共有地で，近隣のロクステン騎士農場（Gut Loxten）の所有者である前述の地元貴族ハマーシュタイン男爵を裁判権者とし，有力農民シュルテン（Schulten zu Lowesten）を下級裁判権者（Unterholzgraf）[128]とした[129]．また，デースベルガー共有地は，ミュンスター司教領にまたがるダーメ教区とノイエンキルヒェン

第 1 章　近世後半のマルク共同体・領邦当局と下層民定住　　　　　79

教区，それにバットベルゲン教区とゲーアデ教区の一部に広がり，オスナブリュック司教領側で 18 か村が所属する大型の共有地であった[130]．裁判権者はオスナブリュック司教であり，ダーメ教区の有力農民マイアー（Meyer zu Bockern）を下級裁判権者としていた．同共有地に関しては，領邦君主を裁判権者とする共有地としてほぼ唯一長期間（1612～1745 年と 1762～1800 年）にわたって裁判集会記録——個々の告発について簡潔に記載——が現存する[131]．

　まず，共同体規制を実現する裁判集会の機構をみよう．

　ズットルップ・ドルヒホルン共有地では，シュルテン屋敷（Schultenhof）で年 1 度秋に数日間開催され，ハマーシュタイン男爵によってマルク共同体成員とその他の共有地用益者が招集された本集会と，必要に応じて年数回共同体成員が参加する臨時集会（Bauermahl）とがあった．デースベルガー共有地の裁判集会は，毎年 10 月末・11 月初めの数日間本集会が司教の代理人であるフェルデン管区庁の官吏の臨席の下ダーメ教区で開催され，これに共同体成員は全員参加しなければならなかった．さらにこのほかに，同共有地を構成する個々の部分共有地の成員集会も存在した[132]．

　裁判集会の役割は共有地における様々な規則違反の告発と処罰の決定であり，各成員は知り得た違反行為をこの場で告発する義務を負った．裁判集会は，出席者の点呼と規則の確認の後，告発・弁論・その場でまたは数日後の判決という流れをとった．両共有地とも，18 世紀には裁判権者が共同体成員集団に諮問し，後者が協議して判決を「発見」し，前者に助言するという中世のゲルマン法的な手続はもはやみられず，ズットルップ・ドルヒホルン共有地では裁判権者が以前の同種の違反に対する判例を読み上げ，デースベルガー共有地では判決は裁判権者の代理人たる官吏が決定した[133]．

　次に，共同体規制の実際を，共有地裁判集会に現れた住居新設に関わる告発から，①同意手続，②告発内容，③告発者，④被告発者，⑤判決について整理しよう[134]．デースベルガー共有地については上述の裁判集会記録を調査し得たが，ズットルップ・ドルヒホルン共有地に関しては史料的都合[135]

から郷土史家ドベルマンの研究に依拠するため，対象時期はそれに合わせて1691年以降とし，また序章で述べたように定住管理体制に画期をなすと考えられる救貧法が成立する1774年までとしたい．

(1) ズットルップ・ドルヒホルン共有地[136]

①同意手続の際に，マルク共同体成員集団と共有地裁判権者の双方への同意料の支払いが必要だった．検討時期から詳細は不明だが，家屋新築の同意に10ターラー（1695年），従来住居としては用いられてなかった既存の付属小屋へのホイアーリングの受け入れ（既存の付属小屋の住居への転用）の同意に，同意料1ターラーという例がある（1699年）．やや遅いが1791年の例では，完全エルベ農場の付属小屋の新築の際に，この農場保有者は共同体成員集団に現金10ターラー・シンケン16ポンド（約8キログラム[137]）・ビール0.5トン（約75リットル[138]）・「適量の」パン，裁判権者に現金5ターラー，共有地監視係2人に各1ターラーを納めた[139]．

②告発内容については，ドベルマンの研究から判明する限り，他のマルク共同体成員・裁判権者の同意を得ていない付属小屋住居新築2件と既存の付属小屋の住居への転用2件である．ただし，ドベルマンは転用の試みは少なくなかったともいう．

③告発は「マルク共同体成員（Markgenossen）」またはマルク共同体成員である農場保有者の名でなされた（全件[140]）．

④被告発者は全てが農場保有者であった（完全エルベ2人・マルクケッター2人[141]）．②との関係でいえば，係争点は既存の農場内での農場保有者による付属小屋の新設であった．

⑤判決は3件で判明する．2件で罰金1.1ターラー及び2ターラーの支払いとビール0.5トンの提供だったが，内1件は事前に同意を得ずに納屋に借家人を1年以上居住させたマルクケッターに借家人の追放が命じられた（1720年）一方，同様の1件は罰金支払いとビールの提供で事実上事後的に同意された（1755年）．さらに1件で付属小屋住居からの家畜放牧を同意なく行わないという条件の下で，共同体成員集団及び共有地裁判権者を「満足

第1章　近世後半のマルク共同体・領邦当局と下層民定住　　　　　　81

させる」こと（同意料の支払いと思われる）によって事後的にその新築が同意された（1720年）．

(2)　デースベルガー共有地

①同意手続については裁判集会記録からは不明であるが，下級裁判権者が住居新設の際に新設者から1ターラーを得る権利をもっており[142]，一種の同意料と考えられる．

②1691年から1774年まで（ただし1746～1761年分を除く）の共有地裁判集会での住居新設について51件の告発を確認し得たが，告発内容は，新しい炉（Feuerstätte）の設置がほとんどで，さらに炉の移築が2件であった．そして，一部では同時に新たな小屋からの家畜の放牧（Austrift, 13件）・新たな付属小屋への「ホイアーロイテ」・「貧民」の受け入れ（4件）が告発されている．付属小屋住居の新築に加え，既存の付属小屋の住居への改造や転用に関して，マルク共同体成員集団や裁判権者（の代理人たる管区庁）からの事前の同意取り付け手続の不備に起因するとみられる．

③告発者はほとんど，「～村人」（村名プラス „-er"），「マルク共同体成員（Markgenossen）」，村長（Bauenrichter），個人（隣人などか），下級裁判権者とされ，まれに裁判権者，国庫（Fiscus）の名で告発されている（5件）[143]．ただし，時期的な変化があり，1691～1745年間（37件）に大多数は「マルク共同体成員」，村長，個人が告発したが，1762～1774年（14件）には2件を除き告発は下級裁判権者によるもので，制度上の変化によると思われる．

④被告発者は全部で62人で，身分記載（農場保有者〔Colon〕，エルベ，ケッター），新設住居の種類（付属小屋），新設場所（屋敷地・菜園地・私的開墾地），その他（「ホイアーロイテ」・「貧民」の受け入れ）の記載から，少なくとも49人が農場保有者で，付属小屋住居新設に関して告発されたことが分かる．また，租税簿・地積簿[144]との照合からその内少なくとも完全エルベは10人，半エルベ9人，エルプケッター2人，マルクケッター15人で，農場保有者全階層に及んでいた．逆に被告発者が共有地への新入植者である

と分かるのは1人（後述）のみであり，その他に6人が新設場所が共有地内の私的開墾地，共有地または「共有地近く」であり，身分が不明で，新入植者だった可能性がある．

⑤判決は全てが記載されているわけではないが，1691～1745年には罰金（内容は不明），告発・弁論の「証明（Beweis）」や「検証（Augenschein）」の指示，管区庁への送付などのほかに，15件で ,,abschaffen"（炉の撤去＝住居としての機能剥奪・借家人の追放）という判決が確認され，その内少なくとも8件は農場保有者による付属小屋住居の新設で，3件は新入植者に対するものである（被告発者は同一，後述）．しかし1740年以降に ,,abschaffen" の判決はなく，1762年以降事例の大多数（11件，被告発者15人中少なくとも14人は農場保有者）で3～5ターラーの住居新設同意金の支払いやそのための管区庁への出頭が命じられた．

さて，以上の整理を踏まえ，共同体規制の構造を検討しよう．

まず，これらの共有地でも地元貴族及び司教が共有地裁判権を掌握していたにもかかわらず，農民の主体性が指摘される．すなわち，告発者の大半が共同体成員であったことは，裁判権の所在を考慮すれば，マルク共同体における支配関係的な要素を仲間団体的な要素が支え，利用して「共同体規制」が形成され，実体化されていたといえる．共同体成員が判決過程から制度上排除されても，共同体規制は，実際には裁判集会で彼らが主導しつつ，彼らの意思が領邦君主たる司教や地元貴族がもつ共有地裁判権に媒介される形で実現されていたのである．

このことは領邦当局との関係でも重要である．地元貴族を裁判権者とするズットルップ・ドルヒホルン共有地では，規制の実際において領邦当局とマルク共同体との直接的な関係は指摘し難い[145]．デースベルガー共有地では，1762年以降多くの場合，農民的な共同体職である下級裁判権者が住居新設同意金の支払いに関して告発するような形をとったことは，前節でみた同意金制度の定着と関連しているとみられ，領邦行政へのマルク共同体の編入の進展を意味する．しかしながら，このことは同時に，定住行動に対する領邦

第1章　近世後半のマルク共同体・領邦当局と下層民定住　　　83

当局の関与が農民的・共同体的要素の媒介によって下支えされて機能していたことをも示す．これは，領邦当局が共有地裁判権を通じてマルク共同体に直接関与していなかった場合，前節にみたアンクム教区の諸事例のように住居新設同意金制度が定着し難かったことの説明ともなろう．

　次に，定住をめぐるマルク共同体と個々の成員（個々の農場保有者）との関係をみたい．まず，零細地保有者の入植に関しては，判明する限り両共有地とも明確な例に乏しく，入植の少なさが予想されるが，デースベルガー共有地では，一応これに数えられるものとして，ダーメ教区ダーメ村のCの事件が挙げられる[146]．1724年の裁判集会で，彼は共有地内に不法に住居を建て，家畜を放牧したとしてマルク共同体成員たちに告発され，住居の撤去を命じられた．彼はそこに30数年間住んでいると主張したが，マルク共同体成員ではなかった．マルク共同体成員たちは，それまで彼に「いつも抗議し」，二度彼の住居の炉の「火を消していた」．炉の火は家父の権力を象徴し[147]，それは住居撤去の要求であったとみられる．そしてマルク共同体成員たちは，判決に服しない彼を1725年と1726年にも執拗に告発し，1727年の裁判集会では炉の破壊（＝住宅としての機能剥奪）が報告された．

　また，ここで興味深いのは，管区庁がすでにCの住居を炉税簿に登録し，いわば公認していたことである．そのため，1725〜1726年にCは管区庁・枢密参議会に対して自己の正当性を実に12回も請願書で訴えていた[148]．マルク共同体成員たちは，領邦当局の公認に反してまでも，自らの要求を共同体規制として貫徹させていたのである．

　この事件から，前小節でみた規制の特質から予想されるように，共同体成員たる農場保有者は，入植希望者・新入植者に直接かつ一丸となって対峙し，また厳しく対応していたことがみてとれるであろう．

　次に，ホイアーリング定住をめぐる関係をみれば，判明する限り，住居新設に関して，個々の農場保有者によるいわば勝手な付属小屋住居新設（住居新築や既存の付属小屋の住居への改造・転用）が規制事例のほとんどを占め，こうした農場保有者を他の共同体成員が告発し，判決（＝共同体規制）が下

されるというものだった．

このことは，共同体成員集団からの同意取り付けが必ずしも容易ではなかったことを意味する．そこでは，住居新設者が規制を受けるという原則から必然的であるが，マルク共同体とその個々の成員たる農場保有者とが対峙する構造にあった．実際に，同意取り付けの原則に違反すれば，17世紀末・18世紀前半には両共有地で炉の撤去・借家人追放の判決がみられるように，両者の緊張関係の存在が確認される．

しかしながら，既存の付属小屋の住居への改造ならば同意取り付けは「不承不承であれ」新築の場合ほど困難ではなかったというデースベルガー共有地に関する証言[149]もある．ズットルップ・ドルヒホルン共有地では事例数自体少ないが事後的な同意付与がみられることは注目され，デースベルガー共有地でも告発例の過半数で炉の撤去判決は確認されない．実際には，告発された住居新設の多くは裁判集会の後に罰金・同意料が支払われることなどによって同意がいわば事後的に買い取られる形で事実上承認されたと考えられる．さらに，デースベルガー共有地で1762年以降規制違反が多くの場合数ターラー程度の住居新設同意金の事後払いしか意味しなくなったことは，付属小屋住居新設に対する共同体規制の弛緩を思わせる．

3.3. 共同体規制の帰結──定住管理の機能

以上のようなマルク共同体の定住規制は，現実にはいかに機能していたのだろうか．最後に共同体規制の帰結から考察しよう．

ズットルップ・ドルヒホルン村とデースベルガー共有地所属18か村の農場・住居数の動向をみてみよう（表1-4）．

1667年から1772年まで，ズットルップ・ドルヒホルン村では，保有地数でも農場構成でも全く変化がなかった．この事実は零細地保有者の入植が行われなかったことを意味する．デースベルガー共有地所属の諸村の保有地数はわずかに増加したが，1667年には存在した保有者なしの農場がほとんどなくなったものの，農場等級をみればエルベやケッターの農場数にほとんど

第1章　近世後半のマルク共同体・領邦当局と下層民定住

表1-4　諸村の保有地・住居

(単位：個数)

	S-D村		D所属諸村	
	1667年	1772年	1667年	1772年
完全エルベ農場	18*	16	104(103)	104(103)
付属小屋住居	26*	44	(104)	253(250)
半エルベ農場		2	79(79)	79(79)
付属小屋住居		6	(70)	153(153)
エルプケッター農場	7	7	34(30)	34(33)
付属小屋住居	10	11	(24)	50(49)
マルクケッター農場	29	29	297(284)	299(299)
付属小屋住居	2	6	(104)	271(271)
ブリンクジッツァー地及びキルヒヘーファー地			25(20)	29(24)
付属小屋住居			(9)	6(4)
保有地計	54	54	539(516)	545(538)
付属小屋住居計	38	67	(311)	733(727)
付属居住者世帯	不明	74	不明	999(987)
付属小屋居住分	不明	73	不明	961(949)

S-D村：ズットルップ・ドルヒホルン村．
D所属諸村：デースベルガー共有地所属諸村（ミュンスター司教領部分を除く）．
註：1）　ズットルップ・ドルヒホルン村の1667年の完全エルベは，史料上の都合により完全エルベと半エルベとの合計数を示す．
　　2）　デースベルガー共有地所属諸村には若干の免税地及び保有者が不在となった農場が存在したので，課税対象分を括弧内に示した．
　　3）　付属居住者世帯は保有者世帯以外の農場・保有地内居住世帯で，付属小屋居住世帯に加え母屋に同居する世帯を含む．
史料：1667年：STAO Rep100-88 Nr. 75, Bl. 42-91, 106-116, 190-193．
　　　1772年：STAO Rep100-188 Nr. 41, Bl. 62f.; Nr. 45, Bl. 1-75, 130-132; 154-189. Nr. 46, Bl. 172-175, 257-263．

変化がなかったのみならず，キルヒヘーファー地及びブリンクジッツァー地も微増にとどまった．

その一方，付属小屋住居数はズットルップ・ドルヒホルン村でもデースベルガー共有地の所属諸村でも1667年から1772年にかけて激増した．いずれも1772年には農場の付属居住者のほとんどが付属小屋に居住し，付属小屋居住世帯数は付属小屋住居数を上回っているように，1つの付属小屋住居に

複数の世帯が居住する事態も進展しており，住居数でみる以上にホイアーリングの増加が進んでいた．

表1-4は，全体として，保有地数増加の鈍さとホイアーリングの著しい増加という司教領全体の定住動向をより純粋に示しているといえる．

このような結果は，マルク共同体規制の貫徹と限界として特徴づけられよう．以下この意味を考察したい．

(1)零細地保有者の定住抑制の成功は，上述のように零細地保有者の入植の全てが定住規制の対象となり，マルク共同体と定住希望者との対峙という構図で，マルク共同体成員（農場保有者）たちが一体となって対処し，また実際に入植への同意拒否や住居撤去によって検討時期を通じて厳しく行動していたことを示すといってよい[150]．

しかし，零細地保有者の入植の乏しさは，共同体成員による共有地やその用益機会の保全を意味するものではなかった．このことは，何よりも事実上の共有地用益者の増加となるホイアーリングの増加を意味する付属小屋住居の激増に示されるほか，さらに零細地保有者の入植の乏しさにもかかわらず，既存の農場の保有地（菜園地・耕地・牧草地）の拡大，つまり共有地からの私的開墾地の獲得が活発で，それによって共有地の縮小が進行していたことからも分かる．ズットルップ・ドルヒホルン村[151]と，デースベルガー共有地に関しては関係4教区から1か村ずつをとると，表1-5[152]のようになる[153]．北ヴェストファーレンついてしばしばいわれるように，16世紀の入植活動・30年戦争によって共有地の荒廃・劣化[154]が生じて以来，共有地での家畜の共同放牧を基礎とした畜産の比重が相対的に高い「旧農民経済」から，農業経営は徐々に私的開墾地（牧草地・放牧地・耕地）の用益に比重を移していったとみられる．階層的には，表1-6のようにフーフェ農場たるエルベ農場が農地増加分の大半を得ていたが，小農場も私的開墾地の獲得に参加して保有農地を大幅に増加させている．

共有地は，共同用益資源であるばかりか保有地拡大・経営転換の基礎となる私的開墾地の源泉でもあり，マルク共同体規制は，第1に，小農場も含め

第1章　近世後半のマルク共同体・領邦当局と下層民定住　　　87

た既存の農場全体による土地独占のために機能していたといえ，保有地数の動向からみて概ねそれに成功したのである．

(2)その結果，農場非相続者・奉公人が新たな土地保有者として世帯を設立し，「家持ち」として自立化する可能性がほとんど排除されるという状況の下で，ホイアーリングの定住の多さ（＝定住抑制の限界）は，マルク共同体に対して農場保有者が農場非相続者・奉公人の結婚・世帯設立を保護していたことを示す．先に述べたように，その定住は，住居新設を伴わない場合には共同体規制の対象外となり，付属小屋住居における複数世帯居住化はこれに関連するとみられる．住居新設の場合も，共同体規制の対象者は個々の共同体成員であり，共同体規制に違反しても事後的に承認されたと考えられる場合が多かったのも前小節でみたとおりである．

　かかるホイアーリングの受け入れに農場保有者は，第1節で述べたように，家賃・小作料による収入や奉公人を補助・代替する労働力を期待していた．こうした関心は，領邦当局の租税・賦役要求が16世紀以降増加していったという研究史上指摘されてきた要因のほかに，この時期には特に個々の農場の保有農地拡大（及びその背後にある，共有地での放牧に依存した畜産の衰退）という状況にも関連していたとみられる．

　この事情をより詳しくみれば，保有農地の拡大でいわば獅子の取り分を得ていたエルベ農場は，付属小屋住居の数を1.5～3倍に増やしていた（表1-6）．ホイアーリング世帯の労働力の利用とそれへの農地貸し出しが容易に推測される．事実，バットベルゲン教区の西隣のメンスラーゲ教区の3人の完全エルベによる1765年の請願書は，オランダへの出稼ぎが活発なため耕作に必要な奉公人を確保しにくいのでホイアーリングを受け入れるべく付属小屋住居を新設したいという[155]．また，1770年頃から1800年頃のバットベルゲン教区の8つのエルベ農場（全て完全エルベ）とズットループ・ドルヒホルン村及び隣村ノルトループ・ロクステン（Nortrup-Loxten）村の4つのエルベ農場（完全エルベ3・半エルベ1）の年間収益・支出の見積もり記録が残っているが，これらの農場はその付属小屋住居の家賃・菜園地の小作料

表 1-5　諸村の農場保有農地

(単位：マルター)

ズットルップ・ドルヒホルン村	1667 年	1721/1724 年	1788/1789 年
菜園地	(8.6)	10.3	42.5*
耕地	(108.4)	184.9	201.2*
牧草地・放牧地・林地	(3.2)	90.3	135.9*
保有農地合計	(120.2)	285.5	384.0
グレンロー村			
菜園地	(7.5)	16.8	68.7*
耕地	(69.2)	117.7	162.4*
牧草地・放牧地・林地	(9.6)	109.4	184.5*
保有農地合計	(86.3)	243.9	不明
フラッダーローハウゼン村			
菜園地	(8.0)	不明	47.0*
耕地	(145.5)	不明	414.8*
牧草地・放牧地・林地	(7.8)	不明	132.2*
保有農地合計	(161.3)	300.0	594.0
クラインドレーレ村			
菜園地	(1.0)	不明	6.5*
耕地	(23.8)	不明	36.8*
牧草地・放牧地・林地	(1.5)	不明	27.2*
保有農地合計	(26.3)	94.3	122.8
グロスドレーレ村			
菜園地	(4.3)	9.5	19.1*
耕地	(42.9)	86.4	101.9*
牧草地・放牧地・林地	(5.6)	50.0	48.4*
保有農地合計	(52.8)	145.9	174.9

1 オスナブリュック・マルターは 1.4153 ヘクタール．
註：1) 1667 年は保有者の自己申告値，1721/1724 年と 1788/1789 年は領邦当局による実測値．
　　2) 1788/1789 年の菜園地，耕地，牧草地・放牧地・林地は各農場の村外保有分を含まない．したがってその合計は保有農地合計と必ずしも一致しない．
　　3) 牧草地・放牧地・林地のほとんどは牧草地が占める．
史料：1667 年：STAO Rep100-88 Nr. 75, Bl. 42-45, 73-77, 106-116, 190-193. 1721/1724 年：STAORep100-92 Nr. 13, Bl. 97-99; Nr. 17, Bl. 293-295, 574-576; Nr. 19, Bl. 169; STAOl Best-Nr. 89-6Ab. Nr. 2, Bl. 2; 9-10. 1788/1789 年：STAO Rep100a-I Nr. 11; Nr. 15a, Bl. 54f.; Nr. 19a, Bl. 91-93; Rep100a-III Nr. 13a; Bl. 111f; Nr. 22a, Bl. 3f..

第1章　近世後半のマルク共同体・領邦当局と下層民定住　　89

表 1-6　諸村の農場構成

(単位：保有農地はマルター，奉公人は人数，他は個数)

	1667年			1772年				1788/1789年	
	農場	保有農地	付属小屋住居	農場	付属小屋住居	付属居住者世帯	奉公人	農場	保有農地
E/S-D	18	(93.8)	26	18	50	58	27	18	297.0
E 平均		(5.2)	1.4		2.8	3.2	1.5		16.5
E/Gr	8	(59.6)	11	8	29	49	24	8	275.4*
E/Fl	13	(90.5)	9	13	28	38	17	13	360.7
E/K-D	2	(15.1)	4	2	7	12	9	2	67.4
E/G-D	8	(41.0)	16	8	24	38	16	8	137.8
E 計	31	(206.2)	40	31	88	137	66	31	841.3
E 平均		(6.6)	1.3		2.8	4.4	2.1		27.1
EK/S-D	7	(16.8)	10	7	11	14	5	6	43.3
EK 平均		(2.4)	1.4		1.6	2	0.7		7.2
EK/K-D	4	(11.2)	4	4	8	12	13	4	55.4
EK/G-D	2	(5.6)	3	2	4	6	4	2	18.5
EK 計	6	(16.8)	7	6	12	18	17	6	73.9
EK 平均		(2.8)	1.2		2	3	2.8		12.3
MK/S-D	29	(9.6)	2	29	6	5	7	32	43.7
MK 平均		(0.3)	0.1		0.2	0.2	0.2		1.4
MK/Gr	23	(26.6)	14	23	29	34	18	23	140.1*
MK/Fl	45	(70.8)	26	44	46	54	13	45	233.3
MK/G-D	15	(6.2)	5	15	9	7	5	15	18.6
MK 計	83	(103.6)	45	82	84	95	36	83	392.0
MK 平均		(1.2)	0.5		1.0	1	0.4		4.7

E：完全エルベ農場と半エルベ農場；EK：エルプッケッター農場；MK：マルクケッター農場；S-D：ズットルップ・ドルヒホルン村；Gr：グレンロー村；Fl：フラッダーローハウゼン村；K-D：クラインドレーレ村；G-D：グロスドレーレ村

註：1) 小数点第2位以下の四捨五入の関係で各村の農場の保有農地合計が表1-5の村ごとの保有農地合計とわずかに一致しない場合がある．
　　2) 1789年のグレンロー村の保有農地は村内保有分のみ．
　　3) グレンロー村・フラッダーローハウゼン村にはエルプッケッター農場，クラインドレーレ村にはマルクケッター農場が存在しなかった．

史料：表1-4；表1-5と同じ．

として毎年平均32ターラー（7〜63ターラー）を得ていた．それは粗収益の平均249ターラー（98〜351ターラー）の13％を占め，農場に賦課される最も主要な租税である月税（Monatsschatz, 地税）の平均額36ターラー（13〜45ターラー）を若干下回る程度で，内6農場では月税額と同額かそれ以上だった[156]．耕地の小作料はこれらの評価記録では扱いが明確でないが，賃料総額にはさらにこの小作料分が加わると考えられる．

他方，小農場も，どの村でも付属小屋住居の数をやはり増やしていた（表1-6）．マルクケッター農場について注目すると，グレンロー（Grönloh）村及びフラッダーローハウゼン（Fladderlohausen）村と，グロスドレーレ（Groß-Dreele）村及びズットルップ・ドルヒホルン村との間で差異がみられ，1772年に前2村のマルクケッター農場は付属小屋を平均1軒以上もち，特にフラッダーローハウゼン村では村内の付属小屋住居の過半数がマルクケッターに所属するに至ったのだが，グロスドレーレ村では0.6軒，ズットルップ・ドルヒホルン村では0.2軒である．この差は明らかに保有地規模に対応している．1788/1789年の保有地規模は，後2か村の平均で1.3マルター（1.9ヘクタール），前2か村の平均で5.5マルター（7.8ヘクタール）である．前2か村では全てが零細農的経営とはいい難い．後2か村の場合保有地規模からみて共有地に経営的に依存する傾向がより強かったとみられる．保有地規模と付属小屋住居数の相関からみて，ホイアーリングの受け入れは，マルクケッターにとっても単なる家賃収入というより小作料収入が中心的意義をもっており，共有地の荒廃が進行する中で私的開墾地による保有地拡大と小作料収入によって経営を維持する意味をもっていたと考えられる．

したがって，共同体規制は第2に，農場非相続者・奉公人の世帯設立・定住を既存の農場内に制約し，また制約するに止まることによって，結果的にそれをホイアーリング定住として統制し，小農場を含めた個々の農場に小作料収入・労働力を確保するように機能していたといえる．

さて，以上の定住管理の検討結果からみて，共同体規制は——共同用益資源の保全という機能を次第に失いつつも——個々の農場の経営的利害のため

に機能し，そしてそれと同時に前者は後者に制約されていたと小括できるだろう．

　本節の考察をまとめれば，まず領邦行政機構への編入が研究史上指摘されることが多いこの時期のゲマインデにおいて，定住管理に対する農民の主体的な関与がみられたことが指摘できる．前節でみた住居新設同意金制度の定着の如何も，実は農民的要素との関係に依存していたと考えられる．
　しかしながら，その関与は，通説的な像のごとく定住行動（＝共有地破壊）に対するゲマインデによる共有地の防衛という構図では決してとらえられない．共同体成員に主導され，マルク共同体と個々の共同体成員との協同と対立から構成される共同体規制は，「家持ち」として自立した土地保有者の入植を抑制し得た（土地保有とマルク共同体成員集団の閉鎖性）．しかし，それは下層民の定住全体を管理・抑制し得たわけではなく，共有地の開墾によって保有地を拡大する個々の共同体成員（農場保有者）によるホイアーリングの受け入れには必ずしも及ばず，それを十分に統制できなかったために，下層民の定住を既存の農場内に制約するという結果となっていたのである．
　こうした共同体規制が，共有地分割によってマルク共同体が最終的に解体されるまで存続していたのである．

結びに

　本章では，オスナブリュック地方の農村社会における定住管理体制の展開を検討する第一段階として，17世紀末・18世紀の下層民定住に対する管理体制を考察した．その実態は，以下のように整理しうる．
　この時期において，農村社会における定住管理の主導権は農民が掌握していた．このことは，まず，領邦当局が入植政策においてマルク共同体に制約され，その結果マルク共同体の利害に反して共有地へ入植する零細地保有者が乏しかったことに現れている．また，個々の定住行動への領邦当局の関与

は住居新設，それも司教を裁判権者とするマルク共同体に関係する場合に限られ，その場合も農民的要素に依存していた．

かかる農民は農村社会内で，同意制度を利用してマルク共同体成員集団として土地独占をはかり，農場非相続者・奉公人が新たな土地保有者として入植（＝「家持ち」として自立化）するのを妨げた一方，個々の農場保有者としてマルク共同体と対立しても，彼らの世帯設立を共同体規制から保護して自己の農場（とりわけ屋敷地）内に受け入れ，保有地規模を拡大する農場のために小作人・労働力として利用していた．

したがって，領邦当局に対するマルク共同体の自律性・両者に対する農場保有者の自律性という二重の意味で自律的な定住管理によって，土地保有が閉鎖化される一方，土地なし借家人がいわば創出されていたといえる．

このような考察成果は，近世後半の農村社会における下層民管理のあり方という観点からみて，さしあたり以下のように敷衍できるだろう．

(1)農村社会における代表的な下層民管理たる定住管理は，領邦当局に対するゲマインデの政治的自治の限界にもかかわらず，農民の自律的な領域であり続け得た．

(2)かかる下層民管理において，ゲマインデとともに個々の農場保有者が不可欠の構成部分をなしており，前者に対する後者（家父あるいは「家」）の自律性が重要な役割を果たし得た．この意味で，農場保有者集団としてのゲマインデ（家父の連合）と下層民との関係という枠組みのみで農村の地域管理のあり方をとらえることはできない．

(3)したがって，下層民の定住過程は，定住史・農業史研究で通常言及される歴史地理学的・経済的な要因のみならず，農民の自律性の位相にも強く規定され，刻印されたものだった．特に北ヴェストファーレンにおける土地なし借家人の増加は，従来の研究[157]では一般に，主に新たな土地保有者として入植できる共有地の狭隘化，農場保有者の現金・労働力需要，農村工業の発展などの関連で説明されてきたが，近世後半において上にみたように実質的に自律的な定住管理によって現実化されていたと考えられる[158]．

第1章　近世後半のマルク共同体・領邦当局と下層民定住　　　　93

(4)こうした事情は，ゲマインデに結集する農場保有者集団と貧窮化して「社会問題」を引き起こす下層民群とが対峙し，領邦当局の支援下に前者が後者を排除・監視した3月前期・3月革命期の周知の社会的構図（「共同体と農村プロレタリアート」との対立）とはかなり異なったものであったといえる．

　さて，農民による自律的な定住管理は身分階層制の拡大・深化に帰結した．共同体規制によって新たな土地保有者の入植が抑制される下で個々の農場保有者が自己の農場内に下層民を受け入れるという事情のために，同様に経済的にプロト工業に支えられて下層民が増加した他の諸地方と比べて，当地方の社会構造は特徴的であった．

　すなわち，土地なし借家人の比重が著しく大きかった．オスナブリュック地方では1772年にホイアーリングは全世帯の6割弱だった[159]が，領邦当局による共有地での入植政策によって零細地保有者が創出されたプロイセン東部の場合，シュレージエンでは1778年のアインリーガー世帯数は1767年の土地保有世帯数の19％であり，農場実物分割相続や土地売買によって零細地保有者が増加し得た西南ドイツの場合，バーデンの農村亜麻工業地帯ホッホベルク（Hochberg）地方でも1780年代に土地なし借家人世帯は零細地保有者世帯と合わせて全世帯の45％——大部分は零細地保有者世帯とみられる——であった[160]．

　この点で，オスナブリュック地方は，北西ドイツの中でも代表的な北ヴェストファーレンの頂点に立った．亜麻織物業のほかに出稼ぎ活動も盛んなリッペ伯領で1783年にアインリーガー世帯は全世帯の4割弱，2.1.で言及した亜麻織物業地域ラーヴェンスベルクで1770年にホイアーリング世帯は5割弱であった[161]．

　しかも，増加したホイアーリングは，経済的な意味で土地なし借家人であったのみではない．農村社会における定住を「家持ち」たる個々の農場保有者に全面的に依存し，その農場内に借家するホイアーリングの増大は，「家」を構成単位とする身分制社会にあって，ゲマインデ・領邦当局に対して居住する農場を通じて間接的に関係する性格が強い．農場保有者のいわば私的寄

留者の増殖を意味したのである．

農民に主導された定住管理のこのような帰結は，7年戦争後に「過剰人口」問題という形で社会的動揺をもたらし，従来の管理体制は再編を迫られることになるが，これらの問題の検討は第2章の課題となる．

1) 序章註130)でも挙げたが，Maurer [1865], S. 153, 175-185.
2) 同様に，Bader [1957], S. 60-62, 67f.; ders. [1962], S. 276f., 438f.. さらに地域的に，例えば，バイエルン及び西南ドイツ：Endres [1977], S. 169f.; 若尾 [1996], 84-88頁；フランケン：Endres [1991], S. 112；北西ドイツ：Wittich [1896], S. 138, 143；Verhey [1935], S. 81；ヘッセン：Reyer [1983], S. 102-105；Troßbach [1991], S. 278；ザクセン：Blaschke [1991], S. 120；スイス：Bierbauer [1991], S. 178；Arnold [1994], S. 95f..
3) Berner [1994], Kap. 3, bes. S. 274-309. なお，やはりスイスにおける改宗者受け入れという独自の観点からこの問題に関わるものとして，踊 [2003], 199-205頁．
4) 歴史地理学では総括的に，Nitz [1994], Kap. 3. 我が国では，浮田 [1970] の他に，藤田 [1998] もこれに加えてよい．18世紀の内地植民政策の研究は，例えば，東エルベ：Beheim-Schwarzbach [1874]；Schmoller [1886]；馬場 [1988]；北西ドイツ：Hugenberg [1891]；Müller-Scheessel [1975]；Cordes [1981]；バイエルン：Wismüller [1909].
5) 註2)のWittich [1896]；Verhey [1935] に加え，Mittelhäusser [1980], S. 240.
6) 本書でいうマルク共同体とは，メーザーに始まりマウラーやイナマ・シュテルネックに代表されるマルク共同体学説がいうそれではなく，中世に共有地の用益管理のために成立した共有地共同体である（Hömberg [1938], S. 61f.；Verhey [1935], S. 23-25；肥前 [1992], 5頁）．オスナブリュック地方の事情は1.2. で述べたい．
7) Cordes [1981], S. 30-32；Brakensiek [1991], S. 268f..
8) Hugenberg [1891], S. 309f., 319-321；Schulze [1909], S. 167.
9) Braun [1979], S. 47-50；ブラウン [1991], 278頁．
10) 例えば，Stüve [1872], S. 740f.；Wrasmann [1919-1921], Teil 1, S. 82-96；Schlumbohm [1994], S. 59-66.

11) 例えば，Hatzig [1909], S. 163-168；Rudersdorf [1995], S. 286f., 294f..
12) 例えば，Herzog [1938], S. 166.
13) 例えば，Steinert [2003], S. 9f..
14) Die immerwährende Capitulation des Hochstifts Osnabrück vom Jahr 1650, §21, in：CCO, Teil 1, S. 1647. なお，以下では，法令は初出の場合にのみ正式名称を示す．
15) 例えば，Renger [1968], S. 114-123；Steinert [2003], S. 9-11. こうした変則的制度は，ブラウンシュヴァイク・リューネブルク公がブレーメン大司教領 (Erzbistum Bremen) などにもっていた「監督職継承期待権」の放棄の代償措置であった (Steinert [2003], S. 11-21；伊藤 [2005], 103頁)．
16) 近世後半のオスナブリュックの司教に関してはStüve [1789], S. 350-480 が詳しい．Welfens Alternation についてはSteinert [2003] が専論である．
17) オスナブリュック司教領の国制については，Bär [1901], Kap. 1-3；Renger [1968]. 官僚制については，Heuvel [1984] が専論である．北西ドイツの司教領の国制の概観については，Oer [1969]. ヴェストファーレンの司教領については，Rothert [1949-1951], Bd. 3, S. 311-324.
18) Heuvel [1984], S. 234f.；Rothert [1949-1951], Bd. 3, S. 313. 最も重要な家産裁判権による支配は，16世紀に司教から広範な行政・裁判権を購入したハマーシュタイン男爵 (Freiherr von Hammerstein-Gesmold) のゲスモルト自由領 (Freihagen Gesmold) である (Klöntrup [1798-1800], Bd. 1, S. 79f.) が，領域的には3か村である．
19) Bär [1901], S. 23-25；Heuvel [1984], S. 219-225, 228f..
20) Heuvel [1984], S. 94-111, bes. S. 94.
21) Rothert [1949-1951], S. 320. 貴族がカトリック的ではないオスナブリュックとヒルデスハイムの両司教領では，聖堂参事会員に地元貴族家門出身者が少なく，閨閥政治は困難であり，ミュンスター司教領 (Reif [1979]；飯田 [1992]) やパーダーボルン司教領とは異なる (Oer [1969], S. 96-98)．
22) Hatzig [1909], S. 15-21；Renger [1970], S. 7f.；Welker [1996], S. 671, 674f.；坂井 [2004], 16-18頁．
23) 当地方のフーフェ制度とヴァーレについては，Stüve [1851], S. 32-35；Vincke [1927], S. 197-203；Klöntrup [1798-1800], Bd. 3, S. 273-275. さらにHömberg [1938], S. 52；肥前 [1992], 6頁．
24) Vincke [1927], S. 203-206；Wrasmann [1919-1921], Teil 1, S. 63；Mi-

ddendorff [1927], S. 17. 2 ヴァーレをもつ農民農場については，Stüve [1851], S. 33 を参照．

25) 全般に，Martiny [1926], S. 293-299；Brakensiek [1991], S. 300f..

26) Klöntrup [1798-1800], Bd. 3, S. 274；Herzog [1938], S. 50, 75-79；Winkler [1959], S. 111-113；Heckscher [1969], S. 297-300.

27) Hanssen [1880], S. 180；Herzog [1938], S. 70-72；Winkler [1959], S. 109f.. 一般にドルッベル地域のエッシュとその農法は，浮田 [1970]，76 頁；水津 [1976]，111-113 頁．

28) Herzog [1938], S. 70-72. 一般にヴェストファーレンの自由農圃の農法については，浮田 [1970]，117 頁．

29) Herzog [1938], S. 72f.. なお，当地方の農業改良問題については，ebd., S. 133-146；Behr [1964].

30) Klöntrup [1798-1800], Bd. 1, S. 325；Bd. 2, S. 228f.；Bd. 3, S. 274；Vincke [1927], S. 207-211；Wrasmann [1919-1921], Teil 1, S. 65-68；Middendorff [1927], S. 17f.；Rothert [1949-1951], Bd. 1, S. 431f..

31) Klöntrup [1798-1800], Bd. 2, S. 319f.；Bd. 3, S. 274；Vincke [1927], S. 225-230；Wrasmann [1919-1921], Teil 1, S. 70；Middendorff [1927], S. 18；Rothert [1949-1951], Bd. 2, S. 224-226.

32) Klöntrup [1798-1800], Bd. 1, S. 325；Bd. 2, S. 315.

33) Middendorff [1927], S. 57.

34) Klöntrup [1798-1800], Bd. 2, S. 228. 同個所は農民農場（Bauerngut）をエルベのより大きな „Höfe oder Erbe" とケッターのより小さな „Kotte"（sic!）とに分け，Schlumbohm [1994] は両者を大小の Hof とした（z.B. S. 386, 541, 686）．本書では後者を小農場あるいは単に農場と呼ぶ．

35) Schlumbohm [1994], S. 686 によれば，Colon は完全エルベからマルクケッターまでの大小の Hof の保有者である．なお，Klöntrup [1798-1800], Bd. 3, S. 371 は Colonus を reihepflichtige Stätte（輪番義務保有地＝対ゲマインデ・国家負担単位）の世襲的保有者という．

36) Klöntrup [1798-1800], Bd. 1, S. 193；Bd. 2, S. 223f., 229；Hatzig [1909], S. 149；Wrasmann [1919-1921], Teil 1, S. 68f.；Vinke [1927], S. 213-218；Rothert [1949-1951], Bd. 3, S. 246.

37) Stüve [1872], Bd. 2, S. 610；Wrasmann [1919-1921], Teil 1, S. 71；Dobelmann [1956], S. 76. ただし，ブリンクジッツァーやキルヒヘーファーは独自の

租税区分をなさず領邦行政上しばしばマルクケッターとして数えられた．
38) Wrasmann [1919-1921], Teil 1, S. 71. ただし，Hofgesessene の語義の中心には農場保有者の意味があった．Klöntrup [1798-1800] は Hofgesessene を，「Hof または Stäte をもつ（einen eigenthümlichen Hof oder Stäte haben）」住民で Wehrfester として，ホイアーリングと対峙させている（Bd. 2, S. 172）．そして，Wehrfester とは Hof を世襲的に保有する農民（Bauer）で Colonus の同義とされる（Bd. 3, S. 285）．
39) STAO Rep 321 Nr. 533 所収の各管区庁の報告に詳しい．第 2 章で再述したい．
40) STAO Rep321 Nr. 533, Bl. 18f., 45, 86, 91f., 99. 農民・ホイアーリング関係については我が国でも，藤田 [1984]，125-129 頁；平井 [1994]，36-41 頁を参照．18 世紀末以降を対象としているが画期的な実証研究として，Schlumbohm [1994], Kap. 7.
41) Lodtmann [1778], S. 309-311；Düring [1896] より算出．Rittergut はプロイセン東部では貴族の自己経営地と貴族が支配権をもつ領域との 2 要素を包摂したのに対し，ニーダーザクセンでは自己経営の基礎をなし，恒久的に課税されず，居住者が裁判で下級裁判所での第一審を免れる保有地で，保有者が身分制議会出席権をもつものを意味した（Wittich [1896], S. 4f., 13f.）．これはオスナブリュック地方にも妥当し，本書では Rittergut を騎士農場，一般的に特権身分の Gut を大農場と訳す．領主制との関係では，プロイセン東部の Rittergut の保有者はその性格上グーツヘルであったのに対して，ニーダーザクセンの Rittergut は，現実にはしばしば領主権が付属したが，グルントヘルシャフトとは別個の概念であった（ebd., S. 5, 14f.）．このことも当地方に妥当する．
42) 免税特権に関して，Dobelmann [1956], S. 51, 53；貴族とその農場に関して，Klöntrup [1798-1800], Bd. 1, S. 43f., 344. 免税特権の廃止はヴェストファーレン王国の 1808 年 1 月 8 日令による（Thimme [1893-1895], Bd. 2, S. 403；Oberschelp [1982], Bd. 2, S. 145）．
43) Klöntrup [1798-1800], Bd. 3, S. 275；Middendorff [1927], S. 26-28；Herzog [1938], S. 59；Hugo [1893], S. 19；Hindersmann [2001], S. 225, 226.
44) Brakensiek [1991], Teil 2；ヴェストファーレンについて，Rothert [1949-1951], Bd. 1. S. 136, 431f.；Bd. 2, S. 224-226；Bd. 3, S. 244-246. ニーダーザクセンについて，Wittich [1896], S. 85-112, bes. S. 111f.. さらに，肥前

[1992].

45) ヴェストファーレン一般に，例えば，Meyer zum Gottesberge [1933], S. 16f.. オスナブリュック地方について，上述のヴァーレとはやや異なるが，Vincke [1927], S. 211, 229f. は，ゲマインデにおける権利享受・義務負担の割合を完全エルベ 1，エルプケッター 1/3，マルケッター 1/4～1/6 という．ブリンクジッツァーについては，Klöntrup 1798-1800, Bd. 1, S. 193 は共有地用益権はないとする（前述）一方，Vincke [1927], S. 230 によればその権利・義務が完全エルベの 1/6～1/8 で計算された地域があった．

46) STAO Rep100-188 Nr. 5, Bl. 125.

47) Klöntrup [1798-1800], Bd. 1, S. 117f.; Stüve [1872], S. 619f.; Vincke [1927], S. 211; Wrede [1964], S. 296f.. 北ヴェストファーレンの行政村についてはミュンスター司教領とミンデン・ラーヴェンスベルクの事情が中心だが，Meyer zum Gottesberge [1933], S. 13-21 も詳しい．

48) Stüve [1851], S. 3; Düring [1896], S. 77-91; Wrede [1964], S. 299f.. 北ヴェストファーレンの教区団体・教会村についてはさらに，Meyer zum Gottesberge [1933], S. 22f.. オスナブリュック地方の教区団体は民衆的なゲマインデであり，それは，教区内の貴族などの領主層を本来の構成員とし，中心機関の教区会議（Kirchspielkonvention）に教区内の行政村長が投票権なしで参加する，ミュンスター司教領の教区団体（Symann [1909]; Meyer zum Gottesberge [1933], S. 43-51）とは異なる．

49) Rothert [1949-1951], Bd. 1, 136; Wrede [1954], S. 81f.; ders. [1964], S. 300.

50) 共有地の一覧は Lodtmann [1778], S. 15-17. さらに，Stüve [1872], S. 629f.; Middendorff [1927], Kap. 3; Wrede [1964], S. 300-302.

51) Klöntrup [1798-1800], Bd. 1, S. 117; Wrede [1964], S. 298, 300.

52) Stüve [1872], S. 627f.; Wrede [1964], S. 298, 300; Heuvel [1984], S. 243-246.

53) Stüve [1872], S. 569; Middendorff [1927], S. 29f..

54) 例えば，Middendorff [1927], S. 21-25; Brakensiek [1991], S. 315.

55) マルク共同体については，Wrede [1964], S. 301f.. 裁判権の所在は，Lodtmann [1778], S. 15; Wrede [1975-1980] から算出．1723 年の調査は，STAO Rep100-188 Nr. 52, Bl. 206-268.

56) Stüve [1872], S. 676; Winkler [1959], S. 14f.; Hirschfelder [1971], S. 186.

57) 例えば，Beutin [1939], S. 133.
58) Schlumbohm [1994], S. 375.
59) Vincke [1927], S. 227-229 ; Middendorff [1927], S. 56-59.
60) Wrasmann [1919-1921], Teil 1. S. 73-81 が最も詳しい．
61) なお，表1-1の1663年の史料には完全エルベ・半エルベ・エルプケッター・マルクケッターの等級区分しかないが，その総数は表1-2のように1670年の「家持ち」住居数（保有地数の近似値，後述）にほぼ一致することから，ここでいうマルクケッターはブリンクジッツァーやキルヒヘーファーを含むと考えてよい．これらが税制上マルクケッターに一括されたためと考えられ，表1-1では「マルクケッター農場など」と示した．
62) 例えば，ヴェストファーレンについて，Rothert [1949-1951], Bd. 3, S. 246f.．ニーダーザクセンについて，Mittelhäusser [1985], S. 354, 358f.．邦語文献として，肥前 [1992], 13, 16, 18頁．
63) Wittich [1896], S. 245 ; Winkler [1959], S. 35, 37 ; Hirschfelder [1971], S. 79f., Hindersmann [2001], S. 212f..
64) 1722年所有条例によって法制化されていた（Eigenthums-Ordnung vom 25. 4. 1722, in : CCO, Teil 2, S. 232-269）．
65) Hommel [1923], Kap. 3に詳しい．Winkler [1959], S. 26f., 36f. ; Hirschfelder [1971], S. 87-101. なお，アイゲンベヘリヒカイトに関する近作は，Reinders-Düselder [2003]．北西ドイツの領主制全般に関して近作では，Hindersmann [2001], S. 208-229.
66) Hommel [1923], S. 64-87に詳しい．Winkler [1959], S. 39-46, 95f. ; Hirschfelder [1971], S. 117-122, 141-155. なお，司教を領主とするアイゲンベヘリゲは義務・負担がより軽かった（Herzog [1938], S. 198 ; Hommel [1923], S. 19-24）が，後述の1723年の調査によれば，飛び領を除く4112人のアイゲンベヘリゲの領主の構成は，司教604人，聖堂参事会450人，邦内貴族1619人，邦外貴族その他1439人であった（STAO Rep100-188 Nr. 52, Bl. 173-204, zusammengestellt in : Hatzig [1909], S. 197f. より算出）．
67) Winkler [1959], S. 38, 58. 領邦君主が領主として支配する農場（15％弱）は，隣接ラーヴェンスベルク伯領の43％・パーダーボルン司教領の54％に比べれば僅かであり，この意味で司教は経済的に租税収入により強く依存せざるを得なかった（Hirschfelder [1971], S. 52 ; Brakensiek [1991], S. 301）．
68) Hoene [1977-1978], Bd. 2, S. 447-454 ; Hindersmann [2001], S. 228より算

出．こうした領主制支配の空間的な分散性は北西ドイツ型領主制（グルントヘルシャフト）に共通する（ebd, S. 220f., 226）.

69) STAO Rep100-188 Nr. 52, Bl. 137-204, zusammengestellt in：Hatzig [1909], S. 195-198 より算出．
70) Hommel [1923], S. 23 ; Herzog [1938], S. 62.
71) Kischnick [1974], S. 56.
72) アイゲンベヘリヒカイトの人身支配の属性から，農場非保有者でも農場保有者の，農場を相続しない子弟は理論的にはアイゲンベヘリヒカイトの下にあり得た（Wittich [1896], S. 245, 253f.）が，当地方では領主が農場保有者にそうした子弟の自由買い戻しを通常義務づけていた（Hommel [1923], S. 85f.）．隣接するホヤ地方に関してこうした事情から，ホイアーリングは「自由」であったといわれる（Wittich [1896], S. 243, 257）．なお，リューネブルク侯領（Fürstentum Lüneburg）とホヤ地方でみられた居住農場の領主（グルントヘル）に対するホイスリンゲやホイアーリングの賦役・賦役金（Dienstgeld）の給付義務（ebd., S. 111）は，オスナブリュック地方では知られていない．
73) この問題の専論として，馬場 [1988]．さらに，同 [1993], 150-151 頁．
74) Stüve [1872], S. 569f., 609f..
75) Schloemann [1925], S. 209. ただし，16 世紀にはまだマルク共同体成員も自らの子弟の入植活動には反対し切れなかったといわれる（例えば，ebd., S. 208 ; Berner [1965], S. 132 〔Anm. 414〕）．
76) CCO, Teil 1, S. 1456.
77) 例えば，Stüve [1872], S. 609 ; Wrasmann [1919-1921], Teil 1, S. 67.
78) 同様に，ゲマインデの共有地入植同意権が法的に認められた例として，近隣のハノーファー選帝侯領ディープホルツ地方の 1697 年の身分制議会決議やオルデンブルク公領（Herzogtum Oldenburg）の 1706 年条例がある．前者は，フーフェ農場・小農場に対する恒常的な家畜税の賦課承認と引き換えに，経営的に共有地用益に依存するこれらの農場をハノーファー政府の入植促進政策による共有地荒廃から保護するため，領主層が身分制議会で要求したものだった（Cordes [1981], S. 29, さらに Wittich [1896], S. 104）．後者については，藤田 [1998], 14 頁．近世前半においてもミンデン司教領（Hochstift Minden）の 1513 年協定が挙げられる（Rothert [1949-1951], Bd. 2, S. 230f.）．
79) 例えば，ミッデンドルフの標準作 Middendorff [1927], S. 64-84 や 18・19 世紀の本地方の歴史地理学研究の代表作 Herzog [1938] を参照．

第1章　近世後半のマルク共同体・領邦当局と下層民定住　　　　101

80) 筆者は国立オスナブリュック文書館で史料目録からほぼ全ての共有地関連文書を調査したが，これに関わると思われる文書は発見できなかった．本章冒頭で述べたような，エムスラントやミンデン・ラーヴェンスベルクで知られる程度の紛争はなかったとみてよいだろう．
81) Cordes [1981], S. 28；Schulze [1909], S. 160f..
82) 17世紀後半の復興政策を論じた Winkler [1959], bes., S. 19-26.
83) 18世紀のカメラリストの人口増殖論に関して概観は，Frohneberg [1930], S. 53-60.
84) Wittich [1896], S. 104, 107；Hugenberg [1891], Kap. 1-2；Schulze [1909], S. 163；Müller-Scheessel [1975], Kap. 5；Cordes [1981], Kap. 2-3；Brakensiek [1991], S. 284.
85) Middendorff [1927], S. 78-84.
86) MSW, Bd. 4, S. 285-91, bes. S. 291. ミンデンの官吏の提案は，ebd., S. 291-295.
87) Eimer [1986], S. 17f.；Brakensiek [1991], S. 331f..
88) Hauptfeuerstätte 及び Nebenfeuerstätte とは当地方の行政用語である．Hauptfeuerstätte は屋敷地・宅地内の本宅（農場では保有者世帯が住む，屋敷地の母屋）で，農村部でその数は保有地数及び「家持ち」世帯数の近似値であり，本書では「家持ち」住居とした．Nebenfeuerstätte は農場の付属小屋住居（Nebenwohnung）と同義である．
89) Winkler [1959], S. 143f. 領邦当局は租税利害から17世紀後半にその再保有化策を進めていた（ebd., S. 20f.；Hirschfelder [1971], S. 188f.）．
90) 表1-3のノイバウアーとは共有地分割後の旧共有地への新入植者である（第3章1.1.で再述）．表1-3の史料でもブリンクジッツァーの項目がないが，ブリンクジッツァーがマルクケッターやノイバウアーとして扱われたためと考えられ，表1-3では「マルクケッター農場など」及び「ノイバウアー地・キルヒヘーファー地など」と示した．
91) Potthoff [1923], S. 18；Schulze [1909], S. 371；Brakensiek [1991], S. 40-43, 45f. 52f.. 16〜19世紀の同地方の農村住民の階層構成は，Mager [1982], S. 458（Anm. 48）に整理されている．なお，我が国の農村社会史・プロト工業研究で近世の下層民増加の例として同地方のホイアーリング数の増加がしばしば挙げられてきた（藤田 [1984], 128頁；若尾 [1996], 159頁；馬場 [1997], 19頁）が，共有地分割開始までの1世紀は零細地保有者の入植期だ

ったのであり，土地なし借家人の増加が相対的に鈍かったことは注目されていない．
92) ミュンスター司教領では特にエムスラントの事件が際だつ．官吏による入植促進を嫌悪するいくつかの村の「農民たち」が，1765年官吏による一方的な，入植への同意付与・私的開墾地の設定許可に対して裁判で勝訴した．また1788年に活動を開始した政府植民委員会が植民村をエムス川流域に建設し始めると，近隣4か村の「マルク仲間」（共有地用益権者たち）は宮廷裁判所（Hofgericht）にこの委員会を訴えた．同裁判所は法的根拠の面から委員会の反論を斥け，内地植民計画は結局挫折した（Hugenberg [1891], S. 309, 319-321）．さらに，Brakensiek [1991], S. 268f.. ディープホルツ・ホヤ地方については，Cordes [1981], S. 35.
93) STAO Rep100-188 Nr. 3, Bl. 4, 7-8；zit. in：MSW, Bd. 4, S. 90f..
94) Stüve [1851], S. 134；ders. [1872], S. 741；Wrasmann [1919-1921], Teil 1, S. 87-96, 98；Schlumbohm [1994], S. 63f..
95) Hommel [1923], S. 95.
96) Wrasmann [1919-1921], Teil 1, S. 155；Hommel [1923], S. 95.
97) Hommel [1923], S. 97.
98) Verordnung wegen Einführung und Anlegung eines Viehschatzes vom 11. 8. 1654, in：CCO, Teil 2, S. 59f., hier S. 59.
99) Verordnung wegen Erlegung eines Rauchschatzes vom 19. 2. 1670, in：CCO, Teil 2, S. 91f., hier S. 91. 1667年に導入された月税（地税）における位置づけは後述したい．
100) Wrasmann [1919-1921], Teil 1, S. 101f..
101) STAO Rep100-167 Nr. 6, Bl. 3-10.
102) STAO Rep350Bers Nr. 98 所収．さらに，STAO Rep100-167 Nr. 8, Bl. 1-7.
103) STAO Rep350Bers Nr. 98, Bl. 116f., 233f., 324-326, 480-485, 490-491.
104) Wrasmann [1919-1921], Teil 1, S. 101f..
105) 同司教は専門委員会を設立し，この制度の歴史を調査し，運用の検討を行わせた．同委員会の1719年11月16日付けの報告書（STAO Rep100-167 Nr. 6, Bl. 3-10）にはすでに言及した．
106) Wrasmann [1919-1921], Teil 1, S. 155-157, 159.
107) STAO Rep150Für Nr. 130, Bl. 240-251；Rep350Bers Nr. 98, Bl. 36-38；

Rep100-167 Nr. 5, Bl. 147-175.
108) 後述する裁判集会記録（STAO Rep150Vör Nr. 90-91）に含まれる．
109) STAO Rep350Bers Nr. 98, Bl. 480-485, 490-491 ; Rep100-167 Nr. 8, Bl. 6.
110) STAO Rep350Bers Nr. 98, Bl. 241.
111) STAO Rep350Bers Nr. 98, Bl. 324-326.
112) STAO Rep350Bers Nr. 98, Bl. 336. 関連して翌年1月6日に枢密参議会に請願書が出された（STAO Rep100-167 Nr. 8, Bl. 1-2）．管区庁側の報告と反論（同3月17日）は，STAO Rep335 Nr. 3149, Bl. 64f..
113) Verordnung für die Vögte, insonderheit wegen der Schatzung, vom Jahr 1753, §45, in : CCO, Teil 1, S. 537. さらに，Klöntrup [1798-1800], Bd. 3, S. 91.
114) STAO Rep100-188 Nr. 48, Bl. 3-23.
115) Ausschreiben der Land- und Justiz-Canzley an alle Aemter vom 14. 3. 1786, in : CCO, Teil 2, S. 607.
116) Dobelmann [1956], S. 56-58 ; Wrasmann [1919-1921], Teil 1, S. 150f.. 近世後半には，1656年，1693年，1702年，1706年，1722年，1746年，1761年，1766年に徴収された．
117) こうした状況は，オスナブリュック司教領に限られないとみてよい．ハノーファー選帝侯領ではホイスリンゲは管区庁（または貴族的裁判区〔adeliges Gericht〕では裁判領主）に対して保護金（Schutzthaler）支払いを課され，そのためホイスリンゲの受け入れは人的に掌握・管理されるはずであった（Wittich [1896], S. 111）．例えば，カレンベルク侯領（Fürstentum Calenberg）とゲッチンゲン・グルベンハーゲン両侯領（Fürstentümer Göttingen und Grubenhagen）では，1656年10月6日条例によってホイスリンゲが管区庁に対する保護金・賦役（または賦役金）の負担によって管区内の居住を認められたことに関連して，農場保有者は管区庁に届け出てその同意を得ないホイスリンゲの受け入れを禁じられていた．しかし，18世紀中頃にも農場保有者が管区庁の同意なく受け入れる傾向が繰り返し見いだされるという（Mittelhäusser [1980], S. 240f., 246）．
118) Wrasmann [1919-1921], Teil 1, S. 82-84 ; Schlumbohm [1994], S. 61-63.
119) Stüve [1872], S. 740 ; Wrasmann [1919-1921], Teil 1, S. 84-87.
120) Haxthausen [1834], S. 73 ; Stüve [1851], S. 140.
121) Klöntrup [1798-1800], Bd. 2, S. 11, 317f..

122) Richard [1818], S. 151.
123) Klöntrup [1798-1800], Bd. 3, S. 346f..
124) Klöntrup [1798-1800], Bd. 1, S. 111 ; Bd. 2, S. 11, 317.
125) Entwurf einer Holzgerichts-Ordnung vom Jahr 1671, §§ 6, 9, in : CCO, Teil 1, S. 768, 780. 司教を裁判権者とする共有地の規則として，ヴィットラーゲ管区のアンゲルベッカー共有地（Angelbecker Mark）の規則は，Hartmann [1891], S. 109f..
126) 例えば，STAO Dep69b Nr. 1438, Anfangsteil ; Dobelmann [1957], S. 85 ; STAO Dep 37b Nr. 141, Anfangsteil ; Dep37b Nr. 144, Bl. 2.
127) STAO Rep350 Bers Nr. 98, Bl. 10.
128) 下級裁判権者とは中世以来の本来の農民的裁判権者と考えられ，共有地裁判官（Markenrichter）ともよばれた．近世にも裁判集会開催や共有地管理に重要な役割を果たした．
129) Wrede [1975-1980], Bd. 2, S. 227.
130) フェルデン管区のダーメ教区とノイエンキルヒェン教区はミュンスター司教領政府も領有を主張していたが，オスナブリュック司教領政府が1667年に土地保有を調査し，月税（地税）の課税原簿となる保有地台帳で農場を登録して課税し，1724年と1789年前後に測量し，1772年と1801年にセンサスを行った実効支配部分を本書ではオスナブリュック司教領側とみなす．事実上の国境はReinders-Düselder [1995], S. 222 を参照．
131) STAO Rep150Vör Nr. 89-92.
132) Dobelmann [1957], S. 82-84 ; Hartong [1929], S. 114, 123.
133) Dobelmann [1957], S. 80 ; Hartong [1929], S. 126. より一般に共有地裁判集会の事情は，Klöntrup [1798-1800], Bd. 2, S. 179-181.
134) 以下，STAO Rep150Vör Nr. 89-91 から筆者が作成したデータベースに基づく．
135) 17世紀末・18世紀の裁判集会記録（2冊に製本）の内，郷土史家ジーマー氏（Prof. Dr. Heinrich Siemer）によると1冊は所在不明となっており，他の1冊は現ノルトルップ村在住の所有者の都合から閲覧できなかったため，ここではそれらを分析したDobelmann [1957] から判明する情報を叙述するに止める．
136) Dobelmann [1957], S. 103-106.
137) 1ポンドは約0.5キログラム（Twelbeck [1949], S. 9）．

第1章　近世後半のマルク共同体・領邦当局と下層民定住　　　105

138)　1トンは150.12リットル（ebd., S. 8）．
139)　Dobelmann [1957], S. 104.
140)　なお，その他に時期不詳（1774年以降の可能性もある）だが，裁判権者自らが告発した例が1件あった．
141)　STAO Rep100-188 Nr. 46, Bl. 261；Rep100-92 Nr. 17, Bl. 574 も参照．
142)　Twelbeck [1867], S. 19；Hartong [1929], S. 121.
143)　その他に，告発者不明のものが1件あった．
144)　STAO K. 100 Nr. 1H-III, 13-23；STAOl Best-Nr. 89-6 Ab Nr. 2-4.
145)　なお，アンクム教区とバットベルゲン教区の教区教会で読み上げられたハマーシュタイン男爵の裁判集会通知にはアンクムとバットベルゲンの両小管区役人が副署していたが，両小管区役人は同共有地の用益権者であり（Dobelmann [1957], S. 77, 83f.），領邦当局としての関与といえるのかは微妙である．
146)　STAO Rep150Vör Nr. 90, Bl. 222, 234, 236, 246, 258f., 266f.；Rep560XII Vörden Nr. 421.
147)　例えば，Maurer [1865], S. 187；Schulze [1990-1992], Bd. 2, S. 52（邦訳 [1997], 168頁）；Dülmen [1990-1992], Bd. 1, S. 12（邦訳 [1993-1995], 14頁）．
148)　STAO Rep560 XII Vörden Nr. 421.
149)　Twelbeck [1867], S. 19.
150)　こうした態度は，事例地にとどまらない．隣接するミュンスター司教領エムスラントでは，マルク共同体成員たちが，共有地に私的開墾地が設定される場合でも開墾地を買い占めようとし，ホイアーリングの土地獲得による「家持ち」としての自立化と他所者の定住を防いだため，18世紀後半にはホイアーリングから土地獲得の請願が官吏にたびたび寄せられていた．そこで，入植を促そうとした官吏がマルク共同体成員たちと註92）のごとく対決したが，1765年に後者は入植者の家屋を撤去し，低湿地への入植のために建設された堤防と排水路を破壊した．また，1785年の植民計画反対運動の際には，地元村民が入植者の家屋を襲撃・破壊し，抵抗すれば殴り殺すと脅迫した事件が起こった（Hugenberg [1891], S. 309f., 320）．
151)　同村では1788年の測量時に1772年と比べてエルプケッター農場が1個減り，マルクケッター農場が3個増えていたが，1802年には1772年の状況に戻っていた（STAO Rep100-188 Nr. 73, Bl. 336）．前者1個が一時的に分割貸し出しされたと思われる．

152) これらの4か村に零細地保有者であるブリンクジッツァー・キルヒヘーファーの記載はない。ただし、1789年のフラッダーローハウゼン村には22平方メートル及び218平方メートルの宅地の保有者が2人新たに現れた（STAO Rep100a-III N22a, Bl. 3）.

153) 零細地保有者の入植が乏しいにもかかわらず、共有地が縮小していくという傾向は、イブルク管区ベルム教区でも確認される（Schlumbohm [1994], S. 49, 55）。なお、共有地分割は、ズットルップ・ドルヒホルン共有地では1800年以降、デースベルガー共有地では1828年以降であり（Dobelmann [1957], S. 118 ; Hartong [1929], S. 144）、表1-5 にその影響は含まれない。

154) 一般に、例えば、肥前 [1992]、13頁。オスナブリュック地方について、Schloemann [1925], S. 228-243 ; Middendorff [1927], S. 59-61. ゼーグラー共有地では、1ヴァーレ当たりの豚放牧数が1590年の12頭から18世紀には4頭に減少した（Rothert [1920], S. 35）.

155) STAO Rep350Bers Nr. 98, Bl. 233.

156) STAO Rep350Bers Nr. 1754-1755 ; Nr. 1794 ; Nr. 1796 ; Nr1805 ; Nr. 1805b ; Nr. 1872-1873 ; Nr. 1882 ; Nr. 1884.

157) 例えば、Wrasmann [1919-1921], Teil 1, S. 72-82 ; Mooser [1984], S. 40-43 ; 藤田 [1984]、127-128頁 ; 肥前 [1992]、14-17頁.

158) この点で2.1.で言及したプロイセン領ラーヴェンスベルク地方との比較からみて、近世後半（共有地分割開始まで）の零細地保有者の入植と土地なし借家人の増加とは一定程度代替関係にあり、それは領邦当局・ゲマインデ・個々の農場保有者との間の「定住のポリティクス」の具体的な位相に関わったと考えられる。

159) STAO Rep100-188 Nr. 41, Bl. 29-89 より算出。詳しくは第2章1.1.で述べたい。

160) Ziekursch [1915], S. 408-411 ; Liebel [1965], S. 98.

161) Potente [1987], S. 98 ; Mager [1982], S. 458. なお、ニーダーザクセンでは東部のブラウンシュヴァイク・ヴォルフェンビュッテル公領で土地なし借家人世帯の比重が大きかった。アキレスは、1800年頃フーフェ農場（Ackerhöfe und Halbspännerhöfe）2,857、ヴェストファーレンのケッターに該当するケーター（Köter）の農場（Kothof）7,399、ブリンクジッツァー地4,168とし（Achilles [1972], S. 26）、ホイスリンゲを約14,000世帯と推定した（Achilles [1975], S. 119f.）. ホイスリンゲ世帯は全世帯の半数弱だったと考えられる。

第2章
近世末の下層民問題と定住管理体制の再編

課題

　序章で述べたように，近世ドイツにおいて18世紀は16世紀と並んで人口増加期であり，人口増加の実体をなしたのは，プロト工業の発達や領邦当局の人口増殖政策などに支えられた農場非相続者が世帯設立した農村下層民，とりわけ零細地保有者・土地なし借家人の増加であった．その結果，18世紀のドイツでは，農村部を含め，生計の不安定な住民の増加を背景にして，次第に救貧・治安問題が拡大していき，世紀末に「大衆窮乏」と「生存維持的抗議の古典期」に突入していく．そして，これに対して，ドイツ各地の領邦当局は，18世紀中頃以降，一般に救貧金庫の設立・救貧対象の厳格な制限・浮浪行為の処罰強化と労働矯正施設の増強などを始めとする新たな救貧・治安政策を打ち出していった[1]．

　ドイツ農村社会は，かかる状況の下で19世紀前半の農業改革を迎えたのである．近世末までの下層民の増加・堆積とその社会的影響は，農業改革，つまり近代ドイツ農村の創出にとって直接的な前提をなしていたと考えられるが，こうした問題の一つとして，下層民の増加・堆積が農村の地域管理のあり方に与えた影響の如何が挙げられる．すなわち，近世末において，ゲマインデの支配身分をなす「本来の農民」，つまり完全成員身分をなすフーフェ農場保有者が完全に少数者・特権者と化した状況の下で，下層民の増加・堆

積による社会的圧力が次第に増大していき，領邦当局も干渉していったという状況は，農村社会における下層民管理のあり方やその機能，そこにおける農民の位置・役割を変容させていたのではなかろうか．また，その結果，農場保有者間の関係，「共同体の閉鎖性」といった農村の地域管理に関連する諸関係にいかなる影響がもたらされたのであろうか．序章（2.1.）で言及したように，農村住民の社会的分化の進展による緊張が18世紀後半に治安維持において農場保有者たちと領邦当局との接近をもたらしたとみられるという指摘は注目されるが，近年の下層民研究の進展にも関わらず，近世末における下層民管理の実態やそれをめぐる諸関係が十分に検討されてきたとはいい難いように思われる．

　本章では，このような問題関心の下に，近世末のオスナブリュック地方の農村社会における定住管理をめぐる事情を検討したい．

　近世末の定住管理制度については，序章でふれたように，救貧政策の再編の中で，貧民に対する定住制限・結婚制限が試みられたことが指摘されている．すなわち，18世紀は一般に人口増殖政策の時代とみなされがちであるが，3月前期に「社会問題」に対応して制定される定住・結婚規制法の先駆として，その廃止をめぐる1860年代の議論以来，主にバイエルン，ヴュルテンベルク，オーストリア，ヘッセン・ダルムシュタットの定住制限・結婚制限的な内容をもつ諸立法が整理・紹介されてきた[2]．しかし，少なくとも農村社会に関して，これらの制度の実態も含めてこの時期の定住管理問題が正面から検討されたことは従来ほとんどなかったといってよい．また，北西ドイツに関しては，18世紀末以降の共有地分割が閉鎖的な土地保有秩序を解体させ，下層民の急増を招き，3月前期の「社会問題」の出発点となったという指摘がしばしばみられる[3]が，それに先行する下層民に対する定住管理のあり方は看過されており，3月前期の定住・結婚規制法制定のいわば前提の解明が課題として残されている．

　オスナブリュック司教領では，第1章でみたように16世紀末以来土地なし借家人であるホイアーリングの定住が進み，18世紀後半までに高度に階

層分化した社会構造が典型的に形成されていった．そして，司教領統治に重要な役割を果たしたメーザーに関する研究史が示すように，18世紀，特に後半には救貧・治安問題がホイアーリングによる「過剰人口」問題として社会的関心を集めていた[4]．そのため，下層民問題に関して比較的豊富な史料が残されている一方，深刻化していく下層民問題の基底に定住管理問題があると考えられていたために，メーザーが関与しつつ，下層民に対する定住規制の性格を強くもつ救貧立法（特に1766年条例・1774年条例）がなされたことが知られる．

　これらの立法は18世紀後半にドイツ各地で行われた救貧政策再編の一例であるが，従来の研究の多くは関心がメーザーの立法それ自体に限定され，定住管理の検討としては以下のような問題点が残る．すなわち，立法の背景となった農村社会の事情の把握が十分ではなく，立法の前提たる旧来の定住管理制度との関係にも全く言及されていない．したがって，定住管理制度改革としての立法の性格も不明瞭である．そして，現実にどのような定住管理体制が出現したのかも検討されておらず，立法がもつ農村の地域管理にとっての意味も不明である．

　さて，第1章において以下のような事情が解明された．近世後半のオスナブリュック地方の農村社会において，定住管理は，領邦当局に対するゲマインデ（マルク共同体）の自律性，並びに両者に対する個々の農場保有者の自律性によって農民が実質的に掌握してきた自律的な社会統制の領域であり，その結果多数の土地なし借家人の定住が進んだのであった．本章では，第1章の成果を踏まえ，上述の研究史の問題点を考慮して，メーザーの立法をめぐる諸事情を解明することで，下層民の増加・堆積が近世末のオスナブリュック地方の農村の地域管理とそこにおける農民の自律性に与えた影響を考察したい．

　このような課題を果たすため，以下の叙述では次のような構成をとる．まず，メーザーの救貧立法の背景として，人口において最大の下層民たるホイアーリングとの関係からオスナブリュック司教領の救貧・治安問題を整理し

た上で（第1節），それと旧来の定住管理制度との関係を確認し，メーザーの救貧立法の定住管理制度改革としての性格を分析する（第2節）．それを踏まえて農村社会に対する立法の影響をその対応から検討する（第3節）．

中心的な史料としては，国立オスナブリュック文書館所収の未公刊史料，特に1774年救貧・定住条例関連の枢密参議会文書群[5]と1806～1807年のホイアーリングに関する管区庁報告[6]とを用いる．前者は1774年条例の成立と運用に関わる枢密参議会文書・管区庁からの報告・請願書などからなり，後者は，オスナブリュック司教領の世俗化（1803年）から間もない時期に主に各管区庁が作成した調査報告（報告日：1806年8月14日～1807年2月14日）の集成であるが，両者ともこれまで十分には用いられてこなかった．

1. 近世末の下層民問題――メーザーの立法の背景

オスナブリュック司教領では，早くから救貧・治安問題の背景として，農村社会の最底辺での土地なし借家人，ホイアーリングの増加・堆積が注目されていた．

1.1. ホイアーリングの社会的地位・生活基盤

オスナブリュック地方のホイアーリングについて，第1章ですでに農場保有者との関係から説明したが，本節ではそれを念頭に置きつつ，救貧・治安問題の出発点として，18世紀後半のホイアーリングの状況，すなわち社会的地位と生活基盤・生活状況をやや詳しく検討しておきたい．

まず，18世紀後半の農村住民の社会的分化を確認しよう．1772年のセンサスによれば，オスナブリュック司教領の農村部には，飛び領分と騎士農場・教会・官吏やその他の免税特権者分を除き，第1章の表1-2のように，7,921の「家持ち」住居（保有地）が存在した．このセンサスでは司教領全体について農場等級の構成は不明だが，第1章の表1-1及び表1-3との比較からみて，この時期にその内3,100～3,140がフーフェ農場であるエルベ農

場 (2,130～2,150 の完全エルベ農場とおよそ 970～990 の半エルベ農場)，1,220～1,260 のエルプケッター農場で (以上 4,350～4,360 程度)，その他の 3,560～3,570 程度の保有地の大部分をマルクケッター農場が占め，数百が零細保有地[7]であったと試算される．それに対して，ホイアーリング世帯が住む付属小屋住居は「家持ち」住居数を上回る 8,604 存在した．1772 年の世帯総数は貴族・聖職者・官吏その他の免税特権者を除き 19,095 であるが，「家持ち」世帯は各保有地に 1 世帯ずつ居住したと考えられるので，それから「家持ち」住居数を差し引くと付属居住者世帯数は 11,174 世帯となる[8]．付属小屋住居数 8,604 からみて，その内 1/4 弱の 2,570 世帯は——圧倒的部分は付属小屋住居で——他世帯と同居していたと考えられる[9]．

　さて，農場保有者は，第 1 章でみたように，16 世紀以来租税負担の重圧や保有地の拡大，不足しがちな奉公人労働力の補完といった経営的な理由から付属小屋住居を設置し，ホイアーリングを受け入れていた．また，18 世紀後半には，メーザーが農場抵当制度の改革を盛んに論じ (とりわけ 1768～1772 年)[10]，彼の影響下で農場一子相続制における農場非相続者 (いわゆる共同相続者〔Miterbe〕) への遺産分与の原則の法定化とその制限 (1779 年条例) が政策的に試みられた[11]ように，農場保有者が抱える負債が大きな問題となっており，経済的な重圧の中で農場保有者が現金収入を求めていわば安易にホイアーリングを農場に受け入れる傾向があったという見解もある[12]．さらに，1753 年以降農場の付属小屋住居の一種である隠居小屋に対して，完全エルベ・半エルベ農場ではたとえそれが存在しない場合でも一軒分の炉税が課されるようになった[13]ことも，この時期の付属小屋住居新設・ホイアーリング受け入れの理由として挙げられている[14]．

　ホイアーリングに関して当地方の事情に即して，まずその社会的地位をみよう．

　ゲマインデとの関係をみれば，農場を保有しないホイアーリングは成員権から排除されており，たいていの共有地では実際の用益者数の過半を占めていたとみられるものの，共有地用益権をもたなかったことは第 1 章 (1.2.)

で述べた．マルク共同体との関係で特に注目すべきは，その共有地用益が用益権者たちに黙認[15]されない限り，付属居住者として受け入れた農場の用益権に依存するという形式がとられていたことである．すなわち，1806〜1807年の管区庁報告によると，ホイアーリングの共有地用益は，「農場保有者の名の下にのみ」（ヴィットラーゲ管区・フンテブルク管区），「自分が住む家屋が属する農場の一員として」（フェルデン管区）行われ，所属する農場の「権利の結果」（グレーネンベルク管区）とみなされていた[16]．他方，ゲマインデに対する負担面で，ホイアーリングは行政村に対して，道路維持などのために一般に家屋ごとに割り当てられる村賦役（Bauerwerk）に年間数日間動員されたとみられ，村税は全く納めない場合と完全エルベの1/8を納める場合とがあった[17]．教区団体に対しても一般にせいぜい若干の手賦役程度であったとみられる．ホイアーリングは，フュルステナウ管区バットベルゲン教区では教区賦役を免除されず，同ベルゲ教区・ビッペン（Bippen）教区では境界監視に動員された．またフェルデン管区では教会・学校修理に年間3日程度動員され，同ゲーアデ教区では小管区役人の給養のための教区負担の分担を課された．イブルク管区では道路維持に動員された[18]．

次に領邦当局との関係であるが，領邦当局は，人頭税の賦課などの特別な場合を除いて，通常ホイアーリング世帯を把握しておらず，農場単位で付属小屋住居を炉税簿に記載させ，その付属小屋住居に対して賦役と炉税を賦課していた[19]．ホイアーリングが動員される賦役は，ウサギ狩りやオオカミ狩り，河川の清掃や堰作り，国道建設，道路改良などであり，それぞれ世帯または男子1人当り年間数日程度であった．炉税は，1786年まで住居当り・同年以降[20]世帯当り年間1ターラー（隠居小屋に住む世帯は1ターラー10シリング6ペニッヒ〔1.4ターラー〕）と軽微であり，年2回に分けて居住者が支払った．ここで注目されるのは，居住する農場の保有者による支払い保証の義務である．1670年の炉税条例では，「貧しい者」が付属小屋住居に住む場合は，農場保有者（Wehrfester）が（居住者の代わりに）その炉税を支払うべきであると規定されている．さらに1753年の小管区役人条例は，

「農場保有者（Wehrfester）はそのホイアーリングが適切に炉税を支払うことに責任を持つ」と明示され，自己の農場の付属小屋住居を炉税支払い能力のある者に貸すよう配慮するとともに，付属小屋住居の居住者が炉税を支払えない場合，それを支払わねばならないと規定している（第33条・第46条）[21]．なお，1667年に家畜税に代わって導入された月税（地税）は，近世後半のオスナブリュック司教領の財政を支えた最も重要な税といわれたが，農場に対して賦課されるため，ホイアーリングは負担者ではなかった．もっとも，1667年の月税条例では，ホイアーリングはこの税の支払いのために農場保有者に拠出すべきで，その額は両者で取り決めると規定されていることも注目される[22]．

以上の諸事実からみて，ホイアーリングはその人口比重の大きさにも関わらず，ゲマインデ・領邦当局への財政的貢献は限られ，またゲマインデの成員権をもたなかったのみならず，ゲマインデ・領邦当局に対して十分に自立した地位をもたない，居住農場の寄留者的性格をもつ存在であったといえる[23]．なお，メーザーは，エルベやエルプケッターは「月税や畜賦役（の負担——引用者）によって国家から名誉を得ている階級」であるのに対して，ホイアーリングは「わずかな炉税しか払わない」「名誉なき階級」（一種の賤民）であるととらえ，古代スパルタの不自由人であるヘロットに相当するともいう[24]．

こうした寄留者たちの生活基盤をみよう．彼らは，オスナブリュック司教領においても，極めて小規模な農業経営と家内工業や出稼ぎを中心とする様々な副業とを組み合わせて生計を維持していた．
(1)農業経営は共有地用益と小作地とを基礎とする零細なものであった．まず，共有地用益については，ホイアーリングもまた，共有地で燃料（森林の薪，湿原の泥炭，さらに荒れ地の乾燥した芝）と肥料（荒れ地の芝土，さらに木の葉）を採取し，共有地や収穫後の共同耕地における家畜の共同放牧に参加していた．とりわけ，「公的な放牧地の無償の用益は疑いなく極めて重要である」（1806年12月4日のグレーネンベルク管区庁報告）といわれた[25]．

雌牛・豚に加え，北部の荒れ地では羊，沼沢があれば鵞鳥が飼われていた．畜産の実態は不明点が多いが，ホイアーリング世帯は，通常最も重要な家畜である雌牛を1～2頭，豚を1頭所有したとみられ，また鵞鳥については，1726年のゲーアデ教区で各4羽飼育していたとフェルデン管区庁が報告している[26]．

次に，小作地は付属小屋住居周辺の菜園地と共同耕地や私的開墾地上の耕地からなり，芝土で施肥され，ライ麦や亜麻，18世紀後半には馬鈴薯が栽培された．1800年頃にはホイアーリングによって，共同耕地上の小作地でライ麦収穫の後に大爪草やクローバなどの飼料作物を栽培することが始められた．小作地規模は様々であったと思われるが，一般に主穀であるライ麦をせいぜい自給できるかできないといった程度とみられ，フュルステナウ管区庁はしばしば自給できなかったという（1806年12月29日の報告）[27]．18世紀には一般化し得るデータがほとんどないが，1767年にフュルステナウ管区ユッフェルン（Ueffeln）教区の牧師は，同教区では「少なくとも8～10シェッフェルザート」（0.9～1.2ヘクタール）[28]といっている．1774年頃のイブルク管区ベルム教区の有力農民農場（Meyerhof zu Belm）には，11世帯のホイアーリングが居住し，小作地はそれぞれ菜園地と5～11シェッフェルザートの耕地とからなっていた．もっとも，1807年2月のイブルク管区庁報告は小作地を6～8シェッフェルザート以上にすべきだと論じていることから，同管区では小作地規模がしばしばそれ以下だったと考えられる[29]．かかる小作地の経営は，居住農場の保有者によって制約されていた．同管区庁によれば，ホイアーリングは，馬をもたないため，第1章（1.2.）でふれたように犂耕・運搬は農場保有者の連畜の援助に依存したが，農場保有者は自作地の耕作を優先するため小作地を後回しにしがちであり，また不定量の労役を無償かわずかな日当で課されるために，いわば空いた時間に小作地を耕作していたのである[30]．

以上のような農業経営のみでは生計維持に不十分であり，ホイアーリングは，亜麻織物業や出稼ぎを中心にして手工業や日雇いなどを含む様々な非農

第 2 章　近世末の下層民問題と定住管理体制の再編　　　　　　　　　　115

業的な副業に従事していた．

(2)当地方の主要な農村家内工業である亜麻織物業は，数世紀に渡って下層民の重要な収入源であったといわれる．一部を除き土壌や気候が亜麻の栽培に適するオスナブリュック地方は，中世末以来輸出向け亜麻織物生産の伝統をもち，西隣のテクレンブルク地方と並んでとりわけレーヴェント（Löwend）と呼ばれる無漂白で粗い亜麻織物が農村部で生産され，オスナブリュック市などの検査・取引仲介所（レッゲ）で都市商人に販売されて（レッゲ制度），17 世紀初頭まではイタリアなどを，17 世紀後半以降は熱帯に植民地をもつオランダ・イギリス・スペイン・ポルトガルを主要市場として輸出された[31]．

　亜麻織物業は 17 世紀末・18 世紀初めの繁栄を経て，特に 7 年戦争期に不振に陥ったが，領邦当局はメーザーが主導しつつ 1766 年の糸・亜麻織物取引条例[32]に始まる 1760・1770 年代の諸立法[33]によって，亜麻種（バルト海沿岸産でブレーメン経由で輸入）の適正供給を図り[34]，使用する糸車・織機と製造される亜麻糸・亜麻織物を厳格に規格化した[35]上で，レッゲを 1772～1774 年に各管区 1～2 か所（イブルク町・ブラムシェ町・メレ町・アルフハウゼン村など計 8 か所）に設置して生産者にその負担で亜麻織物の販売前検査を義務づけ，検印された合格品以外の販売を禁止して[36]品質管理を図った．これらの政策は一定の成果を上げ，国際競争力は回復し，亜麻織物業は 1806 年に始まる大陸封鎖まで全盛を迎えた．18 世紀末・19 世紀初頭には，レーヴェントを奴隷の衣服の素材として需要する西インド諸島，スペイン及びポルトガルの中南米植民地，さらにアメリカ合衆国が重要な市場であり，アムステルダム，ハンブルク，とりわけ 6 つの専門商社をもつブレーメンから輸出された．オスナブリュック地方全体で 1790 年代に 60～65 万ターラー程度が生産・輸出されたという推定もある[37]．亜麻織物生産はグレーネンベルク管区西部やイブルク管区，ヴィットラーゲ管区で特に盛んで，1811 年の亜麻織物用織機の台数は，次に述べる一部地域を除き人口 1,000 人当たり 40 台，大半の地域で 80 台，かなりの地域で 120 台を超えていた[38]．

それに対して，フュルステナウ管区のメンスラーゲ教区・バットベルゲン教区及びグレーネンベルク管区東部では亜麻糸（粗糸，Moltgarn）生産が家内工業の中心であり，亜麻糸は次に述べるヴォラッケン（Wollaken）生産などのためにオスナブリュク地方内で需要されたほか，西部ドイツ，ベルク地方，特にエルバーフェルトやオランダに輸出された[39]。

また，土壌が亜麻の栽培に不向きなフュルステナウ管区のアンクム教区・ビッペン教区・ベルゲ教区では，牧羊を活かした毛織物業が定着して靴下などが生産されたほか，1720年頃に亜麻糸を経糸・毛糸を緯糸にした混織のヴォラッケンの生産がホイアーリングの副業として導入された．それは問屋制の形態で冬季に生産され，オランダやオストフリースラントに輸出された．ヴォラッケン製造業は，生産者と問屋商人との関係を法的に確定するメーザーの政策もあり，順調に発展し，その販売額は1778年に8万ターラー程度だったと推定される[40]。

さて，亜麻織物業の生産者の最大部分はホイアーリングであったとみてよい．1809～1814年のベルム教区の住民でオスナブリュック市のレッゲで亜麻織物を販売したと確認される175世帯の内97世帯はホイアーリングであった[41]．当地方では大半の地域で亜麻栽培から織布までの全工程が同一世帯内で行われ，冬季に世帯全員で紡糸に従事し，女性が織布を行い，4～9月に織物がレッゲにもちこまれた．ホイアーリングも亜麻を自給しようとした[42]．グレーネンベルク管区庁によれば，亜麻織物の生産・販売に十分な亜麻を小作地に栽培できない世帯は亜麻糸生産にとどまったという[43]．

最良のレーヴェントが生産されたヴィットラーゲ管区では，全盛期の1803年に農村住民（1,361世帯）が87,389ターラー分のレーヴェントと79,690ターラー分の粗糸を販売したという報告があり[44]，世帯平均額は合計123ターラーとなるが，他方，亜麻織物の取引はレッゲ制度と少数の都市商人の下におかれ[45]，それを有利に売るためにはオランダに持ち込まなければならなかったともいわれ，また戦乱や亜麻の不作によって7年戦争後も1773～1774年，1779～1782年などのように取引不振が生じた[46]．紡糸に関

第2章　近世末の下層民問題と定住管理体制の再編　　　117

しては，それ自体では収益が少なく，メーザーは「最もみじめな仕事（die armseiligste Beschäftigung）」と呼んでいる[47]．

(3)さらに，オランダなどへ向かう出稼ぎ活動（Hollandgängerei，オランダ渡り）も盛んであった．出稼ぎは，第1章（1.2.）でふれたようにホイアーリングの増加が始まった1600年頃にはすでにみられた．1608年の身分制議会への司教の諮問は，住み込み奉公せずに農場の付属小屋に暮らすようになった「奉公人」は，気が向けばホラントとヴェストフリースラントに行くため奉公人不足と賃金高騰が生じるという[48]．労働力不足を引き起こすという認識から，1648年には管区庁の許可のないオランダなどへの出稼ぎが禁止され，また，募兵要員の確保の観点から，1671年，1675年，1701年にオランダへの出稼ぎが禁止・制限された[49]．しかし，出稼ぎは止むことなく続いた．

　18世紀にはオランダ国境地帯からリューネブルガー・ハイデに至る北西ドイツの内陸部から年間最高3万人が主にオランダの沿岸諸州に出稼ぎに行ったといわれる[50]が，オスナブリュック地方からは主に奉公人とホイアーリングが集団をなしてオランダとオストフリースラントに向かい，主に牧草刈り・干し草作りか泥炭掘りに従事した．前者の場合，通常5月末・6月初めに出発して5〜7週間ホラントやヴェストフリースラントの酪農地帯の牧場で働いた．1770年代後半〜19世紀初頭に5週間の労働で旅費・食費などの経費を除き45グルデン（約20ターラー）程度，1811〜1812年に14〜18ターラーの収入が得られたと報告・試算されている[51]．後者の場合，ヴェストフリースラント，フローニンゲン，ドレンテ，オーフェルエイセル，ホラント，ユトレヒトとオストフリースラントの湿原で，3月または4月から7月までの2.5〜4か月間，当時のオランダの主要燃料である泥炭を掘り出した．18世紀に4か月の労働で収入は経費を除き平均して15〜20ターラーとみられ，1811〜1812年に最高で20〜25ターラーと報告されている．19世紀初頭に12週間の労働で35グルデンという試算もある[52]．以上の2つが出稼ぎの中心的な形態であったが，3〜4月に出発してオランダやオストフリースラ

ントの沿岸部に向かい，9～10月に帰郷するまで7～8か月間北海でニシン漁に従事し，あるいはグリーンランド沖で操業する捕鯨船に乗り込む者もいた．収入は漁獲高に依存したが，捕鯨船の場合19世紀初頭に平均的には経費を差し引き70～80グルデン（約25～35ターラー）と試算されている[53]．さらに，危険な東西インド航路に水夫として数年間乗りこむ者やオランダで様々な職人，特に大工や左官として働く者もいた[54]．

こうした出稼ぎに行くのはほとんど男性奉公人とホイアーリングの夫や成人した息子であった[55]が，ホイアーリング世帯では出稼ぎ期間残された妻子が織布や小作地の耕作を行い，居住農場の保有者に対する労役を果たさなければならなかった[56]．

さて，出稼ぎによって比較的短期間に一定の収入が期待できたものの，いずれも重労働であり，危険が伴っていた．最も過酷な泥炭掘りは歩合給であるため，出稼ぎ者は湿原で低温の水に1日16時間も膝まで浸って，食事以外休みなく沼泥を掘り出した．彼らは粗末な泥炭小屋で暮らし，炉の泥炭火の煙や隙間風に悩まされつつ，わらと小枝で泥炭地上に直に作られた寝床で寝起きし，その食事は持参した豆類，ソバのオートミル，脂肪で済まされていたため，質的・量的に不足していた．劣悪な環境の中で，リューマチ，痛風，肺病，熱病にかかりやすく，死亡する危険もあり，帰郷後も消耗による衰弱・慢性的な疾患（特に肺病）にしばしば悩まされた[57]．牧草刈り・干し草作りでは，出稼ぎ先の牧場の納屋に古い干し草で寝床をつくって寝起きし，やはり歩合給のため出稼ぎ者は体を酷使し易く，食費を削るために脂肪やパンを持参して食事としていた．彼らは，帰郷後に結核，水腫，ピップ（慢性的な震えや悪寒）などの病気になり易かったという[58]．また，水夫としての労働も当時の漁船は沈没する危険が小さくなかったほか，北海の厳しい気候は出稼ぎ者の健康を害し易かった[59]．ユッフェルン教区の牧師は，ホイアーリングは帰郷後に病気になって困窮し易く，過労のためしばしば若死にして家族を貧困化させるという[60]．

最後に，出稼ぎ活動は19世紀初頭までに地域的分化をみせていた．1811

年にフュルステナウ管区・フェルデン管区ではそれぞれ3,025人・1,440人（人口の8％以上）がオランダなどへ出稼ぎに行ったが，他の4管区は合計450人程度（人口の0.5％）に過ぎない．イブルク管区庁は1807年に出稼ぎは「過去30年間に……次第に減少した」と述べ，亜麻織物生産の著しい拡大と共有地の開墾をその理由として挙げている[61]．

　以上のような検討により，ホイアーリングの生活は多くの場合，3月前期における共有地分割の進行・亜麻織物業の危機などによる生活基盤の動揺・縮小を待つまでもなく，本来的に不安定であったとみてよい．ホイアーリングは，「財産なくそれゆえ確実な収入源がなく，最良の意思と勤勉な努力をもっても，凶作・穀物の騰貴・病気によって打撃を受けやすく……しばしば家族もろとも最悪の窮乏に陥る」（1806年12月4日のグレーネンベルク管区庁報告），「勤勉であっても，不意の事件が多く，施しを確保するか子供を死なせなければならない」（1807年2月14日のイブルク管区庁報告）といわれている[62]．

　生活水準に関して，同じグレーネンベルク管区庁の報告は，ホイアーリング世帯を3つに分類している．すなわち，(1)農場保有者の子弟が遺産分与を得て設立した世帯．所帯道具も両親からもらい，廉価に小作地を借りて耕作した．穀物の騰貴の際もほとんど救貧負担とはならなかった．(2)そのような遺産分与を得られない奉公人が「自分の運と腕に基づき」結婚してホイアーを借りた世帯や，兵役や債権者を避けて近隣諸国から逃れて来てホイアーを借りた世帯．貧しく，子供は物乞いをした．さらにその他に，(3)在村の仕立屋，指物師，車職人，大工などとして，手工業を営む付属居住者世帯も存在した．経済的には，(1)と(2)の中間だったという[63]．

　1771～1800年にホイアーリングとしてベルム教区の教区教会の婚姻簿に記載された初婚の新郎150人と同じく初婚の新婦186人の内，農場保有家族の出身者は新郎28人・新婦38人で，農場相続の際にそれなりの遺産分与を得る「大農」（エルベ）家族出身者は，新郎17人（11％）・新婦21人（11％）であった．(1)は，仮にエルベ家族出身者同士が全く結婚しなかったと想

定しても，完全に少数派だった[64]．(3)に関しては，例えばメンスラーゲ教区では，1772年のセンサスによれば全592世帯中付属居住者世帯は406世帯で，その内50世帯（12%）が手工業に関与していた[65]．限られた情報からではあるが，近世末には貧しい(2)が圧倒的に多数派だったとみてよいだろう．

なお，研究史上「家父長制的関係」としてしばしば推測されてきた困窮時の農場保有者による保護・援助は，個々の農場保有者の自明の義務ではなかったと考えられる．後述するように，1770～1772年の食糧危機の際にホイアーリングを助けるために，農場保有者たちにライ麦を供出させる条例を領邦当局が出しており，1806～1807年の管区庁報告でも個々の農場保有者による非常時の援助には全く言及されていない[66]．個々の農場保有者は，奉公人に対するのとは異なり，ホイアーリングの生計維持に責任をもたなかったとみてよい．

本小節の考察をまとめると，近世末のオスナブリュック農村社会の社会構造は，当時の身分制体制には必ずしも直接的に統合されない上に生活が不安定な階層の堆積によって，特色づけられていたといえよう．

1.2. ホイアーリング問題としての救貧・治安問題

こうしたホイアーリングの増加・堆積が引き起こす問題は，早くから注目されていた．7年戦争後の時期を中心に概観しよう．

1770～1772年には食糧危機が生じている．周知のように，1770年と1771年の夏中欧では主穀たる麦類が凶作となった．当地でも領邦当局は，1770年11月穀物の邦外輸出と（ライ麦を原料とする）火酒の醸造を禁じたほか，財務担当官を派遣してブレーメンで大量のライ麦を買い付け，1772年2月にセンサスを行い，邦内全世帯の穀物の余剰・不足状況を調べた上で，このライ麦を困窮者に無償で配布，または買い入れ価格で信用販売した[67]．

この際に領邦当局はライ麦の購入に55,216ターラーの支出を強いられたが，年間租税収入は1760・1770年代に120,000～130,000ターラーであった[68]ので，購入費用は実にその4割以上にあたる．その内回収予定分の半額

以上の 14,804 ターラーが結局 1773 年まで回収できず，司教金庫（Bischof-Casse）が立て替えたこの費用の負担の方法・責任をめぐり，司教ヨーク公の父親で後見人として事実上の領邦君主であったイギリス国王・ハノーファー選帝侯ジョージ 3 世と身分制議会とは 1774 年 6 月まで対立し続けることになった[69]．

この食糧危機の被害者について，メーザーは 1771 年 6 月，「本当の農民（Landmann）はいつでも備蓄でほとんどやっていけるが，多くの付属居住者にはこれがない」と判断していた[70]．そして同年 12 月に彼の提案で，「炉税簿に載っている，教区の貧しいホイアーリング」に小管区役人が分け与えるため，一定量のライ麦を公定価格で引き渡すことを農場保有者たちに命じる条例が出された[71]．

実際に 1772 年 2 月の調査では，例えば，ベルム教区の場合全 436 世帯中 188 世帯がライ麦不足と申告したが，その内エルベ（99 世帯）が 17 世帯・ケッター（66 世帯）が 37 世帯だったのに対して，130 世帯がホイアーリング（261 世帯）だった（その他の 10 世帯中 4 世帯も不足）．またフュルステナウ管区バットベルゲン教区では，ライ麦の余剰はエルベ（115 世帯）と上層の小農場保有者であるエルプケッター（50 世帯）に集中する一方，全世帯の 2/3 弱を占めるホイアーリング（603 世帯）の約半数（296 世帯）でライ麦が不足し，教区全体のライ麦不足量の 82% がホイアーリングの不足分だった[72]．

程度の差はあれ，食糧危機は 1794〜1795 年にも生じ，同様に穀物輸出と火酒醸造が禁止された[73]．

こうした食糧危機の背後には，より日常的な救貧・治安問題が存在していた．オスナブリュック司教領ではすでに 30 年戦争後の時期から貧民問題に悩まされていたといわれ，1701 年以降だけでも 1803 年の司教領の世俗化までに，物乞いやそれに関わる治安関係の条例が 22 も出されたほどであった[74]．

貧民には，枢密参議会が発行する物乞い状（Collecten-Brief，1723 年条

例）や管区庁，教区長または牧師・司祭が発行し，名前・居住地・身分・貧困化の理由（高齢・病気・事故など）が記載された貧困証明書（Armen-Attestat, 1738年条例）によって，居住する教区内での物乞い行為が許されていた（1738年条例）[75]．また，小管区役人の判断で居住する住居に課される炉税が免除され，1749年以降国庫（Stiftskasse）及び1765年以降司教金庫の恩寵資金（Fonds zu milden Ausgaben）から救貧補助金が教区牧師・司祭を通じて個々の貧民に支給されたが，前者の場合貧困証明書に基づき（1767年11月30日の布告）個別に請願され，身分制議会の同意が必要であった[76]．

7年戦争後の実際の状況をみれば，司教領全体で，恩寵資金からの支出は1784年まで年間600ターラー・1785年以降は同800ターラーであり，炉税免除の住居は1767年に約600戸で，炉税免除総額は1776年6月領邦当局の報告によると年800～900ターラー（1772～1774年平均で841ターラー，炉税査定総額の2.5%）[77]，国庫からの救貧補助金は毎年総額2,000～3,000ターラー程度だった．炉税免除や救貧補助金支給の基準が明確ではない上に，両者とも年々増加する傾向にあったことが1770年代メーザーや身分制議会が問題視するところとなっていた[78]．また，司教領全体の貧民数は把握し難いが，1772年2月フュルステナウ管区では，全5,136世帯中「困窮した貧民（notleidenden Hausarmen）」は905世帯を占めた[79]．

そして，18世紀の北西ドイツでしばしば観察された[80]ように，農村を徘徊して半ば暴力的かつ集団となって施しを強要する物乞い群が，オスナブリュック司教領でもこの時期に問題となっていた．例えば，バットベルゲン教区では，1781年の牧師の報告によれば，20～40人が一度に1農場に物乞いに押し寄せた．隣接するアンクム教区では，1782年の報告によれば，同じく1農場に15～25人が押し寄せ，同教区タルゲ（Talge）村では1日に257人が物乞いに来たことさえあったという[81]．

このような貧民は，「資力がなくて共有地や付属小屋に定住する民衆」，すなわちマルクケッターやブリンクジッツァー，特にホイアーリングであった．

第2章　近世末の下層民問題と定住管理体制の再編　　　　　123

　メーザーは1767年11月『オスナブリュック週報』上の論文ですでに，夫がオランダに出稼ぎに行っているホイアーリングの妻を物乞いを行う者の例として論じており，また1771年6月『週報』の付録『有益な付録（Nützliche Beilage zum Osnabrückischen Intelligenzblatt)』と同年12月に『ヴェストファーレンの寄与』上の論文で，教区の負担となり，物乞いや窃盗を行う貧民は農場保有者の間ではみられず，付属居住者の間で大量に見いだされるという[82]。このことを検証するため，1772年に貴族・聖職者とその関係者を除き938世帯が居住したバットベルゲン教区を例にみれば，同年166世帯の貧民（Armen；Hausarmen）が記録されているが，センサスとの照合によって身分を判明し得た112世帯の内7世帯がマルクケッター，105世帯がホイアーリングだった[83]。

　なお，17世紀以来進む共有地，特に森林の荒廃もこうした貧しいホイアーリングによるものと考えられていた．すでに1717年に身分制議会の騎士会・都市会は，日常生活や時には火酒醸造のために全ての燃料を森林から合法・非合法に得るホイアーリングの出現後に「森林は今の状態になった」と森林荒廃の原因として非難していた[84]．こうした森林荒廃の実態の検証は困難であるが，7年戦争後にも繰り返し問題とされ，1774年3月に都市会はホイアーリングが共有地の森林，泥炭などを荒し，家畜を過剰に放牧すると非難した[85]．1785年1月にも都市会が，ホイアーリングには共有地の薪が割り当てられず購入する資力もないので盗むしかなく，森林盗伐の増加はホイアーリングの増加と関連しているという苦情を出し[86]，同様に1796年5月にも騎士会で営林を危うくする程の森林盗伐についてホイアーリングとの関連が討議されている[87]．

　以上のような問題を拡大したのが，村外・教区外からの下層民の流入であった．当時観察された物乞いの中には，地元の貧民に加え，他所者貧民も混じっていた[88]．例えば，アンクム教区の「全行政村」及び教区役員による1782年1月21日の請願書によれば，周辺教区や邦外から地元の貧民と同数程度の貧民が物乞いにやってきて混乱を増し，地元の貧民による物乞いと競

合するに至っているという[89]．このように他所者貧民には邦内に流入した多数の外国人貧民も含まれていたが，フェルデン管区ノイエンキルヒェン教区ヘアゼン（Härsen）村でも1792年3月21日の請願書によれば，「物乞い状をもたない多数の他所者乞食」（邦外からの流入者）が観察されていた[90]．

こうした他所者貧民に対して，18世紀前半から物乞い規制関連条例の中で特別規定・特別法が制定され，またゲマインデによる「貧民取り締まり人（Armenjäger）」の雇用がみられた．7年戦争後にはその雇用が一般化する[91]とともに，領邦当局は1770年以降隣接するミュンスター司教領政府，ハノーファー政府，プロイセン政府と協議し，国境を越えた浮浪者狩りを試みていた[92]．この時期における問題の深刻化がみてとれる．

下層民のこうした流動の中で，1772年10～12月の管区庁報告によれば，他所者貧民がホイアーリングとして農場に受け入れられるが，しばしば生計を立てられずに救貧問題や治安問題を引き起こしていた[93]．1774年10月の領邦当局によるジョージ3世への報告も，「無能な浮浪者と怠け者の乞食が領邦にやってきて（ホイアーリングとなり――引用者），住民の勤勉な部分にとって大変な負担となり，貧民として」「公的な資金から無用な扶助」を得るという[94]．

このような例としてHの経歴をみよう．1778年11月12日の請願書によれば，Hはヴェストファーレン南部のパーダーボルン司教領（Hochstift Paderborn）の小都市クライネンベルク（Kleinenberg）に生まれ，プロイセンの徴兵人に捕まってプロイセン軍に15年間勤務した後に脱走し，オスナブリュック司教領に逃げ込んだ．グレーネンベルク管区のリームスロー（Riemsloh）教区に4年間妻と暮らし，炉税と人頭税を払った（＝ホイアーリングとして居住した）という．7年戦争の終結後プロイセン領に戻ったが，徴兵が迫ると再びオスナブリュック司教領に逃げ込んだ．4年前からグレーネンベルク管区ノイエンキルヒェン（Neuenkirchen bei Melle）教区に妻子とともに（ホイアーリングとして）居住したが，困窮して貧民化したという．こうした例はHに限られない[95]．

以上の諸問題には，当時の身分制体制において下層民の増加・堆積がもつ，社会秩序上の問題性が明瞭に現れている．既存の社会組織に統合されにくく，しかも生活が不安定な土地なし借家人の増加によって，農村社会に動揺が生じつつあったといってよい．

2. 領邦当局の対策——メーザーの立法

2.1. 領邦統治層の認識とホイアーリングの定住

　前節でみた下層民問題は，領邦当局や身分制議会にとって，ホイアーリングの定住・増加による「過剰人口」問題でもあった．まず1774年条例の成立に至る議論をみてみよう．

　メーザーは，すでに1760年代から農村工業の発展や農場の細分貸し出しによる下層民の増加を警戒し，それを「繁栄の兆候」としてではなく，「貧困の製錬所」として認識していた[96]．1769年6月の論文では，カメラリストの人口増殖論に対して，農場の保有と結びついた「自由と名誉」[97]を担えぬ貧しい下層民を増やすものであると厳しく批判していた[98]．

　そして，食糧危機を契機にメーザーの論調は厳しいものとなった．危機の中であるいはそれを振り返って，「だらしない結婚」をする「自己の耕地をもたない若い奴らは遅かれ早かれ負担となる」という．1771年6月の『有益な付録』及び1773年12月の『ヴェストファーレンの寄与』上の論文や執筆時期は不詳だが食糧危機後の手稿「人口と扶養（Bevölkerung und Ernährung）」では，救貧・治安問題と食糧危機を，ホイアーリングの増加による「過剰人口（zu starke Bevölkerung）」に由来する「困難」ととらえ，国外追放などの厳しい手段によってホイアーリング人口を抑制する必要を説き，第1章でもふれた，「付属小屋による人口増加をペストとみなしていた」17世紀前半のホイアーリングの定住制限政策は適切だったと評価している[99]．身分制議会でも，1774年3月食糧危機をめぐる都市会の意見表明において，ホイアーリングは共有地を荒廃させ，「穀物不足の契機」となり，危機を

「引き起こして」「領邦の負担となり，適切かつ真剣に制限すべき多数」といわれるにいたった[100]．ここに，単なる救貧・治安問題ではなく領邦の「過剰人口」状況が認識され，その原因としてホイアーリングの増加が理解されるに至ったのである．

したがって，ホイアーリングの定住に対する管理が問題視されたのは必然的であった．メーザーは1773年5月『ヴェストファーレンの寄与』上の論文で，イギリスでは「教区の住民」が教区内での貧民の定住・結婚を制限するのに，オスナブリュック地方では，「生計を立てられないことが予想される奉公人の男女の多くがずうずうしくも一緒になり，妨げなく借家を得て」（＝ホイアーリングとして農場保有者によって受け入れられ），結局租税などで扶養されることになるという[101]．都市会も，1774年3月の意見表明で，農場保有者がホイアーリングを「公的な負担で受け入れる」と認識していた[102]．

とりわけ注目されたのが，前節末で述べた他所者の定住であった．負債・法・兵役から逃れてきた怠け者の浮浪者が，「領邦内出身の有能なホイアーロイテ」を得られない農民農場に受け入れられていると考えられており[103]，メーザーは上記の1771年6月の論文で，「土地保有者」が「多数の付属小屋を設置し」，他所者をそこに受け入れ，「他所者を好き勝手に教区・ゲマインデ成員たち（Gemeine）・領邦の負担にする」と厳しく非難している[104]．また，第1章（2.2.）でもふれた食糧危機直後の管区庁報告（1772年10月12日～12月23日）では，領邦内の「過剰人口」状態の原因として「外国人」がホイアーリングとして農場保有者に「勝手に受け入れられ」（フェルデン管区），「勝手に」定住している（ヴィットラーゲ管区及びフンテブルク管区）と述べられている[105]．

最後に，司教領統治層の認識のいわば総論として1774年10月にジョージ3世に提出された領邦当局の報告をみよう．領邦当局は，ホイアーリングがオスナブリュック司教領で最も重要な工業である亜麻織物業を支え，またオランダから毎年多額の貨幣を司教領に持ち帰る点は一応評価しつつも，ホイ

アーリングをいわば人口の不健全部分とみなしており，農場保有者によるホイアーリングの「従来許されていた制限のない受け入れ」が「有害な結果をもたらし」，「住み着いた外国人は多くの場所で勝手に当局への事前通知や審査もなしに受け入れられて」きたが，「このような従来の勝手な他所者受け入れの制限」が今や必要であるという[106]．

　以上をまとめれば，領邦統治層は，ホイアーリングを農場保有者が「勝手に」受け入れていると認識しており，特に邦外からの下層民の「勝手な」受け入れを「過剰人口」状態の原因としてとらえていた．したがって，領邦当局は農場保有者のこのような「勝手」を制限する方向で，他所者を中心にホイアーリングの定住抑制を図ることになった．

　第1章でみたように，オスナブリュック司教領では定住管理は従来，領邦当局による住居新設者に対する同意金の賦課と，ゲマインデの一種で共有地を管理するマルク共同体による住居新設規制とによってなされていた．双方とも直接的な規制対象は定住行動そのものではなく住居の新設（新築及び既存の建物の住居への転用）であり，ホイアーリングの定住では，付属小屋住居の新設が伴う場合規制対象者は定住者自身ではなくそれを受け入れる農場保有者であるが，付属小屋住居の新設を伴わなければ規制されなかったとみられる．

　前者の目的は定住管理それ自体ではなく財政収入の増加にあり，しかも領邦当局は身分制議会・マルク共同体の抵抗のために，全ての住居新設者から同意金を徴収し得ていたわけではなかった．したがって実質的に定住管理を行っていたのはマルク共同体であったが，それは農場保有者集団として新たな土地保有者の入植を規制して阻害し得た（土地保有の閉鎖化）ものの，共同体成員である個々の農場保有者による住居新設を十分に規制できなかったとみられる．農場保有者がホイアーリングを「勝手に」受け入れるという領邦統治層の認識は，こうした事情を反映したものであったと考えられる．

　両者に対する18世紀末の領邦当局の政策をみれば，まず住居新設同意金については，これに関わる1770・1780年代の枢密参議会文書群（管区庁へ

の訓令やその報告）をみる限り，領邦当局の関心は同意金徴収それ自体とそのための住居新設の把握にあり，これらに関する調査を数度行っている[107]．したがって，領邦全体での同意金徴収権が1789年に身分制議会によってようやく承認される[108]と，定住制限の手段というよりも住居新設に対する課税として確立したとみられる．

定住管理の中心をなしたマルク共同体規制についてみれば，第1章（1.2.）のごとく領邦当局は邦内の共有地の半数でしか裁判権を掌握していなかったために，それを利用することはできす，むしろ共有地政策はこの時期に共有地分割へと進んだ．すでにふれたように，17世紀以来，共有地，特に森林の荒廃が問題となる[109]一方，私的開墾地の設定によって共有地の縮小が進んでおり，1770年代には営林合理化・農業集約化のために共有地分割が検討されるに至った[110]．1778年5月に共有地分割を促す報奨金制度が導入され，1785年6月に共有地分割手続条例（いわゆる共有地分割条例）が公布された[111]．共有地分割がマルク共同体の解体とそれによる定住管理の消滅をも意味することはいうまでもない．共有地分割は1790年代から19世紀前半にかけて進行していく．

領邦当局は，このように従来の定住管理制度には期待せず，ホイアーリング定住の抑制のために新たな方法を案出することになった．

2.2. メーザーによる定住管理の規律化の試み

7年戦争終了後に救貧・治安問題が深刻化する中で，メーザーに主導されて，定住規制的機能をもつ救貧立法がなされた．1766年3月3日の施し集めに関する条例，1774年11月18日の物乞い及び他所者ホイアーロイテ受け入れに関わる条例，1777年5月27日の減免請願と貧民のために炉税から差し引かれた金の取り扱いに関する条例がこの時期の主な救貧立法であった[112]．いずれも物乞いに対する規制の強化や救貧制度の整備という基本内容をもったが，1766年条例を前段としつつ，特に1774年条例はホイアーリングに対する定住管理への介入としての性格を強くもっていた．

第 2 章　近世末の下層民問題と定住管理体制の再編

これらの条例を定住管理という観点からみてみよう．

　7年戦争終了後まもない1765年10月に身分制議会に政府案が提示され，翌年1月の審議を経て，前文によれば「身分制議会の助言と所見」に基づき[113]，1766年条例が制定された．それは「各教区にその貧民を扶養することを課し，またホイアーロイテによる人口増加とともに増大する物乞いの制限」[114]を意図したという．

　すでに1749年3月に，貧民の扶養を各教区に義務づけるという救貧条例制定の提案が身分制議会騎士会でなされており[115]，同条例はその実現であったと考えられる．上述の1738年条例ですでに貧民の物乞い行為を居住教区内に限定するという方針がとられていたのだが，この1766年条例には重要な相違が存在した．同条例の主要な内容をみれば，自身が生まれたか近親者が居住するか，または自身が10年間「実直かつ勤勉に」暮らした教区以外で施しを受けることは禁じられ（第1条），居住する教区の外での貧民の徘徊行為は禁止され（第2条），物乞い行為は教区内，それも4大祭前（vor den vier hohen Festen）の1週間を除いて，居住する行政村の内部に制限されることになった（第4条・第6条）[116]．このように1766年条例は，教区外はもちろん，行政村外の普段の物乞い行為を禁じた．1765年10月11日の政府案説明によれば「各教区がその貧民を扶養するという原則を保ちつつ，教区の負担の軽減のために各貧民が一定の方法でその行政村に……頼ることが指示され」[117]，基本的な救貧単位を教区と定めた上で日常的な施し（扶助）を最小の単位のゲマインデである行政村に課している．

　ここに同条例の眼目があった．この「行政村原則」に対しては，1教区内の行政村間の農場数や経済状況，貧民数の差から救貧行政上の実質的な不合理・困難が生じるという批判がフュルステナウ管区のアンクム小管区役人（1771年11月16日と1776年1月10日），アルフハウゼン教区ティーネ（Thiene）村（1775年2月16日），イブルク管区シュレデハウゼン小管区役人（同年3月10日），メンスラーゲ教区ヘルベルゲン（Herbergen）村の「貧民」（同4月7日），フュルステナウ管区庁（1776年1月16日）などか

ら出された[118]．これらに対して，枢密参議会は，貧民の勤勉の維持や物乞いを行う者たちの集団化の阻止という理由に加え，自らが引き起こした困難に責任を負うのならば，各行政村は安全で有能な者のみを受け入れることに注意するようになると回答している[119]．

つまり，ホイアーリングが貧窮化した場合に行政村内の負担とすることで，個々の農場保有者に対するホイアーリングの受け入れと，彼らが構成するゲマインデ，それも最小の単位である行政村の利害とを結合させ，後者の利害から前者によるホイアーリングの安易な受け入れを抑制し，それによって貧民増加の防止を狙ったのである[120]．同条例は，この意味で，領邦当局による，行政村及び個々の農場保有者に対するホイアーリングの受け入れに関する自主規制の要求であった．

1766年条例のこのような定住規制的性格が救貧・治安問題の進行，特に1770～1772年の食糧危機の衝撃を受けて強化されたのが1774年条例であった．メーザーは，貧民の居住・結婚を拒否する権限を教区団体に付与する可能性（1773年5月）や，各教区で農場保有者たち（Hofgesessene）にホイアーリングの居住許可・追放を決定する権限を与える案（1773年12月）を検討する論文を『ヴェストファーレンの寄与』に発表した[121]．その上で，身分制議会の見解も踏まえて法案を作成し，枢密参議会がジョージ3世の承認を得て1774年11月に同条例が成立した[122]．

前文では，立法主旨として1766年条例の意図の未達成があげられ，その理由が，従来「家持ち（Hauswirth）」がみな「ほとんど勝手に」他所者ホイアーリングを受け入れており，それが教区の過剰な負担にもなったこと，また「かなりの行政村・教区は警戒なく多くのホイアーリングを受け入れた」ことなどと分析されている．

中心的な規定をみれば，まず「他所者ホイアーリング」が定義され，「外国出身者または教区外出身のホイアーロイテ」（傍点引用者）とされた．そして，ホイアーリングを受け入れた後10年間ホイアーリングの租税や森林盗伐の際の罰金の支払いを保障する義務，この10年以内にそのホイアーリ

ングが物乞い行為に及んだ場合に教区金庫へ罰金を支払う義務と次の移動期間（復活祭または聖ミカエルの日〔9月29日〕直後の週），つまり1年以内に付属小屋から追い出す義務を「家持ち（Wirth）」は負わされた（第1条）．また，その10年以内にホイアーリングが本人の責任なく困窮した場合，「家持ち」は小管区役人へ通告し，小管区役人と教区長が協議して慈善の対象となる「教区の貧民」と認定するか否か決定し，認定せずに出身地へ送還と決めれば，「家持ち」はホイアー契約終了後そのホイアーリングを退去させるか，10年間が終わるまでその者に第1条の責任をもち続ける義務を負わされた（第2条）．その上で，1766年条例の規定による教区外での施し集めの禁止，つまり「行政府原則」が確認される（第5条）一方，国庫からの救貧補助金の不正受給の禁止（第4条），救貧資金不足の場合の教区牧師・司祭の告知による寄付集め手続（第7条）が定められた[123]．

　1766年条例との関係で救貧行政上教区が基本単位となるため，対象となる他所者ホイアーリングは，当初問題とされた邦外出身者よりもはるかに広く，教区外出身者とされた．かかる他所者に対して，受け入れ後10年間の長期にわたり監視・追放の圧力が加えられることになり，受け入れた農場保有者の責任がそのために法定されている．同条例が印刷された文書に付されたただし書きには，「他所者ホイアーロイテの受け入れの制限及びそれによって増大する物乞いの制限に関する条例」（傍点引用者）とあり[124]，定住規制的な意図が明示されている．ホイアーリングの定住制限を目的とした，個々の農場保有者に対する規制の強化であったといえる．

　なお，救貧費用の面から以上の2条例を補完したのが1777年条例であった．メーザーは，1772年4月に『有益な付録』で，救貧のために公的な支出・恒常的な補助金（国庫支出）が求められ，「共同の勘定」で負担されるために牧師・司祭が教区長とともに無思慮に貧困証明書を出すと現状を批判し，各教区のみが自己の費用をもって自己の貧民を扶養する責任をもてば，相互監視から，個々の農場保有者が「他所者乞食」を付属小屋へ受け入れることはなくなると主張している[125]．そして，国庫からの救貧補助金に関し

て，メーザーは身分制議会ともにその支給の総額と対象の制限を試み続けた[126]が，身分制議会の提議とメーザーの見解に基づき1777年条例が成立した[127]．その中心的内容は，各教区内で査定される炉税額の5％[128]を救貧用にその教区に割り当て（第15条），各教区は「その貧民」の扶養を課された（第16条）上で，この額から教区内の貧民のための炉税免除額を差し引き，残額は牧師・司祭が村長・教区役員と協議して貧民に分配するとされた（第18条）．同条例は，国庫からの救貧補助金を制限しつつ，各教区に自己の救貧資金を確保させ——不足分は各教区で寄付集め（1774年条例第7条）——それによる救貧扶助を機能させ，救貧に対する教区の「団体的な自己責任」（ルッダースドルフ）を確立させて[129]，相互監視から他所者ホイアーリングの受け入れの制限を促すものだったと考えられる．

他方，規制対象がさらに広範になる結婚規制はこの時期に立法化が議論された形跡はない．当時特に問題視されていたのが他所者の流入とホイアーリングとしての受け入れであったことに関わると考えてよいだろう．また，その後の政策動向をみれば，主にホイアーリングによる森林盗伐問題との関連で，1785年1月に身分制議会都市会が，個々の農場保有者が受け入れるホイアーリングに自ら薪を与えることを付属小屋新設の許可条件とすることを提案し[130]，また1799年3月には領邦当局も，受け入れるホイアーリングの生計維持に必要な耕地と燃料とを農場保有者が与えられるかを審査することによって，付属小屋住居の新設を法的に制限することを身分制議会に諮問した[131]．しかしいずれの案も実現しておらず，結局1827年まで定住管理法としては1774年条例及びその前提としての1766年条例のみが機能することになった．

さて，メーザーの立法は，定住管理制度としてさしあたり共有地分割まで従来の定住管理制度と併存したのだが，以下のような特徴をもっていた．

第1に，従来の定住管理の中心にマルク共同体があったのと同様に，新たな制度では規制は救貧責任を課されたゲマインデを介して機能する構造にあった．ただし，ゲマインデは教区団体（基本的な救貧単位）・行政村（日常

第2章　近世末の下層民問題と定住管理体制の再編　　　133

的な物乞い＝扶助単位）へと替わっている．これは，規制の背後にある基底的な問題が共有地から救貧へ移っていることに関わる．同時に，マルク共同体が裁判権の関係で領邦当局の統制に必ずしも服さなかったのに対して，新たな制度では教区団体に対する小管区役人の関与によって領邦当局との関係が制度上強まっている．

　第2に，定住管理は，定住しようとする者に直接的にではなく，それを受け入れる農場保有者を通じて行われ，そこでは定住をめぐって領邦当局・ゲマインデと個々の農場保有者とが対峙する形式が維持されている．この点について後年シュトゥーヴェが，1827年のハノーファー居住権地条例との比較を念頭に，定住管理が最終的にゲマインデではなく個々の農場保有者に依存するという限界を指摘している[132]．しかし，ホイアーリングの受け入れに関して個々の農場保有者の責任が喚起されて（1766年条例），法定された（1774年条例）．個々の農場保有者に対する領邦当局，特にゲマインデの地位は制度的に強化されたといってよい．

　第3に，従来の定住管理制度では，住居新設との関係でしかホイアーリングの受け入れが規制されなかったのだが，新制度においても受け入れ全般が規制されたわけではない．1766年条例の意図は，行政村外からの受け入れ抑制ともホイアーリングの受け入れ一般の抑制とも解釈できるが，定住規制としてより本格的な1774年条例では，他所者の（教区外からの）受け入れのみが規制されている．しかし，救貧資格と居住資格の規定（1766年条例第1条，とりわけ1774年条例第1条・第2条）によってホイアーリングに関して教区を単位として一種の居住権制度が成立し，それは地元の居住権者と新参他所者の滞在者（単なる居住者）とに区別され，後者に対して受け入れ後の追放制度が導入された．そのことによって，事後的なものであれ，住居新設を通じてではなく転入そのものが直接的に規制されることになったのである．

　本節の考察をまとめよう．領邦当局は，従来の定住管理制度では制限され

にくい農場保有者による他所者ホイアーリングの受け入れから生じる下層民の増加を救貧・治安問題の根本的な原因としてとらえた．そして，救貧立法によって救貧責任をゲマインデに課し，ホイアーリングを受け入れる農場保有者の責任を強化し，個々の農場保有者による，他所者を中心とするホイアーリングの「勝手な」受け入れの制限を図ったといえる．

3. 農村社会の対応──メーザーの立法の影響

下層民問題の下で，領邦当局による救貧・定住管理の規律化の試みは，近世末の農村社会に対してどのような影響を与え，いかなる意義をもっていたのだろうか．メーザーの立法に対する農村社会の対応によって現実に出現した定住管理体制を析出し，その性格を検討することで，農村の地域管理のあり方の変容を探りたい．

3.1. 法規制と農村社会

メーザーの立法に農村社会はいかに対応し，そのことによっていかなる定住管理体制が出現したのだろうか．

まず，農村社会の対応を1774年条例関連枢密参議会文書群から検討したい．同文書群には，1774年条例によるホイアーリングの定住に対する規制について1775～1794年に枢密参議会に提出された関係文書（農場保有者・貧民・村長の請願，牧師・司祭や小管区役人・管区庁の報告などからなる）が16件含まれている[133]ので，これらを分析しよう．これらの事例はむろん現実に行われた規制の一部に過ぎないが，一定の代表性はもつであろう．

規制の主体をみれば，少なくとも10件で小管区役人の命令・指示が明示され，その内6件が重複しつつ，7件で教区団体・行政村またはその成員たる農場保有者たちを示す「教区住民」・「住民（Eingesessene）」（「家持ち」土地保有者たち）の訴え・要求と明示されている．その他は拒密参議会・管区庁の指示によるものが2件，不明3件である．

第2章　近世末の下層民問題と定住管理体制の再編　　　　　　　　135

　このように規制主体が判明する 13 件の内 12 件までは領邦当局が関与し，特にその大多数は 1774 年条例第 2 条で重要な役割が与えられている小管区役人によるものだった．

　ここで注意すべきは小管区役人の位置である．オスナブリュック司教領の小管区は，第 1 章で述べたように領域的に 1～2 個の教区と一致し，小管区役人はわずかな下僚とともにそれぞれそうした教区の住民を管轄していた．彼らは領邦権力の末端として住民と対峙する一方，実際の行政業務（治安維持・徴税）は管轄する小管区内の教区団体・行政村に支えられて遂行せざるを得ず，また小管区内に居住しており，教区団体・行政村を担うフーフェ農場保有者たるエルベの結婚式の祝宴に地域名士として招かれるなど，「住民」と日常的に接触していた[134]．

　したがって，1774 年条例第 2 条で教区長との協議が規定されていることとあわせて考えれば，小管区役人の命令は，管轄教区の「住民」の意思を強く反映したものだったとみてよい．このことを明白に裏付けるのは，小管区役人が規制の前面に出ている 10 件の事例の内，上述のごとく 6 件は教区団体や「住民」の主体的な関与が確認されることである（後述の事例 1～5，7）．ゲマインデ・「住民」が規制の前面に出ている事例と併せて大多数の事例で，ゲマインデ・「住民」が規制を主導しており，それは，一般にゲマインデ・「住民」が主導し，小管区役人を通じてその意図が執行されるという形で行われたとみてよい．

　次に，規制の具体的事情をみよう．

　定住が問題となったホイアーリングをみれば，邦外出身者・居住者に関する規制 6 件に対して，邦内出身者・居住者 7 件，不明 3 件であり，規制が 1774 年条例による他所者の定義どおり，邦外からのみならず邦内からの移動者にも向けられていたことが分かる．さらに，邦内からの移動者に関する規制の内 1 件は，同条例が想定しない教区内他村からの移動者だった（後述の事例 6）．

　規制理由は 15 件で判明する．1774 年条例が想定した貧しい，または物乞

い・浮浪・盗伐行為に及んだ新定住者の排除7件と並んで，条例の直接の想定を超えて，窃盗その他の犯罪の前科や疑いが問題とされた事例が6件あった（後述の事例2，4，5）．このような場合，出身教区の牧師・司祭や受け入れる農場保有者による出生・素行証明書が提出されている事例もあり（3件），定住希望者の人格そのものが問題とされていた．

なお，受け入れ農場保有者の側の状況が問題とされている場合が1件あった．1790年9月19日イブルク管区ボルクロー（Borgloh）教区で，定住希望者Rを受け入れる農場保有者Lが保有地の小さなマルクケッターに過ぎず，ホイアーリングに十分な土地を与えられないためにRの困窮は避けられないという，「住民集団（Gemeinheit）」のR受け入れ反対の理由に基づき，小管区役人はLに当局の許可なくRを受け入れないように指示した[135]（事例1）．

規制方法をみれば，勝手な居住・乞食化・盗伐などの犯罪行為を理由にした教区外出身者の追放措置が9件（内4件は邦外出身者に対する措置）みられ，新たに導入された貧窮化したホイアーリングに対する追放制度は，現実に機能していた．

例えば，イブルク管区ホルテ（Holte）教区では，1785年5月3日の小管区役人報告によれば，同管区ディッセン（Dissen）教区出身でプロイセン軍の脱走兵Vが妻子とともに，前年「事前通知もなく」やってきてホイアーリングGが借りる付属小屋に住み着いた．Vには以前容疑者として6週間の拘留歴があり，しかも夜盗行為の疑いがかかっていた貧民だった模様で，「教区住民」は1766年条例・1774年条例を根拠にして小管区役人と管区庁にV一家の追放を求めた．Vが半年後に追い出された後に，同教区の農場保有者Pは牧師と教区長の反対を押し切りV一家を付属小屋に受け入れた．知らせを受けて管区庁はPにVを借家から追い出すように罰金5ターラーの警告をもって命じた[136]（事例2）．ここでは「教区住民」は二度に渡って小管区役人・管区庁を通じて執拗にホイアーリングを追放しようとしたのである．

第 2 章　近世末の下層民問題と定住管理体制の再編　　　137

　さらに，1774 年条例によって制度化された追放措置にとどまらず，貧困や浮浪行為の疑い，犯罪の前科を理由にした居住禁止・拒否が 7 件確認され，現実には 1774 年条例の規定を超えた，直接的な定住制限も事実上行われていた．

　フンテブルク管区のボームテ（Bohmte）教区ボームテ村の事件をみよう．1777 年 5 月 1 日に出されたエルベ N と B の訴えによれば，2 人は，農場の家屋・土地を効率的に利用するため，各々の農場（屋敷地）でしばらく空となっていた付属小屋に，オスターカッペルン（Osterkappeln）教区エーリンゲン（Öhlingen）村からホイアーリングを受け入れようとした．これに対して，N と B がそれぞれ付属小屋にホイアーリングを受け入れた場合「それらを保護者（Schützer）もろとも運び出す」と，ボームテ村は「小管区役人の下僚を通じて」警告した．N と B によれば，理由は不詳だが同村居住の 1 人を含む 2 人の教区役員が受け入れ阻止に動いたのであった．N と B は，領邦当局・領主・行政村への負担を完納し，完全な共有地用益権をもつ自分たちに対する教区役員の妨害は不当であり，これを止める指示を出すよう，枢密参議会に請願した[137]（事例 3）．

　規制対象をみれば，直接の被規制者は，従来のマルク共同体規制における構図と同様に，事例 2・3 のごとく，ホイアーリングを自己の農場に受け入れる農場保有者である場合が 5 件であるのに対して，新定住者・定住希望者が実際には直接規制されたとみられる場合が 12 件を占め（1 件は重複），ゲマインデ・「住民」による直接規制が事実上始まっていたことが分かる．

　追放措置の場合，ほとんどの事例で受け入れた農場保有者を越えてホイアーリングが直接規制されたとみられ（8 件），強制的に執行される場合もあった．例えば，1790 年 9 月 28 日の請願によれば，元ハノーファー兵 B は，同年に娘の窃盗行為のために日雇いとして暮らしたオスナブリュック市から追放され，妻子とともに，イブルク管区の聖マリエン（St. Marien）教区ヘラーン（Hellern）村の小農場 R の付属小屋に受け入れられた．数か月間妻とともに農業労働者として働いたが，暮らしは苦しく，「扶助」が不可欠だ

った．9月末に小管区役人の下僚がやって来て，荷物をまとめて出て行けと命じ，子供と所持品を道に投げ出して，Bを棒で叩いた．小管区役人は，窃盗の恐れからB一家が同村に住みつくことに「全ての隣人」が苦情を言っており，他所から追放されて「臣民」に不安を与える者は小管区内に居住させないとBに通知した．B一家はいったん退去したが，再びR農場の小屋に戻ってきたため，小管区役人の下僚が抵抗するBを叩いたという[138]（事例4）．

居住禁止の場合も，ホイアーリングを受け入れる農場保有者ではなく定住希望者が規制された事例が3件，両者が規制された事例が1件みられた．フンテブルク管区フンテブルク教区のフンテブルク村の事件を例にみよう．1783年8月11日の訴えによれば，オスナブリュック司教領に隣接するハノーファー選帝侯領ディープホルツ地方の小都市レムフェルデ（Lemförde）で仕立て親方だったPは，同村に居住しようと住居と土地を借り，すでに所持品も運び込んだが，小管区役人の命令で入居を禁止された．Pの説明によれば，教区役員（有力農民〔Meyer zu Hunteburg〕）が地区裁判所でPはゴロツキであると証言し，Pの定住を妨害したのであった[139]（事例5）．

事例4・5でも小管区役人を介してゲマインデ・「住民」がホイアーリングの定住を規制する状況が読みとれるが，事例2・3でゲマインデ・「住民」とホイアーリングを受け入れようとする農場保有者とが対立し，新たな状況の下で伝統的な対立構図が制度を越えて現れていたのとは異なり，ゲマインデ・「住民」と新定住者・定住希望者とが直接対峙している．

以上の事実をいったん整理しよう．1774年条例の実際の運用において，教区団体・行政村とその「住民」は，領邦当局と協力しつつ，ホイアーリングとして定住しようとする他所者を，場合によっては教区内の他村の居住者をも，貧困のみならず犯罪の前科・嫌疑をも理由にして，また定住後の追放のみならず居住拒否によっても，さらに受け入れる農場保有者を介するのみならず直接的にも，つまり条例の規定・想定を超えて管理しようとしていた．こうした諸特質が，上記3条例による教区団体・行政村の救貧責任の強化を

第 2 章　近世末の下層民問題と定住管理体制の再編　　　　139

重要な背景としていたことは明らかであり，その「住民」とは成員としてゲマインデを担う農場保有者たちであった．

　さらに，少なくとも一部の教区では，1766 年条例・1774 年条例と絡みつつ，自主的・組織的にホイアーリングに対する定住管理を強化しようとする一種の農民運動が出現したことが確認される．

　バットベルゲン教区の牧師が枢密参議会に宛てた 1781 年 11 月 8 日の報告[140]によれば，同教区の行政村間で数年来各行政村のみが自村に居住する貧民の「面倒をみる」という協定が存在しており，これにしたがって，上述の 1766 年条例でも貧民に許されていた 4 大祭前の週の教区全体での物乞いも同教区では禁止されていた．これは，1766 年条例でメーザーが打ち出し，1774 年条例でも確認された「行政村原則」の，ゲマインデ自身による完成である．

　この協定の直接の契機は，同牧師によれば，教区全体の物乞いが許される期間に貧民が集団化して押し寄せるという治安問題であったが，同じ報告で牧師は，1766 年条例で導入された「行政村原則」によって，「当然の結果として，いかなる貧民も他の行政村に思いどおりには定住できない」ことになったと述べており，領邦当局の狙いどおり同条例の定住制限機能が農村社会でも十分認識されていたことが分かる．したがって，同協定は，この意味でも，1766 年条例・1774 年条例の――意識的な――「下から」の強化であった．

　そして，この協定に関わる事件が 1785 年に起こった[141]．同教区グレンロー村の半エルベ農場でホイアーリングとして 14 年間暮らした S は，病弱となって数年間家賃・小作料を滞納したために 1785 年 8 月に付属小屋から立ち退かされたが，新たな住居も見つけられず「昼も夜も青空の下に」おり（8 月 16 日の請願書），一時同村の小学校に寝泊まりしたが追い出され，「妻子とともに青空の下で」暮らした（9 月 15 日の請願書）．S は 1766 年条例・1774 年条例によれば同教区の貧民であり，牧師と教区役員・グレンロー村の村長が S の住居探しに協力したが，S は同村で新たな住居を賃借で

きなかったほかに，教区内の他村でも同様だった（10月21日の小管区役人報告）．Sはある行政村で貧民となると他村でも住居は得にくいと述べている（8月16日の請願書）が，ここで注目されるのは，同教区グローテ（Grote）村の村長が，グレンロー村は上の協定に合意しなかったにも関わらず，上の「協定にしたがって」——貧民の「面倒をみる」とは「住居と生計」の配慮とされる——，グレンロー村が受け入れて住居を与えるべきであると領邦当局に主張したことである（12月10日の意見書）．Sは上の協定を背景にして教区内の他村による居住拒否にあったとみられる（事例6）．

ここでも，農場保有者集団としてのゲマインデが他所者——教区内他村の貧民であるが——の定住を直接制限するという状況が出現している．

さらに，より厳しい定住管理をゲマインデが自主的に追求したのが，隣接するアンクム教区であった．

1781年9月19日の同教区8か村と1782年1月21日の同教区「全行政村」の請願書[142]によれば，1766年条例においても貧民に許された教区全体の物乞いの期間中，教区外からの貧民の流入や奉公人などの物乞いへの参加によって治安問題が生じるという理由で，バットベルゲン教区にならい，貧民はそれが居住する行政村のみが扶養することとしてこの期間を廃止する協定が行政村間で成立し，管区庁の公認が求められた（3月21日公認）[143]．こうした「行政村原則」の自主的な強化が定住管理に関して意味するところは，バットベルゲン教区でみたとおりである．

しかし，アンクム教区では「行政村原則」の強化にとどまらず，ホイアーリングの受け入れに対するより直接的な規制の強化へと進んだ．1786年の小管区役人報告（2月14日）[144]・フュルステナウ管区庁報告（同24日）[145]によれば，ある者がホイアーリングとしてある行政村に居住しようとする際に，その者が物乞いなしでは生活出来ないと思われるが，「受け入れられるホイアーリングが物乞いによって行政村の負担とならぬ」ように受け入れ農場保有者が「自身で自分の責任を負うことができず」「保証金を出せない」場合，行政村がそのホイアー契約に異議を申し立てていた．さらに，同教区の村長

第2章　近世末の下層民問題と定住管理体制の再編　　　　　　141

たちは，ある者が農場に受け入れられる際ホイアー契約の締結に当該行政村の事前了承を義務づけようとしており，それを小管区役人も適切と評価した．すなわち，個々の農場保有者は，ホイアーリングの受け入れの際に保証金の支払いによってそれが救貧負担とならない責任を行政村に負わされ，また行政村が農場保有者と定住希望者とのホイアー契約に介入して定住管理を行おうとしていたことが分かる．

　これらの実態は，1794年4～5月に生じたアンクム村によるE一家の居住禁止事件に明らかである[146]．Eらはアンクム教区に隣接するシュヴァークストルフ（Schwagstorf）教区に居住していた貧民家族（Eは未亡人で娘婿はポーランド生まれ）で，同村に転居して借家したが，その際10年間分の「課された保証金」を支払えなかった．この保証金はE一家を受け入れたLがアンクム村に支払うべきものだったと考えられるが，村長はLを地区裁判官に訴え（4月29日），地区裁判官はLに3日以内にE一家を追い出すか，保証金を支払うよう命じた（5月5日）．しかし何も履行されず，期限後もう一度命令が出た後に，枢密参議会へのEの請願にも関わらず，地区裁判官は小管区役人にEらを所持品もろとも借家から追い立てるよう要請し，これが執行されて，Eらはアンクム村を追われた．しばらくしてE一家が再び同村に戻ってくると，「村の住民」は「地元の貧民」によって「負担をすでに十分課されている」ので，保証金を出させるかE一家を「排除」することはやむを得ないと枢密参議会に請願した（5月26日）．枢密参議会は，Eの娘婿を召還し，9月29日までに新居をみつけてアンクム教区から退去する命令を出すように地区裁判官に指示した（事例7）．

　農場保有者たちの団体である行政村が自主的な取り決めを基礎に，領邦当局の行政・裁判機構を介して受け入れ人とホイアーリングの双方を規制し，後者と直接対決したのであった．

　バットベルゲン教区やアンクム教区のような新しい動向の広がりについては，史料の制約もあり，明らかにすることはできなかったが，かかる動向は，他所者貧民のホイアーリングとしての定住に対して，農場保有者たちが個々

の利害をある程度押さえつつ行政村・教区に結集して，問題がある定住希望者を直接統制しようとする自主的な定住管理運動と評価される．そして，ここにおいても，上にみた1774年条例の運用から浮かび上がった定住管理上の新しい諸特質が指摘されるといってよい．

さて，本小節でみた定住管理の性格をまとめれば，1766年条例によって救貧負担を課されたゲマインデ（農場保有者集団）が，1774年条例や自主的な結合を基礎にして，領邦当局の後ろ盾を得つつ，他所者下層民の定住を統制していったということになろう．すなわち，メーザーの立法は，農場保有者たちに定住管理の責任を押しつけたかのようにも見えるが，領邦条例の規定を超えた定住管理が行われ，農民運動も出現したように，農場保有者たちの自主性と結束とを引き出した．農場保有者集団としてのゲマインデは，領邦の行政・裁判機構を利用して，自らにとって不適当なホイアーリングの定住を追放措置・居住拒否によって排除し得るようになったのである．そして，ここにおいて，一部の事例でゲマインデと個々の農場保有者との対立がみられるが，個々の農場保有者の「勝手」は制限され，また定住希望者・新定住者が直接規制対象となり始め，その結果として，農場保有者たちが結集するゲマインデが定住希望・新定住のホイアーリングを監視・統制するという状況が出現していた．

3.2. 新定住管理体制の帰結

それでは，18世紀末に成立した定住管理体制は，どのような帰結をもたらしたのだろうか．19世紀初頭——いわゆる世俗化の直後[147]——の状況から検証したい．

まず，18世紀末の諸事例にみられた新しい定住管理体制は，19世紀初頭には定着していたとみてよい．

ホイアーリングに関する1806～1807年の管区庁報告ではホイアーリングとしての他所者の定住に関する言及は少なく，前述（1.1.）のようにグレー

第2章　近世末の下層民問題と定住管理体制の再編　　　　　　　　143

ネンベルク管区庁が貧しいホイアーリング世帯の1例として近隣諸国からの移住者にふれた程度で，全体としてあまり問題とはされていない[148]．

　また，フュルステナウ管区メルツェン教区のザルマー共有地（Salmer Mark）で，1803年に6人の農場保有者（4人はマルクケッター，他は不明）がホイアーリングの受け入れをめぐって共有地裁判集会で告発され，彼らが受け入れた6世帯を翌秋に追放することが決定された．旧定住管理体制（マルク共同体）における紛争例であるが，追放されるホイアーリング側からの請願書（1804年3月26日・4月14日）は，「秋に青空の下で野宿はできない」が，当地の付属小屋住居に空きはない一方，「有名な領邦条例」（1774年条例）のために「他所の教区は近隣教区からホイアーリングを受け入れず」「隣接の他の諸村（Ortschaften）で」新たな借家は容易に得られるものではないと領邦当局に訴えた[149]．農村社会における1774年条例の受容と定着が証言されている．

　さらに，1806年1月3日に「住民（Eingesessene und...Wirth）」に対して他所者の受け入れと滞在を禁じる布告が出されると，同月バットベルゲン教区フェース（Vehs）村で，小農場保有者（「ケッター」）がオストフリースラント出身の労働者夫婦を行政村に無断で賃収入を得るために受け入れていたことが摘発された．1月26日村長たち数人が夜警中にこれを発見し，翌日同村は小管区役人とともに，労働者夫婦と受け入れ人を取り調べて管区庁に報告し，夫婦は管区庁に送られた[150]．メーザーの立法に直接的には関係しないこの事例においても，個々の農場保有者の「勝手」を制約しつつ，領邦当局と協力して下層民の転入を農場保有者集団が監視するという構図がみられ，その定着が示されている．

　その一方，新しい定住管理体制がメーザーの立法の直接の契機たる下層民の増加・堆積に対して何らかの意味をもち得たと言えるか否かは微妙である．オスナブリュック司教領の農村部では，表2-1のように1772～1801年に12.5％の人口増加がみられた（年平均4.3‰）．1750～1800年のドイツ全体の年平均推定人口増加率はプフィシュターによれば4‰，ディッパーによれ

表 2-1　1772〜1801 年の農村部の住居と人口

(単位：個数と人数)

	1772 年	1801 年
「家持ち」住居	8,116(8,614)	(9,065)
付属小屋住居	8,626(9,075)	(9,302)
人口	92,277(100,000)	(112,511)

註：1)　都市・町分は除くが，史料の都合上オスターカッペルン町・ブラムシェ町分は含まれる．
　　2)　括弧内の数値は免税特権者分を含む．
　　3)　飛び領レッケンベルク管区を除く．
史料：1772 年：STAO Rep100-188 Nr. 41, Bl. 29-89.
　　　1801 年：STAO Rep100-188 Nr. 5, Bl. 124-134.

ば 3〜5.6‰ であり[151]，オスナブリュック地方の農村部は平均的な水準で，亜麻織物業の広範な展開を考えれば，立法は人口抑制に一定の成果を上げたかのようにもみえる．

しかし，状況はホイアーリングによる「過剰人口」状態の改善にはほど遠かった．表 2-1 のように「家持ち」住居総数は 1772〜1801 年に 5％ 強増加した．1801 年の免税特権者を除く「家持ち」住居数は不明だが，第 1 章の表 1-2 の 1772 年のそれ (7,921) を表 1-3 (1801/1802 年) の保有地数 (計 8,147) と比較すれば農村部の保有地数は 3％ 弱増加した程度と近似的に計算される．他方，1801 年においても 1772 年と同様に，住居の過半数を付属小屋住居が占め続け，付属小屋住居も増加した．

そして，人口増加の大半はホイアーリングによって担われ，それは増加し続けていた．亜麻織物業が相対的に発達したイブルク，グレーネンベルク，ヴットラーゲの 3 管区では 1772〜1801 年に 18％ 強の人口増加をみた．この 3 管区の増加人口は合わせて表 2-1 の人口増加の 3/4 を占めたが，この 3 管区では，1772〜1806 年に「家持ち」世帯の増加が 6％ 弱であったのに対して，付属居住者世帯は 21％ 増加していた[152] (表 2-2)．

こうした状況は新しい定住管理体制の限界に根ざすものだったと考えられる．

1806〜1807 年の管区庁報告でもホイアーリングの増加・堆積による「過

第2章　近世末の下層民問題と定住管理体制の再編　　　　145

表 2-2　1772～1806 年のイブルク管区・グレーネンベルク管区・ヴィットラーゲ管区の住民世帯

（単位：個数）

	1772 年	1806 年
「家持ち」世帯（「家持ち」住居）	4,673	4,933
付属居住者世帯	5,934	7,201

註：1）都市・町分は除く．
　　2）免税特権者分を含む．
史料：1772 年：STAO Rep100-188 Nr. 41, Bl. 29-45, 68-81.
　　　1806 年：STAO Rep100-188 Nr. 77, Bl. 66-148; Rep321 Nr. 533, Bl. 23, 109；Wrasmann [1919-1921], Teil 2, S. 3.

剰人口」状態と救貧・治安問題は依然として憂慮されて論じられたが，その対策の一つとしてホイアーリングの定住をより一般的に制限する必要が指摘されていることが注目される．すなわち，上述の1773年5月のメーザー論文と同じく，若者が「思慮なく結婚し」，それを農場保有者が付属小屋に受け入れるため，ホイアーリング，それも生活困難世帯が絶えず増加すると考えられていた．例えば，グレーネンベルク管区ノイエンキルヒェン・ヴェリングホルツハウゼン（Wellingholzhausen）小管区役人の報告（1806年9月1日）によれば，貧民増加の原因は，若い男女がベッドと亜麻種とテーブル・椅子，糸車・枷枠を持てば自由に結婚して世帯を設立し，わずかな災難で貧窮化することにあるとされた．こうした事態に対して，この小管区役人や彼が報告を提出したグレーネンベルク管区庁の報告（同12月4日）に加え，フェルデン管区庁（同9月30日）・ヴィットラーゲ管区庁（同8月29日）・イブルク管区庁（1807年2月14日）の諸報告は，以下のように提案している．すなわち，ゲマインデの負担となることなく自らを扶養しうる生計基盤や一定額以上の現金を，ホイアーリングとして世帯を構えて定住する地域の教区団体・行政村や小管区役人に提示する義務を，結婚し，付属小屋・土地を借りて定住しようとする者に負わせることによって，「軽率で」性急な結婚と定住を制限するというのである[153]．

また，フュルステナウ管区庁も同様であった．前述のザルマー共有地の紛争で1774年条例の影響を証言した1804年の4月14日の請願書——知識人

の手による——によれば，同庁の官吏の報告は，若者がオランダに出稼ぎに行き始めると「数年後には結婚して」（＝ホイアーリングとして世帯を構え）「非常に貧しく」生活し，そうした結婚から生まれた子供は「輪番義務をもつ臣民（公租を負担する「家持ち」土地保有者——引用者）の負担」で12歳まで育った後に自分もまたオランダに行き始めるので，「適切な領邦条例によってそうした若者の結婚を制限するのが有益」と述べていた[154]．

早婚[155]という認識の正当性はともかく，これらの提案は新定住管理体制の限界を示すといってよい．メーザーの立法，特に1774年条例とそれに対する農村社会の対応とによって18世紀末に成立した定住管理体制は，救貧負担を増加させる外来貧民のホイアーリングとしての定住を妨げ，素性の怪しい者を排斥するものであり，教区外，場合によっては行政村外からの他所者の定住に対する統制装置としてはともかくとして，地元貧民の結婚による世帯設立と農場保有者によるホイアーリングとしてのその受け入れを十分に統制するものではなかったのである．

こうした事情を農村社会の側から示すのが，以下の事例である[156]．メンスラーゲ教区で1804年8月に貧民の結婚を教区団体が問題としていた．同教区ですでに27年間物乞いと教区の救貧基金からの扶助で暮らしていた貧民（60歳）が若い女性奉公人と結婚しようとしているが，新妻や将来の子供によって教区の救貧負担が増える危険が大きく，「住民（Eingesessene）」はこの結婚を危惧しているので牧師に結婚式を執り行わないことを命じるよう枢密参議会に8月17日に請願した．教区団体はこの結婚の阻止を図って請願したのだが，その際に法的な根拠とし得たのは，領邦法ではなく，貧民増加を防ぐという，法学者ベルクの『ドイツ・ポリツァイ法提要』から引用された領邦当局の一般的な責務であった[157]．枢密参議会は8月20日に，この貧民に将来の妻子を扶養する見込みを尋ねて老貧民がそれを示さない場合結婚を控えるか領邦から退去することを指示するように管区庁に命じた．しかしその効果もなく，メンスラーゲ村の教区教会ですでに結婚の公示がなされており数週間後には結婚式が執り行われることになるとして，9月4日教

区団体は，緊急に前回と同じ内容の請願を行い，枢密参議会は管区庁に前回の命令を繰り返した．老貧民はようやく9月6日に結婚を断念すると意思表明した．

結婚を思いとどまらせたものの，教区団体や領邦当局がこの結婚に反対し得る法的根拠は明確ではなく，老貧民は国外追放の脅しに屈したとみられる．むしろ，ここに地元の貧民の世帯設立に対する十分な規制手段が両者には欠けていたことが示されているだろう．しかし，同時に，ゲマインデによって地元の貧民に対する結婚規制が追求されていたことにも注目したい．ここでも，領邦当局の支援を得て下層民管理を行おうとする農場保有者集団のあり方や，農場保有者集団としてのゲマインデと下層民との対峙という18世紀末に出現した定住管理体制の性格が前述のフェース村の件と同様に貫かれており，それを踏まえていわば次の課題として，定住管理の対象拡大が農場保有者集団によって提起・追求されるに至っているのである．

また，1806～1807年の管区庁報告は上記のごとく地域に根ざした存在である小管区役人の報告を各管区庁が集約したものであるが，そこにおいて地元の貧民をも対象とする，世帯設立の一般的な制限の導入が6管区中4管区から提案されたことは，メンスラーゲ教区のごとく定住管理の強化の機運が農村社会で広がっていたことを反映しているとみてよいだろう．

以上の検討のように，18世紀末に成立した定住管理体制の帰結は，下層民増加の抑制というよりも，農場保有者たちが次第に結集しつつ，領邦当局と連携して他所者下層民を監視するという社会的構図の定着それ自体と，その結果としての人的な移動の面での農村社会の対外的な閉鎖化であったと考えられる．

本節の考察をまとめれば，以下のようになろう．メーザーによる定住管理の規律化の試みには，人口政策的に限界があったことは否めない．しかし，農村社会はメーザーの立法に積極的に応じ，定住管理に新たな状況が出現した．定住管理における農民の主導性は保たれたが，そこでは個々の農場保有

者の自由が制限され始め，ゲマインデが前面に出ている．そして，救貧問題という階層対立の顕在化の下で，農場保有者たちがゲマインデに結集しつつ，領邦当局と連携して他所者下層民を排除し得るようになり，前者が後者と対峙し，それを監視するという社会的構図が成立・定着した．ここに，領邦当局の後ろ盾を得た農場保有者たちによる下層民——さしあたり他所者のみであるが——に対する集団的な管理体制が出現したといえる．

結びに

本章では，下層民の増加・堆積が近世末の農村の地域管理のあり方に与えていた影響を考察するため，18世紀後半・19世紀初頭の定住管理をめぐる問題を検討した．その成果を整理すれば，以下のようになろう．

オスナブリュック司教領においても，18世紀後半には下層民問題が救貧・治安問題として顕在化していたが，それらの問題は，生活が本来的に不安定なホイアーリングが最大の人口比重を占めるほど増加・堆積していたという状況に由来するものであった．したがって，救貧・治安問題は，個々の農場保有者によるホイアーリングの「勝手な」受け入れを統制できなかった旧来の定住管理体制の限界でもあった．

かかる状況の中で，領邦当局は定住管理への介入を図った．すなわち，旧来の定住管理体制の中心に位置したマルク共同体の解体を企図する（1785年の共有地分割条例）一方，個々の農場保有者によるホイアーリングの受け入れを規律化すべく救貧立法によって，行政村・教区団体に救貧負担を課し，他所者ホイアーリングの受け入れに対する個々の農場保有者の責任を厳しく法定した（特に1774年条例）．

このような立法に対して農場保有者たちは積極的に対応した．規制対象の問題から下層民増加の抑制には限界があったが，行政村・教区団体（農場保有者集団）が新条例を利用し，時にはその規定を超えつつ，他所者下層民の定住を監視し，領邦当局を介してそれを排除し得るシステムが成立し，19

第2章　近世末の下層民問題と定住管理体制の再編　　149

世紀初頭までに定着していった．

　こうした近世末の定住管理の状況から，第1章でみた従来の定住管理体制と比較すると，地域管理とそこにおける農民の自律性の変容が次のように指摘できる．

(1)従来ホイアーリングに関して，領邦当局に対してマルク共同体の利害が，その両者に対して個々の農場保有者の利害が対立し，それぞれ後者が自律性を保つという社会的構図がみられたが，救貧・治安問題の深刻化の中で農場保有者たちは個々の利害を押さえつつ，ゲマインデに結集し始め，かかるゲマインデ（＝農場保有者集団）は，下層民管理のために領邦当局と協調し始めた．

(2)そのため，数的に最大の下層民を統制・統合する農民・ホイアーリング関係は，ゲマインデの規制を受け始め，土地なし借家人とそれを受け入れる個々の農場保有者との単に個別的な関係とはもはやいいきれなくなり，こうして下層民を農場保有者集団としてのゲマインデが管理するという関係が出現した．

(3)共有地分割条例によって，農村社会における土地保有の封鎖性を厳格に守ってきたマルク共同体が解体されることになったが，逆に(1)・(2)の結果，下層民問題に対する農場保有者たちの対応によって，それまで比較的緩やかであった人的な転入規制の面で農村社会は閉鎖化し始めた．

(4)もっとも，農場保有者たちのゲマインデへの結集とそれによる下層民管理はいわば外部に向けられたものであった．管理・統制の対象となる下層民は他所者に限られ，地元の下層民の管理・統制はそれを受け入れる個々の農場保有者に委ねられるほかなかったのである．

　オスナブリュック司教領は，第1章で述べたように18世紀末までの土地なし借家人の増加・堆積という点で頂点的な地域であったがゆえに，以上のように18世紀後半にドイツ各地で現れた救貧・治安問題が先鋭にみられ，近世末の農村の地域管理のあり方の変容を比較的明瞭に検出し得た．ここにおいて，領邦当局と連携して下層民を監視・排斥する3月前期・3月革命期

の保守的「共同体農民」像の出現といわゆる「共同体と農村プロレタリアート」の対立構図の端緒的・部分的な成立が指摘できる．

最後に，18世紀末に成立した定住管理体制を3月前期との関連で位置づければ，以下のような展望が得られよう．次章で論じるように，3月前期にはオスナブリュック地方においても，共有地分割の進行によって旧来の定住管理体制の制度的な核であったマルク共同体が消滅していく一方，1827年のハノーファー王国居住権地条例・結婚許可状条例によって，ゲマインデの強い影響の下におかれた居住権付与制度が確立し，それと結びついた行政的結婚規制が導入され，下層民に対する集団的でより直接的な定住管理制度が成立する．この両条例は，3月前期の「社会問題」という文脈で研究史上しばしば言及されてきた定住・結婚規制法の一例であるが，18世紀末に成立した定住管理体制になお残された課題，つまり規制対象の拡大を意味する．したがって，近世末の定住管理の動向は，農村の地域管理のあり方が3月前期へ向かって転換し始めたことを示すと考えてよい．

1) Mooser [1989], bes. S. 327, 332-334；Herzig [1988], S. 5-7（邦訳 [1993], 5-11頁）；Gailus/Volkmann [1994], S. 14；Hippel [1995], S. 51f., 107f.；Dipper [1996], S. 84f..
2) Thudichum [1866], S. 16-18；Braun [1868], S. 15-26；Elster [1909], S. 960f.；Frohneberg [1930], S. 95-104；Matz [1980], S. 13, 29-33；Ehmer [1991], S. 47-52；若尾 [1996], 88-89頁．邦語文献でこれにふれたものとしてさらに，ブレンターノ [1956], 193-195頁；金子 [1993], 209-210頁．バイエルンやヴュルテンベルクでは，すでに17世紀に行政的結婚規制が立法化されているが，18世紀後半・3月前期とは異なり，それらは下層民の増加・堆積に対する定住管理策ではなく，奉公人のみを対象とする奉公人不足への対処であり（Ehmer [1991], S. 48），他地方における領主規制や奉公人条例による強制奉公制度に相当するのではなかろうか．バイエルンにおける奉公人不足対策の歴史と強制奉公制度の欠如をあわせて想起したい（ブレンターノ [1956], 191-195頁）．
3) 例えば，Brakensiek [1991], S. 153-158；藤田 [1984], 137, 157頁；同

第2章　近世末の下層民問題と定住管理体制の再編　　　　　　151

[1999]．さらに，若尾［1996］，165，184-185頁．
4) Hatzig [1909], Kap. 4 ; Rudersdorf [1995].
5) STAO Rep100-188 Nr. 48.
6) STAO Rep321 Nr. 533 に所収．
7) Hatzig [1909], S. 150 は1774年のセンサス簿には，飛び領（3教区）をいれて，キルヒヘーファー約200世帯・ブリンクジッツァー約100世帯が記されているという．
8) STAO Rep100-188 Nr. 41, Bl. 29-89.
9) 付属小屋住居のこうした狭隘な住環境については，Kaiser［1993］も参照．ただし，複数世帯同居に関するその試算 (ebd., S. 174f.) は，免税特権者を除外していない．
10) 『オスナブリュック週報』の付属誌『ヴェストファーレンの寄与』には1760～1780年代農民農場の債務に関する論文が実に多い．また，Hatzig [1909], S. 38, 44-57.
11) Verordnung wegen Auslobung der Eigenbehörigen Kinder vom 27. 7. 1779, in : CCO, Teil 2, S. 527-530. この問題についてのメーザーの活動は，Hatzig [1909], S. 82-86.
12) Herzog [1938], S. 64 ; Brakensiek [1991], S. 301 ; Rudersdorf [1995], S. 293f..
13) この規則は，第1章でも言及した小管区役人条例第46条に含まれる（CCO, Teil 1, S. 538）
14) Wrasmann [1919-1921], Teil 1, S. 126.
15) 例えば，Dobelmann, [1957], S. 76.
16) STAO Rep321 Nr. 533, Bl. 8, 45 ; Rep150Vör Nr. 88, Bl. 10. 関連して，1809年3月25日ヴェストファーレン王国のヴェーザー県（Weserdepartement）知事も「ホイアーロイテは…農場保有者（Erbbeständner）の家族の一員として従来共有地上の放牧地と芝土を共同用益してきた」（傍点引用者）ので彼らに共有地分割の際に補償要求権はないと認定した（STAO Rep350 Grö Nr. 980, Vereinigungen zwischen Colonen und Heuerleuten, 1848）．
17) STAO Rep321 Nr. 533, Bl. 20, 29f., 93, 100 ; Rep150Vör Nr. 88, Bl. 26 ; Wrasmann [1919-1921], Teil 1, S. 142.
18) STAO Rep321 Nr. 533, Bl. 20, 29f., 93, 100 ; Wrasmann [1919-1921], Teil 1, S. 145f..

19) STAO Rep321 Nr. 533, Bl. 20, 29f., 50, 65, 72f., 76, 80f., 87, 93, 100；Wrasmann [1919-1921], Teil 1, S. 147f.. なお，第1章註117)でふれたようにハノーファー選帝侯領ではホイスリンゲは居住地域の司法当局（Gerichtsobrigkeit，管区庁または貴族的裁判領主）に対する保護金支払いを毎年課され，それは租税の性格を帯びていた（Wittich [1896], S. 111）が，オスナブリュック地方では，地区裁判所の裁判官に対してホイアーリングはアルフハウゼン教区・ベルゼンブリュック教区・アンクム教区でわずかな貢租（年1人1.5ペニッヒ），フンテブルク管区の一部で賦役（男子1人当り年間1日）を負担した（STAO Rep321 Nr. 533, Bl. 29；Rep350Bers Nr. 104, Bl. 5).
20) CCO, Teil 2, S. 607.
21) CCO, Teil 1, S. 532f., 537f.; Teil 2, S. 91. Klöntrup [1798-1800], Bd. 3, S. 92f. も参照．1776年6月の報告によれば，炉税の年間査定総額は約33,000ターラーであった（STAO Rep110 II Nr. 339, Bl. 3, Beilage).
22) Verordnung wegen des Erb- oder Monatsschatzes vom 29. 4. 1667, in：CCO, Teil 2, S. 82. なお，18世紀中頃以降月税の査定総額は約107,000ターラー，減免分と徴税費用を差し引き約94,000ターラーだった（Bär [1901], S. 58).
23) 土地なし借家人がもつ，こうした寄留者的性格は当地に限られたものではなく，序章で述べたようにマウラーが「農民の庇護民」として早くから注目したところであった（Maurer [1865], S. 151-153).
24) MSW, Bd. 4, S. 242f.；Beins/Pleister (Hg.) [1939], S. 231. 藤田 [1994], 39-41頁も参照.
25) STAO Rep321 Nr. 533, Bl. 46, 87, 92, 99, 101f..
26) Wrasmann [1919-1921], Teil 1, S. 106f.；Herzog [1938], S. 77f..
27) STAO Rep321 Nr. 533, Bl. 19, 44, 87, 92；Herzog [1938], S. 73.
28) 1シェッフェルザートは0.1179ヘクタール（Twelbeck [1949], S. 5).
29) MSW, Bd. 4, S. 79；Schlumbohm [1994], S. 560；STAO Rep321 Nr. 533, Bl. 103.
30) STAO Rep321 Nr. 533, Bl. 103.
31) Reekers [1966], S. 41-44；Runge [1966], S. 66；Schlumbohm [1994], S. 67f.；Wrasmann [1919-1921], Teil 1, S. 107-109；Rothert [1949-1951], Bd. 2, S. 206f.. オスナブリュック市は中世末以来亜麻織物の生産者と商人の取引を仲介する特権をもち（直接取引は禁止），15世紀にはレッゲの存在が確認され

第2章　近世末の下層民問題と定住管理体制の再編　　153

る．1522年と1580年にオスナブリュック司教領における同市の取引独占権が領邦当局によって公認されたが，同市は外国商人の活動や邦外での販売，私的レッゲを排除できず，18世紀中頃までその特権を貫徹することはできなかった（Wiemann [1910], S. 5, 7-14 ; Runge [1966], S. 66）．北西ドイツのレッゲ制度について，馬場 [1997], 5頁．オスナブリュック地方における商人の亜麻織物取引の分析は，Niemann [2004]．

32)　Verordnung wegen des Garn- und Linnenhandels vom 9. 5. 1766, in : CCO, Teil 2, S. 402-406.
33)　Reekers [1966], S. 45-48 ; Runge [1966], S. 66-70, 72f. ; Hatzig [1909], S. 95-111 ; Niemann [2004], S. 64-70 に詳しい．
34)　Verordnung wegen des Leinsaamenhandels vom 24. 7. 1767, in : CCO, Teil 1, S. 1158f. ; Anderweite Verordnung wegen des Lein- und Hanfsaamenhandels vom 29. 4. 1779, in : CCO, Teil 1, S. 1198-1200. バルト海沿岸産の亜麻種の調達問題については，Harder-Gersdorff [1980], bes. S. 79-82.
35)　Verordnung wegen der Breite des hänfenen und flächsenen Linnens vom 24. 7. 1767, in : CCO, Teil 2, S. 418-420 ; Verordnung wegen der Webekämme und der Breite des Löwend-Linnens vom 6. 4. 1768, in : CCO, Teil 2, S. 424-426.
36)　レッゲ設置と検査義務に関して，例えば，Publicandum wegen der in den Aemtern Vörden auch Wittlage und Huntebürg angelegten Leggen vom 24. 3. 1772, in : CCO, Teil 2, S. 468 ; Publicandum wegen der im Amte Fürstenau angelegten Legge vom 3. 6. 1774, in : CCO, Teil 2, S. 484f.. 未検査品の販売禁止に関して，Publicandum wegen des Verkaufs des ungezeichneten Löwendlinnens vom 3. 3. 1770, in : CCO, Teil 2, S. 448f. ; Verordnung, den Ankauf des ungezeichneten Linnens betreffend, vom 21. 3. 1771, in : CCO, Teil 2, S. 456 ; Verbot, ungezeichnetes Löwend zu verkaufen, vom 27. 5. 1772, in : CCO, Teil 2, S. 469 ; Publicandum wegen Ankaufes der Linnen in der Rufe oder ungezeichnet vom 3. 7. 1777, in : CCO, Teil 2, S. 513f..
37)　Reekers [1966], S. 43, 48f. ; Runge [1966], S. 70-73 ; Wrasmann [1919-1921], Teil 2, S. 11f. ; Rothert [1949-1951], Bd. 3, S. 212.
38)　Reekers [1966], S. 44.
39)　STAO Rep321 Nr. 533, Bl. 43-44a, 52, 87 ; Reekers [1966], S. 43 ; Runge [1966], S. 72 ; Wrasmann [1919-1921], Teil 1, S. 110. メーザーは亜麻織物業

の中間原料である亜麻糸の確保の点からその輸出を問題視し，亜麻糸取引商人数を制限しようとした（Rescript an die Aemter, die Einschränkung der Garnsammler betreffend, vom 13. 2. 1777, in CCO, Teil 2, S. 505）．

40) STAO Rep321 Nr. 533, Bl. 87, 89f.；Runge [1966], S. 76-79；Hatzig [1909], S. 107, 109.

41) Schlumbohm [1982], S. 319. ただし，当地方では全階層が従事し，この時期のベルム教区では年間平均販売額で「大農」（主にエルベ）世帯の2/3が50ターラーを超えた一方，ホイアーリング世帯の2/3以上は20ターラー以下であった．世帯規模の相違と亜麻の自給的性格のためと考えられる（ebd., S. 319f.；ders. [1994], S. 70f.）．全階層が従事したことは，「農民は農業を，間借り小作（土地なし借家人——引用者）は非農業的な営業を担当し，両者は分業を形成した」という近世ドイツ農村の比較史的把握（肥前 [1994]，17頁）を相対化させる．シュルムボームはラーヴェンスベルクの上質亜麻織物生産地域について亜麻織物を販売しない「大農」集団の存在を確認した（Schlumbohm [1982], S. 323f.）が，モーザーは18世紀末まで同地方でも「農民的世帯」は農閑期に亜麻糸生産に従事し，レーヴェント生産地域では織布にも従事したという（Mooser [1984], S. 49, 66, 71, 154f.）．これらの事実は，亜麻織物・麻織物の生産を下層民の「賤業」とみなす見解（藤田 [1994]，76頁）にも反する．

42) Herzog [1938], S. 64；Reekers [1966], S. 44；Schlumbohm [1979], S. 265, 282-284, 277；ders. [1982], S. 318f.；ders. [1994], S. 68.

43) 1806年12月4日の管区庁報告（STAO Rep321 Nr. 533, Bl. 44a）．

44) 1806年8月29日のヴィットラーゲ管区庁報告（STAO Rep321 Nr. 533, Bl. 23, 24a）．

45) 生産者が亜麻織物をレッゲに持ち込むと検査後そこで競売されたが，1809～1814年のオスナブリュック市のレッゲでは取引額最上位の商人が取引額の41%，上位5人の商人で85%，上位7人で97%を占めた（Schlumbohm [1982], S. 330, 333）．

46) MSW, Bd. 4, S. 96；Runge [1966], S. 71.

47) MSW, Bd. 4, S. 90.

48) zit. in：MSW, Bd. 4, S. 90f..

49) MSW, Bd. 4, S. 91f.；Wrasmann [1919-1921], Teil 1, S. 116f..

50) Bölsker-Schlicht [1992], S. 256f..

51) MSW, Bd. 4, S. 82f.；Tack [1902], S. 157f., 160；Bölsker-Schlicht [1987],

第2章　近世末の下層民問題と定住管理体制の再編　　　155

S. 66-69 ; ders. [1992], S. 259. なお，Bölsker-Schlicht [1987], S. 69 はこの時期について1オランダ・グルデンを0.44ターラーで換算している．
52) Tack [1902], S. 161f., 166f. ; Lucassen [1987], S. 71f. ; Bölsker-Schlicht [1987], S. 69-72. なお，Lucassen [1987]はオランダ側の事情に関する標準作である．
53) Tack [1902], S. 172f. ; Bölsker-Schlicht [1987], S. 74-76 ; ders. [1992], S. 261f..
54) MSW, Bd. 4, S. 87 ; Bölsker-Schlicht [1987], S. 76f ; Funke [1847], S. 26f..
55) 亜麻織物の漂白・菜園地などの除草・干し草作りに従事するため，オランダに行く女性奉公人もいた（MSW, Bd. 4, S, 80f. ; Bölsker-Schlicht [1987], S. 120）．
56) 一般に，Rothert [1949-1951], Bd. 3, S. 248 ; Lucassen [1988], S. 81 ; オスナブリュック地方に関して，MSW, Bd. 4, S. 79 ; Bölsker-Schlicht [1987], S. 126.
57) Tack [1902], S. 163-165 ; Bölsker-Schlicht [1987], S. 72f..
58) MSW, Bd. 4, S. 83 ; Tack [1902], S. 159.
59) Edenda, S. 173.
60) MSW, Bd. 4, S. 80f., 82f..
61) STAO Rep321 Nr. 533, Bl. 106 ; Bölsker-Schlicht [1987], S. 123-125;ders. [1988], S. 93, 101. Bölsker-Schlicht 1987, S. 126 は出稼ぎの多さを亜麻織物業の発展の弱さに結びつけ，フュルステナウ管区でも亜麻糸生産が発展したメンスラーゲ・バットベルゲンの両教区の出稼ぎ者数が比較的少ないことに注目する．もっとも，フェルデン管区の大半の地域で亜麻織物用織機は人口1000人当たり40台を，かなりの地域で80台を超えた（Reekers [1966], S. 44）．いずれにせよ，北西ドイツの農村下層民が亜麻織物業・出稼ぎを通じて国際経済的連関の中に生活したという事実に注目したい．
62) STAO Rep321 Nr. 533, Bl. 56, 101.
63) STAO Rep321 Nr. 533, Bl. 41-42.
64) Schlumbohm [1994], S. 371, 374.
65) Taanmann [1991]より算出．
66) Verordnung der Regierung vom 12. 12. 1771, in : CCO, Teil 2, S. 462 ; STAO Rep321 Nr. 533.
67) Verordnung der Regierung vom 9. 11. 1770, in : CCO, Teil 2, S. 455 ;

Rescript der Regierung an die Voigte vom 6. 2. 1772, in : CCO, Teil 2, S. 465. さらに 1772 年 2 月・3 月に穀物取引が禁じられた (Verordnung der Regierung vom 7. 2. 1772, in : CCO, Teil 2, S. 465 ; Publicandum der Regierung vom 16. 3. 1772, in CCO, Teil 2, S. 467). メーザーの動きは，Hatzig [1909], S. 153-156. この危機について一般に，Abel [1974], Kap. 3. 諸領邦の対応に関して，Schmidt [1991], S. 267-275. なお，同論文はイギリスやフランスと比べた近世ドイツにおける食糧暴動の少なさに注目し，地域主義的・パターナリスティックな経済政策の持続が民衆統治にもった意義を強調する一方，転換の徴候として 1770～1772 年の危機の際に穀物取引の放任をメーザーが主張したことに注目した (ebd., S. 277, さらに山根 [2003], 20 頁). しかし，現実にはオスナブリュック司教領政府も「当局の介入に対する住民の盲目的な信頼」(Hatzig [1909], S. 155) に応じて伝統的な対策をとったのである.

68) Heuvel [1984], S. 273. Bär [1901], S. 59 は国庫 (Stiftskasse) から支出される歳出が 130,000～140,000 ターラーであったと時期を特定せずにいう.

69) STAO Dep1b Nr. 495, S. 221-232, 246-251, Beilage 11a ; Hatzig [1909], S. 156-158.

70) MSW, Bd. 8, S. 299. 同様に，ebd., Bd. 5, S. 21.

71) STAO Rep100-193 Nr. 29, Bl. 46, 50, 56 ; Verordnung der Regierung vom 12. 12. 1771, in : CCO, Teil 2, S. 462. 完全エルベはライ麦 4 シェッフェル，半エルベは 2 シェッフェル，エルプケッターは 1 シェッフェルとされた.

72) Schlumbohm [1994], S. 271f. ; STAO Rep100-188 Nr. 46, Bl. 164-198 より算出.

73) Wöchentliche Osnabrückische Anzeigen, 11. 1., 6. 12. 1794, 7. 7. 1795, 23. 7. 1796.

74) 例えば，CCO, Teil 2, S. 861ff. の Armen, Bettler の項を参照.

75) Verordnung, wie es mit den sowohl in- als ausländischen Collectanten, fremden Bettlern und Landstreichern ferner zu halten, vom 16. 3, 1723, in : CCO, Teil 1, S. 1321-1324 ; Verordnung wegen Abhaltung und Bestrafung der Zigeuner, fremden Bettler und anderer Landstreicher und Beschränkung der einheimischen Betteley vom Jahr 1738, in : CCO, Teil 1, S. 1429-1431. さらに, Klöntrup [1798-1800], Bd. 1, S. 141f..

76) Stüve [1851], S. 139f. ; Hatzig [1909], S. 166f. ; Rudersdorf [1995], S. 305-308. 1767 年通達は，STAO Rep100-198 Nr. 29, Bl. 14f..

第 2 章　近世末の下層民問題と定住管理体制の再編　　　　157

77) STAO Rep100-198 Nr. 33, Bl. 8；Rep110 II Nr. 339, Bl. 3, Beilage；MSW, Bd. 11, S. 47.
78) 　STAO Rep100-198 Nr. 33, Bl. 14, 18；Stüve [1851], S. 139f.；Hatzig [1909], S. 166；Rudersdorf [1995], S. 305f..
79) STAO Rep350Für Nr. 818.
80) Stüve [1851], S. 136f..
81) STAO Rep100-198 Nr. 5, Bl. 135, 143.
82) Hatzig [1909], S. 164-165；MSW, Bd. 4, S. 69f.；Bd. 5, S. 21；Bd. 8, S. 299.
83) STAO Rep350Für Nr. 818；Rep100-188 Nr. 46, Bl. 164-198.
84) STAO Dep1b Nr. 648, Aktenstück-Nr. 18.
85) zit. in：STAO Dep1b Nr. 495, S. 225；Stüve [1851], S. 139.
86) zit. in：STAO Dep1b Nr. 507.
87) STAO Dep1b Nr. 518, S. 45-48.
88) Rudersdorf [1995], S. 130-132, 135.
89) STAO Rep100-198 Nr. 5, Bl. 143, 160f..
90) STAO Rep100-198 Nr. 5, Bl. 186.
91) 例えば，フュルステナウ管区では「他所者浮浪者の排除のために各村は (jeder Ort und Bauerschaft) 貧民取り締まり人を雇う」と 1802 年にいわれている (zit. in：Heckscher [1969], S. 343)．
92) STAO Rep100-198 Nr. 31.
93) STAO Rep100-188 Nr. 48, z.B. Bl. 3, 5f., 22.
94) STAO Rep100-188 Nr. 48, Bl. 29.
95) STAO Rep100-188 Nr. 48, Bl. 84-86. 同様に元プロイセン兵や元ハノーファー兵の例として，STAO Rep100-188 Nr. 48, Bl. 66f., 93, 147-151, 162-164；Rep150 Grö Nr. 706, bes. Bl. 12f..
96) Hatzig [1909], S. 165.
97) メーザーの国制論において重要な位置を占める名誉は，旧ザクセン時代の国家の基礎単位（「株〔Aktie〕」）と想定された Hof の所有に基づくとされる（Göttsching [1978], S. 61；成瀬 [1988], 210 頁）が，Hof は「農場（Ackerhof）」，「マンスス」，「ヴァーレ」と言い換えられており（MSW, Bd. 9, S. 140f.），名誉はフーフェ保有と結びつけられていた．
98) MSW, Bd. 4, S. 211-215. 時期・隣接するプロイセン領への影響・用語法か

らみて，メーザーが直接意識したのは，第1章でもふれたユスティとみてよいだろう．メーザーは食糧危機後の草稿において，「人口（増加――引用者）はそれでも国家の至福（die große Glückseligkeit eines Staats）として称揚されるかもしれないが……」(MSW, Bd. 10, S. 58) と，「巨大な人口は……国家の至福（höchsten Glückseligkeit des Staats）である」というユスティの有名な一文 (Justi [1759], S. 86f.) を言い換えている．Frohneberg [1930], S. 54, 60-64 は，ユスティやゾンネンフェルス（Josef von Sonnenfels, 1733～1817 年）ら「人口狂信者（Bevölkerungsfanatiker）」というべきカメラリストが 18 世紀後半に展開した楽観的な人口増殖論に対して，「過剰人口」の危険を警告した同時代の批判者の代表としてメーザーを挙げている．また，Elster [1909], S. 954 も，メーザーは「ドイツの国民経済学者の中でまず第1にマルサスの先駆者」であると評価した．

なお，ユスティとメーザーの対比はこの地方の官吏にも意識されていた．1806年12月4日のグレーネンベルク管区庁報告は，ホイアーリングによる人口増加問題についてのメーザーの 1773 年 12 月の論文 (MSW, Bd. 5, S. 17f.) を肯定的に冒頭で引用する一方，ユスティの人口増殖論をヴェストファーレンには妥当しないと批判している (STAO Rep321 Nr. 533, Bl. 39f., 51)．

99) MSW, Bd. 5, S. 11-22, bes. S. 18, 20-22 ; Bd. 8, S. 299f. ; Bd. 10, S. 56-59, bes. S. 58.
100) zit. in：STAO Dep1b Nr. 495, S. 224.
101) MSW, Bd. 9, S. 49f..
102) zit. in：STAO Dep1b Nr. 495, S. 225.
103) 例えば，STAO Rep100-188 Nr. 48, Bl. 5f., 22.
104) MSW, Bd. 8, S. 300. gemein の意味については，坂井 [2004]，168 頁も参照．
105) STAO Rep100-188 Nr. 48, Bl. 7, 10.
106) STAO Rep100-188 Nr. 48, Bl. 29f..
107) STAO Rep335 Nr. 3149, Bl. 74-104, 220-231, 322f., 365f..
108) Dobelmann [1956], S69 ; Wrasmann [1919-1921], Teil 1, S. 160.
109) Middendorf [1927], S. 54-62.
110) Ebenda, S. 86-90.
111) Publicandum der Regierung vom 15. 5. 1778, in：CCO, Teil 2, S. 524 ; Verordnung, wie bey Marktheilungen zu verfahren, vom 4. 6. 1785, in：CCO,

第2章　近世末の下層民問題と定住管理体制の再編　　159

Teil 2, S. 597-599.
112) Verordnung wegen des Allmosen-Sammlens vom 3. 3. 1766, in : CCO, Teil 2, S. 396-399 ; Verordnung wegen der Betteley und der Aufnahme fremder Heuerleute vom 18. 11. 1774, in : CCO, Teil 2, S. 494-497 ; Verordnung, wie es mit den Remissions- Suppliken und den von jedem Rauchschatze für die Armen abzuziehenden Geldern zu halten, vom 27. 5. 1777, in : CCO, Teil 2, S. 507-513.
113) STAO Dep1b Nr. 644, Bl. 188f., 265f. ; CCO, Teil 2, S. 397.
114) 1774年条例前文による1766年条例への言及 (CCO, Teil 2, S. 494).
115) STAO Dep1b Nr. 642, Bl. 537 ; Stüve, [1851], S. 139.
116) なお，その他に貧民の子供の扱い（第7条・第8条），貧民取り締まり人の義務（補足文）などが規定された．
117) STAO Dep1b Nr. 644, Bl. 265.
118) STAO Rep100-198 Nr. 32 ; Rep100-198 Nr. 5, Bl. 92f., 94f., 98f., 105, 108f..
119) STAO Rep100-198 Nr. 32 ; Rep100-198 Nr. 5, Bl. 96f., 101f., 116f..
120) これについては，Hatzig [1909], S. 165 ; Rudersdorf [1995], S. 292f., 299 の指摘も参照．
121) MSW, Bd. 5, S. 14-17, bes. S. 15 ; Bd. 9, S. 49f..
122) STAO Rep100-188 Nr. 48, Bl. 26-43. 法案は，ebd., Bl. 24f., 33-37.
123) その他に，転居先教区から戻った貧民の扱い（第3条），貧民簿の作成（第6条），貧民監督人による「他所者」乞食・浮浪者の収監（第8条）が規定された．ホイアーリングの移動期間（Fahrenszeit）については，Klöntrup [1798-1800], Bd. 2, S. 1.
124) STAO Rep100-198 Nr. 5, Bl. 152.
125) MSW, Bd. 5, S. 156-158.
126) STAO Dep1b Nr. 644, Bl. 1584-1586 ; Dep1b Nr. 496, Beilage 3 ; Hatzig [1909], S. 166.
127) STAO Rep100-198 Nr. 33, Bl. 16-19 ; Rep110 II Nr. 244, Bl. 234-239 ; Rudersdorf [1995], S. 306, 308.
128) オスナブリュック司教領全体での年間総額は，1776年6月14日の領邦当局の報告によれば，年間炉税査定総額約33,000ターラーに対して約1,650ターラーであった（STAO Rep110 II Nr. 339, Bl. 3）．
129) 意図は特に，STAO Rep100-198 Nr. 33, Bl. 11-14 ; Rudersdorf [1995], S.

305, 309.

130) zit. in : STAO Dep1b Nr. 507.
131) STAO Dep1b Nr. 521, Beilage.
132) Stüve [1851], S. 141.
133) STAO Rep100-188 Nr. 48, Bl. 56-191.
134) 小管区役人については，Espenhorst [1994], S. 103-106 ; Heuvel [1984], S. 243-236. 結婚式の招待客数を制限した1780年条例第2条では，完全エルベと半エルベの場合，招待客数の中に牧師・司祭とならんで小管区役人も含めると規定され (Verordnung gegen die Mißbräuche bey Hochzeiten und andern erlaubten Gelagen vom 18. 8. 1780, § 2, in : CCO, Teil 2, S. 543)，その招待が一般的だったことが分かる．なお，近年こうした在地官吏は領邦当局と農村社会と間の「支配の媒介者 (Vermittler der Herrschaft)」として考察されている（紹介として Freist [2005], S. 15-18 ; Brakensiek [2005]）．この問題は在地官吏の「支配実践」と「大農寡頭制」との関係にも関わろう (Brakensiek [2005], S. 64)．
135) STAO Rep100-188 Nr. 48, Bl. 159-161, 165.
136) STAO Rep100-188 Nr. 48, Bl. 147-158.
137) STAO Rep100-188 Nr. 48, Bl. 73f..
138) STAO Rep100-188 Nr. 48, Bl. 162-164, 168-170.
139) STAO Rep100-188 Nr. 48, Bl. 100-102.
140) STAO Rep100-198 Nr. 5, Bl. 136.
141) STAO Rep100-188 Nr. 48, Bl. 103-137.
142) STAO Rep100-198 Nr. 5, Bl. 125-128, 141-146.
143) STAO Rep100-198, Nr. 5, Bl. 162.
144) STAO Rep100-198 Nr. 5, Bl. 165-167.
145) STAO Rep100-198 Nr. 5, Bl. 163f. 管区庁側の記録では，STAO Rep350 Für Nr. 815.
146) STAO Rep100-188 Nr. 48, Bl. 181-195.
147) オスナブリュック司教領は1803年2月に世俗化されてハノーファー選帝侯領に併合されたが，1803年3月～1805年10月にフランス軍，1806年2月～10月にプロイセン軍に占領された．1806年10月のフランス軍による再占領の後，1807年8月以降ナポレオンの傀儡国家ヴェストファーレン王国（1811年1月まで）・フランス帝国の一部（1813年11月まで）となった (Bär

第2章　近世末の下層民問題と定住管理体制の再編

[1901], S. 90-102).なお,ヴェストファーレン王国に関しては,岡本 [2000] を参照.
148) STAO Rep321 Nr. 533, Bl. 41f..
149) STAO Rep350Für Nr. 804, Bl. 23-30, 35-41, bes. 26f., 38.
150) STAO Rep350Bers Nr. 511, Bl. 1-7. 同様の例として,STAO Rep350Bers Nr. 513, Bl. 1-3.
151) Pfister [1994], S. 10 ; Dipper [1996], S. 61.
152) STAO Rep100-188 Nr. 41, Bl. 29-81 ; Rep321 Nr. 533, Bl. 18, 42f., 109 より算出.
153) STAO Rep321 Nr. 533, Bl. 20, 57a, 71-72, 94, 102. なお,ヴィットラーゲ管区庁はこの地方を併合したハノーファー選帝候領の「他の諸州」では結婚規制が導入されたと指摘している（ebd., Bl. 20）が,これについては第3章註120）で言及したい.
154) STAO Rep350Für Nr. 804, Bl. 36. ホイアーリング側から出されたこの請願書はメーザーの『郷土愛の夢想（Patriotische Phantasien）』（ND, in : MSW, Bd. 4-7）に言及しており,むろんホイアーリング自身が作成したものではない.
155) すでに1767年8〜9月のメーザー論文（MSW, Bd. 4, S. 87）でこうした認識がみられ,当地方でも3月前期まで繰り返された言説であるが,このような認識が事実に反するのは近年の研究のとおりである.当地方の事情は,Schlumbohm [1994], bes. S. 102f.；若尾 [1996], 205-206頁.
156) STAO Rep350Bers Nr. 512, Bl. 2-10.
157) Berg [1803], S. 179.

第 3 章
3月前期の「大衆窮乏」と定住・結婚規制

課題

　3月前期のドイツ農村社会は，近世以来の定住史的・経済的発展の所産として下層民の堆積が最高度に達した状態で，共有地分割・プロト工業の危機によって下層民が貧窮化し，「過剰人口」と「大衆窮乏」が重大な問題となったことは我が国でもよく知られるところである．近代ドイツ農村を創出したいわゆる農業改革——領主制の解体と近代ゲマインデ自治の形成——も，まさにかかる社会的圧力の中で行われたのであった．それでは，「大衆窮乏」の圧力の下で，3月前期に誰がどのようにして下層民を管理・統制していたのだろうか．3月前期の下層民管理の特性を問うことは，かかる社会的危機の下での地域管理のあり方とそこにおける農民の自律性の如何を考察することにほかならない．

　序章でも述べたように，研究史によれば，共有地分割・ゲマインデ制度改革が行われた3月前期にもドイツ農村社会の伝統的な共同体的構成・身分制秩序が維持され，ゲマインデ自治を独占し続ける農場保有者たちは，「大衆窮乏」の中で，下層民を排除しながらゲマインデに結集し，貧窮化しつつ増加する下層民の群と対峙し，領邦当局と連携・協調して，それを監視・統制し，農村社会の近代的再編を主導したとみられている[1]．こうした歴史像は少なくとも北ドイツについて現在まで本格的な批判を受けていないといって

第3章 3月前期の「大衆窮乏」と定住・結婚規制

よいが，3月前期の農村の地域管理のあり方の歴史的性格の理解において，次のような問題が残るように思われる．すなわち，下層民の堆積とそれによる諸問題は，すでに述べたようにかつて研究史の一部で「解放危機」・「『農民解放』による農村下層民の増大と窮乏」などと想定されたのとは異なり，1800年頃までに全ドイツ的に確認され，第2章でみたように，オスナブリュック地方ではこうした社会的圧力によって下層民管理のあり方も18世紀末にすでに変容し始めていた．ゲマインデに結集しつつ領邦当局と協力して下層民群に対峙する保守的「共同体農民」も，伝統的存在というよりも18世紀末に登場したのであった．したがって，3月前期について近世末以来の農村の地域管理のあり方の変容の行方が問題とされねばならない．

本章では，以上のような問題関心から，3月前期のオスナブリュック地方における下層民に対する定住管理をめぐる諸関係を検討したい．

第1章・第2章でみたように，近世後半のオスナブリュック地方では，農場一子相続制の下でフーフェ農場（エルベ農場）が維持される中で，亜麻織物業・出稼ぎ収入に支えられて土地なし借家人が増加・堆積して農村社会に典型的な階層構造が形成された．そして，救貧・治安問題の中で後者に対する定住管理が問題とされ，領邦当局による1766年・1774年の両条例とそれに対する農村社会の対応によって定住管理体制が再編され，19世紀初頭にはその強化がゲマインデ・領邦官吏によって模索されていた．それに続く3月前期には，この地方でも下層民の生活基盤の動揺・縮小に伴い，農村社会の底辺に堆積したホイアーリングの貧窮が深刻化していくのだが，その中で，オスナブリュック地方を含むハノーファー王国では1827年の2つの立法によって定住・結婚規制が導入された．それによって定住管理体制はどのように変容したのだろうか．

定住・結婚規制とは，序章で簡単に述べたが，「大衆窮乏」を背景に，救貧制度との関連で再編された下層民を対象とするゲマインデの定住規制（救貧・定住規制）と，18世紀に一部領邦で出現した奉公人・貧民や若者に対する行政的結婚許可制度とが結合したものである．それは，ドイツ各邦で

1830年前後以降単独の法として，または救貧法やゲマインデ法の一部として立法化され，北ドイツ連邦の一連の立法（1867～1870年）によって廃止されるまでプロイセンとザクセンを除くドイツ各邦で存続し，概ね領邦当局の留保権の下で，成員権（ゲマインデ市民権）・居住権取得と結婚許可とが救貧義務を課されたゲマインデの同意の下におかれた．それは，ゲマインデによる定住管理の制度的な核となったと考えられる[2]．定住管理制度は，深刻化する下層民問題を背景に3月前期に全ドイツ的に再編されて，かかる定住・結婚規制として新たな展開を見せ，この時期の下層民政策の一大焦点をなしたのである．

定住・結婚規制は，同時代の議論[3]を除けば，これまで特に結婚規制を中心に「大衆窮乏」研究でしばしば言及されたものの，正面から論じたものは多くない．序章で述べたように，多くは方法的に法制面または人口統計からの検討に留まるのだが，従来主に人口政策史的関心から，また最近では社会史的関心から研究されている．

まず，エルスターやマッツによれば，結婚規制立法は，家族を扶養する能力のない貧困者の生殖制限の必要性を主張するマルサス主義の影響が，フランス7月革命の衝撃や「過剰人口」への恐怖を背景にしてドイツに現れ始める時期に成立した人口抑制政策であった[4]．マーシャルクやクラウス，ノーデルは，1820年代から1860年代にかけての各邦の人口統計を分析して，結婚規制には結婚抑制効果が認められる一方，婚姻率の低下による人口抑制は婚外出生率の上昇によって相殺され，人口抑制効果はほとんどなかったと結論づけている[5]．このような見解は，同時代人の批判[6]とも一致する．

こうした諸研究とは異なり，規制運用にも一応ふれたのがリッペである．リッペは，ヴュルテンベルクの一村落の包括的な歴史人口学的研究の中で，1828年・1833年の市民権法による結婚規制の法的内容と結婚機会・婚外出生への影響（初婚年齢と婚外出生率の押し上げ）のミクロな統計的検証[7]に加え，若干の事例分析から規制運用をも取り上げた．すなわち，1820年代末から1860年代の規制事例の分析から，賃労働・賃仕事や他所者がもつネ

第3章　3月前期の「大衆窮乏」と定住・結婚規制　　　　165

ガティブな表象と，農民的な生活態度（名誉・勤勉・倹約）及び農場経営・土地保有がもつ価値・規範意識とを示し，ゲマインデ指導層による下層民管理として結婚規制を叙述した[8]．しかし，被規制者による領邦当局への不服申立てをも取り上げながら，領邦当局に対する農民の自律性の如何という観点はほとんどない．

　次に，規制の背後にある社会的関係により注目したのがエーマーである．バイエルン法や特にオーストリア法の分析から，19世紀の結婚規制の社会的機能を，下層民の結婚の禁圧による人口と救貧負担の増加の抑制ではなく，ゲマインデ自治の制度的確立とともに領邦当局の関与を次第に制限しつつ，ゲマインデを担う農場保有者たちの好意に下層民（「非家持ち」）の結婚を制度的に依存させ，彼らに下層民（特に奉公人）への強い影響力を与えたことに求め，規制は実質的に農場保有者たちの奉公人確保の利害に規定されていたという[9]．労働力を主に奉公人に依存する地域において[10]，農場保有家父の連合としてのゲマインデと奉公人とが対峙するという農村の下層民管理のあり方が浮かび上がってくる．しかしながら，19世紀の行政的結婚規制が3月前期の「大衆窮乏」下に救貧・定住規制と結びついて成立したという歴史的性格を捨象しきれるのかは疑問である．また，その見解は，同様に行政的結婚規制が発展しながらも異なる社会構造や経済的条件をもつ地域では妥当するのだろうか．

　序章でも紹介したマントル[11]はエーマーの見解を批判的に受け継ぎ，ゲマインデ当局による社会反動的な意図による下層民管理とその貫徹という像を打ち出した．マントルは行政的結婚規制がもつとされてきた救貧負担・人口制限的な政策意図をも疑問視し，狭義のドイツではないが，生涯独身率と初婚年齢の高さで知られるティロルとフォーアアルルベルクで1820～1921年の長期間存続した行政的結婚規制を総合的に取り上げ，3教区における規制運用をも分析した．伝統的な社会的不平等と社会経済秩序を再生産してきた，財産・地位（Besitz und Status）と結合した旧来の結婚行動が18・19世紀の工業的収入機会の増加と手工業の再編の中で動揺し始めると，ゲマインデ

自治を担う「村落エリート」たちが，州議会・教会とともに，伝統的な社会的不平等と社会経済秩序の維持や保守的再編のために，財産・地位から分離した結婚行動（奉公人・日雇い・徒弟とプロレタリア化した手工業者の結婚）を抑制しようとしたのが行政的結婚規制（1820年導入・1850年強化）であった．ゲマインデ当局の行動期待は下層民にも内面化され，経済的に将来の家族扶養が可能なカップルの一部しか結婚せず，領邦当局への不服申立てや婚外関係による抵抗も比較的少なかった．その結果結婚規制は結婚行動と相互規定的な関係にある社会経済面の変容を遅延させる効果をもったという[12]．下層民における規制の受容という「成果」においてドイツ諸邦とはかなり異なるが，マントルの研究は行政的結婚規制を結婚行動の変容の中に位置づけて解釈した点で注目され，また規制運用においてゲマインデ主導層の主体的で中心的な役割を実証的に明らかにした．しかし，この研究は，定住規制との関係をほぼ捨象した[13]上に，規制法制の導入・強化に関して領邦当局とゲマインデとの対立関係に注目して説明する[14]一方，規制運用に関しては，分析が主に規制が最も厳格化したとされる1850～1869年についてであり本章の対象時期とずれるほか，領邦当局への不服申立てを分析した[15]にもかかわらず，農民の自律性という観点に乏しいように思われる．

　本章では，かかる研究史の方法的・地域的限界・問題点をも考慮しつつ，農村社会における規制実態の検討にも踏み込んで，オスナブリュック地方における定住・結婚規制を分析したい．その法的な基礎である1827年のハノーファー王国の2立法は，同時代の議論以来メクレンブルク法とともに北ドイツを代表する定住・結婚規制法として挙げられ[16]，地方史研究においては法の骨子の紹介もなされている[17]．しかし，農村社会における成立背景・運用・影響に関する本格的な検討は全くなく[18]，またそれまで存在した定住管理制度との関係も明確ではないため，両法によって成立した定住管理体制の歴史的特質も不明である．本章の検討は，こうした研究史上の空白を埋める意味を持つが，それのみならず，農場一子相続制下で非農業的就業機会が増加し，近世以来下層民が数多く堆積して高度に社会的に分化した地方におけ

る，3月前期にそれを支える生活基盤が動揺していく中での定住・結婚規制の実態——農民や領邦当局はいかに下層民に対応したのか——という点で，一つの代表例を提示すると思われる．

以上の考察を踏まえて，本章では，近世末の定住管理体制との関係に留意しつつ，定住・結婚規制をめぐる事情の検討を中心に，3月前期のオスナブリュック地方における定住管理をめぐる諸関係を検討し，そこからこの時期の農村の地域管理の特性に迫りたい．検討は，以下のように進められる．まず，定住・結婚規制の成立・運用の前提として3月前期の農村社会の社会経済状況を概観した（第1節）上で，1827年定住・結婚規制両条例の成立過程・内容とオスナブリュック地方との関係を3月前期初めの下層民問題に注目して検討する（第2節）．次にそれを踏まえて，1830～1840年代の「大衆窮乏」下での定住・結婚規制の運用から農民（個々の農場保有者及びゲマインデ）・領邦当局の動き・役割を検討し，規制の構造・性格を分析する（第3節）．次いでその機能と限界が検証され（第4節），最後に定住・結婚規制からみた3月前期の地域管理とそこにおける農民の自律性の特質を述べて本章を結びたい．

1. 3月前期の農村社会と下層民

定住・結婚規制の背景となる，3月前期の農村社会の状況を概観しよう．

オスナブリュック地方は，1803年のオスナブリュック司教領の世俗化・ハノーファー選帝侯領への併合の後プロイセン軍の占領とフランスの支配を経て1813年11月にハノーファー選帝侯領に復帰し，3月前期にはオスナブリュック州（Provinz Osnabrück），正式にはオスナブリュック侯領（Fürstentum Osnabrück）としてハノーファー王国（1814年10月12日の宣言で選帝侯領から国位変更）に属した[19]．行政的に，同地方はハノーファー政府を代表するオスナブリュック大管区庁（Landdrostei Osnabrück，1823年5月以前は州政府〔Provinzialregierung〕）の管轄の下におかれ，固有の

地図3　3月前期のハノーファー王国オスナブリュック州

（地図：ベルゼンブリュック管区、フュルステナウ管区、フェルデン管区、ヴィットラーゲ・フンテブルク管区、オスナブリュック市、オスナブリュック管区、グレーネンベルク管区、イブルク管区）

出典：Bölsker-Schlicht [1987], S. 85.

議会を州議会（Provinzialstände）として維持したまま，旧ミュンスター司教領のエムスラント地方，旧ベントハイム伯領（Grafschaft Bentheim），旧プロイセン領リンゲン地方とともに，1823年5月以降大管区（Landdrosteibezirk）を形成した．また，オスナブリュック地方の農村部の行政区分をみれば，司教領時代の6管区は，旧イブルク管区がイブルク管区とオスナブリュック管区に分離し，旧フュルステナウ管区と旧フェルデン管区がフュルステナウ管区，フェルデン管区，ベルゼンブリュック管区に再編され，ヴィットラーゲ管区とフンテブルク管区がヴィットラーゲ・フンテブルク管区に統合されて，合計7管区となった（地図3参照）．

1.1. 農村住民の構成

まず，3月前期のオスナブリュック州の領域について1806年の保有地・

第 3 章　3 月前期の「大衆窮乏」と定住・結婚規制　　　　　　　　　　169

表 3-1　1806 年と 1849 年の保有地・住居及び世帯の構成

(単位：個数)

1806 年		1849 年	
保有地	8,437	土地保有者世帯	10,291
完全エルベ農場	2,056		
半エルベ農場	949		
エルプケッター農場	1,260		
マルクケッター農場	3,212		
キルヒヘーファー地・ノイバウアー地	599	アンバウアー・アップバウアー・バイバウアー世帯	2,325
その他	361		
付属小屋住居	8,545	ホイアーリング世帯	13,896

註：1)　1806 年のその他は、貴族農場(騎士農場・自由農場)、修道院農場・付属地、司祭・牧師館付属地、王領地など。
　　2)　1849 年の土地保有者世帯はアンバウアー・アップバウアー・バイバウアー世帯を含む。
　　3)　1849 年のアンバウアー・アップバウアー・バイバウアー世帯は零細地保有者世帯及び単なる家屋所有者世帯。
　　4)　都市・町分は含まない。
　　5)　領域変更により表 1-3 や表 2-1 の対象領域とは一致しない。
　　6)　表 1-1、表 1-2、表 1-3 と異なり (旧) 免税特権者分を含む。
史料：1806 年：STAO Rep100-188 Nr. 77, Bl. 66-228.
　　　1849 年：STAO: Rep335 Nr. 127, Bl. 183, 209, 220, 223.

住居の構成 (表 3-1) から，19 世紀初頭の状況を確認しよう．3,005 のフーフェ農場 (完全エルベ農場と半エルベ農場)，4,472 の小農場 (エルプケッター農場とマルクケッター農場)，599 の零細保有地 (キルヒヘーファー地に加え，ノイバウアー地などで後述)，王領地・貴族農場・修道院農場・教会地など 361 に加え，付属小屋住居が 8,545 存在した．このようにヒエラルヒッシュで下層民が分厚く堆積した社会構造が，近世以来の発展の所産として，3 月前期の農村社会にもたらされたのである．

共有地分割が進行する 3 月前期にも，農村社会のこうした社会構造が基本的に維持されていた．

第 2 章で述べた司教領時代の 1785 年共有地分割条例，さらに世俗化後の 1806 年・1822 年の条例を法的基礎に共有地分割が進行した[20]．それは，18 世紀末に始まり 19 世紀末までの長期間にわたったが，主に 19 世紀前半，特

に1810年代から1830年代にかけて進行したとみられる．ヘルツォークによれば，ベルゼンブリュック管区とフュルステナウ管区の一部を除くオスナブリュック地方の90の共有地の内1801～1850年間に58が分割手続を開始して79が分割手続を終了し，1811～1840年間に51が開始して63が終了した[21]．

共有地分割は，共有地裁判権者の同意と一般成員の過半数の賛成とによって決議されて手続に入り[22]，しばしば10年以上の期間を要したが，旧来の共有地用益権の補償として，一般に分割地から共有地裁判権者分（領邦君主である場合分割地の1/7～1/15)[23]を除いたものが各用益権者に分配された．1785年条例下では一般に完全エルベ1，半エルベ3/4または5/6，エルプケッター1/2，マルクケッター1/3または1/4の割合で分配されたと報告され，1822年条例では分配比率の規定はなく当事者間の協定か専門家の査定によるとされた[24]．1例だけ挙げれば，オスナブリュック管区聖カタリーネン (St. Katharinen) 教区ハスベルゲン (Hasbergen) 村の1835年の共有地分割の場合，分割地1043モルゲン[25]の内完全エルベ6人に51％（平均88モルゲン），半エルベ5人に22％（同45.2モルゲン），「1/3エルベ」（エルプケッター）3人に5％（同17.7モルゲン），9人のマルクケッターに10％（同11.6モルゲン），大農場保有者 (Gutsbesitzer) 1人に86.6モルゲンが分配された[26]．共有地分割によって大きな土地再配分が生じるとともに，マルク共同体はその定住規制とそれによる土地保有の閉鎖性もろとも解体した．1815～1851年に149,339モルゲン（約39,000ヘクタール）の共有地が分割された[27]が，農場保有者は分割地の取り分を自己経営地へ編入したほか，付属小屋住居に付随する小作地としてホイアーを設定するか，領主や領邦当局の許可があれば入植希望者に世襲小作[28]に出し，あるいは売却した[29]．

なお，混在耕地制をとる共同耕地であるエッシュの交換分合も3月前期に確認されるが，全体として1870年まで大きな動きはなかったとみられる．主要な耕地がしばしば旧共有地から分離された自由農圃である私的開墾地にあったため農場保有者たちの関心を引かなかったことに関わるともいわれ

第3章 3月前期の「大衆窮乏」と定住・結婚規制　　　　171

る[30]．

　ここではさしあたり，共有地分割による階層動向・定住史的動向への影響について，以下の3点を指摘しておきたい．

　第1に，3月前期にも，オスナブリュック地方は圧倒的に農民地，それも「本来の農民」の農民地というべき状況にあった．1832/1833年の農地統計しか利用できなかったが，農村部の全耕地・牧草地366,176モルゲン（95,975ヘクタール）の内，騎士農場などの貴族農場・王領地・修道院農場などの大農場に9.5％が所属し，広義の農民地が，9割強を占めていた[31]．農場等級別の保有規模の平均値が分かる2管区について，耕地・牧草地の配分を大まかに算出すると，表3-2のようになる．旧フーフェ農場である完全エルベ・半エルベが耕地・牧草地の6割弱・7割強を保有して他の全階層を圧倒し，土地保有と農業生産の中心であり続けたことが分かる[32]．同時期エルベ農場の中核部分である，耕地・牧草地保有規模60モルゲン（15.7ヘクタール）以上の農場が大農場分を除いて耕地・牧草地全体の55％を占めていた[33]こともこれを概ね裏付ける．

　第2に，「家持ち」として自立した新入植者の定住が進行した．18世紀末以来の共有地分割を受けて1806～1807年の管区庁報告ですでに分割された旧共有地への入植・零細保有地の設立が報告されており[34]，同年の調査ではノイバウアー（Neubauer）地が1項目をなして出現し（325），表3-1のようにキルヒヘーファー地と合わせて599を数えた[35]が，1849年には零細地保有者及び保有地がない家屋所有者世帯は2,325であった．1806年の調査ではブリンクジッツァー地の扱いが不明確で，1849年の調査のアンバウアー（Anbauer）・アップバウアー（Abbauer）・バイバウアー（Beibauer）世帯には単なる家屋所有者である世襲小作人（Erbpächter）も含まれるが，新入植者の定住が進んだことは疑いない．新入植者は領邦当局の同意を得て2～10モルゲン程度の旧共有地上の入植地を借地期間25～100年で世襲小作（世襲小作人）・購入し（ノイバウアー），小屋を建てて居住・開墾しつつ，さらにホイアーリング同様に農民農場から小作し，日雇い仕事を引き受け，

表 3-2　1832/1833 年の耕地・牧草地の配分

フュルステナウ管区	保有地数	平均規模 (モルゲン)	保有高 (モルゲン)	比率 (％)
大農場	不明	不明	1,137.0	2.9
完全エルベ農場	219	83.6	18,735.2	48.2
半エルベ農場	71	60.1	4,264.1	11.0
エルプケッター農場	77	41.7	3,207.7	8.3
マルクケッター農場	422	21.1	8,883.1	22.9
零細保有地	不明	不明	2,324.8	6.0
ホイスリンゲ地	不明	不明	264.0	0.7
計			38,816.0	
オスナブリュック管区				
大農場	不明	不明	7,710.0	12.6
完全エルベ農場	422	(85.0)	(35,870.0)	(58.5)
半エルベ農場	130	(45.0)	(5,850.0)	(9.5)
エルプケッター農場	137	(15.0)	(2,055.0)	(3.4)
マルクケッター農場	277	(7.0)	(1,939.0)	(3.1)
零細保有地	209	不明	不明	不明
ホイスリンゲ地	不明	不明	80.0	0.1
計			61,318.0	

1 ハノーファー・モルゲンは 0.2621 ヘクタール.
註：1）　大農場（Gut）とは，騎士農場・王領地などの全種類の大農場.
　　2）　オスナブリュック管区のエルベ農場及びケッター農場の平均保有規模は南部地域の大まかな値である.
　　3）　零細保有地とは，ノイバウアー地・キルヒヘーファー地・ブリンクジッツァー地.
　　4）　ホイスリンゲ地とは借家人が何らかの経緯で得た所有地（der eigenthümliche Besitz der Häuslinge）である（ZSH, Abt. 1, S. VII）.
史料：ZSH, Abt. 1, S. 18f., 50f..

紡糸・織布，出稼ぎ，手工業などの副業に従事した[36]．

　第 3 に，その一方，拡大した自己経営への労役要求や小作地の設定による旧共有地の開墾という農場保有者の必要もあり，ホイアーリングも増加した[37]．零細地保有者の定住が進展したにもかかわらず，1849 年にもオスナブリュック地方全体で農村住民世帯の 57％ がホイアーリング世帯で占められていた．1802 年及び 1806 年の世帯数が計算可能な 4 管区と 1 小管区について 1849 年の世帯数をみると，合計して，土地保有者世帯が 5,590 から

第3章　3月前期の「大衆窮乏」と定住・結婚規制　　　　　　　　　　173

7,303に増加したため，ホイアーリング世帯の割合は61％から56％に低下したもののその絶対数は8,710から9,332へとやや増加している[38]．

　定住動向において共有地分割の影響がはっきりでているが，一方で旧フーフェ農場保有者の優越は続き，他方で住居・土地保有から疎外されたホイアーリングが住民の過半数を占め続けていたのである．

　ここで関連して，土地なし借家人の存在形態に関する事情に付言しておこう．第2章でも手工業を営む付属居住者世帯については言及したが，大管区庁は後述の1847～1848年の調査の説明で，ホイアーリング（土地なし借家人）として，「狭義のホイアーリング」（主に「ホイアー経営」で生活し農場保有者に「労役義務を負う定期小作人」）に加え，特に大きな村（Ortschaften）に居住する「自己の住居をもたないが労役義務を負わない定期小作人」，手工業その他の商工業や日当（Tagelohn），出稼ぎ収入を主たる生計手段とする世帯に言及している[39]．1847年のイブルク管区庁報告も，「本来のホイアーリング」のほかに，「非本来的ホイアーリング」として，「住居を若干の土地とともに借り」，主に「商工業か日当（Gewerben oder Tagelohn）で生計を立てる借家人」を挙げている[40]．両報告がいう日当とは日雇いの賃労働収入と考えられ，特に「工業企業（industriellen Unternehmungen）」でのそれが例示されている[41]．

　ただし，表3-1のように1849年の調査によればホイアーリング（土地なし借家人）は13,896世帯（町分を除く）であったのに対して，1847～1848年の調査によれば「狭義のホイアーリング」は12,551世帯（同)[42]なので，ホイアーリング世帯の約9割を占めたと考えられる[43]．当地方の農民・ホイアーリング関係は，エルベを中核にエルプケッターなどを加えた農場保有者上層と「狭義のホイアーリング」との関係を中心としたものだったとみてよい．労働義務と小作地がほとんどない借家人世帯が共有地分割後に増加した東隣のラーヴェンスベルク地方[44]と異なり，「非本来的ホイアーリング」は少数であり，以下の叙述では「狭義のホイアーリング」が中心となるが，適宜その他の事例にも言及したい．

さて，以上で述べたような社会的分化は単なる経済的な階層差ではなく，3月前期においても身分差を意味し続けた．

まず，ゲマインデとの関係をみよう．ハノーファー王国では農業改革後のゲマインデ制度の再編を示す農村自治体法の制定が1852年までもちこされたが，オスナブリュック地方では共有地分割によるマルク共同体の解体後も北ヴェストファーレンに伝統的なゲマインデの重層性が残り，教区団体と行政村が併存した[45]．住民の権利・義務は家屋・土地保有が規準となり，農場保有者を中核とする「家持ち」土地保有者（Reihestellenbesitzer）は，ゲマインデ集会に参加してゲマインデ業務に関して共同決定し，ゲマインデ集会や村長選挙で投票権をもち[46]，農場等級あるいは地税（及び家屋税）額を規準に様々なゲマインデ負担，すなわち教区負担・行政村負担と教会費用を分担した[47]．それに対して，ホイアーリングは家屋・土地を保有しない「非家持ち（Nichteingesessene）」としてゲマインデ負担や教会費用を基本的に免除され，負担はせいぜい年間4日以内のゲマインデ道工事のための手賦役と年間1ターラー12グロッシェン（1.5ターラー）～2ターラーの通学料（学童をもつ場合）に限られたが，少なくも1852年までゲマインデ集会と投票権から排除されていた[48]．他方，ホイアーリングは貧窮化すると，1827年までは第2章で述べた1774年条例・それ以降は後述の1827年居住権地条例にしたがって「教区の貧民」や居住権者として認められる場合，教区・行政村が扶助した[49]．なお，この時期に定住が進むノイバウアーは1837年5月23日の大管区庁通達で「マルクケッター分またはその半分」のゲマインデ負担を分担して投票権をもつとされたが，ホイアーリング同様に投票権をもたない地域もあった[50]．

次に領邦当局との関係をみれば，農場保有者は，司教領時代に続いて農業国ハノーファーにとっても最も主要な租税負担者と位置づけられたが，1819年の身分制議会改革後自由農民（領主制下にない保有地規模2.8ヘクタール・粗収益40ターラー以上の農場の所有者）は州議会投票権をもち，その代表は第1院となった騎士会・第2院の都市会とならぶ第3院である自由土

地保有者会（Curie der freien Grundbesitzer）を構成した．また，1832 年以降自由農民に限らず「完全なゲマインデ選挙権をもつ世襲農場の保有者」は邦議会の投票権を付与され，その代表は都市代表とともに邦議会第2院を構成した[51]．それに対して，ホイアーリングは人頭税（Personensteuer，1817 年の人頭税法で年間夫婦計1ターラー16 グロッシェン〔1.7 ターラー〕，1834 年の直接税法で配偶者分を含む既婚男性の最低等級1ターラー4グロッシェン〔1.2 ターラー〕）と手工業を営む場合営業税，臨時に騎兵奉仕税（Kavalleriesteuer）を課されて一応自立した納税義務者となったが，1848 年まで州議会・邦議会の選挙権から排除されていた[52]．

農場保有者たちは，「家持ち」土地保有者としてゲマインデを自らの身分団体として組織し続け，また「国家を支える身分（der staattragende Stand）」としての地位を確立していったが，ホイアーリングは，ゲマインデに対しても領邦に対しても政治的に無権利なまま，わずかな義務の負担者として限定的に位置づけられていたといえる．

以上のように，近世以来の発展の所産である高度に階層分化し，大量の土地なし借家人が堆積した社会構造は3月前期に持ち越され，農業改革が進展する中で，ゲマインデは当地方でも農場保有者の身分団体という旧来の性格をかなり維持したまま3月前期を通じて存続したのである．

1.2. 下層民の生活基盤の動揺

しかしながら，北西ドイツに一般的であるが，このような社会構造を底辺で支えてきた近世以来の生活基盤は，3月前期に次第に動揺・縮小していく．以下では，共有地分割の影響，農村家内工業の危機，出稼ぎの状況を概観しよう．

まず，上記の共有地分割の影響であるが，共有地分割は上述のごとく大規模な土地移動を引き起こした上に，マルク共同体による土地保有の封鎖を消滅させたため，一部のホイアーリングに土地の世襲小作・購入によって「家持ち」・零細地保有者へ上昇する機会を与えた．ヘルツォークは上述の新入

植者は，農場保有者からの自立を図ったホイアーリングとみている[53]が，表3-2のごとく1832/1833年の農地統計にわずかにみられるホイスリンゲ地[54]（借家人の獲得地）は，ホイアーリングが新入植者となる過渡的状態とその上昇努力を示すと考えられる．

しかし，ホイアーリングの農業経営を支えた様々な用益機会は失われた．第1に，荒れ地・森林・沼沢の分割によって牛・豚・羊・鵞鳥などの共同放牧が廃止された．1822年条例で共有土地分割時の共同放牧の廃止が規定され，農場保有者が通年畜舎飼いに必要な飼料作物を栽培でき，十分な肥料を得られる場合，共同耕地上での収穫後の共同放牧も廃止されていった[55]．上述のごとく18世紀末に馬鈴薯や蕪，大爪草，クローバなどの飼料作物の栽培が始まっており，耕作可能な土壌（荒れ地・砂地・低湿地ではない）で通年畜舎飼いに移行できれば共有地分割の「不利益は通常評価されるほどは大きくない」という見解[56]もあったが，ホイアーリングにとって通年畜舎飼いへの転換は容易ではなかった．十分な牧草や飼料作物を栽培するには小作地規模が一般に小さいため，ホイアーリングは干し草やその他の飼料を購入し，畜舎飼いに移行できない場合，しばしば代価を払って道路や私有放牧地で，また秋に収穫後の耕地・牧草地でその保有者に害を与えぬよう放牧することになった．しかし，鵞鳥飼育は不可能となり，雌牛は2頭目を処分して畜舎飼いに移るなどともいわれた[57]．第2に，荒れ地や森林の分割によって，最も重要な肥料となる芝土や落ち葉の採取機会が失われて，雌牛や羊の飼育問題と相乗して肥料不足がもたらされたとメンスラーゲ教区の牧師フンケ（Georg Funke）はいう[58]．第3に，森林，荒れ地や湿原の分割によって燃料となる薪や泥炭の採取機会も失われ，購入を強いられることになった[59]．

しかも，共有地用益権の補償という分割原則のため，用益権をもたず共有地を用益してきたホイアーリングには分割地の取り分が全くなかった．領邦当局は1799年までにそうした方針を確定し，その用益補償は個々の受け入れ農場保有者との契約関係の問題とした[60]．緩衝措置としてホイアーリングにゲマインデ道・旧共有地上の道路・ゲマインデ地での放牧や放牧・牧草栽

第3章　3月前期の「大衆窮乏」と定住・結婚規制　　　　177

培用の追加小作地が無償で認められる場合もあったが，分割時に共有地を用益していたホイアーリングのための一時的な措置とみられる[61]．逆に，受け入れ農場保有者によって厳しい開墾労働を命じられる[62]ことや小作地が付属小屋住居から遠く，収穫力が乏しい旧共有地に移されることが 19 世紀初頭から 3 月前期にかけて問題となった（後述）．フンケによれば，小作地が旧共有地に移されて拡大してもホイアーリングの状況は一般にむしろ悪化し，分割地の大部分はホイアーリングの力で開墾されるが，その利益は彼に属することはなく，彼の所属農場のものとなるという[63]．

　共有地分割は，以上のような問題をもたらすために，18 世紀末から 3 月革命期に至るまで長期にわたり，ホイアーリングの反対・抗議（特に放牧地と芝土採取について）が絶えることはなく，同時代の議論でその貧窮化の原因の一つとして常に挙げられた．

　共有地分割に劣らぬ意味をもったのが，亜麻織物業の危機である[64]．

　大陸封鎖[65]（1806～1813 年）による海外輸出の混乱・1810 年のフランス併合後のオランダ市場での高率関税賦課の影響を経て，亜麻織物の輸出は北米と西インド向けを中心に 1815～1816 年に高水準に回復したが，その後漸次輸出先が失われていった．大陸封鎖期にイギリス，特にアイルランド・スコットランドの亜麻織物業が発展してドイツ産亜麻織物との輸出競争を強め，オランダ市場では 1816 年以降一定の保護的関税の導入にも関わり南ネーデルランド産亜麻織物に圧迫され，南米諸国独立後スペイン・ポルトガル経由の旧植民地向け輸出には 10～40％ の関税が課せられた[66]．そして，最終的に 1840 年代にイギリス産の機械製亜麻織物との競争によって，北西ドイツ産の亜麻織物は国際市場で競争力を弱めた．1839～1841 年にハンブルクとブレーメンからの亜麻織物輸出量は 45％ に減少し，1838～1843 年にブレーメンからの輸出額は 1/3 となり——オスナブリュック産亜麻織物の海外輸出に従事してきた 6 商社は業務を停止——1840 年代末までに北米市場を喪失した[67]．1845 年 3 月 1 日の『オスナブリュック・ハウスフロイント（Der Osnabrückische Hausfreund）』誌で州議会議員レーデブーア（農場保有者，

August Ledebur）は，イギリス産亜麻織物は耐久性に劣るにもかかわらず，廉価さに加え「上品さ・白さ・仕上げ」・優れた輸送経路によって「我々を海外市場から排除する」と分析している[68]．亜麻糸の場合，1815年以降イギリスの亜麻織物業が重要な輸出先となった[69]が，その後機械製綿糸との代替競争，1828年以降の亜麻紡績業の機械化に伴うイギリス産及びベルギー産の機械製亜麻糸との競争にさらされた．1827年には400万ポンド弱の亜麻糸を輸入していたイギリスは1820年代末に亜麻糸輸入を減少させてこの市場は失われ——逆に1832年以降イギリス産亜麻糸の急激な輸出拡大が生じた——，しかも伝統的に主要な販売先であったエルバーフェルトやバルメンの繊維産業が機械製綿糸の使用に転じたためこれらの市場も失われた[70]．

このような事態に対して，領邦当局は有効な対策を打てず，農村部でのレッゲ新設（1825年）・亜麻栽培の改良奨励（1840年頃）を行った程度であった[71]．しかも，邦政府は親イギリス・親オーストリアの外交路線に規定され，また農産物輸出と中継貿易に利益を見いだしたためにドイツ関税同盟への加入は1851年のプロイセンとの関税協定を経て1854年までもち越され，国内市場でもイギリス工業の強い圧力にさらされた．1817年の関税法は自由貿易的であり，1834～1837年に隣接3邦と租税連盟（Steuerverein）を創設し，イギリスとの同君連合を解消（1837年）した後も関税率はドイツ関税同盟の関税と同程度の保護効果をもたなかった[72]．1845年の前掲誌でレーデブーアは「我々の糸と織物の国内消費を増やすために，政府は外国産の機械製亜麻糸とそれ以上にそのような糸から作られた亜麻織物に対する輸入関税を相当引き上げなければならない」という[73]．

これらの結果亜麻織物価格・取引額は中断を挟みつつ低下した．オスナブリュック市のレッゲで取引された亜麻織物（主にレーヴェント）は，1815年に100メートル当たりの平均価格27.4ターラー（1834年の幣制改革分の調整値28.2ターラー）・取引量942,882メートル・取引額258,507ターラー（同265,745ターラー）であり，1815～1820年平均と1821～1830年平均を比べれば，平均価格は調整値で23.8ターラーから17.5ターラー，取引量は

第3章　3月前期の「大衆窮乏」と定住・結婚規制　　　　　　　　　　179

884,173メートルから828,299メートルへ，取引額は調整値で210,737ターラーから145,022ターラーへ低下した．その後1831年以降平均価格は徐々に回復し，1836～1838年に20ターラーをわずかに超えた[74]が，1839年以降低迷し1841～1848年平均で平均価格16.5ターラー・取引量674,643メートル・取引額111,446ターラーであった．1844～1845年に平均価格が15ターラーを割ると取引量も減少し，1848年には平均価格15.8ターラー・取引量549,738メートル・取引額86,857ターラーとなった[75]．また，亜麻糸価格をみれば，グレーネンベルク管区では粗糸で1816～1817年1ターラー当たり15～17シュトゥックから1840年に28～30シュトゥック，1845年には32～36シュトゥックと低下した．1845年には重量当たりの亜麻糸価格が亜麻価格と等しくなった地域さえあったという[76]．

　こうした事態は下層民の収入源としての亜麻織物業の意義を揺さぶるものであったと考えられる．フンケは1846年に亜麻織物製造や亜麻糸生産で家族はもはや生活できないという[77]．オスナブリュック管区のベルム教区からオスナブリュック市のレッゲに持ち込まれた亜麻織物について，1847～1849年のホイアーリング1世帯あたりの年間平均販売額は，大陸封鎖期と重なる1809～1814年平均と比べても57%であった[78]．

　なお，フュルステナウ管区の羊毛加工業について，ヴォラッケンの価格は「押し下げられ」，紡糸やロープ製造，靴下製造もさらに利益はでないと1846年にいわれているが，ヴォラッケン製造の中心地ベルゲ教区・ビッペン教区ではこの時期綿織物（Kattun）も生産され，1851年には240世帯が平均35ターラー程度の収入を得ていた[79]．しかし，農村部では1830年代初めに輸入綿糸を用いて問屋制の形態で始まった綿織物業は，一般に外国製品との競争のため，亜麻織物業で失われた収入機会を補う程度に発展することはなかった[80]．

　続いて，オランダなどへの出稼ぎの状況をみてみよう．オスナブリュック管区，イブルク管区，グレーネンベルク管区とヴィットラーゲ・フンテブルク管区では出稼ぎがもともと大きな意味をもたなかった上に，各管区庁の年

次報告によれば参加者数は1820年代から減少傾向にあり，1840～1847年には著しく減少して，年間45～92人と最大数のヴィットラーゲ・フンテブルク管区でも人口の0.5%未満であった[81]．他方，フェルデン管区では1840年代初めに出稼ぎ参加者は年間500～1,000人（人口の5%程度）と推計され，フュルステナウ管区では1820年代末から参加者数は安定しており，1840～1848年に年間1,031～1,173人（人口の7～8%），ベルゼンブリュック管区では1840～1847年に年間912～1,490人が記録され（人口の4～6%），19世紀初頭に比べて出稼ぎは意味をそれほど失わなかったことが分かる．これらの地域では，1839年にフュルステナウ管区庁がいうように，ホイアーリングにとって家賃・小作料・租税の支払いのために出稼ぎは不可欠であった[82]．

　しかし，少なくとも18世紀末・19世紀初頭に比べ賃金水準が低下したといわれる．牧草刈り・干し草作りの場合，フンケによれば，往復期間を含めて2か月の滞在で収入は「以前」30～40グルデンであったが，オランダ人労働者の参入によって1846年頃には20グルデン（10ターラー）程度であったという．タックも出稼ぎ者の純収入（実労働期間5週間）は牧草刈りで1811～1812年の14～18ターラーから1820年代に10ターラーかそれ以下になったと推定している[83]．泥炭掘りの場合，1824年のベルゼンブリュック管区庁と1832年及び1841年のフュルステナウ管区庁の報告がイギリスからの石炭輸入によるオランダでの泥炭需要の減少やそれによる賃金低下を指摘したが，タックは出稼ぎ者の純収入が泥炭掘り（4か月）で1811～1812年の最高で20～25ターラーから1820年代に15～20ターラーに下がったと推定している[84]．また，「以前」は数年間水夫として東西インド航路に乗り込み，あるいは北海のニシン漁・捕鯨に参加すれば小財産を築けたが，オランダの海運業の衰退により「今では」(1846年) 不可能といわれた[85]．1843年6月19日に大管区庁はオランダでは賃金がオスナブリュック地方よりも高いが物価も高いため，残る収入は変わらないと住民に警告しており[86]，状況の悪化を示唆している．

第3章　3月前期の「大衆窮乏」と定住・結婚規制

フンケは出稼ぎ収入の減少を民衆の身体と家族生活を破壊する弊風を断つ好機とみているが,「多くのホイアーロイテは重労働によってオランダで得る僅かな金を必要として」「金がないため,収入が少ないにもかかわらず,まだ労働者がオランダに向かう」という[87]. ただし, 18世紀末・19世紀初頭の賃金水準は特に泥炭掘りの場合第2章 (1.1) で述べたように 18世紀の全般的水準より高く, また, ルカッセンによれば, オランダで出稼ぎ労働者の就業機会は 19世紀を通じて存続はした[88]. 各管区庁の年次報告が挙げる出稼ぎ者1人当たりの収入見積もりは, フェルデン管区で 1827～1831年に 15～30 ターラー (幣制改革分の調整値 15.4～30.8 ターラー) から 1840年代に 14～18 ターラーへ減少したが, ベルゼンブリュック管区で 1826～1833年の 16.2～24.3 ターラー (同 16.7～25 ターラー) から 1840年代の 18～24 ターラー (オランダへの出稼ぎ分のみ) へと変化はないように思われ, フュルステナウ管区では 1826～1831年の 35～40 グルデンに対して 1840～1842年 40～42.5 グルデン・1848年 41.3 グルデンと試算され, 微増しているかのようにみえる[89]. 出稼ぎ者はオランダ滞在の期間の延長によって賃金水準の変化に対応し得たとみられるほか, 1830～1840 年代にはより高収入が見込まれるバルト海沿岸地方 (ホルシュタイン, デンマーク, メクレンブルク, 東西プロイセン, ポンメルン) に 4～7月に泥炭掘りに向かう動きが広がった[90]. ベルゼンブリュック管区では 1841～1847 年にオランダへの出稼ぎ者は半減し, バルト海沿岸地方へは増加して 1847 年に出稼ぎ者全体の 44％ を占めた[91].

出稼ぎの場合状況の悪化は共有地分割や亜麻織物業の危機ほど明確ではないが, そもそも劣悪な環境の中で健康を害し寿命を縮めるといわれた重労働の従事期間の延長や出稼ぎ先の遠隔地化によって下層民が必死に対応していたと考えられる.

さて, 本節の考察をまとめると, 近世以来の発展の帰結として, 底辺でホイアーリングが堆積した高度な身分階層構造が3月前期に持ち込まれ, そう

した社会構造が基本的には続いた．しかし，かかる社会構造の底辺を支えてきた伝統的な経済基盤は動揺・縮小していき，当地方ではホイアーリング問題として「大衆窮乏」が進むことになる．これらの事態は，オスナブリュック地方の特殊事態ではなく，ハノーファー王国を含めて北西ドイツ全般に概ね共通するものであり[92]，次節以下で検討するように，こうした過程で定住・結婚規制立法が成立し，運用されることになる．

2. 定住・結婚規制条例の成立とオスナブリュック地方

次に3月前期初めにおける下層民問題の状況認識と1827年のハノーファー居住権地条例・結婚条例との関係を考察したい．すなわち，近世末の下層民問題がいかに3月前期にもちこされて認識され，定住管理が問題とされ，そのような問題・認識を背景に成立した定住・結婚規制法がオスナブリュック地方の定住管理制度にとって何を意味したのか，という点を検討したい．

2.1. 3月前期初めの下層民問題と定住管理への注目

下層民の増加・堆積がもたらす諸問題に対して定住管理の強化が提起されていた．

第2章で用いた1806〜1807年の管区庁報告でもホイアーリングの状況は憂慮されていたが，3月前期に入っても引き続き注目された．共有地分割をめぐる紛争との関係で，管区庁や州政府の官吏によって，1816〜1820年にホイアーリングの状況が報告されている[93]．彼らの報告内容（＝官吏たちの認識）を整理しよう．

ホイアーリングは最も人口の多い階層であるため，募兵との関係でも亜麻織物業との関係でも「最も重要な階級」（イブルク管区庁）であるが，「圧迫され，しばしば困窮した状況」（同）にあり，多数の世帯が「働く気はあるのに最高に困った状況」（同）におかれていると認識されていた．

すなわち，ホイアーリングは，「過剰人口」（グレーネンベルク管区庁），

第3章　3月前期の「大衆窮乏」と定住・結婚規制

「過剰」（州政府委員会）と呼ばれた上に，なお増加が続いていた．前節でもふれたが，共有地が分割されると，農場保有者は，分割で得た取り分を開墾させるため，付属小屋を建ててホイアーリングを受け入れていき，「付属小屋の新築はしばしば離れた土地の開墾のための唯一の手段」（官吏ディックホーフ〔Kanzleidirektor Dyckhoff〕）とさえいわれた．ホイアーリング側をみれば，「ホイアーリング家族の従来無条件で勝手な増加」は，「この数多い階級が大部分ほとんど何ももたずに早く結婚し，それによって信じられないほど増える」[94]（ディックホーフ），「ほとんどまたは全く持たないままの若者の無思慮な結婚」（グレーネンベルク管区庁）のためであったと理解されている．

　彼らは，財産の乏しさのためにもともと生活が不安定であり，凶作や家畜の死亡などで容易に貧窮化するが，賃料が滞納されると，農場保有者は小作地を引き上げていくため，ホイアーリングは耕地を失い，雌牛を手放す結果となり，貧民と乞食に化し，国家とゲマインデの負担となる（管区医師デ・ルイター〔Amtsphysicus de Ruyter〕）という．

　しかも，前節でみた共有地分割の影響がすでに指摘されている．すなわち，共有地が分割されると，放牧地を失うのみならず，芝土を採取する機会が失われるため肥料不足で，紡糸用の亜麻を買い足す必要が生じた（グレーネンベルク管区庁）．また，共有地分割の結果燃料不足が生じ，森林盗伐が横行した（ディックホーフ）．

　他方で，受け入れ農場保有者との関係も好ましいものではなく，ホイアーリングの「富裕は徐々に蝕まれる」（イブルク管区庁）という．

　農場保有者は連畜援助の義務を負うため小作地を多く貸すことを好まず，それはせいぜい穀物が自給できる程度だった（デ・ルイター）が，共有地分割の際も小作地の拡大などによる共有地用益の補償措置が十分とられず，農場保有者は分割の取り分を開墾させるために「古い耕地をわずかしか与えない，または全く与えない」（イブルク管区庁）といわれている．

　また，受け入れ農場に対する労役義務に関して，ホイアーリングは「あら

ゆる種類の無償の不定労役を農場保有者によって義務づけられ」（ディックホーフ），農場保有者は「しばしば不定労役を求める」が，それは「恣意的」・「抑圧的」であり，ホイアーリングによる小作地の耕作や家内工業活動を阻害した（イブルク管区庁）．

さらに，付属小屋住居も劣悪であり，部屋は人が立てるだけの高さしかなく，住民の健康を損ねるほか，狭い敷地に建てられ，1世帯用でも2世帯が居住した．しかも，「ホイアー家族数はホイアー住居数に対して多すぎる」（イブルク管区庁）といわれるごとく，住宅難であった．共有地分割の取り分が開墾されれば，奉公人を十分もつ場合，ホイアーリングの労役を不要と考えて付属小屋を取り壊したり，荒れるに任せてホイアーリングを置かない農場保有者もいて，グレーネンベルク管区では住居を失った宿なし世帯も出たという．

こうした苦境の背景には，共有地分割とともに，元来の「ホイアーリングの不利な状態がその数的な過剰によって一層悪化し……その生存を脅かす」（州政府委員会）という事情があると理解されている．ホイアーを借りるための競争は厳しく，希望者は，「少なくとも最初の定住の際にはまだ若く強く，未来に期待していかなる条件ででも住居を得ようとし」（同），「過剰な申し出によって他者を圧迫」（イブルク管区庁）するという．そのため，農場保有者は「勝手」にホイアーを設定して増加させ，小作地・住居・労役において厳しい条件を押しつけ，「ホイアーリングを苦役者・乞食」（イブルク管区庁）にするという．また，かかる状況の下で，ホイアーリングは，受け入れ後もホイアー契約の更新拒否の脅しによって厳しい服従を強制され，結局「結婚への欲求と軽率に駆られて……受け入れられるところを見つけて，数年後の悲惨な経験によってゲマインデの負担となる」（イブルク管区庁）という．

近世末と同様にホイアーリングの増加・「過剰」が下層民問題の本質であると認識されており，その原因として，若者の「安易な」結婚と，農場保有者の恣意的なホイアー設定・ホイアーリングの受け入れが注目されていたと

第3章 3月前期の「大衆窮乏」と定住・結婚規制　　　　　185

整理できよう．

　このような認識に基づく対策議論の経過を定住管理に注目してみよう．1816～1820年の諸報告では，以下のような提案がなされている．(1)ホイアーリングの未婚の息子を徴兵して国防部隊を設置し，領邦当局による結婚許可の下におく．他所者に限らず，結婚してホイアーリングとして定住（世帯設立）しようとする全ての者に対して，家族を養い得る財産を証明させるか，定住後10年間教区団体の救貧負担とならないことを保証させる（イブルク管区庁・グレーネンベルク管区庁）．(2)家賃・小作料を規制・固定化し，ホイアーリングを受け入れる農場保有者に，共有地用益を代替する放牧地・燃料や小作地の質・最低規模を保証させる．ホイアー契約文書を作成させ，相互の労役とその報酬を確定する．理由のないホイアー契約更新の拒否や付属小屋住居の打ち壊しを禁じる．付属小屋住居の設備審査や新築の際の建築審査とそれに一定規模の古い耕地を付属させる義務を課す（州政府委員会以外の全報告）．その他に，(3)王領地・国王を領主とする農民農場の余剰地にホイアーリングを入植させ，世襲小作人・ノイバウアーとする（オスナブリュック管区庁），(4)貧窮した者を収容する救貧・労働施設の創設（グレーネンベルク管区庁），(5)ホイアーリングとしての外国人の定住禁止（イブルク管区庁）などである[95]．

　下層民問題への対策として，入植政策や狭義の救貧政策と並んで，この時期にもやはり定住管理の強化が構想されていたことが分かる．すなわち，一方でホイアーリングとしての定住希望者に対して結婚規制の導入によって，他方で農場保有者の受け入れ行為に対してホイアー契約・ホイアー設定を規制してその責任を強化することによって，定住管理を厳格化する必要が提起されていたのである．これらの提案において，第2章で論じた，他所者ホイアーリングの追放を基本とした1774年条例の限界がよく示されている．

　1819年の段階で州政府は州議会に対策立法を諮問し，州議会は諸報告の提案内容を整理・検討して，州政府に以下の提案を行っている（9月28日）．すなわち，(1)ホイアーリングとしての定住希望者の結婚を官庁の許可

の下におき，住居・生活必需品をもち，生計を確保できるという条件を課す．(2)新たに定住したホイアーリングに，10年間定住先の教区団体の救貧負担とならないことを保証させる．(3)ホイアーリングの入植促進のために，（領主制下にある）農民地の売却規制を緩和する．(4)救貧施設の充実．(5)ホイアー契約の文書を作成させ，ホイアーの規模・賃料を詳細に規定し，ホイアーリングの不定労役を制限する．以上の5点だが，騎士会から法制化に疑義が出たこともあり，それ以上の進展はなかった[96]．しかし，州議会は1821年にも結婚規制の導入の提案を繰り返した後，1824年に特別委員会を設置して再び検討を始め，1826年11月4日に1819年とほぼ同じ内容の提案を大管区庁を通じて邦政府に提案した[97]．

まさにこの直後の1827年7～8月に，邦政府は，定住・結婚規制法たる居住権地条例・結婚許可状条例を成立させている．そこで，いったんハノーファー王国中央に目を向け，1827年両条例の成立過程と内容をみてみたい．

2.2. 1827年居住権地条例・結婚許可状条例の成立

農村下層民の増加・堆積とそれがもたらす諸問題は，ハノーファー王国全体に共通するものであり，3月前期の前半にはすでに全邦的な関心を集めていた．例えば，ハノーファー市で発行された『ハノーファー雑誌（Hannoversches Magazin）』は，1815年以降1830年までの間少なくとも5回下層民，特に土地なし借家人であるホイスリンゲの増加，住居不足，「早婚」，「贅沢」，そして貧窮化とそれらの改善策の提案について，長文の論文を掲載している[98]．

また，オスナブリュック市長にして邦議会第2院（議員の大部分は都市代表）議員シュトゥーヴェは，ハノーファー王国の1820年代末の状況を，「化石化した」領主権は支配身分としての貴族による国家に対する貢献にもはや対応しておらず，他方，特に「大きな人口」と「発展した製造業」をもつオスナブリュック地方を念頭において，「亜麻織物価格の低下」と「無産階級の激しく進む貧困化」によって国家の危機が生じつつあると理解していた[99]．

第3章　3月前期の「大衆窮乏」と定住・結婚規制　　　187

　シュトゥーヴェは，リンデやコンツェがいうように[100]，かかる認識を踏まえて社会政策的観点から「農民解放」を主張した．そこでは，「農民保護」（農場維持）政策を継続したままで農場保有者を領主制的負担から解放（保有地の所有権を付与）することによって，経営的に有能でそれによって経済・人口危機を克服し得る富裕で安定した農民的土地所有者を創出し，地方自治の担い手及び国家の支持基盤として機能させることが意図されていた[101]．彼の提案（1829年2月）は邦議会第2院で可決された後に第1院（議員の大部分は各州騎士身分代表）の否決にあったが，フランス7月革命による不穏な情勢を受けた邦政府の方針転換の後に政府案が提示され，彼が主導する邦議会委員会の審議を経て，1831年及び1833年の償却条例[102]が成立した[103]．これらの立法において，農場に課された領主制的負担はその貨幣評価年額の25倍が償却資本として支払われる[104]ことで償却され，領主制が解体されることになった一方，彼の構想に沿って償却後も農場保全のために農場一子相続制は維持され，保有地の処分は管区庁の許可制の下におかれて法的に制約され，農場の不分割性は守られ[105]，農場保有者[106]の身分的基盤は強固に維持されることになった．

　さて，下層民の増加・堆積を背景とする社会政策としての「農民解放」への動きに先行して，下層民を直接的に規制する後の居住権地条例に関する検討がハノーファー政府内で開始されていた．すでに1821年9月に司法省で条例草案が作成されていた[107]．この問題で中心的な役割を果たしていたと思われる内務省の関係文書が戦災によって焼失したため詳しい経緯は不明であるが，結局1827年2月1日に内閣府が政府案を邦議会に提出し，2月・3月前半の審議を経た修正案が3月17日に内閣府に提出され[108]，7月6日に行政的な居住権地に関する条例[109]，いわゆる居住権地条例（Domizilordnung，定住規制法）が公布された．また，邦議会での審議[110]を踏まえて7月27日に結婚許可状に関する内閣府令[111]が出され，それに基づき8月上旬に各大管区庁が庁令，いわゆる結婚許可状条例（Trauscheinordnung，結婚規制法）を出した．オスナブリュック地方では，管区庁・市参事会下の臣

民によって結婚前に提示されるべき結婚許可状に関する大管区内の全ての当局へのオスナブリュック大管区庁令（8月10日）という[112]．

邦議会文書から審議を確認しつつ，これらの立法の内容を概観し，定住管理制度としての性格を検討したい．

1827年2月1日の内閣府の立法趣旨説明によれば，ハノーファー王国全域で人口増加と住宅難が生じ，ゲマインデが将来の貧困化と救貧負担の恐れから取り決めによって来住者の居住を禁止しようとする動きやそれをめぐる紛争が起こっていた．ゲマインデの取り決めによる転入禁止は許されないが，貧困化の恐れという理由には根拠があるので，行政的な意味での居住地（Wohnort, Domizil）について一般原則を明確にする必要があるという[113]．行政的意味での居住地（以下居住権地）とは，救貧扶助と密接な関係にある概念で，ある人物がどのゲマインデに所属し，その人物についてどのゲマインデが救貧責任をもつのかという本籍（Heimat）の法的根拠となり，それに基づく居住権（Wohnrecht）は救貧資格の意味を含む[114]が，オスナブリュック州の場合すでに第2章のように1774年条例（第1条・第2条）によって教区における救貧・居住資格としてホイアーリングに関しては導入されたものである[115]．

さて，成立した居住権地条例の主な内容をみれば，(1)居住権の取得方法として，①結婚・出生，②ゲマインデ成員への明示的な受け入れ，③国務への任用，④単なる滞在（Aufenthalt，単なる居住）の4つの方法があった（第1条）．

①結婚によって妻は夫の居住権地に居住権を取得し，生まれてくる子供は父親の居住権地に居住権をもつ（第2条）．

②は農村部ではa）住居の獲得と所有，またはb）ゲマインデの同意と当局の承認とが要件とされたが，c）本人と家族を養う十分な能力・住居をもつ場合，例えば，日雇いが労働能力・信用しうる仕事をもって住居を確保し，商工業者が営業資本・営業資格をもって住居を確保した場合，犯罪の嫌疑・風評で問題がなければ，当局は「ゲマインデの意思に反して」ゲマインデ成

員の受け入れを決定し得た（第3条第2項）．

④滞在永続の意思を当局・ゲマインデに示して自己の世帯を営みつつ5年間不断に滞在することとされた（第5条）．

その他に，商工業を営む借地人は，借地が存在するゲマインデと交渉し，ゲマインデが合意すれば居住権を取得し得た（第8条）．

(2)他所者に住居を貸さないというゲマインデの決定は法的に無効とされ（第3条），完全な閉鎖化のための措置が禁止される一方，借家人（Häuslinge）を受け入れた家主（Hauswirth）は14日以内に当局・ゲマインデへの届け出を義務づけられた（第6条）．

(3)あるゲマインデに居住権をもつ者はそのゲマインデに戻り，居住する資格をもち，そのゲマインデは帰還者が仕事を見つけられない場合その費用で宿所を与える義務を負うとされた（第10条）．

(4)「一般的な留保」として，当条例適用の際の疑問・苦情はまず大管区庁が受け付けるとされた（第13条）．

ここで確認しておきたいが，邦政府は，上記の立法趣旨のように，定住の全面的な制限やゲマインデの閉鎖化ではなく，居住権取得の制度化によって救貧責任の所在を明確にして，定住制度を整備することを意図しており，シュトゥーヴェは，歓迎されざる下層民の定住に対するゲマインデの恣意を制限しようとしたとみている[116]．しかし，これに対して，邦議会は，「個々のゲマインデの利害を人口増大の際に個々人の生計への配慮に一致させる困難さ」を主張し，政府案審議の中で居住権取得の厳格化を図った．例えば，「ゲマインデの意思に反した受け入れ」を命じる当局の権限に関して，第1院・第2院の双方が要件の限定・厳格化を主張し，また，滞在による居住権取得の必要期間は政府案では2年であったが，第1院は短すぎるとして5年に延長するよう主張して第2院も同意し[117]，上記の第3条及び第5条となった．居住権地条例は，前文で，臣民の生計手段の確保・産業活動に必要な居住権地選択の自由にできるだけ障害を与えぬよう，居住権の取得手続を定めるというものの，ゲマインデの恣意を押さえたい邦政府とゲマインデの自

律性を確保したい邦議会[118]との妥協の産物となった．シュトゥーヴェは，政府案の本来の趣旨は相当程度変わってしまったという[119]．

　結婚許可状条例の制定も，救貧負担の増加からゲマインデを守るという論理の延長上に，邦議会が居住権地条例の審議の中で結婚規制の必要性を提起したことに基づく．すなわち，結婚による新婦の居住権取得や居住権の父子継承の規定から，ある男性の居住権地であるゲマインデが彼の結婚により妻・将来の子供の居住権地となるため，貧窮した場合妻子の救貧義務まで負わされてしまうという危険性が第2院で指摘された．とりわけ，いくつかの州，「例えば，オスナブリュック州では」(!)，「貧しい人々」が「当局やゲマインデを顧慮せず結婚し」，当局は「適当な方法で財産のない者・収入のない者の結婚を阻止することができない」ので，「当局が結婚を許可する制度をゲマインデの救貧負担に結びつけ」，いくつかの州ですでに存在する「当局による結婚許可制度を全ての州に拡大する」ことが提案され[120]，第1院もこれに同意して内閣府に要望が出され[121]，受け入れられるところとなった．

　こうして成立した結婚許可状制度の内容をみよう．まず7月の内閣府令で，資産のない住民があるゲマインデで結婚してそこに永続的に居住しようとする場合，そうした住民とゲマインデとの間で紛争が起こっているが，それを事前に防止するため，「結婚しようとする男女が定住したいと考えるゲマインデに受け入れられる予定である」という当局の証明書である結婚許可状（Trauschein）が提示されるまで，牧師・司祭は結婚式を執り行うことを禁じられた．それを受けて各大管区庁は，「当局」（農村部では管区庁）がその管轄区域内の臣民に結婚許可状を付与する条件を，(1)「ある特定の場所（ゲマインデ――引用者）へ永続的に定住するための資格」と，(2)「自分とその家族に十分な収入を与え得る能力」との双方について，「結婚する人々」が疑いない場合と規定して，当該大管区内の「当局」に通達している．(1)より居住権の保持が前提とされ，(2)の詳細は大管区ごとに規定されることになった．

第3章　3月前期の「大衆窮乏」と定住・結婚規制

　以上で述べた1827年居住権地条例・結婚許可条例によって形成された定住・結婚規制の意味を確認したい．居住権の取得手続を規定した居住権地条例では，居住権地概念が本籍の意味を核心に含むことを考慮すれば，救貧資格の取得規制を意味したといえる．第10条では，居住権をもたず滞在して貧窮化した者が滞在地を追われて居住権地へ送還されることが想定されており，そうした意味で定住規制であった．また，結婚許可状の付与原則を規定した結婚許可状条例は，居住権を結婚許可と結びつけることで，将来の妻子による居住権（及び救貧資格）の取得を規制したともいえる．

2.3. 居住権地条例・結婚許可状条例とオスナブリュック地方

　居住権地条例・結婚許可状条例は，オスナブリュック地方の定住管理にとって，制度上いかなる意味をもったのだろうか．

　2.1.で述べた1826年11月の州議会提案に対して，内閣府の回答（1827年9月1日）は，大管区庁を通じて州議会に次のように説明している．すなわち，ホイアーリングに対する定住・結婚規制は，居住権地条例・結婚許可状条例によって実現した．それに対して，ホイアー契約の文書化とそれによる規制は，ホイアーリングの状況改善には確かに有効な手段であるとは認められるが，純私法関係への行政的な干渉に当たる疑いが残るため，農民・ホイアーリング関係においても居住権地条例・結婚許可状条例の効果を期待すべきであるという[122]．そして，大管区庁は，1827年から1830年にかけて邦政府とも協議して，ホイアーリングとして定住・結婚を希望する者を対象にして両条例の実施規則を作成し，定住・結婚規制の法的枠組みを整備していった．

　第2章でみた1774年条例による定住管理制度は，ある教区で教区外からの来住者がホイアーリングとして受け入れられて10年以内に物乞い行為に及べば受け入れ農場保有者は1年以内にその者を追い出し，また10年以内にその者が貧窮化し，教区長と小管区役人とが「教区の貧民」と認定しなかった場合，受け入れ農場保有者はホイアー契約終了後その者を出身地へ送還

する義務を負うというものであった．これと比較しつつ，1827年両条例を基礎とする定住管理制度を整理すると，以下のようになろう．

　第1に，オスナブリュック地方の農村部では教区団体と行政村という二種類のゲマインデが併存したが，1827年両条例でいうゲマインデ（居住権団体）とは，1827年10月15日に大管区庁が通達した実施規則[123]によって，1774年条例と同様に教区団体とされている（第1条）．この点は次節で再述したい．

　第2に，規制には1774年条例と同様に，1827年両条例でも，ゲマインデと領邦当局との双方が関与していた．結婚許可状条例ではゲマインデへの「受け入れ」（具体的な規定はないが）を条件として結婚許可状を管区庁が発行するという二段構えの制度がとられている．その際の前提ともされる居住権の取得は，ホイアーリングの場合，1830年3月31日の内閣府決定[124]にしたがい，1774年条例の方式（10年間の滞在で当該教区に一種の居住権を得る）と類似した居住権地条例第5条ではなく，第8条によりゲマインデの同意による方法がとられることになり，ゲマインデの意思によることになった．これに対して領邦当局は留保権をもち（同第13条），本来は成員権の付与に関わる同第3条第2項cの条件を適用して，ホイアーリングに「ゲマインデの意思に反して」居住権を付与し得た[125]．

　第3に，規制対象が直接化され，対象者も拡大した．まず，1774年条例ではホイアーリングを受け入れた農場保有者が制度上対象者とされ，定住管理は主に農場保有者を通じて行うことが想定されていたが，1827年両条例ではホイアーリングとして定住し，結婚を希望する者が直接規制されることになった．受け入れ農場保有者は制度上位置を占めない．次に，居住権地条例においては居住権の父子継承規定（第2条）によりゲマインデ内出身者は無条件に居住権をもつため，規制対象は1774年条例と同様にゲマインデ外出身の他所者となるが，結婚許可状条例では結婚希望者一般が対象とされるため，従来規制を受けなかった地元下層民も規制対象となった．上記の実施規則によれば，「従来無条件にある場所への定住権を教区内出身者に認めて

第3章　3月前期の「大衆窮乏」と定住・結婚規制　　　　　　　　　　193

きた1774年条例はこの限り」修正される（第3条）という．第2章でみたように1774年条例の下でも事実上定住希望者・新定住者が規制の直接の対象となることはあったが，1827年条例では制度的にも規制対象は直接化され，また対象者の拡大は1774年条例による定住管理制度の限界を破るものであった．

　第4に，1774年条例で導入された，救貧資格（居住権）をもつ地元下層民とそれをもたない単なる滞在者との法的区別が，1827年両条例では強化された．すなわち，他所者でも居住権を取得すれば貧窮化しても追放されない一方，1774年条例とは異なり，たとえある教区に長期間居住したとしても，居住権をもたなければ貧窮化した場合いつでも追放され得る．この意味で，1827年両条例による定住管理は，正規の居留者として認定するか，いつでも排除可能な滞在者に止めるかという，下層民の法的な選別を意味したのである．

　第5に，規制の基準は経済力・人格である．1774年条例の場合，基準は定住後物乞い・貧窮化するか否かという事後的なものであったのに対して，1827年両条例ではゲマインデによる規制基準は規定されなかったものの，居住権地条例では，領邦当局がホイアーリングに「ゲマインデの意思に反して」居住権を付与する場合の基準ともされた第3条第2項cで，住居の確保とともに収入機会・労働能力と品行方正という条件が示されている．また，結婚許可状条例では管区庁による結婚許可状付与の条件として本人と家族を養い得る経済力が挙げられた．これは，上記の実施規則第3条によれば，(1)夫婦，少なくとも夫が労働能力をもち，かつ(2)必要最低限の所帯道具（ベッド1台を含む）と雌牛1頭を所有し[126]，かつ(3)非農業的副業として主に「耕作と密接な関係にある」亜麻織物業に従事する場合，少なくとも6シェッフェルザート（約0.7ヘクタール）の（旧共有地ではない）「古い可耕地」，「他の副業」に従事する場合，少なくとも3シェッフェルザートの「可耕地」を4～8年間（地域慣習による）小作する，というものである．後者は出稼ぎや手工業，日雇いを行う世帯を想定していたとみられる．領邦当局

によれば，この3条件がホイアーリング世帯を支え得る最低限の経済的条件であった[127]．1827年両条例による定住・結婚規制は，こうした一定基準以上の生活基盤・人格をもつ者の世帯のみを法的に公認することを意味したともいえる．

なお，農場保有者に対するホイアー設定の規制は，フランス7月革命による不穏な情勢を受けて内閣府が方針を転換し1830～1833年にも立法化が試みられた[128]ものの，結局実現せず，1848年まで以上のような1827年両条例と関連規定が，1774年条例に代わって下層民に対するほぼ唯一の定住管理制度として機能することになったのである[129]．

3. 定住・結婚規制と農村社会の対応――規制の構造と性格

1827年居住権地条例・結婚許可状条例の成立後も，第1節のごとく下層民の生活基盤の動揺が進む中で，オスナブリュック地方の農村社会は，領邦当局による定住・結婚規制立法にどのように対応して，下層民に対していかなる定住管理体制が形成されていたのだろうか．本節では，1830年代から1848年までの定住・結婚規制関係の係争文書を用いて，ホイアーリングに対する規制の実態を検討することによって，1827年両条例下の定住管理の構造と性格――誰がどのように管理したのか――を考察したい．かかる係争文書は，国立オスナブリュック文書館所蔵のベルゼンブリュック，フュルステナウ，イブルクの各管区庁文書群[130]に含まれるが，筆者はそれらの関係部分[131]を調査し，比較的詳しい事情が判明する係争事例を収集し得た．

以下の叙述では，それらの事例に基づいて，まず1827年両条例による定住・結婚規制の基本手続の流れをみてゲマインデの位置を確認した上で，地域の論理というべき下層民に対する定住・結婚規制におけるゲマインデの基本関心・規制意図を析出し，次にそうした地域の論理が領邦当局といかなる関係にあったのかを検討する．そして，この中でホイアーリングを受け入れる農場保有者の位置・役割についても考察したい．

第 3 章　3 月前期の「大衆窮乏」と定住・結婚規制　　　195

3.1.　定住・結婚規制の基本手続とゲマインデ

　まず，定住・結婚規制におけるゲマインデの実際の位置を検討しよう．1827 年両条例による定住・結婚規制は，その内容上(1)居住権地以外に住む他所者の居住権の取得に対する規制，(2)居住権地に住む者の結婚に対する規制，(3)他所者の居住権の取得を伴う結婚に対する規制の三種類が考えられるが，上の諸事例や大管区庁の関連通達からみて，基本である(1)・(2)の手続の流れは次のようになろう．

　最初に，(1)の場合，居住権希望者が居住権付与を，(2)の場合には結婚希望者が結婚許可への同意をゲマインデに申請した．ゲマインデは，これに同意するか否かを申請者の状況を審査して判断・決定した[132]．居住権付与のみならず，結婚許可においても実際にはゲマインデが審査して同意を与えていたのである[133]．

　ゲマインデが付与や同意を決定した場合，(1)ではこの段階で申請者に対する居住権付与が確定したと考えられる．(2)では申請者（結婚希望者）は，教区内の全村長または当該行政村の村長が署名した同意証明書[134]を添えて管区庁に申請し，管区庁はそれをもとに審査し，結婚許可状を付与（結婚許可）するか否かを決定した．ゲマインデの同意が得られていれば，結婚許可状の付与に問題はなかったようである．

　それに対して，ゲマインデが申請を認めないと決定した場合，申請者は(1)では大管区庁（または管区庁）[135]に，(2)では管区庁に不服申立てを行い，「ゲマインデの意思に反した」居住権または結婚許可状の付与を申請し得た．(1)では大管区庁は所轄の管区庁と協議して決定し，(2)では管区庁が所轄の小管区役人に事情を照会して審査・決定し，その結果は申請者とゲマインデに通知された．さらにその決定に不服なら，申請者もゲマインデも 10 日以内に，(1)は内務省に，(2)は大管区庁に不服申立てをし，(2)では大管区庁の決定に不服なら両者とも 10 日以内に内務省に不服申立てをし得た．

　(3)の場合上述の規制事例からみる限り，(2)の手続の流れに沿った．

　このような規制手続は両条例の実際の運用の中で整備されたものであるが，

ゲマインデによる同意が申請者にとって第一関門となっている．また，ゲマインデの同意拒否に対して申請者は大管区庁または管区庁に訴え，それらが決定を行ったが，その決定に対してゲマインデもその上級官庁に不服申立てを行って申請者の居住権・結婚許可状の取得に反対し得た．現実の規制手続からみて，ゲマインデは1827年両条例の条文から想起される以上に重要な位置を占めていたといってよい．

そして，居住権単位（居住権団体）として実際にそうした居住権業務を行うゲマインデは，1827年10月15日規則のとおり教区団体の場合と行政村の場合があった．シュトゥーヴェは，イブルク管区とグレーネンベルク管区ではほとんど教区団体であったものの，ベルゼンブリュック管区では行政村，フュルステナウ管区では地域によって異なったという[136]が，フュルステナウ管区でも係争事例をみる限りたいてい行政村である．1852年の管区庁報告によればフェルデン管区とオスナブリュック管区でも概ね行政村であった[137]．

居住権団体の範囲は，居住権の性格上救貧単位と関係する．ここで救貧制度にふれておきたい．当地方の救貧制度はヴェストファーレン王国期に一新されたが，ハノーファー復帰後旧制に戻り，1822年10月8日の州政府の救貧制度に関する報告は該当法として前章でみた1766年条例・1774年条例を挙げている[138]．その後ハノーファー政府は，1827年4月21日の内閣府決定第1条や同5月8日の大管区庁令第1条で救貧をゲマインデの義務としつつ，既存の地方的救貧制度を維持することにした[139]．オスナブリュック地方では上記2条例が日常的扶助を行政村単位としつつ教区を基本的な救貧単位とし，1823年3～4月の管区庁報告によれば，ヴィットラーゲ・フンテブルク管区の2教区とオスナブリュック管区の4教区を除き，ほぼ全教区で教区救貧金庫が存在し，牧師・司祭と教区役員が管理していた[140]．教区救貧資金の調達は，同時期のイブルク管区とグレーネンベルク管区の小管区役人報告によれば，教区教会での寄付集め・救貧基金の利子・炉税5％割り当てによりなされた[141]が，1823年4月8日のイブルク管区のディッセン小管区役人

第3章　3月前期の「大衆窮乏」と定住・結婚規制　　　　197

報告・同4月4日のヴィットラーゲ・フンテブルク管区のエッセン (Essen) 小管区役人報告や1830年9月23日のエッセン教区の請願書によれば，教区救貧金庫の赤字は毎年教区金庫が補塡していた[142]。

そして，1852年の大管区庁の説明によれば「教区団体が普通は救貧団体をもなす」と説明されているが，救貧費用の抑制と負担の便宜のために各行政村が「通常の救貧扶助」（貧民への宿所や食糧の提供など）を引き受け，教区救貧団体（教区救貧金庫）に「非常の救貧扶助」（貧しい精神病患者の施設での扶養・救貧医の給与支払い・薬代支払いなど）負担が残されるという方向で救貧単位がしばしば変化した[143]。例えば，上記の1830年のエッセン教区の請願書で救貧単位を教区から行政村に移すことを村長たちが要望して大管区庁は認めなかったが，ベルゼンブリュック管区では1835年5月12日の管区庁報告によればすでに「通常の救貧扶助」は行政村単位で行われ，グレーネンベルク管区のヴェリングホルツハウゼン教区では1847年10月4日の行政村間の協定によって「通常の救貧負担」は行政村の責任とされた[144]。

こうした際の行政的決定によって居住権団体の分裂が生じ得た[145]。3月前期に少なからぬ教区でそうした事態が次第に進行したとみられ，後述する1847年7月2日の大管区庁通達で居住権団体は原則として行政村とされた[146]。

以下の叙述（3.2.及び3.3.）では，(2)の居住権をもつ地元下層民の結婚に関する規制と(3)の他所者下層民の居住権取得を伴う結婚に関する規制の事例（計22件）から検討を進めたい．

3.2. ゲマインデの基本関心と規制行動

それでは，ゲマインデは，定住・結婚規制において，ホイアーリングとしての下層民の居住権取得・結婚許可にいかなる関心をもち，どのような態度をとったのだろうか．ゲマインデが審査で何を問題にして，いかなる場合に申請を拒否したのかという点に注目して，地域の論理というべきゲマインデ

の基本関心と規制意図を解明したい．

1827年両条例や関連法規では，ゲマインデによる審査についてほとんど規定されていないが，あらかじめいえば，ゲマインデは，居住権・結婚許可希望者の経済力とそれを支える人格，居住権・救貧責任の事情を厳しくチェックしていた．

3.2.1. 経済力・人格審査
3.2.1.1. 経済力

ゲマインデによる評価が直接言及されている事例（16件）からみて，申請者の経済力についてゲマインデが問題としたのは，現実に世帯を一応営むことができ，本人と家族を養うに足るホイアーやその他の収入見込みと財産があるのか否かであった．

まず，ホイアーがホイアーリング世帯にとって最も重要な生活基盤として考えられており，とりわけ耕地・牧草地の規模・質について，勤勉な労働による経営によって家族の生計維持が可能な小作地を確保しているのか否かが検討されていた．8件の事例で，申請者が借りるホイアーが家族の生活基盤として不十分であるとして，ゲマインデが居住権付与・結婚許可への同意を拒否しているが，その内少なくとも4件で小作地は6シェッフェルザート以上であり，規模の点では1827年10月15日規則の基準を超えている（ただし「古い可耕地」であるか否かはいずれも記載がない）[147]．

1842～1843年にビッペン教区で生じた係争[148]は，規制におけるホイアー評価の重要性とゲマインデによる評価の厳しさをよく示している．ベルゼンブリュック管区メンスラーゲ教区出身のTは，奉公人として働くビッペン教区でホイアーリング未亡人と知り合い，2人は1842年9月に同教区ビッペン村でホイアーを確保して結婚しようとしたが，同村は結婚許可への同意を拒否した．拒否の最大の理由として，同村のエルベ農場で9シェッフェルザートの土地を向こう4年間借り，雌牛1頭・豚1頭・普通の家財道具をもつというT側の主張は正しくなく，耕地は6シェッフェルザートであり，

第3章　3月前期の「大衆窮乏」と定住・結婚規制　　　　　　　　　　199

所帯道具は不完全で借金もあるため,このホイアーで生活し,家族を養うのは不可能であり,結婚して家族が増えれば村の救貧負担になることが挙げられた(9月29日).そこで,Tは同教区オーアテ(Ohrte)村に耕地9シェッフェルザートや牧草地を含む新たなホイアーを見つけて,居住権付与・結婚許可への同意を同村に申請したが,同村も11月3日の成員集会でホイアーは生活に不十分であると同意を拒否し,Tがそのホイアーより収穫力のあるホイアーを見つけることを同意の条件とした.そこで,Tは12月16日に他村の「3人の信頼できる農民」に新たなホイアーを検分してもらい,「誠実な勤勉さによってそこから得られる収益で家族は十分扶養可能である」という証言を引き出した.しかし,1843年1月23日村側はなお居住権付与・結婚許可への同意を留保し,Tの鑑定人とは別にやはり他村の農場保有者2人に依頼して,問題のホイアーの再検分を行わせることにした.2月1日にホイアーを構成する住居・菜園地・牧草地・耕地が詳細に鑑定され,その結果村側は,「このホイアーは若い初心者が生活できる状態にはなく,最初の数年間は事前の蓄えで暮らせ,少なくとも雌牛2頭をもつ」経済的に恵まれたホイアーリングに向いているという鑑定を得て,居住権付与・結婚許可に反対したのであった.

　また,手工業・日雇い仕事が重視される場合その収入見込みがゲマインデによって特に吟味された.例えば,オスナブリュック管区出身でイブルク管区ハーゲン(Hagen)教区の製鉄所(Eisenhütte)に働く日雇いHが,1847~1848年に同教区メントルップ(Mentrup)村でホイアーを見つけ,結婚しようとした際に,同教区の村長たちは,ホイアーが家族を養うには小さいことに加え,製鉄所からの賃金収入(「日当」)がその経営状態に依存した不安定なものであり,その収入の継続は証明されないので,将来住居を維持できずその家族が無宿人になる可能性が大きいことを理由として居住権付与・結婚許可への同意を拒否した(1848年8月28日)[149].手工業を営むホイアーリングとして居住権付与・結婚許可を希望する場合には,当該手工業の市場が村内・教区内にどの程度あるのかが評価されていた.例えば,1845

年プロイセン領ギフホルン（Gifhorn）出身の桶職人Rが，ベルゼンブリュック管区ゲーアデ教区リュスフォーアト（Rüsfort）村で住居を借り，同教区の女性と結婚しようとしたが，同村の成員集会はRの居住権取得・結婚許可に同意できないと決議した（8月16日）．同村は，Rが桶職人としてゲーアデ教区で生活できないという見通しを理由として挙げた[150]．

以上の諸例でもふれたが，申請者の財産に関して，所帯道具（特にベッド）と家畜（特に雌牛）の所有，さらに負債なども審査された．ホイアーリングとして世帯を設立するのに必要な設備の所有をチェックしたといえるが，少なくとも6件の事例でこれらの不備が問題視され，ゲマインデが申請者の居住権取得・結婚許可への同意を拒否する理由の一部とされた．

例えば，フュルステナウ管区ヴォルトラーゲ教区ヴォルトラーゲ村のホイアーリングの息子Aは，1840年1月に母親が借りるホイアー（小作地15シェッフェルザート）を自分が受け継いでそれを基礎に結婚し，世帯を構えようとしたが，Aは怠け者でオランダに毎年出稼ぎに行っても稼ぎをほとんどもち帰らない上に，Aも婚約者も雌牛や必要な農具などの「財産を全くもたない」ことを理由の一つとして，同村は結婚許可への同意を与えなかった（2月1日）[151]．また，1845年にはメンスラーゲ教区ハーレン（Hahlen）村で，同村出身の奉公人Lがホイアーを見つけて結婚し，世帯を構えようとすると，同村は，ホイアーの菜園地・耕地に問題があることに加え，Lに借金があり，婚約者も貧しく，しかもこのカップルは「世帯を営むのに最低限の物」（雌牛1頭とベッド）ももたないとして結婚許可への同意を拒否した（6月30日）[152]．同様に，1847年1月フュルステナウ管区のシュヴァークストルフ教区ケリングハウゼン（Kellinghausen）村では，同村出身の奉公人Tが結婚しようとしてホイアー（耕地9シェッフェルザート）を借り，雌牛1頭・豚1頭・ベッド・その他の所帯道具を確保したと主張したが，同村は，彼には僅かな奉公賃金・オランダでの稼ぎしか収入がない上に，財産もなく，婚約者も何も持たないことを理由の一つとして結婚許可への同意を拒否した（1月14日の小管区役人報告）[153]．

第 3 章　3 月前期の「大衆窮乏」と定住・結婚規制　　　　　　　　　　201

3.2.1.2.　経済力を支える人格

　申請者の人格的側面については，ゲマインデは，1827 年 10 月 15 日規則で挙げられた労働能力のみならず，世帯を適切に営み，その経済力を支える素行（勤勉さ・品行方正さ），婚約者の家政能力などを問題とし，それらが，9 件の事例で居住権付与・結婚許可への同意拒否の理由に挙げられた．

　素行については，例えば，ベルゼンブリュック管区のアンクム教区アーハウゼン（Ahausen）村では，1848 年 3 月 14 日の小管区役人報告によれば，プロイセン領フェアモルト（Vermold）教区出身で当地のホイアーリングの娘と同棲し始めた「労働者」L が，居住権付与・結婚許可への同意を村に申請すると，同村の成員集会は，負債の存在とともに，奉公態度の悪さや窃盗歴を理由にして申請を否決した[154]．とりわけ，この事例で問題となっている申請者の犯罪歴や犯罪の恐れは，ゲマインデの不安を引き起こし，居住権・結婚許可への同意を得るのを決定的に困難にした．プロイセン領ヘアフォート（Herford）郡出身の奉公人 E は，1844 年 10 月メルツェン教区エンゲラーン（Engelern）村でホイアーを借りて結婚しようとした．小作地は 12 シェッフェルザートと比較的広い上に，小作契約期間は 8 年という好条件であり，世帯を営み始めるのに必要な財産も婚約者が持参する予定だったにも関わらず，同村は E の居住権取得・結婚許可に同意しなかった．E の故郷の両親は数度窃盗で処罰されてプロイセン警察の監視下にあり，E の姉妹も窃盗による処罰・拘留歴があるという風評を同村は問題とし，これらの E の関係者を同村から遠ざけたいほか，E 自身も貧窮化すれば犯罪に走るとみていたのである[155]．

　労働能力については，特に身体の障害が問題になった．例えば，ユッフェルン教区出身の元ハノーファー兵 L は，傷病兵で左手がなく，毎年計 70 ターラーの年金・軍扶助金を得ていたが，1840 年にベルゼンブリュック管区アルフハウゼン教区アルフハウゼン村で住居と菜園地を借りて結婚し，世帯を構えようとした際に，同村は居住権取得・結婚許可に同意しなかった．5 月 6 日の小管区役人報告によれば，L は障害のため労働能力がなく，年金以

外の収入が期待できないので，家族の扶養は不可能である上に，借金があり，新婦はすでに婚外子を2人抱えており，世帯を切り盛りする家政能力もなく，新たに子供ができないにしても新世帯はすぐに同村の救貧負担になるからだという[156]．上述の1847年1月のケリングハウゼン村のTの場合も，同村長は，Tが健康ではなく，腕の障害のためにホイアーリングとしての日常的な労働に完全には耐えられないことを拒否の理由の一つに挙げている[157]．

以上の3.2.1.の検討から，ゲマインデの関心は，何よりも将来貧窮化し，ゲマインデの救貧負担となる可能性にあったことが分かる．経済力・人格面でいわば不健全なホイアーリング世帯の成立を公認させないために，ゲマインデは，申請者の状況を間近でかなり詳細に把握し得るだけに，小作地・所帯道具・労働能力に関する領邦当局の規定よりも厳しくかつ入念に経済力・人格を審査していたといえる．

3.2.2. 居住権と救貧責任への対応
3.2.2.1. 居住権事情との関係

ゲマインデは，下層民の結婚に関して，経済力と人格のみならず，救貧責任とその前提たる居住権の所在にも重大な関心をもっていた．

居住権はゲマインデの救貧責任と結合しているため，他所者下層民に対する居住権の付与にゲマインデが極めて否定的であったのは当然である．3.2.1.1.にみた，1847～1848年にハーゲン教区にホイアーリングとしての居住権・結婚許可の同意を申請した日雇いHの件で，1847年7月12日の小管区役人報告によれば，ハーゲン教区の村長たちは，ホイアーリングは若干の不運で貧窮化しやすいので，「この階級への居住権の不必要な付与は避けたい」，さもなければ自己の貧民の扶養に支障を来す，という一般的な姿勢を明言している[158]．

したがって，ゲマインデは，他所者下層民に対する居住権付与を伴う結婚許可への同意において，居住権・救貧責任の所在にも注目していた．例えば，3.2.1.1.で述べた事例で，ビッペン教区ビッペン村長は，1842年居住権付

第3章 3月前期の「大衆窮乏」と定住・結婚規制

与・結婚許可への同意によって救貧責任を負うことへの警戒を露骨に表明している．ここでは実はホイアーの経済力とともに居住権も問題となっていたのだが，奉公人Tは現在のところ居住権をもたないので，同村の迷惑になり次第追放し得るが，同村が発行した結婚許可への同意証明に基づいて結婚許可状が付与され，Tがこの村で結婚すれば（居住権と救貧責任が成立すると考えられので）そうはいかないという（9月29日の小管区役人報告）[159]．居住権付与による救貧責任の成立を避けるため，ゲマインデは，下層民の居住権付与・結婚許可への同意申請に対して，14件の事例で居住権を問題にして同意を拒否している[160]．

特徴的な事例をみれば，第1に，ゲマインデは，居住権地（出身地など）とホイアー所在地のどちらのゲマインデが結婚許可への同意申請を受理すべきかという問題を提起して，前者は後者での，後者は前者での結婚許可への同意の申請を求めた（6件）．例えば，シュリヒトホルト騎士農場（Gut Schlichthort）出身のSが，1846年9月頃メルツェン教区エンゲラーン村で，同村の娘と結婚してホイアーリングになろうとしたが，10月7日の小管区役人報告によれば，居住権付与・結婚許可の同意を同村に申請して拒否された．同村側は，Sには世帯設立に必要な財産が不足し，ホイアー契約が未締結であることを指摘したほか，同村の将来の救貧負担とならぬよう，出身の騎士農場——行政村と同格の自治体として扱われた——に結婚許可への同意を申請するよう要求し，さらに「住民」集会は，同騎士農場で同意が拒否されるのなら，当村でもその理由は妥当するはずだと冷酷に突き放した[161]．

次の例では，申請者の経済力など他の問題は関係ない．オスナブリュック管区聖ヨハン（St. Johann）教区出身の奉公人Hが，1843年にイブルク管区エゼーデ（Oesede）教区クロスターエゼーデ（Kloster-Oesede）村のホイアーリングの娘と結婚し，娘の父親のホイアーを継承しようとしたが，紆余宇曲折の後，9月21日の小管区役人報告によれば，ホイアーリングが同教区ほど多くなく，オスナブリュック市に近く日雇い仕事も得やすいため住

居と生計を確保し易いと思われる出身村でHは結婚許可への同意を申請すべきであるとエゼーデ教区の村長たちは主張した．Hが管区庁に提出した文書によれば，出身村の農場保有者2人がHの財産，同1人がHの人物，雇い主がHの素行を証明して財産・人格には問題がなかったほか，5月13日付けで娘の父親のホイアーの経済力をエゼーデ教区の村長たち自身が証明していた．上の報告によれば同教区は，Hがよいホイアーを見つけたのは確かであるが，ホイアーリングが居住権地以外でホイアーを見つけても，その地はその他所者に居住権を与えることを強いられないはずであると主張し，居住権付与・結婚許可への同意申請を強情に拒絶したのであった[162]．

第2に，他所者下層民が居住権を他ゲマインデにもったまま結婚しようとした場合それが滞在するゲマインデが問題にしている事例はないが，自ゲマインデに居住権をもつ者がそれを保持したまま他所で結婚しようとする場合は同意を渋った．例えば，1831年4月のことであるが，フュルステナウ管区ノイエンキルヒェン（Neuenkirchen im Hülsen）教区リムベルゲン（Limbergen）村出身のLは，長年同教区フィンテ（Vinte）村で暮らした後，ヴォルトラーゲ教区ヴォルトラーゲ村に住居を見つけ，同村の女性と婚約した．Lはオランダに出稼ぎにいって勤勉に生計を維持でき，必要な所帯道具も婚約者の父親から譲り受けているが，リムベルゲン村が，将来L一家が貧窮化した場合の再受け入れ（送還）を恐れて結婚許可に同意せず，Lにフィンテ村に居住権付与・結婚許可への同意を申請させようとして問題となっている[163]．1847年のベルゲ教区ダルファース（Dalvers）村はさらに慎重だった．同村出身で当時同教区シュモーネ（Schmone）村に住み，ホイアーを借りるKがそこで結婚しようとした．シュモーネ村が居住権付与を拒否したため，Kは出身地ダルファース村に結婚許可への同意を申請したが同村も拒否した．これに対して，同村は，結婚許可の同意は夫婦が滞在するゲマインデによってなされねばならないとし（10月24日のKの請願書），直ちに帰村して結婚する場合よりも他所で世帯を構えて後に送還される場合の方がゲマインデにとって大きな負担となり得ると主張した（12月

27日の小管区役人報告).そこで，Kと将来の家族が将来帰村した場合に同村において十分な生活基盤が期待し得るか否かが調査されることになった[164].

3.2.2.2. 保証要求による救貧責任の回避

さらに，ゲマインデは，法規定外の方法を用いて，居住権付与・結婚許可への同意に伴う救貧責任の成立を回避しようとしていた．すなわち，ゲマインデが下層民に居住権・結婚許可への同意を与える際に，貧窮時の保証を求めている事例がみられ，保証要求によって救貧責任を骨抜きにしようとしていたことが分かる．

第1に，ゲマインデが，他所者への居住権付与・結婚許可に同意する際にその出身村へ保証を要求する場合があった．1838年10月に，アルフハウゼン教区出身のRがメルツェン教区デリングハウゼン（Döllinghausen）村のホイアーリングの娘と結婚しようとしたが，同村は居住権付与・結婚許可への同意を拒否した．Rは出身村から素行証明をもらい，また娘の親から小作地9シェッフェルザートを含むホイアー・雌牛1頭・ベッド・必要な所帯道具を継承する予定で経済力・人格に問題はなかったが，同村の「住民」集会がRが貧窮化した場合の出身村による保証を求めると，出身村が拒否したからである．同村長によれば，誰かが村を出て他所で結婚する場合に同村はいつも保証を求められており，最近も同村出身のホイアーリングや職人を3人保証したし，逆に以前アルフハウゼン教区出身者が同村でホイアーリングとして結婚した際に出身村に保証させていたため後に彼が貧窮化した際に出身村に家賃・小作料の支払いを肩代わりさせることができた．同村長は保証が得られないならRは出身村で結婚許可への同意を求めればよいという（11月1日の小管区役人報告）[165]．むろん，この例のようにこの種の保証要求に出身ゲマインデが簡単に応じたとは考えにくく，1844年10月にシュヴァークストルフ教区ホレンシュテッデ（Hollenstede）村出身の奉公人Wもオスナブリュック州に隣接するリンゲン州のリンゲン管区ミニングビュー

レ（Mimmingbühre）村でホイアーを見つけて結婚許可状の申請を行おうとした際に，Wは出身村に保証状を求めたが拒否されて素行証明のみを得たという（12月6日の小管区役人報告）[166]．

同様に，ゲマインデが他所者に居住権付与・結婚許可への同意を与える際に出身地の再受け入れ証明を求めることもあった．例えば，1840年3月にアンクム教区出身の奉公人Mがビッペン教区オーアテ村で結婚し，ホイアーリングになろうとした際に，Mは自分とその家族をいつでも再び受け入れるという出身村の再受け入れ状の提出を同村から求められ，出身村がこの付与を拒否したために，Mはオーアテ村から居住権・結婚許可への同意を得られなかった（3月24日の小管区役人報告）[167]．3.2.2.1. で述べた1843年のエゼーデ教区クロスターエゼーデ村の件も，エゼーデ教区が居住権を付与し，結婚許可に同意する条件として貧窮化に備えて出身村の再受け入れ証明の提示をHに求めて，出身村がその付与を拒否したのが事の発端であった（8月21日のオスナブリュック小管区役人と9月8日のイブルク管区庁へのHの訴え）[168]．

このような保証慣行は定住・結婚規制の法規定を補完するものであるが，上のメルツェン教区の事例は，他所者として結婚する者に対する出身村による保証がこの村周辺では普通だったことを示唆している．

第2に，ゲマインデが，他所者に対して居住権付与・結婚許可への同意と引き換えにその申請者に保証金を積むことを要求した場合もあった．フュルステナウ管区ノイエンキルヒェン教区出身のWは1839年8月同教区リムベルゲン村で結婚してホイアーリングになろうとした．婚約者の母親は娘とWにホイアー（小作地5シェッフェルザート）を継承させ，雌牛1頭・豚1頭・ベッドその他の家具など所帯道具を譲る予定であったが，同村はWが万一貧窮化した場合に備えて保証金を積むことを，居住権付与・結婚許可への同意の条件とした[169]．

また，もともと居住権をもち，救貧責任を負う地元の下層民に関しても結婚許可への同意の際に保証が行われる場合があったとみられる．3.2.1.1. で

第 3 章　3 月前期の「大衆窮乏」と定住・結婚規制　　　207

挙げたシュヴァークストルフ教区ケリングハウゼン村で同村出身の奉公人Tが 1847 年 1 月に経済力の不安から結婚許可への同意を拒否された事例で，対応策の一つとして，ホイアーを借り換えたほかに保証金を積む用意があることを翌年 3 月 14 日に表明している[170]．

　第 3 に，一部地域ではゲマインデは，居住権付与・結婚許可への同意を求める者の救貧責任を，その者をホイアーリングとして受け入れる農場保有者が肩代わりすることを慣習的に求め，同意の条件としていた．農場保有者の責任を明確にしてホイアーリングの受け入れの統制を図るという 1774 年条例の方法が残り，保証要求として定住・結婚規制に組み込まれていたのである．研究史上知られているが，ベルゼンブリュック管区バットベルゲン教区のヴェーデル（Wehdel）村では 1829 年 12 月 31 日に，農場保有者が村外からホイアーリングを受け入れる際にゲマインデの負担とならないよう 20 年間その生計を保証する義務を負うと決議された[171]．こうした規則は本節が史料としている定住・結婚規制文書からも確認される．ヴォルトラーゲ教区ヴォルトラーゲ村の村長によれば，同村では，「それほど豊かではない」ホイアーリングが結婚する場合，将来貧窮化した場合に備えて，受け入れ農場保有者が住居を 10 年間保証することが慣習となっていた．事実，3.2.1.1. で取り上げた同村のホイアーリングの息子Aの事例では，Aが 1840 年 1 月に結婚許可への同意を申請した際に，「貧民数を増やしたくない」同村は，受け入れ農場保有者がこの保証を事実上拒否したことを，Aは財産がなく怠け者であることと並んで，結婚許可に同意しなかった理由として挙げた（2月 1 日）[172]．

　また，メンスラーゲ教区ハーレン村では，他所者をホイアーリングとして受け入れる農場保有者がその者に 20 年間住居を保証し，そのための保証金を払うという村の規則が存在した．1845 年に同村生まれで同村に居住権をもつ奉公人Lが同村でホイアーを見つけて結婚しようとした際に，受け入れ農場保有者が保証金を払わないので同村が結婚許可への同意を与えないと訴えており（6 月 13 日）[173]，地元の下層民にも適用されていたことが分かる．

以上の 3.2.2. でみた居住権・救貧責任への対応に関する諸事例から，ゲマインデは，居住権・結婚許可希望者の居住権・救貧責任の事情に極めて敏感であり，他所者はもちろん，地元下層民に関しても，自らの救貧責任・救貧負担の可能性を極力増やさないよう行動していたといいうるであろう．

　さて，ゲマインデの規制行動に関する本小節（3.2.）の検討から，地域の論理というべきゲマインデの規制意図・基本的態度が析出できよう．
(1)ゲマインデの規制意図は，自らの救貧負担の増大に対する防衛・救貧責任を負う者の増加の回避であり，実際に救貧負担になると見込まれる者のみならず潜在的にその可能性がある者もできる限り排除することであった．
(2)そのために，ゲマインデは，居住権付与・結婚許可への同意の申請者の経済力・人格・居住権の事情を，法的基準ではなく申請者が貧窮化する可能性があるか否か，申請者に対する救貧責任を避ける可能性はないかという実際的な観点から厳しく審査・判断し，1827年両条例のみならず，法的根拠のない保証要求をも併用して，自らの防衛を図っていた．

3.3.　ゲマインデと領邦当局

　それでは，ホイアーリングに対する実際の定住・結婚規制において，ゲマインデの規制意図は，最終的な決定権者である領邦当局やホイアーリングを受け入れる個々の農場保有者との関係の中で，いかに実現されたのだろうか．

　居住権付与・結婚許可への同意をゲマインデに拒否された申請者は，ゲマインデの決定の不当性を訴え，「ゲマインデの意思に反した」許可を求めてしばしば不服申立てをしたが，上記の定住・結婚規制の諸事例22件に関して申請者によって25件（不服申立て複数回の事例や大管区庁への再不服申立ての事例を含む）の不服申立てがなされている．

　管区庁は，不服申立てがあると，所轄の小管区役人に照会して事情の報告を求め，小管区役人は申請者と関係ゲマインデの指導者の主張を聞いて報告するか，各々の主張を管区庁に文書または口頭で説明させ，しばしば決定方針を提言した．申請者は，不服申立ての際に，居住権取得や結婚許可の正当

性を証明するため，受け入れ農場保有者や第三者によるホイアーの内容・家畜や所帯道具の所有などの経済状況の鑑定，医師の健康診断書，出身地域の小管区役人や村長による，犯罪歴を示す素行証明，雇用主による奉公態度の証明などを提出した．ゲマインデ側も，必要に応じて，居住権付与・結婚許可への同意の拒否を正当化する証拠書類を管区庁に提出している．それらに基づき，管区庁は，不服申立てをした申請者の居住権の事情と，自身及び家族を養い得る経済力・人格との2点から審査を行い，「ゲマインデの意思に反して」居住権・結婚許可を与えるべきか否かを判断したのだった．そして，大管区庁も，申請者から再不服申立てやゲマインデから不服申立てを受けると，所轄管区庁に照会した上で同様の方法で決定した．

　上記の25件の不服申立ての内，史料の欠落により結果が不明な3件を除き，管区庁・大管区庁の決定でも居住権付与・結婚許可が否定された事例が9件，「ゲマインデの意思に反して」居住権・結婚許可が与えられた事例10件，不服申立て後に申請者側が出した条件などによって最終的にゲマインデが態度を変えて居住権付与・結婚許可に同意した事例2件，その他1件（不服申立て後にゲマインデの反対の根拠が解消されて居住権・結婚許可が与えられた事例）であった．

　以下の叙述では，不服申立ての中で，ゲマインデの規制意図に対して領邦当局がいかに判断したのかについて，決定理由に注目して申請地の決定，経済力・人格の評価，保証問題の扱い，受け入れ農場保有者との関係の4点から検討しよう．

3.3.1.　申請地の判断

　3.2.2.1.で述べたごとく，出身地などの居住権地以外でホイアーを見つけた申請者が，居住権地とホイアー所在地のどちらで申請すべきかという問題が生じ，ゲマインデが申請を受理しない場合，経済力・人格の評価の前提として，まず管区庁は申請地を判断した．

　判断の基準は必ずしも十分明らかではないが，ホイアー所在地で居住権を

取得し，永続的に居住したいのか否かという申請者の意思が重視されていた．3.2.2.1.でふれた1847年10月ベルゲ教区ダルファース村出身のKが同教区シュモーネ村でホイアーを見つけ結婚しようとした件で，Kがダルファース村の居住権を保持しようとして同村に結婚許可への同意を求めたのに対して，同村は最初Kが他所で結婚して居住するので当村は関係ないと管区庁に訴えたが，管区庁はこの主張を認めなかった（11月5日）[174]．

やはり3.2.2.2.でふれた次の事例も領邦当局の方針を明らかにする．フュルステナウ管区ホレンシュテッデ村出身の奉公人Wが，1844年にリンゲン州ミニングビューレ村でホイアーを見つけて結婚許可を申請した件では，リンゲン管区庁はこれを受理しなかった．同庁によれば，結婚許可を付与する権限をもつのは，申請者が「貧窮化した際に受け入れるゲマインデ」，つまり「居住権を保持しているか取得したゲマインデ」を管轄する当局であり，Wはホイアー所在地に一時的に滞在するのであってそこで居住権を取得する意思はないと確認されたためであった（11月20日）．連絡を受けてフュルステナウ管区庁はWが出身村の居住権を結婚後も保持する意思があるのかを問題にし（12月10日），結局Wは出身村で結婚許可の申請を行うことになった[175]．

また，これらの事例のように申請先の判断は領邦当局の専管事項であったため，自村・自教区ではなく他所で申請すべきであるという判断を理由にしたゲマインデの同意拒否は，領邦当局が是認しない限り，認められなかった．3.2.1.1.で取り上げたオスナブリュック管区聖カタリーネン教区ハスベルゲン村出身の日雇いで，イブルク管区ハーゲン教区にホイアーを見つけて居住権付与・結婚許可への同意を申請したHに関しては，1847年に以下のような係争が生じていた．Hは同年春（5月頃）ハーゲン教区に居住権付与・結婚許可への同意を申請したが，同教区は現居住権地である出身村で申請すべきとして同意を拒否した．そこで，経緯は不明だがHは出身のハスベルゲン村で結婚許可への同意を求め，同村が拒否してオスナブリュック管区庁に不服申立てをしたとみられる．同管区庁は結婚許可への同意を与えるようハ

スベルゲン村に求めたが，同村は大管区庁に不服申立てを行い，それは6月22日に，Hは同村に居住権を保持したまま結婚許可状を付与され得ず，ハーゲン教区から同意を得てまたはその意思に反して居住権・結婚許可の付与をイブルク管区庁に申請すべきと決定した．そこで，Hが再度ハーゲン教区に同意を求めると，将来の救貧負担の増加を避けたい同教区は，申請はHの現居住権地であるハスベルゲン村で行われ，そこでの居住権は維持されるべきであると主張し（7月12日の小管区役人報告），イブルク管区庁は7月21日にそれをオスナブリュック管区庁に申し送った．しかしHが将来ハスベルゲン村に帰っても住居を確保できないと考えられることを理由にして6月の決定を確認する大管区庁の9月24日の決定が10月1日にハスベルゲン村に通知されている[176]．領邦当局を説得し得たハスベルゲン村とそれに失敗したハーゲン教区との対照は鮮やかである．

しかも，他所での申請を求めるゲマインデの同意拒否の事例6件中不明1件を除き5件の事例で，申請者の経済力・人格の審査を経て，最終的に「ゲマインデの意思に反して」居住権・結婚許可が与えられた．

したがって，かかる申請地の判断において，領邦当局は，申請者の永住の意思やその可能性を重視しつつ，ゲマインデの抵抗を排して「上から」強制的にゲマインデ間の利害を調整し，生じる救貧責任を配分する機能を担っていたと考えられる．

3.3.2. 経済力・人格の評価

結婚許可状条例が結婚許可の要件とする，自身と家族とを養える経済力とそれを支える人格を申請者がもっているか否かという評価は，ゲマインデの居住権付与・結婚許可への同意拒否に対する不服申立てにおいて，領邦当局にとっても中心的な問題であった．居住権付与・結婚許可が不服申立てでも認められなかった全ての事例において経済力・人格の不十分さが管区庁または大管区庁によって指摘されている一方，管区庁または大管区庁にとって一応十分な経済力・人格が証明された事例で認められなかったものは1件もな

い．

　管区庁または大管区庁も居住権付与・結婚許可を認めなかった9件の事例の決定理由を経済力・人格に関して，決定通知から整理すれば，以下のようになる．1件に複数の理由が記載される場合もあるが，経済力については，住居・小作地を確保していない（1件），小作地の規模や質の問題（3件），所帯道具の不足，特にベッドと雌牛の欠如やそれを調達する蓄えのなさ（4件），借金（2件），すでに扶養負担を負う婚外子の存在（1件），ホイアー以外の収入可能性の欠如（1件）が挙げられている．人格については，労働能力（健康状態）の問題（3件），酒飲み・犯罪歴（2件），将来の妻の家政能力の問題（1件）が挙げられ，その他に，単に本人と家族を養う力なしと記載された事例もある（2件）．

　管区庁は不服申立ての際の審査において，1827年10月15日規則第3条の経済力・人格条件に照らし合せ[177]，さらに他所者に対する居住権付与・結婚許可の場合，居住権地条例第3条第2項cの「ゲマインデの意思に反した」ゲマインデ成員受け入れ（に基づく居住権付与）の要件をも適用しており[178]，上記の諸件では，3.2.1. でみたようにゲマインデが細かくチェックした居住権付与・結婚許可への同意拒否の理由（の一部）を追認した結果になっている．

　しかしながら，不服申立てにおいて，ゲマインデの否定的評価とは異なり，申請者の経済力・人格が肯定的に評価され，このことを理由（の一つ）にして，「ゲマインデの意思に反して」管区庁が申請者に居住権・結婚許可を与えた事例も5件あった．

　3.2.1.1. で挙げた諸事例をみれば，まず，ホイアーの評価をめぐって1842〜1843年に2つのゲマインデと対立したビッペン教区の奉公人Tの件では，Tが1842年11月にオーアテ村に居住権付与・結婚許可への同意を拒否された後に，小管区役人がTはほぼ完全な所帯道具・若干の蓄えをもち，住居と十分な小作地を得ており（Tが提出した鑑定書による），Tも婚約者も労働能力・よき評判をもつと報告した（12月22日）ため，いったん

第3章　3月前期の「大衆窮乏」と定住・結婚規制　　　　213

管区庁は居住権付与・結婚許可を認めた（12月27日）[179]。

　ヴォルトラーゲ村で1840年に財産・収入の欠如を理由に結婚許可への同意を同村から拒否されたホイアーリングの息子Aの件（3.2.1.1.）でも、Aが自分は健康で、前年50グルデンをオランダから持ち帰り、また母親がホイアーを借りて雌牛１頭や必要な農具をもち、それらを結婚後に母親から譲られることを申し立てると、管区庁はそれを認めて結婚許可状を付与した（2月5日）[180]。

　同様に、1848年に主要収入である製鉄所からの賃金収入が不安定であるとの理由でハーゲン教区から居住権付与・結婚許可への同意を拒否された日雇いHの件（3.2.1.1.）では、Hが提出した製鉄所の勤務態度・収入証明書に基づき、自分と家族を養う長期の収入可能性・人格が確認されたとし、ハーゲン教区が主張する、製鉄所からの収入が将来なくなる可能性は拒否の十分な理由にならないと管区庁は判断して「ゲマインデの意思に反した」居住権・結婚許可状の付与を認めた（9月20日）。同教区は不服申立てをしたが大管区庁も同じ見解をとった（11月3日）[181]。

　最後に人格問題については、3.2.1.2.に挙げた、1844年にメルツェン教区エンゲラーン村から故郷の家族の犯罪歴を理由に居住権付与・結婚許可の同意を拒否されたEの件で、管区庁はEの出身のプロイセン領ヘアフォート郡の郡長に問い合わせた結果、E本人は１度取り調べを受けたことはあるが「非の打ち所がない」という素行証明書を得たので、Eの性格が結婚後に変わって犯罪に走るかもしれない、という同村の懸念は拒否の理由にならないと管区庁は決定した（12月10日）[182]。

　3.2.のごとくゲマインデは将来自らの負担となる可能性を予めできるだけ排除したいという立場から厳格に判断していたように思われるが、以上のように、領邦当局は、調査結果を1827年10月15日規則や居住権地条例に照応して問題がなければ、ゲマインデによる拒否を覆した。この意味で、領邦当局は、法的基準を超えるゲマインデの厳しい評価・決定を、居住権付与・結婚許可を希望する下層民に対するいわば恣意として抑止する役割を担って

いたとみてよい．

3.3.3. 保証問題の扱い

経済力・人格の評価の際に，申請者が貧窮化した場合に備える保証がいかに扱われたのかという問題も注目される．

まず，第1に，管区庁は，申請者の貧窮化に対するゲマインデによる保証要求を法的根拠がない恣意として，保証の欠如を居住権付与・結婚許可の拒否の正当な理由とは認めなかった．

保証要求が明示的に否定された事例としては，以下の2件が挙げられる．メルツェン教区デリングハウゼン村で1838年にアルフハウゼン教区ティーネ村出身のRが結婚しようとした際に，デリングハウゼン村が出身村の保証を求めて同意を拒否した件（3.2.2.2.）で，管区庁は，争点である出身村への保証要求に法的性格はなく，Rは，十分なホイアーを確保して雌牛・ベッド・必要な所帯道具をもち，労働能力にも問題がないとして，デリングハウゼン村の拒否にも関わらず，同村での居住権・結婚許可を与えた（11月3日）[183]．また，ノイエンキルヒェン教区ノイエンキルヒェン村出身のWが，1839年同教区リムベルゲン村で結婚しようとした際に，保証金を出さない限り同意しないとリムベルゲン村に拒否された件（3.2.2.2.）でも，管区庁は，保証金は法的に要求できないとした上で，労働能力があり，毎年オランダに出稼ぎに行くのに加え，財産・ホイアーを義理の母から譲られるという契約書を確認すると，Wに同村での居住権とともに結婚許可状の付与を認めた（9月11日）[184]．

この2件に対して，3.2.2.1.と3.2.2.2.で述べたエゼーデ教区クロスターエゼーデ村が1843年居住権付与・結婚許可を希望するHに出身村の再受け入れ証明の提示を同意の条件とした件では，管区庁はこの問題にはふれずに，Hは素行・労働能力が良好で「相応のホイアー」を見つけ，将来の妻も所帯道具一式を父親から譲り受け，同教区もこれらがHの将来の生計の確保に十分であると認めているという理由で，最終的にHに同教区での居住権

と結婚許可状を付与した（10月9日）[185]．

　また，怠け者で収入・財産に乏しいことと受け入れ農場保有者の保証の欠如とを理由として1840年に結婚許可への同意を拒否されたヴォルトラーゲ教区のAの件（3.2.1.1.と3.2.2.2.）では，管区庁は，3.3.2.のように経済力・人格の確認がとれたとして結婚許可状を付与したが，保証問題にはふれられていない[186]．

　以上のように，ゲマインデの保証要求が満たされなくとも，申請者の経済力・人格要件が一応満たされれば，管区庁は「ゲマインデの意思に反して」居住権・結婚許可を与えていたのである．

　第2に，貧窮化した場合に何らかの保証がある場合は，それを理由（の一つ）として，「ゲマインデの意思に反して」も居住権・結婚許可が付与されている．

　経済力・人格要件との関係に注目すると，プロイセン領出身の奉公人で，1844年メルツェン教区エンゲラーン村でホイアーを見つけて結婚しようとしたEの件（3.2.1.2.）では，管区庁は，3.3.2.でも言及した素行証明の提出とともに，Eとその家族が貧窮化した場合もゲマインデの負担とならないことを受け入れ農場保有者が保証したことを理由にして，居住権・結婚許可を与えた[187]．この件では，許可の理由として，経済力・人格の証明と保証が並立している．

　また，シュモーネ村に住みつつ，1847年に出身のダルファース村に結婚許可への同意を申請して拒否されたホイアーリングKの件（3.2.2.1.と3.3.1.）で，同村は管区庁による結婚許可の決定に対して大管区庁に不服申立てをしたが，同村の農場保有者の1人が将来Kが同村に帰村した際にKにホイアーを貸し，同村を煩わせることなくKが家族を完全に扶養できるように配慮すると保証したので，将来の帰村後も住居と収入を得るのは確実という管区庁の報告を受けて，大管区庁は1848年1月18日に結婚許可状の付与を認めた[188]．ここでは申請者に対する保証がいわば将来の経済力の証明となっている．

さらに，以下の件は興味深い．シュリヒトホルト騎士農場出身で，1846年メルツェン教区エンゲラーン村でホイアーを見つけて結婚しようとしたが，世帯設立に必要な財産がなく，ホイアー住居をまだ確保していないとして同村から拒否された奉公人Ｓの件（3.2.2.1.）であるが，同村の意思に反してＳに対する居住権と結婚許可状の付与が認められた（10月10日）．管区庁は，決定の理由として，豊かな完全エルベである受け入れ農場保有者がＳとその家族が貧窮化の場合も村の負担とはしないと保証したことを挙げている．この決定に対して同村が大管区庁に不服申立てを行うと，管区庁は判断理由として，さらに付随的にＳの良き評判・労働能力・オランダへの出稼ぎ・小作地の確保をも挙げた報告を大管区庁に送り，大管区庁は，Ｓがこの村で十分な収入を見つけられるという確かな見込みはなくても，貧窮化した場合本人と家族とを同村の負担とはしない，と富裕な受け入れ農場保有者が保証したので，居住権・結婚許可を付与すると決定した（10月30日）[189]．ここでは，経済力が必ずしも完全に提示されなくても，それは貧窮時の保証によって補完されている．

　以上の諸事実より，管区庁は，貧窮時の保証を居住権付与・結婚許可に必要とされる条件とは認めないが，それが存在すれば居住権付与・結婚許可を認める十分な根拠として扱っていたことが分かる．

　さて，3.3.1～3.3.3.の検討をここでいったんまとめれば，定住・結婚規制において，領邦当局は，最終決定権者として，基本審査を担うゲマインデの監督及び調整の機能を果たしていた．すなわち，領邦当局は，居住権付与・結婚許可への同意の申請先を確定してゲマインデ間の利害対立を「上から」調整し，経済力・人格要件やそれを補完する貧窮時の保証が一応示されれば居住権・結婚許可を与える立場にたって，ゲマインデによる法的基準を超えた規制を抑止する役割を果たしていた．これらの意味で，領邦当局は地域の論理の貫徹を制約し，そのことによって1827年両条例の運用を統制していたと考えられる．

3.3.4. 受け入れ農場保有者との関係

3.2.2.2. で述べた，ホイアーリングを受け入れる農場保有者に対するゲマインデの保証要求も，3.3.3. のように不服申立ての際に領邦当局によって法的根拠がないとして否定されたと考えられるが，その一方で，居住権付与・結婚許可への同意をゲマインデに拒否された申請者が不服申立てをした際の，受け入れ農場保有者の対応が分かる事例（10件）をみれば，彼らが一定の役割を果たし得たことが指摘できる．

第1に，受け入れ農場保有者は，申請者の経済力を否定的に証言し，ゲマインデの同意拒否に協力する場合もあった．メンスラーゲ教区ハーレン村の1845年の件（3.2.2.2.）では，同村に結婚許可への同意を拒否された奉公人Ｌの不服申立てに対して，Ｌにホイアーを貸した農場保有者Ｖは，村長とともに小管区役人を訪れ，ＬはＶが署名したホイアーの内容証明書を提出しているが，Ｌに頼まれて証明書の記述を正確に知ることなく署名したことを弁明した上で，ホイアーの質的な不十分さを証言した[190]．Ｖは，前述のごとくＬのための保証金支払いを拒否する一方，Ｌの不服申立てでは結婚許可に反対して，救貧負担を回避したいゲマインデに協力している．

ビッペン教区オーアテ村では，1845年4～7月に興味深い係争が起こった．同村の農場保有者Ｈは，ホイアーリングとなって結婚しようとする同村出身の奉公人Ｍに，同村外の現滞在地で居住権を取得し，結婚許可状を得るという条件でホイアーを貸す契約を結んだ．Ｈによれば，Ｍが貧窮化した場合に現滞在地に送り返すためであった．しかし，Ｍがオーアテ村に結婚許可への同意を求めると，同村は拒否してＭは管区庁に不服申立てをした（4月24日）．同村は小管区役人に対して先の条件によりＨはホイアーを貸す気はなく，Ｍはホイアーを借りたことを証明しなければならないと説明して結婚許可状付与に反対した（5月27日）．Ｈも小管区役人に上の条件を説明した上で条件が違う以上ホイアーを貸さないし，Ｍの「生活基盤」は1家族には不十分なのでＭとその家族は同村で生活できないと予想され，「家主としてのみならず，オーアテ村の利害関係者として」結婚許可状付与に反

対すると発言した（6月22日）[191]．ここで農場保有者は，救貧責任を排除したいゲマインデにホイアー契約の段階から配慮し，それが危うくなると「生活基盤」の不十分さを証言してゲマインデに協力した．

この2件では，受け入れ農場保有者は自分も成員であるゲマインデと申請者の予想される貧窮化・救貧負担を回避したい点で一致し，不服申立ての際にゲマインデに同調したのであり，このため管区庁は結婚許可を与えなかった．

第2に，不服申立ての際に，農場保有者が申請者とその将来の家族を貧窮時にゲマインデの負担とはしないという保証を申し出て，ゲマインデに妥協することもあった．3.3.3. でみたメルツェン教区エンゲラーン村における，1844年のプロイセン領出身の奉公人Eの件と1846年の他所者奉公人Sの件である．居住権付与・結婚許可への同意をゲマインデに拒否された申請者をホイアーリングとして受け入れたい農場保有者が，ゲマインデの，救貧負担・救貧責任の増加への不安を配慮して妥協を試みているのであり，3.3.3. のように管区庁はそれを認めて居住権・結婚許可を与えた．

しかしながら，第3に，受け入れ農場保有者が，ゲマインデと対立しつつ，申請者の経済力・人格の証明に協力した場合があった．彼らが署名した，申請者の経済力やホイアーの内容の証明書を申請者が管区庁に提出した事例が6件あり，内4件で受け入れ農場の所在地で居住権・結婚許可が求められている[192]．例えば，1839年10月3日ビッペン教区オーアターマーシュ（Ohrtermersch）村で，同村出身のWが，借りた付属小屋住居が収穫物を貯蔵するには小さすぎるとして結婚許可への同意を同村に拒否されて不服申立てをしたが，彼は，ホイアーの内容（住居と耕地計7シェッフェルザート）と雌牛1頭やベッド2つ・その他の所帯道具・当面妻と暮らせる食糧を貯蔵していることを受け入れ農場保有者Kが証明した文書を管区庁に提出し，しかもそこにKが，村内の農場保有者は若干の者を除きWの結婚に賛成していると書いていた[193]ことも注目される．

3.2.1.1.，3.2.1.2. と3.2.2.2. でふれたケリングハウゼン村の奉公人Tの件

第3章　3月前期の「大衆窮乏」と定住・結婚規制　　219

では，1847年1月に同村が財産の乏しさと腕の障害を理由にTの結婚許可同意を拒否した事態について，村長を除く「全住民」が同意したものの村長が反対して同意証明書を発行しなかったとTはいう（翌年2月19日の請願書）が，ゲマインデ成員間の対立が推測される．受け入れ農場保有者Mは，Tが上記の家畜・所帯道具を所有し，9シェッフェルザートの耕地を含むホイアーを確保したことを証明する文書（1847年4月13日）に加え，1848年1月25日に他の農場保有者10人とともに，Tと婚約者が同村に居住権をもち，倹約しかつ勤勉に振る舞い財産を得たので結婚許可状を付与するよう小管区役人に求める文書を作成した．結局村長側は妥協し，2月2日，農場保有者3人の反対を記した上で，Tに労働能力がありゲマインデとしてTの結婚に同意するという文書を出した．Tは3月7日請願書にこれらの文書を添えて管区庁に提出した[194]．

　この2件では，受け入れ農場保有者が地元出身の奉公人である申請者のホイアー，財産や人格について証言し，恐らく両者顔なじみの他の農場保有者たちの支持も得てゲマインデの決定と対決したが，Wの件で管区庁はゲマインデの反対の根拠がなくなったとして，またTの件で最終判断を行った大管区庁は「住民の多数」とゲマインデの同意を理由の一つとして申請者に結婚許可状を付与した．

　以上のように，居住権付与・結婚許可への同意の申請者をホイアーリングとして受け入れる農場保有者は，ゲマインデと申請者とが対峙するという枠組みの中で，不服申立てにおいて成員としてゲマインデと協力して経済力の不十分さを証言したり，妥協して保証を与えたり，逆にゲマインデの意図に反して申請者の経済力・人格を証明して，領邦当局の決定に影響を及ぼし得た．こうして受け入れ農場保有者は10件中9件で管区庁及び大管区庁に決定理由（の一つ）を与えている．このように，ゲマインデ・領邦当局がホイアーリングを直接規制する1827年両条例下の定住管理においても，ホイアーリングの定住に対する受け入れ農場保有者の影響力は完全には排除されておらず，ゲマインデの規制意図の貫徹とある程度対立し，それを制約し得た

と考えられる．

考察：定住・結婚規制の構造と性格

本節で検討した規制の実態を整理して当地における定住・結婚規制の構造と性格をまとめたい．

1827年両条例による定住管理は，農場保有者の集団たるゲマインデによる管理と領邦当局による管理とが一応別個の論理によりながら，協調及び対立しつつ絡み合った，いわば救貧管理システムであった．

第1に，規制において基本審査を担ったのはゲマインデであった．ゲマインデは定住・結婚規制の手続の基底に位置し，下層民の居住権取得・結婚許可に制限を加えようとした．すなわち，ゲマインデは，実際にホイアーリングとして生計を立て得る経済力・それを支える人格の有無を詳細に観察・監視し，しばしば居住権・結婚許可希望者が貧窮時にゲマインデの救貧負担にならないという保証を求め，これらが満たされないと居住権付与や結婚許可への同意を拒否した．主たる規制意図は，潜在的に救貧負担となり得る者・救貧責任を負う者の増加を回避して自らの防衛を図ることにあり，領邦当局の立法意図とは異なる独自の論理（救貧可能性の排除）に基づき行動していたといえる．この意味で，ゲマインデの規制行動は，領邦当局による下層民管理の単なる下請けではなかった．

第2に，領邦当局は，こうしたゲマインデの規制行動を前提として，それを監督・調整していた．領邦当局は，居住権・結婚許可希望者が万一貧窮化した場合どのゲマインデが救貧責任を負うのかを判断して申請先を確定し，法的規準（貧窮化の見込みの有無）にそって申請者の経済力・人格を審査したが，不服申立てにおいて法的規準を満たす条件やそれを補う貧窮の際の保証が一応示された場合決定権を行使したため，ゲマインデが居住権付与・結婚許可を阻止するのは困難であった．

定住・結婚規制は，このように農場保有者集団としてのゲマインデによる下層民の監視・統制を領邦当局が「上から」監督・調整するという二重の管

理構造をもっていた一方，性格的には，少なくとも直接的に人口抑制的な規制関心はみられず，下層民の生殖管理（結婚やその前提たる定住の抑止そのもの）というよりも，それに対する潜在的な救貧負担・救貧責任の管理システムという性格を強くもっていたように思われる．多数の下層民が世帯を構える基礎となるホイアーを求めるという状況に対して，ゲマインデは居住権付与と結婚許可への同意を介して自らに不都合な下層民による潜在的な救貧負担・救貧責任の増加を回避しようとし，領邦当局は，それが法的にいわば適正に配分されるように監督・調整していたのである．

第3に，1827年両条例による定住・結婚規制は，ゲマインデ（農場保有者集団）・領邦当局と居住権・結婚許可希望者とが直接対峙する制度であるため，ホイアーリングを受け入れる農場保有者は制度上位置を占めないが，以上のような規制構造・性格のために，現実には下層民のホイアーリングとしての定住・結婚に対する規制に一定の役割を担い，それに対して影響力を保持していたとみてよい．すなわち，受け入れ農場保有者は，不服申立てにおける経済力・人格審査の過程で，ゲマインデの要求に反する方向でも，領邦当局の決定に一定の影響を及ぼし得た．したがって，現実の定住管理においては，ゲマインデ・領邦当局と下層民とが直接的に対峙する関係を相対化・制約していたと思われる．

4. 定住・結婚規制の社会的影響

以上のごとき構造・性格をもつ，1827年両条例による定住・結婚規制を通じて，ゲマインデ・領邦当局は下層民をいかに管理することができ，それはどのように機能していたのだろうか．定住・結婚規制の社会的影響を，人口動態・定住行動・下層民の貧窮化との関係について検証したい．

4.1. 下層民の定住行動への影響

まず，定住・結婚規制による人口動態への影響を簡単に確認すると，当地

方でも人口抑制機能はそれほど明確ではないといってよい.

3月前期の農村部人口は,表3-3のように近世以来の増加が3月前期に入っても続いたが,1833年以降増加は鈍り,3年ごとのセンサスでみる限り1836～1839年の徴減を経て1842年をピークに明らかに減少に転じ,1848年までに7％弱減少した.もっとも,人口は1850年頃にもなお1820年代の水準を保っていたと考えられる.

こうした状況は,定住・結婚規制の人口抑制効果というよりも,まず第1に移民運動の直接的な帰結であったとみてよい.下層民の生活基盤の動揺・縮小を背景として,オスナブリュック地方では1830年代前半に北米への移民運動が本格的に始まり,1840年代中頃を最盛期として1860年代まで続いた[195].1832～1848年にオスナブリュック州7管区から約24,000人の移民が記録されたが,特に1845年には移民数は1832～1866年の最高数(3,470人)を記録し,オスナブリュック大管区全体(4,537人)でこの年のドイツの海外移民の12％を占めたという推計もある[196].移民の中心は,ホイアーリングとその予備軍である独身の若者(男女の奉公人)だった.例えば,オスナブリュック管区オスナブリュック小管区(6教区)とグレーネンベルク

表3-3 19世紀前半のオスナブリュック地方の人口

(単位：人数)

	1812年頃	1821年	1833年	1836年	1839年	1842年	1845年	1848年	1852年
農村部人口	116,213	120,425	136,922	137,432	137,179	138,193	135,750	128,559	128,817
総人口	131,608	137,534	155,886	156,647	156,400	157,351	155,004	147,849	150,455

註：農村部人口とは,総人口から3都市 (Städte Osnabrück, Fürstenau und Quakenbrück) と3町 (Flecken Bramsche, Melle und Iburg) 分を除いたものである.
史料：1812年頃は Merson 1812, S. 71; Bölsker-Schlicht 1990, S. 226. 他はSTAO Rep335 Nr. 844; Nr. 847; Kaufhold/Denzel (Hg.) [1998], S. 46, 54.

表3-4 オスナブリュック地方の婚姻率・出生率

(単位：‰)

	1821年	1833年	1836年	1839年	1842年	1845年	1848年	1852年
婚姻率	8.51	7.93	8.37	8.36	7.10	6.80	6.98	6.93
出生率	37.85	36.95	35.49	36.43	34.39	32.70	32.64	31.62

史料：Kaufhold/Denzel (Hg.) [1998], S. 46.

第3章　3月前期の「大衆窮乏」と定住・結婚規制　　　　　　　　　　223

管区ビューア（Buer）小管区（1教区）の1832～1858年の移民記録者合計639人の68％がホイアーリングと独身の奉公人であった[197]．

　次に，婚姻率・出生率（人口1,000人当たりの結婚数・出生子数）をみれば，オスナブリュック地方全体について表3-4のように都市部（表3-3のように3月前期には総人口の12～13％で一定）を含む数字しか得られなかったが，出生率は1840年代に明らかに低下しており，経済危機の下で1827年両条例がある程度人口抑制的に作用したようにもみえる．同様に婚姻率も1839年以降明らかに減少したが，当地方でも図1のように婚外子率の上昇という結婚規制の一般的な帰結が1830～1840年代にみられた[198]．また，平均初婚年齢をみれば，実証データは限られているが，ベルゼンブリュック管区メンスラーゲ教区では18世紀末（1790～1798年平均で男子27歳強・女子24歳弱）から19世紀前半を通じて一貫して上昇傾向にある中で1840年代に急激に上昇した（1830～1839年平均で男子約30.5歳・女子約29歳，1840～1852年平均で男子34歳強・女子約33歳）[199]一方，逆にオスナブリュック管区ベルム教区では，表3-5のように1830年代に上昇して危機の1840年代に低下するという一貫しない動きがみられ，経済危機の中で定住・結婚規制が初婚年齢を押し上げる方向に作用したと一概にはいい難いように思われる[200]．ただし，ベルム教区における1812年と1858年の45歳以上の住民中の独身者の比率の変化（配偶者と死別した者を除き男子3.5％から8.1％・女子3.2％から5.8％へ）からみて経済危機と定住・結婚規制によって生涯独身率が若干上昇した可能性は否定できない[201]．全体として，この地方の出生率の低下の直接の要因としても，定住・結婚規制よりむしろ移民運動が結婚・生殖行動の担い手である若い男女を中心に流出させたことが大きかったのではなかろうか．移民者の年齢構成は不明だが，移民登録者は1832～1839年に32％，1840～1848年に38％が独身者であった[202]．

　もっとも，定住・結婚規制が下層民のホイアーリング定住に対して一定の影響を与え，それを制約していたことは疑いない．

　第1に，3月革命期のホイアーリングの請願書には，中心的テーマではな

図1 オスナブリュック地方の1815〜1848年の婚外子率

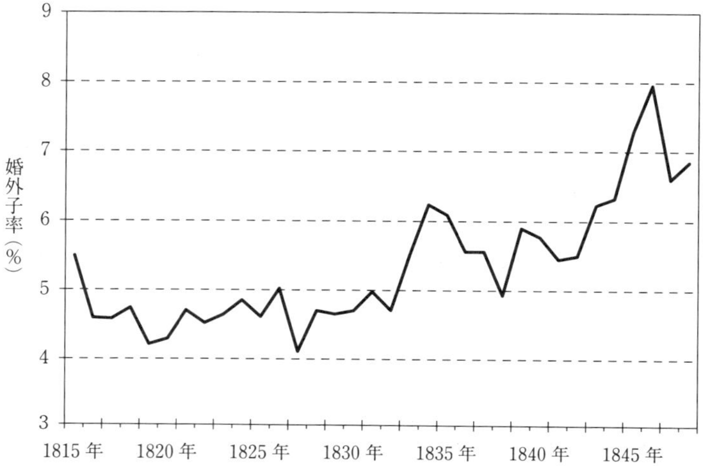

註:婚外子出生数が不明であるため,婚外子率として,生存婚外子出生数を生存出生数で除した値を用いた.
史料:Kaufhold/Denzel (Hg.) [1998], S. 46 より作成.

表3-5 19世紀前半のベルム教区の平均初婚年齢

	1801〜1810年	1811〜1820年	1821〜1830年	1831〜1840年	1841〜1850年
男子	28.3	27.5	26.8	28.3	27.5
(ホイアーリング)	28.1	27.4	26.2	27.9	26.8
女子	25.8	26.1	25.3	26.3	25.6
(ホイアーリング)	26.4	27.0	25.5	26.8	26.4

史料:Schlumbohm [1994], S. 100.

いものの,定住・結婚規制への不満・批判が散見される.例えば,オスナブリュック管区庁が大管区庁に1848年4月3日に提出した「ホイアーロイテの要望に関する」報告は,管区内のホイアーリングの請願内容を整理したものだが,要求の一つとして「居住権地条例と,ホイアーリングの結婚及びゲマインデ間の転居に関連する法的制限全ての撤廃」が挙げられ[203],定住・結婚規制への不満が広範なものであったことが窺える.同管区では,3月24日に聖マリエン教区の「ヘラーン村の全ホイアーリング」から州議会に出さ

第3章　3月前期の「大衆窮乏」と定住・結婚規制　　　　　　　　　225

れた請願書では，結婚や行政村間の転居に障害が生じているが，こうした障害をなくすよう要望され[204)]，1827年両条例が批判されている．3月28日同教区ガステ（Gaste）村からも定住・結婚規制の緩和が要望され，3月31日の小管区役人報告によれば，聖カタリーネン教区ホルツハウゼン（Holz-hausen）村では居住権地法の改正が期待されていたという[205)]．4月8日にイブルク管区エゼーデ教区の「手工業者とホイアーロイテ」が管区庁に提出した請願書では，「自由な移動を妨げる居住権地条例の廃止」が要望されている[206)]．7月14日には，オスナブリュック管区庁が再度大管区庁へ次のように報告している．すなわち，「結婚と移動の自由を困難にするので居住権地法が……ホイアーロイテのさらなる苦情をなしている．彼らは，住居を見つけた者はみな結婚でき，転居したいところに転居できることを求めた」のである[207)]．

　1827年両条例による定住・結婚規制が，ホイアーリングの行動を実際に制約して不満を生じさせていたとみてよいだろう．

　第2に，一部の研究が指摘するようにホイアーの親子継承・世代間同居という家族史上注目すべき行動がみられるが，それは，定住・結婚規制による，農村社会の一種の閉鎖化の反映と考えられる．

　シュルムボームによれば，ベルム教区では，ホイアーリング世帯の間で，両親の世帯からの新婚夫婦の独立というヨーロッパ型結婚パターンの原則を破る世代間同居が3月前期の間に増加していた．すなわち，1812年2月から1815年12月に結婚したホイアーリング夫婦40組（双方初婚）の内せいぜい4組が結婚後も夫方か妻方の両親がホイアーリングとして住む農場に止まったのに対して，3月前期を経て，1852年12月から1858年12月に結婚したホイアーリング夫婦（双方初婚）68組の内39組が結婚後も夫方か妻方の両親がホイアーリングとして住む農場に止まり，狭い付属小屋の中で同居して3組を除き共同世帯を形成し，ホイアーを継承していた[208)]．

　こうした事態は，程度の差はあれベルム教区に止まらない．前節でも言及したが，1838年のメルツェン教区デリングハウゼン村のRの件（3.2.2.2.）

や1839年のノイエンキルヒェン教区リムベルゲン村のWの件（同），1843年のエゼーデ教区クロスターエゼーデ村のHの件（3.2.2.1.）のように，筆者が事例とした定住・結婚規制に関する係争事例22件の内7件で親または義理の親からのホイアーの継承を基礎とする定住・結婚許可の申請が確認され，4件で継承の際の契約が判明する[209]．例えば，1847～1848年のハーゲン教区メントルップ村のHの件（3.2.1.1.と3.3.1.）も，婚約者の父親のホイアーを継承しようとした例だが，父親はそのホイアーと雌牛1頭・豚1頭・山羊1頭，その他の全ての財産を新夫婦に譲り，それに対して新夫婦は両親をいかなる困難の下でも扶養する義務を負うととり決めていることを，Hと父親は1847年に小管区役人のところで証言した[210]．このように，両親や弟妹の扶養と引き換えに，親または義理の親のホイアーのみならず，雌牛などの家畜とベッドなどの家具，農具といった所帯道具からなるホイアーリング世帯の物的基礎全体が継承されており，不服申立ての際に，親または義理の親の譲渡契約書や証言が申請者の経済力の証拠として提示された．

　生活基盤が動揺・縮小し，保有地をもたない若者にとって生計を確保することが困難な状況で，世代間同居を伴っても両親からホイアーや所帯道具を継承するのが住居・物的基礎を獲得する有効な方法だったのではないかと指摘されている[211]が，これは，単に経済的困難への対処というのみならず，1827年両条例による，ゲマインデと管区庁の経済力審査によって促された結果でもあったと考えてよいだろう．むろん，上の7件のようにそれでもゲマインデから同意を拒否される場合も少なくなかっただろうが，不服申立てで管区庁はこの内5件について経済力に問題なしとして居住権付与・結婚許可を認めた（1件不許可・1件決定不明）．

　以上の諸事実から，1827年両条例によるゲマインデ・領邦当局の規制は，この地方でも人口動態にあまり影響を与えることはなかったものの，農村社会において現実に下層民の定住・結婚行動を制約し，下層民はそれへの対応を強いられつつホイアーリングとして世帯を設立し，定住せざるを得なかったとみられる．

第 3 章　3 月前期の「大衆窮乏」と定住・結婚規制　　　227

4.2.　貧窮化と定住・結婚規制の限界

　しかしながら，定住・結婚規制は，貧窮ホイアーリングの増加を抑止するにはほど遠かった．オスナブリュック地方は，下層民の生活基盤の動揺・縮小が進んだ 1840 年代中頃から後半にかけて，危機的な状況にあった．

　ホイアーリングの状況を示そう．1.1. で述べたようにホイアーリング（土地なし借家人）世帯の 9 割を占めた「狭義のホイアーリング」世帯は，1847～1848 年の調査（1847 年 12 月 14 日～1848 年 7 月 12 日に各管区庁が報告）によれば，表 3-6 のように町分・大農場所属分を除き農民農場（平均保有農地規模 57.1 モルゲン，約 15 ヘクタール）に平均 2 世帯強が受け入れられていた．ホイアーの状況をみれば，表 3-7 のように全管区平均で菜園地を含めたホイアーの可耕地（Garten- und Ackerland）は，平均 4.4 モルゲン（約 1.1 ヘクタール），最小のグレーネンベルク管区でも 3.6 モルゲン（約 0.9 ヘクタール）となる．これに牧草地・放牧地（Wiese und private Weide）が全管区平均で 0.5 モルゲン（約 0.1 ヘクタール）加わる．また，ホイアーリング世帯の家畜に関しては全管区平均で雌牛 1.4 頭が所有され，やはり最小のグレーネンベルク管区でもほぼ 1 頭が所有された．表 3-7 は全管区・各管区の平均値であくまでも目安にすぎず，またこの調査では耕地の質も不明だが，平均的にはホイアーの状態が，亜麻織物業を副業とした場合も小作地 6 シェッフェルザート（0.7 ヘクタール）・雌牛 1 頭という 1827 年 10 月 15 日規則の基準を概ね満たしていたようにもみえる．

　しかし，ホイアーリングに関する 1846～1847 年の管区庁報告によれば，この時期にホイアーリングその他の下層民 15,292 世帯[212]の内 6,179 世帯，つまり 40％ が租税支払い免除世帯として特に公的に貧窮者として認められていた．各管区庁の報告時期（1846 年 9 月 26 日～1847 年 5 月 31 日）は，1846～1847 年の食糧危機[213]とほぼ重なるが，この地方でも 1845 年と特に 1846 年にライ麦と馬鈴薯が不作で，1846 年の冬から 1847 年の収穫までにホイアーリングの間で飢饉が生じかねず，大管区庁は 1847 年貧民を多く抱えるゲマインデに王領地の備蓄ライ麦を販売し（2 月 18 日通知），作付け用の

表 3-6　1847/1848 年のホイアーリングと受け入れ農場

	受け入れ農場と保有農地			所属のホイアーリングとホイアー			
	農場数	菜園地・耕地（モルゲン）	放牧地・牧草地（モルゲン）	世帯数	菜園地・耕地（モルゲン）	放牧地・牧草地（モルゲン）	雌牛保有数
大農場	92(99)	12,661	10,930	692	6,198	2,000	1,700
農場	5,294(5,287)	200,417	101,998	11,859	51,914	6,421	16,279
計	5,386	213,078	112,928	12,551	58,112	8,421	17,979

註：1）　大農場（Gut）の内7つの騎士農場の関係分が区分上の問題から一般の農場欄に集計される．
　　2）　ホイアーリング世帯は，表3-1とは異なり，「狭義のホイアーリング」世帯である．
　　3）　町分は含まない．
史料：SNV．

表 3-7　1847/1848 年のホイアーリングとホイアーの状況

管区	世帯数	菜園地・耕地（モルゲン）	平均	牧草地・放牧地（モルゲン）	平均	雌牛保有数	平均
ベルゼンブリュック	2,116	9,427	4.5	1,547	0.7	2,763	1.3
フュルステナウ	1,310	6,191	4.7	2,026	1.5	2,377	1.8
グレーネンベルク	2,094	7,539	3.6	356	0.2	2,078	1.0
イブルク	1,642	7,286	4.4	413	0.3	2,066	1.3
オスナブリュック	1,811	9,569	5.3	491	0.3	2,942	1.6
フェルデン	864	3,599	4.2	609	0.7	1,273	1.5
ヴィットラーゲ・フンテブルク	2,022	8,303	4.1	979	0.5	2,780	1.4
計	11,859	51,914	4.4	6,421	0.5	16,279	1.4

註：1）　ホイアーリング世帯は，表3-1とは異なり，「狭義のホイアーリング」世帯で，表3-6の大農場分を除く．
　　2）　町分は含まない．
史料：SNV．

種馬鈴薯・インゲン豆・カラス麦や亜麻種を配付し（4月）[214]，邦政府も1847年5月7日に火酒製造を禁じ，穀物の輸入関税の徴収を停止して馬鈴薯輸出を禁止した[215]．耕地の未成熟なライ麦や大管区庁が配付した種馬鈴薯が食用に供されたといわれる[216]．大管区庁は7月23日各管区庁に乞食・浮浪者の取り締まりの強化を求めねばならなかった[217]．

第3章 3月前期の「大衆窮乏」と定住・結婚規制　　　229

　このような状況の中で下層民の動揺・縮小しつつある生活基盤の問題が露呈したと考えられる．1847～1848年の調査によれば共有地用益は全269か村中234か村で不可能となっていた[218]が，この時期に共有地分割をほぼ終えていたほか，亜麻織物・亜麻糸生産が特に発展し副業収入として決定的な意味をもっていたグレーネンベルク管区，ヴィットラーゲ・フンテブルク管区とイブルク管区で上記のホイアーリングその他の世帯における租税支払い免除世帯率が高く（51％，48％，46％），亜麻織物・亜麻糸生産と出稼ぎが併存したフェルデン管区とベルゼンブリュック管区の租税支払い免除世帯率も42％と36％であった[219]．副業は亜麻織物業が中心だったが中心都市オスナブリュックが周辺地域に与える雑業的日雇い機会があったと思われるオスナブリュック管区の場合，租税支払い免除世帯率は30％であった．副業は出稼ぎが中心で，約半数の行政村で共有地用益が可能であったフュルステナウ管区では，それは18％だった[220]．また，「狭義のホイアーリング」に関しては，表3-7から，最初の3管区は1827年の規則の基準を平均的に満たすとはいえ，小作地規模・雌牛保有数が他管区，特に最後の2管区よりも不利であったことが分かる．

　続く1848/1849年度（財政年度）にも，直接税支払義務者数におよそ一致すると考えられる人頭税支払い義務者数（成人男子と未亡人）45,373人に対して，直接税支払い免除者は15,802人であり[221]，大部分が下層民で大半はホイアーリング関係者だったとみられる．

　かかる事態からみて，1827年両条例による規制は，ホイアーリングとして定住・結婚を希望する者に経済力・人格審査を課すという厳格な方法にも関わらず，貧窮世帯の増加抑制に全体として大きな限界があったとみてよい．

　こうした限界の要因として，第1に，管区庁が決定する際の法的基準である1827年10月15日規則が前提とする経済的条件が変化し，とりわけ非農業的収入源として想定された亜麻織物業の危機のために，経済力審査が必ずしも十分に効果をもたなかったことが考えられる．

　1846～1847年の管区庁報告では，4管区庁が定住・結婚規制を明示的に問

題とし，また経済力審査を厳格化するように求めた[222]．グレーネンベルク管区庁はホイアーリングの「世帯を維持するのに十分な財産なき軽率な結婚」を指摘し，ヴィットラーゲ・フンテブルク管区庁は結婚許可のための財産条件の厳格化を提案した．フェルデン管区庁は貧困ホイアーリング世帯の増加は無思慮な結婚によるとし，「立法がこの点で制限を行ったのだが十分ではない……．しない方がよい，あるいは延期した方がよい結婚が実現している」と報告した[223]．オスナブリュック管区庁も，「法的に必要とされる住居を見つけるのは困難ではないが，数シェッフェルザートの土地と僅かな所帯道具，労働能力のみに基づく世帯は，不安定で衝撃に耐えられない」と，経済力・人格審査の法的基準を批判し，「貧窮化の弊害と扶助の圧力を避けるために」その厳格化を求めた[224]．

大管区庁自身も，1847年7月2日に「農村における貧窮化を考慮して」1827年10月15日規則の基準，特に小作地規模は「不変の基準とはみなされ得ない」ので，結婚許可の際の経済力審査を特に入念に行うように各管区庁に通達した[225]．それまで規制において依拠されてきた法的基準が特に小作地に関してホイアーリング世帯の物的基礎として十分ではなくなっていたことを公式に認めたのである．前節でみたようにたとえゲマインデが居住権付与・結婚許可同意の申請に対して実際の状況から厳しく否定的な判断を行ったとしても，申請者が不服申立てをした場合にかかる法的基準が管区庁・大管区庁の決定を拘束していたと考えられる．

第2に，定住・結婚規制の対象範囲の問題がある．それは，居住権付与・結婚許可の規制体系であるため，ホイアーリングの定住それ自体や農場保有者による受け入れ自体を規制していたわけではなく，居住権・結婚許可状の付与に関わらないホイアーリングの定住は，ゲマインデにも領邦当局にも法的には規制されなかったとみられる．

まず，ホイアーリングの単なる受け入れに対する統制の限界を示す事例が存在する．グレーネンベルク管区出身のHが1840年9月にイブルク管区のボルクロー教区アレンドルフ（Allendorf）村の農民農場にホイアーを見つ

第3章　3月前期の「大衆窮乏」と定住・結婚規制　　　231

けて居住しようとした．ホイアーは1家族の扶養に十分でないのみならず，悪評と以前の窃盗の嫌疑のため，Ｈの居住を受け入れ農場保有者を除き「ゲマインデ全体」が望まず，小管区役人に入居禁止を命じてもらった．Ｈは大管区庁に不服申立てをした（9月8日）が，管区庁を通じて照会された小管区役人はＨの悪評・ゲマインデの反対に加え，悪評・犯罪歴がある者の（ゲマインデ成員への）「受け入れ」を当局は拒否し得るという居住権地条例第3条の附則を挙げ，管区庁もこれを是認し，大管区庁はまず「ゲマインデの意思に反した」「定住」（居住権付与）を認めなかった（9月30日・10月13日）．次に大管区庁は，Ｈの請願を受け，居住権を付与せずにアレンドルフ村でのＨの滞在（単なる居住）を「ゲマインデの意思に反して」許可できるか否かを管区庁に照会した（11月10日）．小管区役人は，風評の悪い者でも居住権のない場所で「ゲマインデの意思に反して」付属小屋住居に入居できるのか否かは居住権地法に規定されていないが，同教区の「全村長と全員の委託を受けて」Ｈの居住を禁止するように管区庁に強く上申し（同12日），管区庁もこれを支持して，大管区庁は，悪評と犯罪歴，素行の改善のなさを理由にしてＨがホイアーリングとしてボルクロー教区に滞在することをも許可しなかった（12月1日）[226]．逆に，これらの治安上の理由がなければ，経済的理由のみでは，受け入れ農場保有者の協力がない限り，ホイアーリングの入居・居住は統制できなかったと考えてよいだろう．

　したがって，1827年両条例の要求基準を一時的に満たした上で結婚し，結婚後間もなく——恐らく居住権地を変えずに——転居するという下層民の戦略も存在したようである．ベルム教区で1833～1838年に結婚したホイアーリング夫婦（双方初婚の50組）は1858年までに1農場に平均8.2年間留まったが，結婚時に住んでいた農場を20％の夫婦は1年未満で離れ，38％は1年以上4年未満で離れた．半数強の夫婦が結婚時に住んでいたホイアーに長くは住まず，最初の契約期間（通常4年間）の終了前に転居したのである．前小節でみたヨーロッパ型結婚パターンの忌避を破るかにみえる世代間同居の一部が，この戦略の一環であった可能性は否定できない[227]．

次に，結婚許可状を得ないまま婚外同棲の形でホイアーリングとして世帯を設立することが十分規制されていたのかについても疑問が残る．1853年2月22日の内務省令で，1827年両条例の厳格な運用が下層民の婚外同棲を蔓延させていると述べられている[228]が，そもそも1847年5月25日の違警罪法第94条で罰金25ターラーまたは14日間の拘禁をもって明示的に処罰対象となる[229]まで，婚外同棲が処罰されていたのか疑わしいのである[230]．例えば，1840年の刑法典では，風俗犯罪（Verbrechen der Unzucht, 第11章）は，強姦，近親相姦，倒錯的性行為，後見関係を悪用した性交渉，それらの仲介（第270〜278条）からなり，1847年の違警罪法とは異なり，婚外同棲やそれと関係が深い婚外性交渉（「姦淫」）の処罰規定は含まれない[231]．法制史研究において指摘されているが，結婚を制限するが事実上婚外性交渉を促す結婚規制と，婚外性交渉を処罰するが婚外の性的関係を結婚へと促す効果をもつ姦淫罪とは矛盾した関係にある[232]．実際にベルム教区では，マグデブルク出身の元兵士が1824年頃から1857年まで30年以上婚外同棲するなど，1830・1840年代にもいくつかの婚外同棲の事例がみられるし[233]，また，前節でみた規制諸事例で，婚外同棲や婚外性交渉の帰結である婚外子に言及がある1847年以前の4件において，ゲマインデや小管区役人は，婚外子をその存在そのもののためではなく，単に申請者の生計を圧迫してゲマインデの救貧負担を増加させかねない要因としてしか問題にしていない[234]．

以上のような状況からみて，下層民がホイアーを見つけて農場保有者が受け入れる場合，居住権付与や結婚許可に関わらなければ，経済力・人格審査を経ることなく，ホイアーリングとしての定住がなされ得たと考えてよい．

さて，定住・結婚規制は，このように規制基準・規制範囲において下層民に対する定住管理として限界をもっており，ゲマインデと領邦当局が経済力・人格審査を行ったにもかかわらず，十分な物的基礎をもたないホイアーリングの定住を全て排除する機能はもち得なかったと考えられる．すなわち，1827年両条例による定住・結婚規制は，ゲマインデと領邦当局が経済力・人格面から下層世帯を審査して選別・公認し，下層民に対する潜在的な救貧

負担・救貧責任を管理するものであったために，そもそも経済力・人格審査の対象外にある定住行動や審査基準の前提条件の動揺に十分に対応できなかった．そして，ここにおいてホイアーリングを受け入れる農場保有者の自律性が問題となろう．個々の農場保有者に対するホイアーリングの受け入れ規制は実現しなかった（2.3.）上に，定住・結婚規制の運用において，領邦当局の決定に対して事実上影響を与え得る立場にあり（3.3.），彼らに対する統制は弱かった．グレーネンベルク管区の管区庁試補ヤコビ（Carl Jacobi）と農場保有者レーデブーアが1840年に「新しいホイアー小屋の勝手な設置を禁じて」一定の「条件でこれを許す」ことを主張した[235]ことからも示されるように，1816～1820年の諸報告で問題となっていた個々の農場保有者による恣意的な受け入れ（2.1.）も制限されなかったとみられる．こうした定住・結婚規制の限界のために，下層民のホイアーリングとしての定住は必ずしも十分に統制されず，定住希望者を受け入れる農場がある限り，不十分で劣悪な条件の下での定住も不可能ではなく，貧窮世帯の増加が現実化したのである．

　本節の検討を整理すれば次のようになろう．1827年両条例による定住・結婚規制は，3月革命期のホイアーリングの請願書にみられる苦情や新婚夫婦の親世代との同居・ホイアーの「相続」からみて農村社会を閉塞化・閉鎖化し，下層民のホイアーリングとしての定住行動を実際に制約したのは疑いないが，その一方で，規制の基準・範囲の限界から，ホイアーリングの定住全体を統制して貧困ホイアーリングの増加を阻止するものではなかった．定住・結婚規制のこうしたいわば質的・量的な限界の克服こそが，次章で述べる1840年代中頃以降のホイアーリング貧窮化の対策論議の中心となる．

結びに

　本章では，ハノーファー王国においても立法化され，「大衆窮乏」が進行

する中で運用された定住・結婚規制に注目して，下層民に対する定住管理をめぐる諸関係を検討することによって，3月前期のオスナブリュック地方における農村の地域管理の特質と近世末以来の変容の行方を探ろうとした．

定住管理として定住・結婚規制とは何だったのかという点から，本章の検討を再構成すれば，次のように整理できよう．

農村人口の半数を超える土地なし借家人ホイアーリングの堆積を伴う階層構造が近世後半から3月前期に引き継がれたオスナブリュック地方では，すでに1816～1820年にホイアーリングの増加と「過剰」状態がその貧困・苦境との関係で社会的な問題となっていた．これに対して，官吏・州議会は，ホイアーリングとしての下層民の定住に対する管理強化を中心的な内容とする対策を構想・提案したが，その内定住・結婚規制がハノーファー政府によって全邦的な1827年の2つの条例として実現されることになった．両条例は，共有地分割の進行や亜麻織物業の衰退によって下層民の生活基盤が動揺・縮小し，農村社会において「大衆窮乏」が進行する下で運用されていった．

そこでは，他所者下層民に対する居住権（救貧資格に関わる）の付与とその保持・取得を前提にして所帯道具の所有・一定水準のホイアーの賃借と労働能力を条件とする，他所者・地元下層民の双方に対する結婚許可が，領邦当局の留保権の下にゲマインデ（教区団体または行政村）の同意に依存させられた．この運用の中で，ゲマインデは居住権付与・結婚許可申請者の経済力・人格を，実際的判断に基づいて法規定よりも厳しく審査して，また申請を受理せず，さらに法規定外の保証を要求することによって，自らの救貧負担・救貧責任が増加する可能性を極力排除しようとした．その一方，ゲマインデの規制をチェックする不服申立てが制度化され，領邦当局は最終決定権者として居住権・結婚希望者の申請地を判断し，保証要求は認めないなど，法規定外の規制要求を抑える監督機能を果たしていた．そして，このような定住・結婚規制は，下層民の居住権・結婚を直接規制して下層民の行動を制約していたのは疑いないが，居住権付与や結婚許可に関わらない定住行動は

規制できない上に，規制基準が前提としていた経済的条件が動揺する（特に亜麻織物業の危機）と，それに対応できず，貧困下層世帯の増加を抑止することができなかったと考えられる．

当地方の定住・結婚規制は，立法過程や規制実態からみて，「過剰人口」への恐怖という研究史の指摘から想定されるのとは異なり，人口増加の抑止（貧窮者の生殖制限）それ自体を中心的に意図・機能していたものではなく，規制体系全体として救貧総負担の抑制を目的・機能としたものとも言い難いが，エーマーやマントルの見解とも異なり，ゲマインデが基本的な審査（＝規制）を行い，それを領邦当局が監督するという構造をもつ，潜在的な救貧負担・救貧責任の管理システムという性格が強かった．

それでは，下層民に対するかかる定住・結婚規制において交錯するゲマインデ・領邦当局・個々の農場保有者の関係からみて，近世末と対比すれば，3月前期の農村の地域管理とそこにおける農民の位置・役割はいかなる特徴をもっていたのであろうか．

第1に，農民・下層民関係の構図の変容が指摘できる．1774年条例では規制が不可能だった地元下層民も含めて，定住希望者が個々の農場保有者（家父）を介さずに直接ゲマインデに規制されることになったため，第2章でみたように，18世紀末に部分的に成立した，農場保有者集団と下層民とが直接的に対峙し，前者が後者を監視・統制するという社会統制の構図，いいかえれば農場保有者集団（家父の連合）としてのゲマインデによる下層民の共同管理体制が一応制度的に確立したといってよい．

第2に，そうしたゲマインデは自己の論理に基づき下層民の定住行動に対応していったが，領邦当局との関係は協調と対立の両面を含んでおり，ゲマインデの規制意図の実現・貫徹は，領邦当局の制約を明らかに受けていた．ゲマインデによる下層民の共同管理は，近世末の領邦当局との協力関係からその監督の下におかれる関係になったといえる．

農村社会・領邦当局がホイアーリングの貧窮化による社会的圧力の増大に対応する中で，一方でゲマインデによる下層民に対する直接的な管理の強化

と，他方で領邦当局に対するゲマインデの自律性の縮小とが，同時並行的に生じていたことが指摘できよう[236]．これが，下層民の監視・統制団体としてのゲマインデの再編と「（領邦当局と連携した——引用者）共同体と農村プロレタリアート」の対立という，研究史上よく知られた社会的構図の，当地方における実態である．

第3に，しかしながら，近世末からの地域管理のあり方の変容傾向は貫徹してはおらず，上の社会的構図も純化しきってはいなかったことを見逃してはならない．そもそも下層民をホイアーリングとして受け入れる個々の農場保有者に対する法的規制は私権侵害として一切実現しなかった上に，定住・結婚規制の現実の運用において，個々の農場保有者の影響力は完全には排除されず，彼らにホイアーリングの受け入れの自律性が相当程度残ることになった．

個々の農場保有者に対する統制の限界によって，領邦当局の監督下での農場保有者集団としてのゲマインデによる下層民の共同管理体制は制約され，いわば構造的な弱点を抱えていたと考えられる．3月前期におけるゲマインデの下層民統制団体としての再編という理解に対して，第1章でみた，個々の農場保有者がもつ古い自律性の残存によるゲマインデの下層民統制団体としての不完全性を指摘したい．

第4章で論じるように，3月革命期に至って，個々の農場保有者によるホイアーリングの受け入れを規制することによって，問題の解決が図られることになるのである．

1) こうした理解は，北西ドイツに関して，Buchholz [1966]に先駆的にみられ，Mooser [1984]を始めとするモーザーの一連の業績と，我が国では藤田 [1984]，第3章によって知られる．さらに，Schildt [1986], Teil C; Potente [1987]も代表作として挙げられる．
2) 概観は，例えば，Schübler [1855]；Mangold [1857], S. 130-133；Medicus [1862]；Köllmann [1974], S. 96f.；Matz [1980], S. 176f.. プロイセンとザクセンでは救貧・定住規制のみが存在した．

第3章　3月前期の「大衆窮乏」と定住・結婚規制　　　　　　　　237

3)　代表的なものとして，Bitzer [1863]；Braun [1863]；ders. [1868]；Thudichum [1866].
4)　Elster [1909], S. 960f.；Matz [1980], S. 19f..
5)　Knodel [1967]；Kraus [1979]；Marschalck [1984], S. 31f.. 我が国では，若尾 [1996], 97-100 頁で紹介されている．
6)　例えば，Thudichum [1866], S. 127-132.
7)　Lippe [1982], Kap. 2-4.
8)　Ebenda, S. 316-330.
9)　Ehmer [1991], S. 50-61, 71-74. なお，我が国では，金子 [1993], 214-217 頁；酒井 [2001] が同様にバイエルンの 1834 年法を分析したが「大衆窮乏」との関係を重視している．
10)　Ehmer [1991], S. 72f. はティロルとオーバー・シュヴァーベンに言及している．農民農業が畜産を中心とした「奉公人社会」(Mitterauer [1990], Kap. 4 〔邦訳 [1994]，第 4 章〕) である．
11)　Mantl [1997].
12)　同書はこの点で，社会的不平等構造の再生産と結婚・相続との関係を考察した社会構造史的な家族史研究，特に Mooser [1980] の系譜に立つ．
13)　同書では制度面がごく簡単にふれられているのみである (Mantl [1997], S. 165f.).
14)　Ebenda, S. 137-140, 157-160.
15)　Ebenda, S. 203-209. さらに，同書は 1860 年代の不服申立て文書を用いて下層民の結婚行動も分析している (ebd., Kap. 3).
16)　Medicus [1862], S. 311f.；Bitzer [1863], S. 216-226；Braun [1868], S. 12；Elster [1909], S. 963；Matz [1980], S. 178；Ehmer [1991], S. 53.
17)　Wrasmann [1919-1921], Teil 2, S. 67-69, 73；Linde [1951], S. 431；Behr [1970], S. 101-103；Mittelhäusser [1980], S. 250；Hagenah [1985], S. 191f.；Schmiechen-Ackermann [1990], S. 320-325, 334-336. その他に，北西ドイツの定住・結婚規制に関しては，ブッフホルツとシルトが，「大衆窮乏」下の「厳格な社会政策」という文脈でブラウンシュヴァイク公領 (Herzogtum Braunschweig，近世のブラウンシュヴァイク・ヴォルフェンビュッテル公領) の 1830 年の居住権地法・結婚許可状法に言及し，ゲマインデに強い権限が与えられた規制の法的構造を示し，人口統計から婚外子率の上昇という影響を確認したが，規制運用についてはシルトが 1 事例を挙げたにとどまる

(Buchholz [1966], S. 13f., 17-20, 61-65 ; Schildt [1986], S. 80f., 82-84, 86f., 98-101).

18) Schlumbohm [1994] の場合，序章註160) で述べたように，結婚規制の影響については簡単に言及している (S. 111f., 138f., 580).

19) 1816年に司教領時代の飛び領レッケンベルク管区はプロイセンに，1817年にフェルデン管区のダーメ教区・ノイエンキルヒェン教区の相当部分はオルデンブルク大公領 (Großherzogtum Oldenburg, 1815年に公領から昇格) へ割譲された.

20) Verordnung wegen Markentheilungen vom 17. 2. 1806, in : CCO, Teil 2, S. 839-846 ; Gemeinheits- und Markentheilungs-Ordnung für das Fürstenthum Osnabrück vom 25. 6. 1822, in : SGH [1822], Abt. 1, S. 219-258. 1806年条例は1785年条例の補足・修正法であり，1822年条例は両条例の集成だった．各共有地分割令の関係については，Beiträge [1864], S. 320 ; Middendorff [1927], S. 97-100, 125-128, 145.

21) Herzog [1938], S. 169f..

22) 1785年条例では，§§ 1, 2, in : CCO, Teil 2, S. 598, 1822年条例では，§ 14, in : SGH [1822], Abt. 1, S. 229. いずれにおいても，決議の際の投票で一般成員の票は完全エルベ1，半エルベ2/3，エルプケッター1/3，マルクケッター1/5と計算された.

23) 1848年12月29日の王領地管理局の報告による (Middendorff [1927], S. 110).

24) Middendorff [1927], S. 117 ; § 24, in : SGH [1822], Abt. 1, S. 235f..

25) 1モルゲンは0.2621ヘクタール (Twelbeck [1949], S. 5, 22).

26) Provinzialverein [1896], S. 78. その他に，すでに入植していた世襲小作人 (後述) 1人に15モルゲンが分配され，さらに新たに世襲小作人6人 (計30.2モルゲン，平均5モルゲン) が入植した.

27) Beiträge [1864], S. 325f.. 1852～1858年には3,338ヘクタールが分割された.

28) 世襲小作とは，当地方では1783年通達で定められた農民地の貸与形式で，畜耕能力以上の土地を得たエルベ農場が領邦当局・領主の許可を得て入植希望者に長期契約で貸与した．余剰地の処分手段としてホイアーを設定するよりも望ましいと領邦当局は考えていた (Rescript an die Aemter, die Erbpacht-Contracte der Eigenbehörigen betreffend, vom 27. 3. 1783, in : CCO, Teil 2, S. 562f.).

第3章　3月前期の「大衆窮乏」と定住・結婚規制　　　　239

29)　例えば，Funke [1847], S. 32f..
30)　Herzog [1938], S. 102. 同書はベルゼンブリュック管区などを除く調査地域内で1833～1867年に交換分合を12か村で史料的に確認しているのみであるが，申請などの手続史料が残らない「私的交換分合」の存在の可能性は否定していない（ebd., S. 103, 171）．
31)　ZSH, Abt. 1, S. 18f. より算出．こうした大農場は1848年頃99存在した（SNV）．
32)　3月前期以降農場保有者たちは保有地を拡大しただけではなく，農業経営改良へ向かった．蕪・クローバ・馬鈴薯の栽培が普及し，1830年代以降肥料として骨粉やグアノが導入された．輪作方法も穀物・飼料作物の作付け比率や施肥量を正確に計算する本格輪作（Fruchtwechsel- und Schlagwirtschaft）の導入が図られた．また1850年以降耕地・牧草地の排水設備が普及していった．これらの結果1813～1867年に例えばライ麦の収穫/播種比は5～8倍から18倍に増加した（Herzog [1938], S. 134, 136-138, 142f.）．
33)　ZSH, Abt. 1, S. 18f..
34)　STAO Rep321 Nr. 533, Bl. 21, 104.
35)　ブリンクジッツァー地は表1-3の史料と同様にマルクケッター農場，キルヒヘーファー地，ノイバウアー地の中で数えられていると考えられる．
36)　新入植者については，VHE, S. 65；Herzog [1938], S. 66f., 132f.；Stüve [1851], S. 71.
37)　例えば，Herzog [1938], S. 128, 130f..
38)　フュルステナウ管区，イブルク管区，オスナブリュック管区，グレーネンベルク管区，ヴィットラーゲ・フンテブルク管区のエッセン小管区で，1802年は，STAO Rep100-188 Nr. 73, Bl. 306-453. 1806年は，STAO Rep 321 Nr. 533, Bl. 23, 109；Wrasmann [1919-1921], Teil 2, S. 3. 1849年は，STAO Rep335 Nr. 127, Bl. 183, 222.
39)　VHE, S. 65.
40)　1847年5月31日の報告（STAO Rep335 Nr. 4046, Bl. 367f.）．
41)　STAO Rep335 Nr. 4046, Bl. 367f.；VHE, S. 65. この地方で工業化が開始するのは1850年代であり，「工業企業」とはイブルク管区に18世紀以前から存在する小規模な炭坑（エゼーデ教区・ボルクロー教区・ハーゲン教区）・製塩所（ラエア教区）や1836年に設立された小規模な製鉄所（ハーゲン教区）などを意味する思われる（Rottmann [1997], S. 593-600）．

42) SNV より算出．後述する表3-6を参照．
43) Schlumbohm [1994], S. 92f. もベルム教区について同様に指摘している．
44) 例えば，Mager [1982]；Mooser [1984], S. 232-239；平井 [1994], 51-52頁；若尾 [1996], 185-186.
45) Stüve [1851], S. 147-153；Just [1890], S. 209f.. 3月前期のゲマインデ制度に関する規定としては，憲法（1833年王国基本法第4章〔Grundgesetz des Königreichs vom 26. 9. 1833, Kap. 4, in：SGH [1833], Abt. 1, S. 297-302〕及び1840年国制条例第3章〔Landesverfassungsgesetz für das Königreich Hannover vom 6. 8. 1840, Kap. 3, in：SGH [1840], Abt. 1, S. 151-155〕）のほかに，後述の1827年居住権地条例があった程度である．この点は，Heffter [1969], S. 205, 207 も参照．
46) なお，1836年1月12日の大管区庁通達でゲマインデにおける投票権の大きさは農場等級（Erbesgerechtigkeit）にしたがうとされた（例えばSTAO Rep350Grö Nr. 531所収）が，1852年以降ゲマインデ規約・投票権規則が作成された際の文書から，それまで現実には農場保有者あるいは家屋・土地保有者が均等に1票をもつ場合も多かったことが分かる．例えばグレーネンベルク管区ビューア教区（STAORep335 Nr. 13166a, Bl. 106)・オルデンドルフ教区（STAO Rep335 Nr. 13166b, Bl. 522)，イブルク管区ハーゲン教区・エゼーデ教区（STAO Rep335 Nr. 13199, Bl. 13, 232)・グランドルフ教区（STAO Rep335 Nr. 15512, Bl. 26f., 35f.)，ベルゼンブリュック管区（STAO Rep335 Nr. 8062, Bl. 36）など．逆にフェルデン管区ではたいてい農場等級（Erbesverhältniß）にしたがうという（ebd., Bl. 43)．
47) 例えば，Jacobi/Ledebur [1840], S. 35f.. 全邦的に同様の状況は，Hagenah [1985], S. 196.
48) 例えば，Jacobi/Ledebur [1840], S. 35-37；1848年5～7月の管区庁報告（STAO Rep335 Nr. 4046, Bl. 492a, 495, 505, 520, 526, 529, 535)．
49) Jacobi/Ledebur [1840], S. 37
50) STAO Rep335 Nr. 13166b, Bl. 523；Nr. 8062, Bl. 36.
51) 税制については，Dobelmann [1956], S. 79-83. 特に地税に関して，Witt [1926]. 州議会については，Bär [1901], S. 122f.；Behr [1970], S. 42-53. 邦議会については，Meier [1898], Bd. 1, S. 358；Behr [1970], S. 40f..
52) Jacobi/Ledebur [1840], S. 33f.；Wrasmann [1919-1921], Teil 2, S. 51f.；Dobelmann [1963], S. 42f.. 経常税としての人頭税はヴェストファーレン王国

の 1808 年 10 月 27 日令で導入され，1817 年 7 月 22 日法（Personensteuergesetz vom 22. 7. 1817）によってハノーファー王国全域の満 16 歳以上の全住民を対象に改めて導入された（Ubbelohde [1834], S. 240-246 ; Oberschelp [1982], Bd. 2, S. 153, 155f.）。ホイアーリングの人頭税制上の位置は，直接税法（Gesetz, die persönlichen directen Steuern betreffend, vom 21. 10. 1834, in : SGH [1834], Abt. 1, S. 169-186）の付表が示す（Classification zur Personensteuer, S. XL-XLI）。なお，司教領期以来の炉税は，ヴェストファーレン王国期に廃止された後 1814 年 1 月 29 日条例で復活した（Oberschelp [1982], Bd. 2, S. 153）が，1817 年以降付属小屋住居については隠居小屋にしか課税されなくなり，ホイアーリングの一部しか負担しなくなった後 1826 年 7 月 1 日に廃止された（Ubbelohde [1834], S. 216-237 ; Dobelmann [1956], S. 68）。

53) Herzog [1938], S. 132.
54) 5 管区でみられ，表 3-2 の 2 管区の他にベルゼンブリュック管区で 97 モルゲン（耕地・牧草地の 0.2%），イブルク管区で 54 モルゲン（同 0.1%），ヴィットラーゲ・フンテブルク管区で 50 モルゲン（同 0.1%）であった（ZSH, Abt. 1, S19）
55) § 42 u. besondere Erklärug und gesetzliche Vorschriften (Nr. 2), in : SGH [1822], Abt. 1, S. 243f., 247 ; Beiträge [1864], S. 358 ; Herzog [1938], S. 98.
56) Jacobi/Ledebur [1840], S. 17f..
57) 以上，Funke [1847], S. 28-30 ; Wrasmann [1919-1921], Teil 2, S. 7f. ; Herzog [1938], S. 72f., 98, 139 ; Kiel [1941], S. 4.
58) Funke [1847], S. 30f. ; Herzog [1938], S. 97.
59) Jacobi/Ledebur [1840], S. 56f. ; Wrasmann [1919-1921], Teil 2, S. 8f.. なお，ホイアーリングの燃料問題は 19 世紀中頃まで注目を集めた（例えば STAO Rep350FürNr. 804, Bl. 140 ; Rep350Grö Nr. 978, die Verschaffung billigeres Feuerungsmaterials für die Heuerleute, insbesondere durch Kohlen, 1850-1860）。
60) Middendorff [1927], S. 144. なお，ヴェストファーレン王国時代にヴェーザー県は，ホイアーリングに分割取り分の要求権はないという原則を守りながら，その慰撫のために，1809 年 3 月 25 日の通達で共有地分割委員会に，農場保有者の分割取り分の一部をホイアーリングの用益のために指定するよう提案した（STAO Rep350 Grö Nr. 980, Vereinigungen zwischen Colonen und Heuer-

leuten, 1848).

61) 例えばオルデンドルフ共有地（Oldendorfer Mark），バックム共有地（Backumer Mark），ホルテ共有地（Holter Mark）の分割の場合で，その措置の停止は3月革命期に対立点となった（STAO Rep350Grö Nr. 980, Vereinigungen zwischen Colonen und Heuerleuten, 1848 ; Rep350Osn Nr. 1100）。なお，隣接するプロイセン領ラーヴェンスベルク地方では放牧用に若干のホイアーリング留保分が設定される場合があり，1769～1860年の全分割地の1.3%がそれにあてられた（Brakensiek [1991], S. 115）。その法的性格は曖昧で，ホイアーリングが賃料や地税を支払う場合もあったが，ゲマインデが解消措置をとると係争化した（Mooser [1984], S. 122, 129, 400 ; Fertig [2001], S. 409-412）。

62) 1806年の報告であるが，ヴェリングホルツハウゼン教区では共有地分割後に労役が150～200日に拡大されたという（STAO Rep321 Nr. 533, Bl. 70）。

63) Funke [1847], S. 31f..

64) 当地方でも機械製綿糸・綿織物との代替競争→機械製亜麻糸との競争→機械製亜麻織物との競争という北西ドイツ亜麻織物業の「構造危機」の構図（Adelmann [1974], S. 115 ; Mooser [1984], S. 146）が概ね妥当する。

65) フランス軍占領下のハノーファー選帝侯領地域では1806年12月5日にイギリスとの通商禁止が発令された。大陸封鎖下の同領の状況は，Thimme [1893-1895], Bd. 1, S. 402-405.

66) Schmitz [1967], S. 95 ; Niemann [2004], S. 153f. ; ders. [2005], S. 162-164.

67) Roscher [1845], S. 4 ; Schlumbohm [1994], S. 87-89 ; Niemann [2004], S. 156f. ; Kiel [1941], S. 110f..

68) Ledebur [1845], S. 69.

69) Niemann [2004], S. 84-87, 156.

70) Roscher [1845], S. 7 ; Wrasmann [1919-1921], Teil 2, S. 16, さらに, Mooser [1984], S. 157.

71) Wrasmann [1919-1921], Teil 2, S. 20 ; Kiel [1941], S. 111f. ; Niemann [2004], S. 157f..

72) Kiel [1941], S. 113-116 ; Linde [1951], S. 436-438 ; Niemann [2004], S. 153f.. ハノーファー王国の関税政策，特に租税同盟や関税同盟との関係は，Arning [1930], S. 38-68に詳しい。

73) Ledebur [1845], S. 70.

第3章　3月前期の「大衆窮乏」と定住・結婚規制　　　　　　　　　　　243

74) 　作付け総面積の 15% が亜麻の作付け限界といわれるが，オスナブリュック大管区では 1835 年頃に耕地の 10% で栽培されていた．それに対して，ヒルデスハイム大管区とリューネブルク大管区でそれぞれ 5%，ハノーファー大管区で 2.5% であった（Hornung [1905], S. 18）．オスナブリュック大管区は，この時期にハノーファー王国最大の亜麻織物業地帯であったことが分かる．
75) 　Schlumbohm [1994], S. 636f., 640. 1834 年の幣制改革のために 1834 年 5 月以前の 1 ターラーは同 6 月以降の 1 ターラー 8 ペニッヒ（1 ペニッヒは 1/288 ターラー）に等しく 2.8% 高い（Münzgesetz vom 19. 4. 1834, § 5, in : SGH [1834], S. 27）．その前後の価額の比較には 1833 年以前の価額に 1.028 をかける必要があるが，シュルムボームは 1.05 をかけて調整しており，筆者は再計算を行った．
76) 　Jacobi/Ledebur [1840], S. 79 ; Ledebur [1845], S. 65 : Funke [1847], S. 15f. ; Wrasmann [1919-1921], Teil 2, S. 18.
77) 　Funke [1847], S. 16.
78) 　Schlumbohm [1994], S. 70, Tab. 2. 05. なお，19 世紀初頭まで同様に亜麻織物生産に従事した農場保有者たちはそれから早期に撤退し，農民・ホイアーリング関係を通じた亜麻織物業からの所得移転も減少したため，上述の農業経営の改良に進んだという見解がある（Brakensiek [1991], S. 110 ; Schlumbohm [1994], S. 89）．
79) 　Funke [1847], S. 16f. ; Bölsker-Schlicht [1987], S. 168.
80) 　Niemann [2004], S. 154-156. 1835 年に大管区内に 200～300 台の綿手織機が存在した（ebd, S. 155）．
81) 　Bölsker-Schlicht [1987], S. 131, 140, 144, 150f. ; ders. [1988], S. 102.
82) 　Ders. [1987], S. 153f., 159f., 167, 172f., 187f..
83) 　Funke [1847], S. 24 ; Tack [1902], S. 160f.. Funke [1847] は 1 グルデンを 0.5 ターラーで換算している．
84) 　Bölsker-Schlicht [1987], S. 164, 171 ; Tack [1902], S. 160f., 167. なお，フンケは往復期間を含めて 3 か月で「以前」100 グルデン程度を持ち帰ったが 1846 年頃には 30～40 グルデンという（Funke [1847], S. 24）．40 週間で最高 100 グルデンと 1767 年にユッフェルン教区の牧師が報告しており（MSW, Bd. 4, S. 78），過去の最高水準と比較したとみられる．
85) 　Funke [1847], S. 27.
86) 　Wrasmann [1919-1921], Teil 2, S. 22 ; Bölsker-Schlicht [1987], S164. な

お，1845 年にオランダ政府が政府公共事業で外国人労働者を雇用しない方針をとった（STAO Rep350Bers Nr. 465, Bl. 111）ため出稼ぎ労働者の就業機会が狭められたともいわれる（Bölsker-Schlicht [1987], S. 164；Kiel [1941], S. 109）．

87) Funke [1847], S. 25, 28.
88) 牧草刈り・泥炭掘りに関しては，Lucassen [1987], S. 179-181.
89) Bölsker-Schlicht [1987], S. 145-148, 153f., 162f., 174f..
90) Funke [1847], S. 28 f.；Bölsker-Schlicht [1987], S. 164f., 177f..
91) Bölsker-Schlicht [1987], S. 174f..
92) 例えば，Linde [1951]；Hagenah [1985], S. 191-195；Schmiechen-Ackermann [1990], Kap. 1；Henkel [1996], Kap. 2；Aengenvoort [1999], Kap. 2.
93) 1816 年 2 月 15 日の管区医師デ・ルイターの報告（STAO Rep321 Nr. 533, Bl. 130-144）と同 7 月 24 日の官吏ディックホーフの報告（STAO Dep3b XII Nr. 359, Bl. 209-211；Dep1b Nr. 545 所収），1819 年 9 月 16 日のグレーネンベルク管区庁報告（STAO Dep3b XII Nr. 359, Bl. 217-233；Dep1b Nr. 545 所収），同 4 月 2 日のオスナブリュック管区庁報告（STAO Rep335 Nr. 4046, Bl. 319-333），同 9 月 16 日の州政府委員会報告（STAO Dep1b Nr. 545 所収），1820 年 2 月 14 日のイブルク管区庁報告（STAO Rep321 Nr. 533, Bl. 145-152）である．
94) こうした認識の誤りについては，第 2 章註 155) を参照．
95) STAO Rep321 Nr. 533, Bl. 130-152；Rep335 Nr. 4046, Bl. 319-333；Dep 3bXII N. 359, Bl. 209-211, 217-233；Dep1b Nr. 545.
96) STAO Dep1b Nr. 545；Wrasmann [1919-1921], Teil 2, S. 59-62；Behr [1970], S. 97.
97) STAO Dep1b Nr. 547；Dep3b XII Nr. 358, Bl. 44-47；Wrasmann [1919-1921], Teil 2, S. 62-65；Behr [1970], S. 97f..
98) Wie die gegenwärtige große Noth der Armen auf dem Lande zu mildern?, in：HM, 15. u. 19. 3. 1817；Blicke auf die Zunahme der Bevölkerung in Deutschland, in besonderer Beziehung auf die landwirtschaftlichen Verhältnisse und Subsistenzmittel des Kgl. Hannover, in：HM, 10., 14., 17., 21. u. 24. 2. 1821；Ueber die zunehmende Armuth, deren Ursachen und mögliche Beschränkung, in：HM, 20., 24., 27. u. 31. 7., u. 3. 8. 1822；Ueber die Unterbringung der überzähligen Häuslingsfamilien, in：HM, 8. 1. 1823；

第3章　3月前期の「大衆窮乏」と定住・結婚規制　　　　　　　　　　245

Versuch einer Beantwortung der Frage : wie ist der immer drückender werdenden Noth der Häuslingsfamilien um Obdach und Unterkommen auf eine gründliche Weise abzuhelfen?, in : HM, 24. u. 27. 3. 1830.
99) Stüve [1830], S. III f. ; ders. [1832], S. 16-19. ; Conze [1947], S. 11. なお, ハノーファー王国における貴族特権の廃止過程は, Hindersmann [2001], S. 36-42.
100) Linde [1951], S. 431 ; Conze [1954], S. 341. この点は川本 [1997], 87-88 頁も参照.
101) Conze [1947], S. 11f.. Achilles [1975a], S. 180-185 ; Hagenah [1985], S. 180f..
102) Verordnung über die bei Ablösung der grund- und gutsherrlichen Lasten und Regulierung der bäuerlichen Verhältnisse zu befolgenden Grundsätzen vom 10. 11. 1831, in : SGH [1831], Abt. 1, S. 209-224 ; Ablösungs- Ordnung vom 23. 7. 1833, in : SGH [1833], Abt. 1, S. 147-258.
103) 償却立法の成立過程は, Wittich [1896], S. 431-435 ; Ventker [1935] ; Hagenah [1985], S. 181f..
104) 償却立法の内容は, Wittich [1896], S. 435-445, bes. 436f., 443f..
105) ハノーファー「農民解放」のかかる反経済自由主義的・社会保守主義的な特徴については, 例えば, Wittich [1896], bes. S. 444f. ; Conze [1947], S. 12 ; Achilles [1975a], S. 186-189 ; Hagenah [1985], S. 182. こうした土地処分権の制限の撤廃はハノーファー王国のプロイセン併合後1873年・1874年の2立法による (Wittich [1896], S. 445).
106) 領主制的負担の償却の進展に応じて1833年以降農場の保有者と所有者とが混在したが, 煩を避けるため „-besitzer" の訳語としては保有者の表現に統一する.
107) HSAH, Hann. 26a Nr. 3925, Bl. 2-6.
108) HSAH Hann. 108 Nr. 1370 ; Nr. 1667.
109) Verordnung über die Bestimmung des Wohnorts der Unterthanen in polizeilicher Hinsicht vom 6. 7. 1827, in : SGH [1827], Abt. 1, S. 69-76.
110) HSAH Hann. 108 Nr. 1604 ; Nr. 1977.
111) 次の大管区庁令に記載されている.
112) Ausschreiben der Königlichen Landdrostei zu Osnabrück an alle Obrigkeiten des Bezirks, betreffend die von den unter Amts- oder Magistrats-

Obrigkeit stehenden Unterthanen vor ihrer Verheirathung zu producirenden obrigkeitlichen Trauschein, vom 10. 8. 1827, in：SGH [1827], Abt. 3, S. 98f..

113) HSAH Hann. 108 Nr. 1370, Dreyzehntes Postscript des Königlichen Cabinets-Ministerii vom 1. 2. 1827, die Verordnung über das Domicil betreffend.

114) Nawiasky [1923], S. 214.

115) Stüve [1851], S. 148f.；Behr [1970], S. 101.

116) Stüve [1851], S. 150f..

117) HSAH Hann. 108 Nr. 1370, Auszug aus dem Protocolle vom 2. 2. 1827；Erwiderung an Königl. Cabinets-Ministerium vom 17. 3. 1827；Nr. 1667, Auszug aus dem Protocolle vom 2. 2. 1827.

118) 3月前期の定住・結婚規制における邦議会の厳しい姿勢は広くドイツ諸邦に共通する（Matz [1980], Kap. 4）．

119) Stüve [1851], S. 150f..

120) HSAH Hann. 108 Nr. 1977, Auszug aus dem Protocolle vom 7. 2. 1827. なお，ハノーファー選帝侯領では1733年1月5日・16日の結婚・婚約規則（Ehe-Verlobungs-Constitution）と1739年9月24日の宗務局令が，地域当局（Ortsobrigkeit，管区庁・裁判領主）から発行された結婚許可状を結婚告示や結婚式の前に牧師に提示をすることを結婚希望者に義務づけたが，1798年12月13日の宗務局令によれば，この義務はそれまで「至る所で適切に」遵守されてきたわけではなく，同令で改めて命じられた．シュトゥーヴェは結婚許可状制度が同令によって導入されたという（Stüve [1851], S. 161）．その後農村部については1816年にホヤ地方を対象に同種の法令（Ausschreiben des K. Consistorii zu Hannover, die Vorzeigung der Trauscheine vor dem Aufgebote und der Copulation betr., vom 14. 11. 1816）が出された（以上，in：Ebhardt [1840], S. 1258f.）．これらの法令の意図は不明だが，1818年に選帝侯領の旧領部分の都市に対して出された法令では，1733年令・1739年令，さらに1798年令も遵守されていないことに加え，貧民の過剰（Überfüllung … von unvermögenden Personen）が指摘され，この問題が「性急な結婚によって拡大しないよう」特別に注意する必要があると述べられている（Ausschreiben der Königlichen Provinzial-Regierung zu Hannover,... die Verpflichtung der unter Magistrats- oder Amtsobrigkeit stehenden Städte- und Fleckenbewohner zu Lösung ordnungsmäßiger Trauscheine bei ihrer vor-

gesetzten Obrigkeit, vor ihrem Aufgebot und Trauung, betreffend, vom 27. 2. 1818, in：SGH [1818], Abt. 3, S. 29f.）．さらに，実際の適用地域は不明だが1823年の管区条例第53条でも審査後（nach vorgängiger Untersuchung der Stattnehmigkeit der Ehe）結婚希望者に結婚許可状を付与することが管区庁の業務として挙げられた（Amtsordnung vom 18. 4. 1823, §53, in：SGH [1823], Abt. 1, S. 104）．結婚許可状制度がすでに存在した地方にとっても，1827年の結婚許可状条例は，同制度を居住権制度（ハノーファー王国の多くの州では従来未整備であった）及びゲマインデと結びつけたことに大きな意味があった（Stüve [1851], S. 148f., 161f.）．

121) HSAH Hann. 108 Nr. 1604, Auszug aus dem Protocolle vom 16. 2. 1827; Nr. 1370, Erwiderung an Königl. Ministerium vom 17. 3. 1827.

122) STAO Dep1b Nr. 553；Wrasmann [1919-1921], Teil 2, S. 65；Behr [1970], S. 98. これに対して州議会は12月4日農民・ホイアーリング関係を「できるだけ厳密に規定」するためホイアー契約の形式を定めるよう提案を繰り返したが，翌年2月12日に内閣府は「軽率な結婚の制限」は実現したと大管区庁を通じて回答したにとどまった（STAO Dep1b Nr. 553；Nr. 554；Dep3b XII Nr. 359 Bl. 18）．

123) 例えば，STAO Rep350Bers Nr. 1537に所収．

124) Bekanntmachung, betreffend die Auslegung des §8 der Verordnung über die Bestimmung des Wohnorts der Unterthanen in polizeilicher Hinsicht vom 6. 7. 1827, vom 31. 3. 1830, in：SGH [1830], Abt. 1, S. 8.

125) 例えば，STAO Rep350Bers Nr. 1537；Behr [1970], S. 101, 103.

126) 1830・1840年代の史料によれば，ベッドは1台50～55ターラー，雌牛は1頭20ターラー前後とされ，両者はホイアーリング世帯の主要財産と考えられていた．1840年のグレーネンベルク管区からの報告は，ベッドフレーム7ターラー，ベッドと寝具一式55ターラー，雌牛18ターラーと見積もっている（Jacobi/Ledebur [1840], S. 40f.）．

127) なお，さらに同実施規則第4条で外国人の「定住」（居住権取得）に際して，官庁が素行と法規定や同規則第3条に沿って財産状態を調査し，可否を決定するとされた．

128) 1830年11月22日に，内閣府からホイアーリング保護法案の作成を委任された大管区庁は，ホイアー契約の様式に沿った文書化・契約内容の厳密な規定の義務化・不定労役の禁止などを内容とする政府案を州議会に諮問したが，都

市会・自由土地保有者会と騎士会との対立から，様式化された契約文書の作成を義務化せず，不定労役の禁止を緩和した州議会修正案が提出されると，1833年7月に邦政府は，大管区庁の否定的見解を受け，あえて「純私法関係に関する自由な契約を制限する」ことに疑問を残すよりもこの問題を放置するのが適当であると決定した（Wrasmann [1919-1921], Teil 2, S. 78-82；Behr [1970], S. 98）．

129) その他に間接的な規制として考え得るのは次の2つである．(1)住居新設同意金：州議会による廃止提案（1820年11月18日・12月28日）や徴収への批判（1822年9月26日・27日）にも関わらず，内務省決定を受けた1850年8月30日の大管区庁令によって廃止されるまで存続した（STAO Rep335 Nr. 3152, Bl. 100, 104f., 124-127, 195）．この同意金は第1章で述べたように基本的に一種の不動産取得税であった．(2)1829年住居新築に関する大管区庁布告（Bekanntmachung der Königlichen Landdrostei zu Osnabrück, den Bau neuer Wohnhäuser auf dem platten Lande betreffend, vom 11. 12. 1829, in：SHG [1829], Abt. 3, S. 243f.；STAO Rep335 Nr. 14836）：内容上1816～1820年の諸報告の一部が提案した建築規制の実現であり，人口増加・住居難に伴い，農村において不衛生で火災の危険がある住居が増加するのを防ぐため，住居の新築の意図を事前に管区庁か小管区役人に申告し，建築者の資力と火災の危険性が審査されることになった．

130) STAORep350Bers Nr. 510-513；Nr. 1532-1566；Rep350Iburg Nr. 5829-6098（これらの内史料一覧では引用分のみを記した）．

131) 1848年までの分で町関係分を除いたもの．

132) ベルゼンブリュック管区庁は成員集会を開いて協議して決定するように1841年3月23日に正式に通達した（STAO Rep350Bers Nr. 1538）．

133) これはハノーファー王国の他地域でも妥当するが，各大管区庁の「一連の指示」の結果であったという（Stüve [1851], S. 162）．

134) 同意証明書は，「結婚許可状取得のための証明書（Bescheinigung zur Erlangung des Trauscheins）」，「家的定住の同意書（Einwilligung zur häuslichen Niederlassung）」，「結婚証明書（Heirathsschein）」，「事前証明書（Vorbescheinigung）」と呼ばれた．

135) イブルク管区庁に対する1834年2月21日の大管区庁通達によれば，ホイアーリングに対する「ゲマインデの意思に反する」居住権付与は管区庁ではなく大管区庁の権限とされた（STAO Rep 350Iburg Nr. 5958所収）．ただし，管

第3章 3月前期の「大衆窮乏」と定住・結婚規制　　　　　　　　　　249

区庁が付与した場合もあったと考えられ（Wrasmann [1919-1921], Teil 2, S. 74），結婚許可と結びつく(3)の場合，後述のように管区庁が付与していた．

136)　Stüve [1851], S. 186.
137)　STAO Rep335 Nr. 8062, Bl. 30-33, 44.
138)　STAO Rep335 Nr. 7744, Bl. 24.
139)　STAO Rep335 Nr. 7744, Bl. 44f., 53f.. ただし，ハノーファー政府は1823年の大管区庁規則や1827年4月21日の内閣府決定によって救貧行政を明示的に官庁（大管区庁・管区庁や宗務局）の監督下においた（Reglement für die Land-Drosteien vom 18. 4. 1823, §7, in：SGH [1823], Abt. 1, S. 47；STAO Rep335 Nr. 7744, Bl. 45). 法制的な経緯は，Böhme/Kreter [1990], S. 184f..
140)　STAO Rep335 Nr. 7745, Bl. 2, 9-11, 14-24, 26-29.
141)　STAO Rep350 Iburg Nr. 2078；Rep350 Grö Nr. 1462.
142)　STAO Rep350 Iburg Nr. 2078；Rep335 Nr. 7744, Bl. 132, 134, 136；Nr. 7745, Bl. 27.
143)　VHE, S. 267. 例えばベルム教区では，Schlumbohm [1994], S. 285-289. バットベルゲン教区では，STAO Rep350Bers Nr. 465, Bl. 95f.. 貧民に対する宿所の提供に関して，1826年6月26日の大管区庁令は，ゲマインデ成員が輪番で自宅に泊める方式に代えてガストハウスや救貧用家屋に宿泊させることを規定し（STAO Rep350Bers Nr. 1492），その費用は大きな負担であったと考えられる．
144)　STAO Rep335 Nr. 7744, Bl. 132-134, 180；Rep335 Nr. 13166a, Bl. 6f., 26f..
145)　Stüve [1851], S. 185.
146)　例えば，STAO Rep350Bers Nr. 1538.
147)　STAO Rep350Bers Nr. 512；Nr. 1545；Nr. 1556；Nr. 1562；Nr. 1565；Rep 350Iburg Nr. 5958.
148)　STAO Rep350Bers Nr. 1562.
149)　STAO Rep350Iburg Nr. 5958. なお，前述のように1847年7月2日通達で居住権団体は公式には行政村とされたが，この例のように同通達以降もイブルク管区では教区団体が居住権関連事項を担当し，意思決定し続けた事例が多い．
150)　STAO Rep350Bers Nr. 513, Bl. 57-61. 手工業者のホイアーリングとしての定住・結婚に対する規制例として，その他に，STAO Rep350Bers Nr. 1561（指物職人・フルステナウ管区ユッフェルン教区，1843年2～3月）；Rep350Bers Nr. 511, Bl. 25-28（仕立て屋・ベルゼンブリュック管区アンクム教区，1845年11月）など．

151) STAO Rep350Bers Nr. 1545.
152) STAO Rep350Bers Nr. 512, Bl. 52-60.
153) STAO Rep350Bers Nr. 1562.
154) STAO Rep350Bers Nr. 512, Bl. 61-64.
155) STAO Rep350Bers Nr. 1549.
156) STAO Rep350Bers Nr. 512, Bl. 50-51.
157) STAO Rep350Bers Nr. 1562.
158) STAO Rep350Iburg Nr. 5958.
159) STAO Rep350Bers Nr. 1562.
160) STAO Rep350Bers Nr. 512 ; Nr. 513 ; Nr. 1554 ; Nr. 1555 ; Nr. 1556 ; Nr. 1560 ; Nr. 1561 ; Nr. 1562 ; Nr. 1565 ; Rep350Iburg Nr. 5894 ; Nr. 5952 ; Nr. 5958.
161) STAO Rep350Bers Nr. 1561.
162) STAO Rep350Iburg Nr. 5952.
163) STAO Rep350Bers Nr. 1555.
164) STAO Rep350Bers Nr. 1554.
165) STAO Rep350Bers Nr. 1560.
166) STAO Rep350Bers Nr. 1565.
167) STAO Rep350Bers Nr. 1556.
168) STAO Rep350Iburg Nr. 5952.
169) STAO Rep350Bers Nr. 1565.
170) STAO Rep350Bers Nr. 1562.
171) STAO Dep6b Nr. 1003 ; Wrasmann [1919-1921], Teil 1, S. 138.
172) STAO Rep350Bers Nr. 1545.
173) STAO Rep350Bers. Nr. 512, Bl. 57-59.
174) STAO Rep350Bers Nr. 1554.
175) STAO Rep350Bers Nr. 1565.
176) STAO Rep350Iburg Nr. 5958.
177) 明示的に，例えば，STAO Rep350Bers Nr. 1565（1844年のホレンシュテッデ村の件）．
178) 明示的に，例えば，STAO Rep350Bers Nr. 1561（1846年のエンゲラーン村の件）．
179) STAO Rep350Bers Nr. 1562.

第3章　3月前期の「大衆窮乏」と定住・結婚規制　　　　　　251

180) STAO Rep350Bers Nr. 1545.
181) STAO Rep350Iburg Nr. 5958.
182) STAO Rep350Bers Nr. 1549.
183) STAO Rep350Bers Nr. 1560.
184) STAO Rep350Bers Nr. 1565.
185) STAO Rep350Iburg Nr. 5952.
186) STAO Rep350Bers Nr. 1545.
187) STAO Rep350Bers Nr. 1549.
188) STAO Rep350Bers Nr. 1554.
189) STAO Rep350Bers Nr. 1561.
190) STAO Rep350Bers Nr. 512, Bl. 55.
191) STAO Rep350Bers Nr. 1556.
192) STAO Rep350Bers Nr. 512；Nr. 1554；Nr. 1556；Nr. 1562；Nr. 1565；Rep350Iburg Nr. 5958.
193) STAO Rep350Bers Nr. 1565.
194) STAO Rep350Bers Nr. 1562.
195) Kiel [1941], S. 166-173 より算出．同論文はオスナブリュック地方の19世紀の移民史に関する標準作で，一般書だが Kamphoefner/Marschalck/Nolte-Schuster [1999] が最新作である．北西ドイツ移民史の標準作は Kamphoefner [1982]（要約・紹介として柴田 [1997]），近作として，Henkel [1996]；Aengenvoort [1999]．なお，ドイツ人移民については一般に，桜井 [2001]，第3章を参照．
196) Kiel [1941], S. 166-173；Henkel [1996], S. 81.
197) Kamphoefner [1982], S. 59. なお，研究史の一部が推測する，定住・結婚規制による移民促進効果（例えば，若尾 [1996]，100頁）に関連してこの地方についても，Kiel [1941], S. 141-143 が，北米で結婚後に帰国して問題となった職人・商人の事例や，北米に移民する義務を前提とし，出港地ブレーマーハーフェンの移民施設内で有効となる特殊な結婚許可状を大管区庁が発行して下層民の移民を促進しようとしたことを挙げ，定住・結婚規制が移民を増加させたとする．しかし，最近のハノーファー移民の研究では，独身移民者の多くは家族が北米に渡航する前に送り出された成人した子供で，家族の渡航の先導役を期待されていたとみられており（Henkel [1996], S. 141），定住・結婚規制は移民促進要因として過大に評価できないように思われる．

198) この時期のハノーファー王国の婚外子出生数が不明なため，生存出生子数に対する生存婚外子出生数の百分比を用いた．邦平均はオスナブリュック地方よりもやや高く，1830～1840 年代にこの値は 8% 程度から 11% 程度に上昇した（Kaufhold/Denzel (Hg.) [1998], S. 9）．この時期の人口データの基本文献である Kraus [1980], S. 118 はハノーファー王国に関して生存婚外子出生数を（総）出生子数で除しており値はやや低い．同時期の婚外子率はバイエルンの 20～24% が全ドイツ的に際立って高いが，同様に定住・結婚規制法をもつ北西ドイツ諸邦ではブラウンシュヴァイク公領が 20% 前後であったのに対して，オルデンブルク大公領は 5～6%，リッペ侯領（Fürstentum Lippe，この時期にリッペ地方は侯領）は 7～9% であった（Kraus [1980], S. 46, 76, 94, 238）．

199) Reinders-Düselder [2000], S. 124 (Abb. 32)．なお，この教区では確かに出生率が 1820 年前後の 40‰ を超える水準から持続的に下がり，特に 1839 年（33‰ 程度）以降急落して 1840 年代後半には 25‰ を下回った．他方，婚姻率は 1800～1824 年平均の 9‰ から 1825～1849 年平均の 7.6‰ に減少したものの，1820 年前後の 10‰ を超える水準から 1840 年頃の 5‰ 程度まで持続的に下がった後に反転し，危機の 1840 年代に上昇し続けて 1846 年に 9‰ 程度に回復した（ebd., S. 71〔Abb. 21〕, 216）．経済危機及び定住・結婚規制の影響は一貫していないように思われる．

200) この点を Schlumbohm [1994], S. 112 は 1827 年両条例の主たる対象であるホイアーリングと「大農」（エルベ）との平均初婚年齢の動向の比較を交えて論じている．

201) Schluhmbohm [1994], S. 138f., 642-645.

202) Kiel [1941], S. 166-173 より算出．

203) STAO Rep335 Nr. 4046, Bl. 460f..

204) STAO Rep335 Nr. 4046, Bl. 413f.；Rep350Osn Nr. 1100.

205) STAO Rep350Osn Nr. 1100.

206) STAO Rep335 Nr. 4046, Bl. 468.

207) STAO Rep335 Nr. 4046, Bl. 508.

208) Schlumbohm [1994], S. 525-528. 実例は，ebd., S. 282.

209) STAO Rep350Bers Nr. 1545；Nr. 1555；Nr. 1560；Nr. 1565；Rep 350Iburg Nr. 5948；Nr. 5952；Nr. 5958.

210) STAO Rep350Iburg Nr. 5958.

211) Schlumbohm [1994], S. 527f..

第3章　3月前期の「大衆窮乏」と定住・結婚規制　　　253

212) 1846～1847年の管区庁報告が示す「ホイアーロイテ家族」数（STAO Rep335 Nr. 4046, Bl. 212, 253, 256, 283, 293, 361, 368）による．この数は，1847～1848年の調査の「狭義のホイアーリング」世帯（町分を含めても12,692世帯）のみならずホイアーリング（土地なし借家人）世帯全体を対象とした1849年の調査（町分を含めても14,089世帯）よりも合計1,000世帯以上多い．調査時点間の移民による世帯数の減少に加えてこの報告と1847～1848年の調査・1849年の調査との調査区分の相違（狭義の土地保有者ではない世襲小作人の扱いの相違など）によると思われ，地域によっては土地なし借家人世帯以外の非土地保有者世帯も数えられたと考えられる．

213) Abel [1974], Teil 5, Kap. 5, bes. S. 365-373；Wehler [1987], S. 642-648, bes. S. 642. この危機を背景にしてドイツ各地の都市では1847年4月・5月を中心に食糧暴動が生じた（山根 [2003], 第4章）．

214) STAO Rep350Grö Nr. 1451.

215) Gesetz, Maßregeln in Beziehung auf die herrschende Theuerung betreffend, vom 7. 5. 1847, in：SGH [1847], Abt. 1, S. 107f.. さらに，Gesetz, das erlassene Verbot der Ausfuhr von Kartoffeln betreffend, vom 6. 6. 1847, in：ebd., Abt. 1, S. 169.

216) Wrasmann [1919-1921], Teil 2, S. 101.

217) STAO Rep335 Nr. 7744, Bl. 211.

218) SNV.

219) STAO Rep335 Nr. 4046, Bl. 212, 253, 256, 283, 293.

220) STAO Rep335 Nr. 4046, Bl. 361, 368；SNV.

221) ZSH, Abt. 2, S. 15.

222) STAO Rep335 Nr. 4046, Bl. 249, 252, 263, 280f., 287, 291.

223) STAO Rep335 Nr. 4046, Bl. 280f..

224) STAO Rep335 Nr. 4046, Bl. 287, 291.

225) 例えば，STAO Rep350Bers Nr. 1538 所収．なお同通達によって，3.1. で述べたように，公式に居住権単位は教区から行政村に変更された．

226) STAO Rep350Iburg Nr. 5950.

227) Schlumbohm [1994], S. 580.

228) in：Strandes (Hg.) [1863], S. 17.

229) Polizeistrafgesetz für das Königreich Hannover vom 25. 5. 1847, § 94, in：SGH [1847], Abt. 1, S. 126.

230) この問題についての専論（Schlumbohm [1993]）で提示された領邦当局による処罰例は全て1850〜1860年代のものであり，しかも処罰は有効に機能していない．
231) Criminal-Gesetzbuch für das Königreich Hannover vom 8.8.1840, Kap. 11, in: SGH [1840], Abt. 1, S. 265-267.
232) 17世紀前半以来姦淫罪が存在したバイエルンでは，下層民の世帯設立の増加にともなう救貧負担の増加が問題となり，領邦当局が貧民対策を重視するようになる18世紀後半以降結婚規制の強化と姦淫罪の緩和という傾向が同時並行的にみられ，1808年に姦淫罪が廃止される一方，1825年，特に1834年の立法によって定住・結婚規制が厳格化された（三成 [2005], 90-93, 103-104頁）．ブラウンシュヴァイク公領でも，1840年の内務大臣の説明によれば，婚外同棲に対して裁判所が処罰規定の適用を疑問視し始めたため処罰は断念されたといわれ，他方ゲマインデは厳格な結婚規制を追求する反面婚外同棲に寛容であった（Schildt [1986], S. 100）．
233) Schlumbohm [1993], S. 74-77; ders. [1994], S. 244-248.
234) STAO Rep350Bers Nr. 512, Bl. 50-60; Nr. 1562; Rep350Iburg Nr. 5894.
235) Jacobi/Ledebur [1840], S. 17.
236) この点に関して，増井 [2002], 122-123, 136頁は，プロイセンの1842年の救貧法による「救貧行政上，国家の行政的基盤」（北住 [1990], 163頁）及び「貧民に対する統制団体」（藤田 [1984], 89-90頁）としての「行政団体」へのゲマインデの再編という理解を批判しつつ，1845年のプロイセン州議会の救貧条例案の審議を分析して，「行政団体は……ゲマインデ主義という自治および救貧という公共性を学区と救貧団体の理念から付与されるとも予想される」としている．確かに，ハノーファー王国でも邦議会がゲマインデの自治擁護の立場から居住権地条例案を大幅に修正し，オスナブリュック地方では実際の規制において，ゲマインデは自律的な論理で動いた．しかし，このことはゲマインデが下層民統制団体であることとは矛盾しない．逆に「大衆窮乏」の進行の中で，そうした自律性は，領邦当局の意図・基準を超えるほど厳しい統制を指向していたがゆえに，それと対立し，それに監督されざるを得なかったのである．1853年2月22日の内務省通達が，「ゲマインデではなく当局が，結婚許可状申請者についてゲマインデの意思とは独立に決定しなければならない」と強調しなければならなかったところにも，こうした関係が示されているように思われる（in: Strandes (Hg.) [1863], S. 16）．

第4章
3月革命と定住管理

課題

　農村下層民が増大・堆積した近世以来3月前期に至るまで一貫して，下層民管理は，農村社会において秩序維持の根幹に関わる最も重要な問題の一つをなしたが，下層民を従来経済的に支えてきた近世的な生活基盤の動揺・縮小を背景とする，3月前期における「大衆窮乏」の帰結ともいえる3月革命期の社会的混乱は，いかなる作用を農村の下層民管理のあり方にもたらし，地域管理における農民の自律性にいかなる影響を与えたのだろうか．

　ドイツ農村社会史における3月革命期の理解に関する一般的な問題についてふれておかねばならない．3月革命期の農業問題・農村住民運動について，「農業・土地問題」（封建的土地所有関係の変革）を背景にした，反領主制的（領主制的な支配・特権の廃棄）あるいは反「農民解放」政策（調整や償却といった領邦当局による領主制の有償廃棄政策の否定）的な性格をもつ「農民」（農村住民）運動を重視する伝統的農業史研究の見解[1]に対して，こうした「農民」運動は，西南ドイツや中部ドイツの一部，シュレージエンなどでみられたものの，北西ドイツをはじめとするその他の地方では，「大衆窮乏」による「社会問題」を背景にして，ゲマインデ成員身分たる農場保有者と区別される下層民の運動が農村住民運動の一大潮流をなしていた[2]ことが，我が国でも知られるようになってすでに久しい．そして，かつて「農民革

命」の挫折(「プロシア型の進化」の貫徹)を主張した前者の一部[3]に対応するかのように,後者においても,一種の農村住民運動敗北論,つまりゲマインデと領邦当局の連携による下層民運動の抑圧と,政治的に保守的かつ市場経済に適応した富裕な農場保有者たちが主導する農村近代化路線の貫徹に注目した評価がなされてきた[4].

革命期の下層民運動の要求の多くが達成されなかったという意味でその「敗北」は誤りではないにしろ,こうした評価において,本書がこれまで批判してきた,個々の農場保有者と同一視されたゲマインデ及びそれと連携した領邦当局と下層民との分裂・対峙(社会的分極化あるいは「共同体と農村プロレタリアート」の対立)という社会的構図がしばしば3月前期に想定された上で革命期の対立関係が理解されているため,3月革命前後の農村の下層民管理のあり方やそこにおける農民の自律性の変容は,必ずしも十分に考察されてこなかったように思われる.そもそも,第3章で定住・結婚規制の検討から明らかにしたように,上のような社会的構図は3月前期に一応の制度化をみたものの,実態的には必ずしも完成したものではなかった.そして,革命期の対立関係は複雑であり,北ドイツ諸邦に関する研究をみれば,農業改革後の所有秩序の維持を求める農場保有者たちと同様に,下層民が生活状況改善のために公的支援を期待して,政治的には領邦当局を支持するという状況がみられ[5],他方領邦当局が下層民に対して一定の妥協を行い社会政策的な措置をとったとみられる地方もあった[6].

ここで留意したいのが都市社会史研究の指摘である.「挫折した市民革命」としての3月革命像が相対化される中で,3月革命後の「社会問題」への国家介入の変化(「秩序維持者としての国家の責務」[7])を視野にいれて,必ずしも通説ではないにせよ,次のような見解が提起された.3月革命前後の時期は,古い自治組織・自助の試みによる「大衆窮乏」に対する問題解決の限界が示され,都市住民による,領邦当局が「秩序の統御者になることへの新たな同意」と民衆による「『社会国家』への統合化希求」に支えられた,「社会国家」への転轍点だった,あるいは「近代社会形成を可能とする」新しい

第4章　3月革命と定住管理　　　　257

「民衆統治様式」が「反革命政府」によって創出された，「統治の様式」の変容期だったというものである[8]．農村社会史研究では，少なくとも北ドイツ諸邦の3月革命研究をみる限り，考察は農村住民運動が展開した1849年までにとどまって反動期がせいぜい展望にされるにすぎないことが多いことにも関わり，こうした問題はこれまで見過ごされてきたといってよい．

　本章では，こうした指摘を参考にして，視野を1840年代中頃から1860年頃に広げて，下層民に対する定住管理をめぐる諸関係を検討することによって，農村の地域管理のあり方を分析したい．研究史において，ドイツ各邦の定住・結婚規制は，1830年前後の成立から1867〜1870年の廃棄に至るその歴史の中で，1840年代後半の食糧危機・動乱を経た1850年代の反動期に一般に最も制限的になるという評価[9]がある．しかし，1840年代後半の社会的混乱に対する農村社会・領邦当局の対応は，定住管理において単なる「反動的な」厳格化だったのだろうか．

　さて，北西ドイツ農村社会史上常に問題となる土地なし借家人の階層的堆積が第1章・第2章でみたように16世紀末以来進み（農民・ホイアーリング関係の展開），ドイツ有数の高度に分化した社会構造が3月前期にもちこされたオスナブリュック地方では，第3章のように堆積した下層民の窮乏化も典型的に進み，1840年代中頃・後半に頂点に達したが，こうした下層民問題（事実上ホイアーリング問題）への対策として，3月革命期に1848年10月24日のホイアーロイテに関する法[10]（以下1848年法）が成立したことが注目される．

　1848年法については，ハノーファー王国の3月内閣の内務大臣でもあったシュトゥーヴェの農村自治体制に関する有名な著書を初め，北西ドイツ農村社会史研究において，近年のシュルムボームの研究までしばしば言及されてきた[11]．だが，ヴラスマンが州議会の審議過程を議事録によって解明したほかは，地方史研究においても本格的な検討は全くなく，農民・ホイアーリング関係を規制する下層民保護法と漠然とみられ，しかも下層民の生活改善への影響は工業化の開始や特に移民運動という同時代の社会経済動向に比べ

て小さかったと考えられてきたため，同法の社会的意味が正面から考察されることはなかったように思われる．しかしながら，シュトゥーヴェは，1851年に公刊された上記の著書において，1827年の居住権地条例・結婚許可状条例による定住・結婚規制（とりわけ行政的結婚規制）を肯定・支持し[12]つつ，「実際にゲマインデ制度に新しい基礎を与える」[13]という1848年法について，同じ個所で「土地所有者」による付属小屋住居の「設置（Anbau）」に関して「監督と同意の権利をゲマインデに与える」[14]（ホイアーリングを自己の農場内に定住させようとする個々の農場保有者に対する受け入れ規制）という，定住管理面からみて注目すべき指摘を行っている．同法の成立は，その意味で，1827年両条例による定住・結婚規制を基軸とする3月前期の定住管理体制を修正・補完したと考えられる．

　したがって，本章は，同法をめぐる諸事情を下層民に対する定住管理の観点から検討することを具体的な課題とし，そうした検討によって，3月革命期がもった農村の地域管理にとっての意味を考察したい．以下の叙述は次のように進められる．まず，第3章の3月前期の定住・結婚規制による定住管理体制の分析を念頭に，1848年法の成立の事情を革命前のホイアーリング貧窮化の対策議論（第1節）と3月革命期の農村社会状況（第2節）に探り，次にその上で，同法の内容と運用による，下層民に対する定住管理体制の修正を検討する（第3節）．そして最後に，社会的危機への対応として3月革命前後の地域管理のあり方とそこにおける農民の自律性の変容を整理する（結びに）．史料としては，主に州立オスナブリュック文書館所蔵の大管区庁文書及び管区庁文書のホイアーリング問題文書群[15]と1848年法関連文書[16]とを用いる．とりわけ後者は，これまで用いられることがほとんどなかった．

1. 1840年代中頃の貧窮化対策の議論・試行と定住管理

　まず，「大衆窮乏」が頂点に達した1840年代のホイアーリングの貧窮化に対する時論をみれば，第3章で明らかにした1827年両条例による定住・結

婚規制がもつ限界を突破してホイアーリングの定住に対する規制強化を意味する提案がなされている．

　農村住民の過半数を占めるホイアーリングの状況は「抑圧的」として1840年代にも時論の注目を集め，1845年に月刊誌『オスナブリュック・ハウスフロイント（Der Osnabrückische Hausfreund）』が3〜9月に5回にわたり取り上げ[17]，問題としている．1846年2月には全邦的な雑誌である『ハノーファー雑誌』にメンスラーゲ教区の牧師フンケの報告論文が連載され[18]，翌年一書として刊行された．大管区庁も事態を憂慮し，1846年7月22日と1847年10月16日に各管区庁に報告と調査を求め，その結果がすでに第3章で史料として用いた1846〜1847年の管区庁報告[19]と1847〜1848年の調査[20]となった．

　それらの議論で共通して挙げられる，ホイアーリングの問題をみれば，付属小屋住居の劣悪さ，小作地の質・規模の不十分さによる自己農業経営の小ささ・小作期間の短さ（4年）によるその不安定性，奉公人のごとき量的・時間的に定まっていない労役義務の負担・それによる自己農業経営に対する圧迫，という受け入れ農場保有者との関係が，第3章でみた1816〜1820年の諸報告と同様に問題視されるとともに，共有地分割の悪影響がより明確かつ詳細に指摘され，また1816〜1820年にはまだ指摘がなかった亜麻織物業の危機，亜麻糸・亜麻布価格の下落が重視されている．受け入れ農場保有者との問題が何ら解決されぬまま，3月前期を通じて近世以来の生活基盤の動揺・縮小が進行したことによって，事態が深刻化していたとみてよい．この時期の現実の小作地規模・家畜保有・共有地用益の状況は第3章（4.2と表3-6・表3-7）でみたが，さらに，1847〜1848年の調査によればホイアーリングは全269か村中242か村で不定労役を課されていた[21]．

　対策提案は多岐にわたるが，基本的には，ホイアーリングの自己農業経営を強化する点で共通していた．例えば，最も包括的なフンケの著書が主張する対策は，北米移民の促進・農業的基盤の強化・家内工業の再興の3点からなるが，提案部分30ページの内22ページで旧来の生活基盤の動揺・縮小に

対応した「ホイアー（小作地——引用者）の拡大と農業経営の改善」の必要が説かれ，重点は明らかに農業的基盤の拡充におかれていた．すなわち，紡糸・織布の機械化や綿製品の浸透によって下層民の主要な収入源が奪われる中で，これまで「工業的であったオスナブリュック侯領の土地なし農村住民は，故郷で生計を立てたいなら（移民したくないなら——引用者），農耕者にならなければならない」とフンケはいう[22]．具体的には，農場保有者に労役要求を事前に行わせることで不定労役を制限した上で，耕地の拡大（最低15シェッフェルザート，1.8ヘクタール），牧草地の拡大（最低干し草2フーダー，1,868リットル分）と家畜保有の増加（最低雌牛2頭），それによる施肥の改良を行うことが提案され，論じられている[23]．

こうした考えは当時の一般的見解と思われ，1846～1847年の管区庁報告でも，7管区庁全てが，ホイアー契約の文書化を通じた，農場保有者に対する労役義務の不定性の制限・固定化と小作地の拡大・小作期間の長期化（4年から8～12年へ）などによって，ホイアーリングに適切な農業的生活基盤を与える必要を主張している[24]．

さて，これを実現するためには，受け入れ農場保有者に対する規制が不可欠であった．ヴラスマンがいうように，ホイアーリングの十分な「自己（農業——引用者）経営は家主の無制限の恣意を排除する（ホイアーの——引用者）貸借条件の時に可能となる」[25]のである．1846～1847年の管区庁報告では，「ホイアーリングの貧窮化を防ぐ手段は大部分農場保有者の手中にある」（グレーネンベルク管区庁報告）という認識の下で，やはり7管区庁いずれも個々の農場保有者に対する規制の導入はやむを得ないという見解であった[26]．

そして，こうした規制は，一般にホイアー契約の規制，つまりホイアーを設定してホイアーリングを受け入れる条件の規制を意味するため，実際には農場保有者に対する受け入れ規制を意味し，それによるホイアーリングに対する定住管理の対象拡大（全面化）と質的強化の性格を強くもつ．逆にいえば，第3章でみたように，1827年両条例による定住・結婚規制がホイアー

リングの定住を，規制範囲においてもホイアー設定においても十分管理できなかったことを示す．そして，この限界の克服が，定住・結婚希望者を直接の規制対象とする1827年両条例下の定住・結婚規制では制度上は背後に退いていた個々の農場保有者を規制対象にして，それによるホイアーリングの受け入れ行為を統制することによって，意図されたのである．

　ところで，こうした提案内容は，実は一部地域で行政村や教区を単位として農場保有者たち自身によって，規制の包括性・規準は一様ではないものの，部分的にすでに模索・試行されていた．

　ベルゼンブリュック管区では，バットベルゲン教区グロスミメラーゲ（Groß-Mimelage）村で1844年12月7日に管区裁判所（Amtsgericht）試補ヴェーデマイアー（Johann Haimer Wedemeyer）の仲介によって，今後「ホイアー契約の基礎に一般におかれることになる」「適正な原則」12か条が，10人の農場保有者の協議によって作成された．それは，小作地の最低規模（耕地15シェッフェルザート・牧草地干し草2フーダー分で雌牛1頭・豚1頭飼育可能）と位置（付属小屋住居の近辺），賃料規準額，農場保有者の連畜援助及びホイアーリングの労役の報酬の現金払いとその規準額，ホイアー契約の文書化などを内容とし，同村の農場保有者全員19人の協議で概ね承認され，「一方的という非難」を避けるためにホイアーリング7人の要望を聞いた後に，翌年1月4日農場保有者14人とホイアーリング5人の交渉集会で若干の修正を経て合意された[27]．定住管理の対象であるホイアーリングの代表が交渉・合意に参加したことにも注目したい．

　ヴェーデマイアーの仲介によって，メンスラーゲ教区（全11か村）でも1845年2月13日に9か村の農場保有者の代表が協議を始めた．5月15日に9か村の農場保有者代表（計16人出席）に加えて同じくホイアーリング代表（計17人出席）が参加して「共同で交渉し」，22か条に及ぶ「将来のホイアー契約の基礎におかれる原則」が作成され，5月17日〜6月5日に教会村（交渉に代表が出ていない）を除く10か村でホイアーリングを加えた住民集会によってほぼ全面的に合意された．主な内容を挙げれば，ホイアーリ

ングの労役の報酬の現金払いとその日当基準額，農場保有者による連畜援助の義務とその報酬基準額，不定労役要求の制限（12時間前に要求を通告），付属小屋住居について，雨漏り防止と家賃最高額設定，小作地について，最低小作地規模（耕地12シェッフェルザート・牧草地干し草2フーダー分），小作料基準額（地税評価額に対応），ホイアー契約の文書化，農場保有者・ホイアーリング同数からなる小作地評価・紛争の仲裁委員会の設立，ただしこれらの原則は既存のホイアー契約には適用されないこと，などである[28]．そして，この22か条の原則は，ヴェーデマイアーや小管区役人の仲介で，1845年6月30日〜1846年3月16日にバットベルゲン教区（全11か村）の5か村でも，農場保有者にやはりホイアーリングを加えた住民集会で協議されて若干の修正を加えて合意された[29]．

アルフハウゼン教区では，1846年10月2日の小管区役人報告によれば，「農場保有者とホイアーリングとの間で結ばれるべき小作契約の案」が農場保有者とホイアーリングによって「協議され，過半数によって承認された」．それは，ホイアー契約の内容を詳細に規定し，規制するために統一化された契約書（10か条）であり，ホイアーの内容と賃料，無償労役の日数を規定するほか，その他の労役の日当，農場保有者の連畜援助の報酬，住居の質，決算方法を一律に定めて記載し，農場保有者・ホイアーリング同数の委員からなる仲裁裁判での紛争処理を義務づけていた[30]．

以上の3教区の取り決めは，内容の詳細さに加え，ホイアーリングが交渉・合意に参加しかつ仲裁委員会にもその参加が予定されたという点で，3月革命期の動向との関係で注目される．なお，小管区役人の報告では，ゲーアデ教区でも1846年11月7日に全6か村から農場保有者とホイアーリングがそれぞれ1〜2人ずつ集まり（計11人ずつ），メンスラーゲ教区の諸原則をモデルに交渉したが，この教区のホイアーリングの事情・要求に合わないことを双方の側が指摘して合意には至らなかった[31]．協定の成立は全くの自由な意思によるものであったことが示されている．

他方，イブルク管区では，1847年5月31日の同管区庁報告によれば，ボ

ルクロー教区，ハーゲン教区，ラエア（Laer）教区で，ホイアー契約の文書化，労役の制限，小作期間の延長，最低小作地規模などに関する，農場保有者たちの「任意の協定」が存在した[32]．同様に，グレーネンベルク管区では，同年9月2日にヴェリングホルツハウゼン教区シュロホターン（Schlochtern）村で，12人の農場保有者が「貧民と貧しいホイアーリングに関する」協定13か条を結び，同村での貧民扶養方法に加え，最低小作地規模（8〜12シェッフェルザート），住居の形状，ホイアー契約更新拒否・労役要求の制限などを取り決めた[33]．

かかる協定を農場保有者たちが結んだ事情は史料的に明確ではないが，メンスラーゲ及びバットベルゲンの両教区では移民の増加による労働力不足を農場保有者たちが恐れたためともいわれる[34]．しかしゲマインデの救貧負担との関係は無視できない．バットベルゲン教区で1845〜1846年に協定が成立しなかったグレンロー村の農場保有者が，やや後の1848年6月6日のことであるが，同教区・同村の救貧事情・救貧負担を示し，貧窮化の原因が不運でも本人のだらしなさでもホイアーの不利さでもあっても「行政村の貧民の扶助は自分たちに義務づけられている」ので，同教区他村のように村全体で農民・ホイアーリング関係を規制する必要をヴェーデマイアーに訴えた[35]．シュロホターン村の協定の場合，1847年10月4日にヴェリングホルツハウゼン教区で各行政村の救貧責任が協定された[36]ことと関連があろう．

もっとも，こうした自主規制への反感も強かったようである．ヴェリングホルツハウゼン小管区役人によれば，農民・ホイアーリング関係の調停のための自主的組織は，農場保有者側に賛同を得られないので目的を達し得ず（1846年8月10日）[37]，ラエア小管区役人は「公正に考える」一部の農場保有者による自主的組織の試みは「これまで全て大多数の農場保有者のよろしからぬ意思に挫折した」という（同9月19日）．ディッセン小管区役人助手も，ホイアーリングの状況の改善を農場保有者に期待することを「山羊に庭番をさせる（den Bock zum Gärtner stellen）」と例え，農場保有者のみからなる自主組織の規制の限界を指摘し，ホイアーリングの代表も参加させる

よう提案した（同9月10日）[38]．そうした組織を協定したメンスラーゲ教区でも，小管区役人は「協定の規定に沿った関係の変化」を農場保有者の「幾人か」は与えたものの，他はまだそうではなく，ホイアーリングがそれを求めているという（同10月30日）[39]．

　農村住民の動きと併行して，領邦当局・州議会は立法措置を検討していた．州議会は，1845年4月10日の自由土地保有者会の提議に基づき，各院の代表計9人からなる委員会[40]が作成した6か条の規制法案を，5月20日に大管区庁に提案した．小作地・労役条件の規制基準はやや緩やかながら，ホイアー契約における契約文書作成（ホイアーの内容・賃借期間・賃借料などの明文化），小作地が雌牛1頭を飼える規模を満たさないホイアーの新設禁止（借家人が主に手工業その他の商工業〔Gewerbe〕で生活する場合を除く），農場保有者による不定労役要求の制限（収穫期を除き要求は前日日没までに通告），ホイアーリングの労役の日当と農場保有者の連畜援助の報酬との関係，付属小屋住居の条件（乾燥・換気可能），紛争処理のための委員会の設立などが規定された[41]．

　ここに，第3章でみたように，1816～1820年の諸報告で結婚規制の導入とともに提案されたものの，邦政府によって農場保有者に対する私権侵害として退けられた農民・ホイアーリング関係の法的規制が再び提案されたのである．この法案に大管区庁は最低小作地規模の規定の実効性を除き肯定的だった（1845年7月29日の報告）が，内務省は州議会案を「土地所有者の権利への干渉」とした上で，ホイアーリングの窮状の原因（共有地分割，紡糸・織布業の衰退，農場保有者との人口比）から改善策としての有効性も疑った（1846年5月23日の回答）．大管区庁はこれを農民・ホイアーリング関係に対する法的規制の導入の否定ととらえたが，1848年5月まで州議会に回答しなかった[42]．

　しかし，1846～1847年の管区庁報告では，フュルステナウ，ヴィットラーゲ・フンテブルク，オスナブリュック，グレーネンベルク，イブルクの5管区庁が，ホイアー契約規制のための手段として法的措置・国家介入に明示

的に言及し，容認していた[43]．特にグレーネンベルク管区庁とイブルク管区庁は，農場保有者たちの地域的で自主的な規制・協定の限界を指摘して法的措置を主張した．グレーネンベルク管区庁は，農場保有者たちの自主的な規制委員会が成立しても，それに「土地所有者の大部分は背き」，「法規定の保護なしでは彼らによって」規制は遵守されないだろうという（1846年9月26日）[44]．また，イブルク管区庁は，農場保有者たちによる自主的な規制委員会や協定では，農場保有者の交代やわずかな関係者の反対によって規制が持続しない恐れがあり，「ホイアーリング保全のために」必要不可欠な手段の成果は，規制が立法化された場合のみ確実に期待できるので，その立法化は，農場保有者の「私権侵害」と見えても「多数の臣民の福祉と国家の利益」において「完全に正当化される」という（1847年5月31日）[45]．ここに，民衆の「福祉」（生活状況の改善）のために，それまで自律性をかなり残していた農場保有者の「家」（及び農場）という日常生活領域に干渉するという，国家介入の論理が出現しているといえよう．

　農民・ホイアーリング関係を規制しようという，ホイアーリングに対する定住管理の拡大・強化を意味する以上の動向――「下から」及び「上から」の試み――は，生活基盤の動揺・縮小に伴うホイアーリングの貧窮化という農村社会内部の圧力が増大する中で，1840年代中頃には農場保有者たちにとっても領邦当局にとっても，1827年両条例による定住・結婚規制の限界の克服がもはや避けられなくなっていたことを示している．オスナブリュック地方の農村社会は，かかる状況下で3月革命期を迎えたのである．

2. 3月革命期の農村社会の状況

　貧窮化対策として，ホイアー契約の規制によってホイアーリングに十分な農業的生存基礎を与えさせるという1840年代中頃に現れた構想は，3月革命期の下層民運動を直接の契機として立法化されていく．本節では，まず，

立法の前提となった3月革命期の農村社会の情勢を検討したい．

2.1. 3月革命期の下層民運動

ハノーファー王国では，1848年3月ドイツ連邦議会の出版の自由の承認決議と同じ3日にハノーファー市の市長・参事会が検閲の撤廃，邦議会の招集などを求める請願を行った．ウィーンにおける13日の蜂起・メッテルニヒ退陣やその後の情報に促されて，即位直後に憲法（1833年王国基本法）を破棄して「ゲッティンゲンの7教授事件」を起こした老王エルンスト・アウグスト（Ernst August，在位1837～1851年）は，17日に検閲の廃止・議会審議の公開・集会の自由を認め，18～19日のベルリンの市街戦と軍撤退の情報を得ると，20日の宣言で憲法闘争（1837～1840年）後に再分離した王室金庫と国庫の統一や邦（Land）に対する大臣責任制の導入のための1840年国制法の改正を邦議会に提案することを約束した．22日にはオスナブリュック市長シュトゥーヴェを内務大臣とする自由主義的なベニヒセン（Graf Alexander Lewin von Bennigsen）内閣が成立し，国王の一連の約束を改めて発表し，28日には邦議会が開催された[46]．

こうしてハノーファー王国は革命期を迎えたが，同邦では，シュトゥーヴェが主導した1831年及び1833年の償却立法以来の「農民解放」政策の結果[47]，よく知られるように，農場保有者たちは現状に大きな不満を持たなかったといわれており，下層民運動が農村住民運動の主流を占めることになった[48]．

なお，ハノーファー王国では，1850年の調査[49]によれば（表4-1），農村住民世帯の内，(1)領主制（グルントヘルシャフト）と基本的には関係がない土地なし借家人世帯（ホイスリング，ホイアーロイテ）が42％強で，オスナブリュック大管区とリューネブルク大管区で半数をやや下回った．16％が(2)「保有地がないかわずかな家屋所有者」（アンバウアー，アップバウアー，バイバウアー[50]）世帯であり，(3)その他の世帯（その他の家族〔übrige Familien〕，農場保有者〔Hofbesitzer〕，輪番義務保有地〔Reihestellen〕，

第4章　3月革命と定住管理

表 4-1　1850 年のハノーファー王国の農村住民世帯

大管区	ホイスリンゲ・ホイアーリング	比率(%)	アンバウアー・アップバウアー・バイバウアー	比率(%)	その他	比率(%)	世帯数計
ハノーファー	23,984	42.1	3,771	6.6	29,157	51.3	56,912
ヒルデスハイム	22,088	38.1	8,051	13.9	27,787	48.0	57,926
リューネブルク	27,457	48.4	6,263	11.0	22,980	40.6	56,700
シュターデ	19,280	43.0	12,949	28.9	12,577	28.1	44,806
オスナブリュック	19,898	47.5	4,906	11.7	17,060	40.8	41,864
アウリッヒ	8,050	29.7	9,882	36.5	9,154	33.8	27,086
計	120,757	42.3	45,822	16.1	118,715	41.6	285,294

史料：VHE, S. 2, 14, 27, 46, 66, 78.
註：1)　アンバウアー・アップバウアー・バイバウアー：零細地保有及び保有地がない家屋所有者.
　　2)　その他：1) 以外の土地保有者世帯 (übrige Familien, Hofbesitzer, Reihestellen).

(2)以外の土地保有者[51]) が 42% 弱であった．(1)・(2)合わせて下層民が少なくとも 6 割弱を占めた．(2)は領主制下にあり得たが，(3)には自由農と大管区によっては大農場保有者 (Gutsbesitzer) も含まれると考えられるため，領主制下にあった世帯は(2)・(3)の合計の 58% 弱をかなり下回ったとみてよい．オスナブリュック地方に限らず当時北西ドイツの最大部分を占めたこの領邦では，伝統的農業史研究の主要課題の一つであった「農民解放」やそれに伴う「農業・土地問題」は，農村住民の相当部分に関係がない[52]，農村内の相対的に上層の世帯の問題だったのである．

さて，3月革命期のオスナブリュック地方では，1849 年まで，弁護士・下級官吏などの市民的分子に主導され，手工業者が加わった政治集会や同様の構成をもつ政治結社（「民衆協会」・「3月協会」）の活動が一部地域でみられたものの，農場保有者にも下層民にも影響をもつには至らなかった．また狩猟権や賦役金，軍宿営負担の軽減を求める農場保有者たちの請願もみられたが，農村住民運動の中心は，明らかに下層民による騒擾と請願運動であった[53]．

まず，地域内の問題や「嫌われ者」に向けられた騒擾が生じている．すでに 1848 年 3 月 19 日・20 日にイブルク管区ヒルター (Hilter) 教区で徴税

吏が群衆に襲撃される事件が起こり，また，プロイセン領ラーヴェンスベルク地方のシュペンゲ（Spenge）管区で騒擾を起こした[54]群衆の一部200人が23日にグレーネンベルク管区に越境し，歩兵100人が出動して，翌日地元の農場保有者たちに捕縛される騒ぎとなった．これに刺激を受け，同日夜にはイブルク管区ディッセン教区ディッセン村で，ホイアーリングに奉公人，「手工業者」（手工業を行うホイアーリングか）を加えた300～500人の群衆が，騒ぎながら行進して居酒屋に火酒を強要し，牧師館を破壊する事件が起こったため，急遽「住民」は200人の自警団（Sicherheitswachen）を結成し，大管区庁も歩兵86人を急派した．管区庁が，ディッセン教区やヒルター教区の農場保有者の多数は「法と秩序の精神」で満ちているが，ホイアーリングは隣接するプロイセン領で生じた暴動のため「抑圧された状態」を示威行動で改善する好機が来たとみていると大管区庁に報告しているのが印象的である[55]．25日にやはり同管区の「ふだん静かな」ラエア教区ラエア村でも，徴税吏・救貧監督官，小管区役人下僚の住居の窓・戸が破壊され，大管区庁は歩兵を派遣した．事態を重くみた管区庁は，各教区で「住民」による自警団の設立を促し，それはディッセン教区のほかに，ラエア教区，グランドルフ（Glandorf）教区，ヒルター教区でも実現した．さらに，その後もラエア教区ローテンフェルデ（Rotenfelde）村，フュルステナウ管区のメルツェン教区メルツェン村，ベルゼンブリュック管区のアンクム教区アンクム村などでも騒擾が生じている[56]．

しかしながら，ホイアーリングの抗議行動は，管区庁や大管区庁，州議会，ハノーファーの内務省や邦議会に対して，行政村単位や教区単位で請願・苦情の形をとることがより一般的であった（時期的には主に3月末から6月）．大管区庁文書・管区庁文書・邦議会文書から確認できた分を管区別に整理しよう．

オスナブリュック管区：聖マリエン教区ヘラーン村・ガステ村，聖ヨハン教区マルベルゲン（Malbergen）村・ハルダーベルク（Harderberg）村・ヴォックストルップ（Voxtrup）村，聖堂（Dom）教区シンケル（Schinkel）村，ホルテ教区，ゲスモルト教区ユディングハウゼン・ヴァリングホーフ（Uedinghausen-Warringhof）村[57]．

イブルク管区：ヒルター教区ヒルター村，ディッセン教区ノレ（Nolle）村・アッシェン（Aschen）村，グラーネ教区，エゼーデ教区，ハーゲン教区[58]．

フェルデン管区：エンクター教区，ブラムシェ（Bramsche）教区エペ（Epe）村・ペンテ（Pente）村[59]．

グレーネンベルク管区：メレ（Melle）教区アルテンメレ（Alltenmelle）村・バックム（Backum）村・ゲルデン（Gerden）村，ゲスモルト教区ヴェニヒセン（Wennigsen）村，オルデンドルフ（Oldendorf）教区オルデンドルフ村・フェッキングハウゼン（Föckinghausen）村など4か村，ビューア教区ヴェッター（Wetter）村，リームスロー教区デーレン（Döhren）村・クルクム（Krukum）村[60]．

ベルゼンブリュック管区：バットベルゲン教区及びメンスラーゲ教区，前者または後者のミメラーゲ（Mimmelage）村と教区名・村名不明1件[61]．

ヴィットラーゲ・フンテブルク管区：エッセン教区，リントルフ（Lintorf）教区，バルクハウゼン（Barkhausen）教区[62]．

　これらの請願書の成立事情は不詳であるが，エンクター教区の場合，ホイアーリングたちは3月25日・26日に集会を開き，小管区役人の書記を会長に選んで「ホイアーリング協会」を結成し，160人の署名を集めた長文の請願書を作成してハノーファーの内務省に提出した[63]．組織結成の点でいわば頂点的な事例ではあるが，請願書成立時の雰囲気が窺える．

　大管区庁文書にみえる請願書の要望・苦情を概観すれば，以下のように，第3章でみた定住・結婚規制に加え，農場保有者との関係，共有地用益の代替問題，公租負担，亜麻織物業関係，法的地位という彼らの状況全般に法的・政策的措置を求めていた．

(1) 農場保有者との関係

①小作地：小作地の劣等性と住居からの遠さの苦情（ハーゲン教区），小作

地の拡大・質の確保（ヴォックストルップ村，エゼーデ教区），小作料の高さへの苦情（ホルテ教区），小作料の引き下げ（マルベルゲン村，ヴェッター村，ヒルター村）・適正水準の確定（エンクター教区，オルデンドルフ教区）．

②農場保有者に対する労役：労役の全廃（ガステ村），不定労役への苦情（ホルテ教区），不定労役の廃止（ヘラーン村，ヴォックストルップ村），無償・過度の労役の廃止（マルベルゲン村，ハルダーベルク村，ヴォックストルップ村，エゼーデ教区，ハーゲン教区，エンクター教区，オルデンドルフ教区），労役の軽減（ノレ村，ヴェッター村），相応の日当確定（マルベルゲン村，ハルダーベルク村，ヴォックストルップ村，エゼーデ教区，オルデンドルフ教区），日当引き上げ（ヴェッター村，フェッキングハウゼン村）．

③付属小屋住居：住居の劣悪さの苦情（ハーゲン教区），住居の改善と質の確保（ヴォックストルップ村，エゼーデ教区）．

④その他：ホイアー契約の期間規定・解約制限（ヘラーン村，ガステ村，ハルダーベルク村，エンクター教区），第三者（農場保有者・ホイアーリング双方の代表など）による家賃・小作料査定（ガステ村，ハルダーベルク村，ヴォックストルップ村）．

(2) 共有地用益の代替関係

①一般：共有地分割の補償（ガステ村）．

②放牧機会：共有地分割の補償措置の復活としての放牧機会の提供（ホルテ教区，オルデンドルフ教区，バックム村），放牧機会の提供（マルベルゲン村，ハルダーベルク村，ヴォックストルップ村，アルテンメレ村，ゲルデン村，ヴェッター村，フェッキングハウゼン村），未分割共有地の放牧地としての開放（エゼーデ教区）．

③芝土・木の葉・敷わらやクローバ栽培地の農場保有者による無償提供（ハルダーベルク村，ヴォックストルップ村，フェッキングハウゼン村），木材・敷わら・泥炭の安価な提供（エゼーデ教区，ヒルター村），干し草の無償提供（フェッキングハウゼン村），王有林の木の葉利用（グラーネ教区），

肥料確保（マルベルゲン村）．

④その他：牧羊の廃止（ヒルター村），木材の競売・輸出への苦情（グラーネ教区，ヒルター村）．

(3) 公租関係：道路賦役の免除（エゼーデ教区，エンクター教区），人頭税の免除（エンクター教区），徴兵代理人の廃止（エンクター教区），通学料・教会金の免除（エンクター教区）．

(4) 亜麻織物業：レッゲ外での販売許可，先買い禁止，住居外での織布禁止（以上，アッシェン村，ノレ村），商人の織機所有禁止と機械糸の使用禁止（アッシェン村）．

(5) 法的地位：結婚制限の緩和（ガステ村，ヘラーン村）・容易な転居（ガステ村，ヘラーン村，エゼーデ教区），ゲマインデ審議からの排除への苦情（ホルテ教区）とそれへの参加（エンクター教区，エゼーデ教区），議会（Landstände）審議への参加（エンクター教区）．

　このような請願は，領邦当局に期待したホイアーリングによる，支援・介入の要請でもあるが，彼らを取り巻く状況が改めて確認され，彼らの不満は，経済的苦境からその法的地位にまで及んでいる．しかし，要求の中心は，前節から予想されるように，明らかに受け入れ農場保有者との関係改善と共有地分割の補償措置であり，一部ではレッゲ制度や商人の行動が批判されるなど，なお亜麻織物業に望みをつなぎつつも，全体的にみて，ホイアーリング自身が，1840年代中頃の貧窮化対策議論の方向と同様に，農業的生活基盤の確保によって生活を防衛しようとしていたように思われる．

　以上にみた騒擾と請願が，オスナブリュック地方における3月革命期の農村下層民運動である．騒擾による秩序不安は軍の治安出動を要し，また短期間に各地で次々とホイアーリング自身が不満を表明し，状況改善を要求したことは，農場保有者たちや領邦当局に衝撃を与え，堆積した下層民の貧窮化による社会的緊張を改めて示し，ホイアーリング対策が先送りできないことを示すものであったと考えられる．

2.2. 領邦当局と農場保有者たち

下層民運動に対して，領邦当局は，騒擾を軍事的に鎮圧しつつも，状況をいわば利用して数年来の懸案を解決しようとした．

大管区庁はすでにみたように騒擾に対して軍隊を投入して鎮圧し，自警団を組織させたが，邦政府は全邦的に不穏な情勢に対してこうした方針を支持した．4月2日にいわゆる騒擾法（Tumultgesetz）が制定され[64]，平穏と秩序の維持に協力することが各ゲマインデの住民に義務づけられ，また4月16日の内務省令は，破壊された私有財産・公共の財産を賠償する責任を各ゲマインデの住民に負わせた．さらに同日，各ゲマインデに「市民軍（Bürgerwehren）」または自警団の設立が命じられている[65]．

しかしながら，ホイアーリング問題に対しては，大管区庁を中心にして領邦当局の機敏な対応がみられた．大管区庁の最高行政官である大管区長リュトケン（Eduard Christian von Lütcken）が，5月17日自らエンクター教区に赴いて「ホイアーリング協会」の代表と対話を試み，6月16日新聞紙上に彼らの状況を分析した論文を発表した[66]ことは特筆に値する．具体的な政策としては，公租負担関係で大管区庁とハノーファーの財務省との交渉の結果，6月15日にオスナブリュック侯領通学料法[67]が成立して通学料が引き下げられたほか，次節で述べる1848年法の制定に先立ち，領邦当局は以下のような注目すべき対応策をとった．

すなわち，管区庁は，教区・行政村単位で農場保有者とホイアーリングとの調停（交渉仲介）を始め，さらに両者の間の交渉を行う委員会の設立と協定・合意の成立を促した．邦議会オスナブリュック農民身分代表の勧めや内務省の指示を受け，大管区庁は4月11日各管区庁に対して以下のような通達を出した．すなわち，（後述のように準備を始めた）「法規定は私法関係に干渉できないので，ホイアーロイテの期待にはそえないだろう」から，官吏の指導の下で「農場保有者階級の尊敬される住民を，適切と思われる場合はホイアーロイテも」参加させ，それらにホイアーの住居・小作地・賃料・労役・契約期間を調査させ，個々の農場保有者に改善を求める方法を提示させ

第 4 章　3 月革命と定住管理　　　　　　　　　　　273

るというものである[68]．ここでは「農場保有者一般とホイアーリング一般」を対峙させるのではなく「個別の契約関係」（個々の農民・ホイアーリング関係）が問題とされたのだが，請願書が提出された地域では通達に先だち 3 月末・4 月初めに始まっていた各管区庁の活動は，それにとどまらず，3 月革命前夜にみられた地域的な集団交渉と協定を管区庁が政策的に促すものであった．

　こうした政策は，農村社会自体の動向にある程度対応するものだったと考えられる．騒擾事件の直後で請願活動も始まっていた 3 月 28 日に，フェルデン管区のブラムシェ教区ゼーゲルン（Sögeln）村では，「全ての」農場保有者とホイアーリングが集まり，前者が「自由意思で」後者の状況改善を図る意思を後者に伝えて協議し，以下のような決議を行った．すなわち，不定労役義務の即時廃止と，「今後」に関して小作地の規模・質の確保（12 シェッフェルザート以上の良好な耕地），小作料は農場保有者 3 人・ホイアーリング 3 人からなる委員会で決定すること，労働時間に応じた労役日当の支払いと同委員会によるその規準額の決定，労役の週 3 日以内への制限，規定様式に沿ったホイアー契約文書の作成である[69]．ここでは農場保有者たちが 1840 年中頃の諸協定をやや超える程度に個々のホイアー契約を拘束する規約を自主的に取り決め，妥協に努めた．4 月 28 日には 1845 年の州議会案作成に関わったビューア教区の農場保有者レーデブーアがパンフレットを印刷し，農場保有者の代表にホイアーリングの代表を加えた委員会を各行政村に設立して住居の質，小作地の扶養力，賃料，労役義務・最低日当額（無償労役は禁止）の規準から個々のホイアー契約を審査させることを呼びかけた[70]．農場保有者たちの自主的な動きがどの程度広がったのかは不明だが，興味深いのは前節で言及した 6 月 6 日のバットベルゲン教区グレンロー村の農場保有者の請願である．請願者は，上記のように村全体で農民・ホイアーリング関係を規制することが必要と考え，1 世帯に必要な小作地・家畜保有規模の算出，小作地の質に応じた賃料，労役多用の停止，文書契約，農場保有者 3 人・ホイアーリング 3 人から構成される委員会の設立などからなる私案を示

し，同村の「たいていの農場保有者は規制に反対」なので管区裁判所に助力を求めた[71]．状況を理解した農場保有者が領邦当局の仲介を求めたのである．

各管区庁の調停活動は，ホイアーリングの代表も参加させて一定の成果を収めた．すなわち，小管区役人が現地で交渉集会を仲介・指導するか管区庁が代表者を招集して交渉を行わせ，教区・行政村単位で農民・ホイアーリング関係を調整する協定・合意が各地で成立し，また農場保有者とホイアーリングからなる委員会が設立された．

イブルク管区では，4月5日の大管区庁への報告によれば，グラーネ教区の村長たちと12人の「最も誠実で分別のある」農場保有者を呼び出し，貧困ホイアーリングの扶養負担による教区への圧迫とその増加によるゲマインデの負債の増大の恐れを示し，教区の貧困ホイアーリング全員の事情を調査してホイアー改善のために農場保有者たちと交渉する委員会の設立を管区庁が計画していた．5月6日同教区では村長たちとホイアーリングたちからなる教区委員会が成立して精力的にホイアーを調査し，5月27日に改善案をまとめ，それは，同教区の少なくとも3か村で6月3日農場保有者側の，6月27日ホイアーリング側の合意を得た．同教区をモデルに6月2日ヒルター教区，6月21日エゼーデ教区でも同様の委員会が設立された[72]．

ヴィットラーゲ・フンテブルク管区では，早くも3月24日エッセン教区の4か村で完全エルベ・半エルベ，エルプケッター・マルクケッター，ノイバウアーの代表各1~2人とホイアーリングの代表2~3人が交渉し，合意に達した．6月29日までにエッセン教区の2か村，バルクハウゼン教区の2か村，オスターカッペルン教区の5か村でも協定が成立し，またフンテブルク教区・ヴェネ（Venne）教区・オスターカッペルン教区・ボームテ教区の「全行政村」で，「相互の関係を規制・監視するため」「いわゆる大小の身分からなる」委員会が成立した[73]．

グレーネンベルク管区では，ビューア教区で4月6日，ゲスモルト教区（同管区側）で4月26日にそれぞれ1か村で農場保有者代表とホイアーリング代表との交渉が行われ，一定の協定・合意が成立した．ノイエンキルヒェ

ン教区では，4月10日に農場保有者の集会（93人参加）で合意が成立し，それに基づき16～19日にホイアーリングの集会で各村1～4人の代表が選出されて各村で村長とともにホイアーリングの状況を調査し，対策を検討する委員会が設立され，6月19日に紛争調停のために農場保有者3人・ホイアーリング3人からなる教区委員会も成立した．メレ教区では，3か村で4月11日以降農場保有者とホイアーリング・ノイバウアーの代表の交渉が行われ，1か村で協定が成立した．そして10か村で7月9日から8月13日までに，「貸し手と借り手との間に存在する対立の調整」と「起こりうる対立の規制」のために農場保有者2人・ホイアーリング2人からなる委員会が選出された．オルデンドルフ教区でも5月3日以降教区内5か村の村長とホイアーリング代表が交渉を始め，7月7日にメレ教区の場合と同様の目的・構成の委員会が選出され，各村から農場保有者とホイアーリングが1人ずつ選出されて教区委員会も成立した．リームスロー教区では1か村で7月7日交渉のために農場保有者3人とホイアーリング2人・ノイバウアー1人からなる委員会が成立し，17日に交渉が行われた[74]．

　オスナブリュック管区では3月25日に小管区役人の調停活動が始まり，4月7日から8月2日までに，ヴァレンホルスト（Wallenhorst）教区の4か村，聖堂教区の1か村，聖マリエン教区の2か村，聖カタリーネン教区の3か村，ベルム教区の2か村，ホルテ教区の3か村，ゲスモルト教区（同管区側）の1か村の計16か村で協定・合意が成立し，シュレデハウゼン教区の各村で，旧フーフェ農場保有者（Colonen）2人・小農場保有者（エルプケッター・マルクケッター）1人・ホイアーリング2人の計5人の委員からなる委員会が設立されて交渉が行われた．聖堂教区の1か村，ルレ（Rulle）教区の1か村でも交渉が行われた[75]．

　フェルデン管区では8月2日の時点で，ブラムシェ教区の2か村で調停委員会が成立し，エンクター教区の2か村で協定に達していた．「他の行政村でも」「類似の方法で」解決が図られていた[76]．

　協定・合意の内容をみよう．オスナブリュック管区で7月14日までに協

定が成立した11か村では,全村で不定・無償労役は即時廃止とされ,ホイアーリングの労役日当とホイアー賃料を査定する委員会の設立（農場保有者とホイアーリング1～3人ずつ）とその方法,ホイアーリングに関わるゲマインデ事項の即時公開の規定が含まれていた．3か村で査定費用の負担方法,それぞれ2か村ずつで農場保有者の連畜援助に対する報酬,規定に沿ったホイアー契約文書の作成,ホイアーリングの放牧地・芝土・敷わら利用に関する農場保有者の便宜供与,1か村でホイアー契約の解約制限が規定された[77]．エッセン教区4か村では,放牧地の確保方法や薪の採取方法,農場保有者とホイアーリングからなる放牧地管理委員会の設立と不定労役の即時廃止に加え,現行のホイアー契約は契約期間終了まで有効とした上で条件競争によるホイアー貸与者の決定の禁止・小作料基準額・無償労役の廃止が合意された[78]．グラーネ教区では,衛生的な住居と十分な小作地規模の確保,小作料基準額,不定・無償労役の廃止と労役の日数制限・日当基準額,規定用紙でのホイアー契約文書の作成,以上の諸点の実施監督のための農場保有者・ホイアーリング双方からなる委員会の設立が合意された[79]．農場保有者だけの集会で取り決められたノイエンキルヒェン教区の合意でも,行政村委員会・教区委員会の設立に加え,ホイアーリングの教区負担の減免（当年分）,その住居の質・衛生水準の確保と年1度の検査（後日初回は当年6月と決定）,各行政村で後日予定される協定による労役の時間制限及び日当額の適正化,同様の方法での雌牛1頭以上飼育可能な小作地規模の確保,共有地分割の補償措置が含まれた[80]．

　以上のような内容は,程度の差はあるものの,ホイアーリングの要求にある程度応え,一部は直ちに農民・ホイアーリング関係を規制し,一部は今後のホイアー契約（ホイアー設定）を規制して,ホイアーリングの農業的生活基盤を拡大する方向であったといってよいだろう．

　さて,領邦当局の政策と各地の農場保有者たちの対応とから,「大衆窮乏」と下層民運動を背景とする社会的緊張の中で,農村の地域管理のあり方が変容しつつあったことが読みとれよう．

大管区庁・管区庁は，緊張の緩和とホイアーリングの生活安定を促し，各地で農場保有者たちとホイアーリングたちとの仲介・調停に務めた．そして，前節のように1840年代中頃に一部地域で先駆的にみられたことであるが，この時期には社会的な緊張と領邦当局の働きかけに促されて，より多くの地域で，農場保有者たちが自らの農場におけるホイアー契約，すなわち自己の農場へホイアーリングを受け入れる条件を外側から規制する調停委員会の設立や協定・合意を受け入れ，しかもそこで交渉し，協定を締結する相手としてホイアーリングの参加を容認した．

　このような動向に関しては，「農民・ホイアーリング関係の部分的改善努力」という評価もある[81]．しかし，18世紀末・19世紀初頭に出現し，3月前期の1827年両条例において一応の制度化をみた農場保有者集団と下層民とが対峙するという関係をさらに明確に示す委員会・協定によって，本来個々の農場保有者と下層民との個別的・自律的な関係である農民・ホイアーリング関係がかなりの地域で強く制約されることになったことや，しかもこの関係の中で，それまで管理・統制の対象にすぎなかった下層民が権利主体として農場保有者集団と利益交渉を行ったことからして，下層民管理のあり方が変容しつつあったことは明らかである．予め言えば，1848年法は，農村のこうした地域管理の変容傾向を，下層民運動の圧力に対処し，あるいはそれを利用して，領邦当局が「上から」オスナブリュック地方の農村の全教区・全行政村に広げて制度化しようとする性格をもつものであった．

3. 1848年法と農村社会の対応

3.1. 1848年法の成立

　1848年法は，下層民運動に領邦当局・農場保有者たちが対応して，農民・ホイアーリング関係を調停する委員会や協定・合意が各地に出現するという状況の中で州議会の審議の末に成立した．

　経緯をみておこう．大管区庁は，3月下旬に「ホイアーリングの間で生じ

うる混乱の鎮静化のために」農民・ホイアーリング関係を規制する法的措置をとる方針を固め，25日に内務省に提議した[82]．5月6日の内務省の回答にしたがって，5月8日に上述の1845年5月の州議会提案に答える形で法的措置を州議会に諮問した[83]．5月12日州議会各院の代表からなる委員会が，ホイアー契約の文書作成の義務化を断念し，逆に紛争処理委員会についての権限を大幅に拡大した1845年案の修正案[84]を作成し，州議会はそれに基づく修正提案を6月20日に大管区庁に答申した（紛争処理委員会の権限の拡大に対する騎士会の異論を併記）[85]．大管区庁は7月5日これに所見を添えて内務省に送付し，8月10日に概ねこれに基づく政府案（上記委員会の権限をやや制限）[86]を得ると，8月14日に州議会に提示した[87]．州議会各院は急ぎ審議して19日に若干の変更点を含む修正案を提出する[88]と，大管区庁は所見を付して9月25日に内務省に送付した[89]．それに基づき，邦政府は10月24日[90]にオスナブリュック州（1ゲマインデをなす大農場〔Gutsgemeinde〕を除く）に対して1848年法を公布した．

　同法の主な内容は，以下のように整理できる[91]．

(1)土地保有者（Grundbesitzer）[92]に対するホイアーリングの労役について，収穫期を除いて土地保有者による労役要求は前日日没までとされ，新規または更新されるホイアー契約での不定労役の要求は禁止された（第1条）．また付属小屋住居は換気可能で乾燥していることと規定された（第2条）．

(2)土地保有者とホイアーリングとの関係を規制するために，土地保有者とホイアーリングのそれぞれ過半数が反対しない限り，各行政村または「いくつかの行政村の連合」に委員会（以下ホイアーリング委員会）が設置される（第3条）．委員は土地保有者最低2名とホイアーリング最低2名から構成される．土地保有者委員はホイアーリングが，ホイアーリング委員は土地保有者が「絶対過半数票」で選出し，2年ごとに半数が改選される（第4条）．

(3)ホイアーリング委員会の役割について，以下のように規定された．

①同委員会は，管轄区域内のホイアーリングの事情に精通し，調停によって問題を解決することが義務づけられ，それが成功しなかったという同委員会

の文書証明なく，土地保有者・ホイアーリング間の訴訟は裁判所で受理されない（第5条）．

②同委員会は，更新された全てのホイアー契約の内容を申告させる権限をもち，土地保有者に対する労役の報酬が現金払いされない場合，労役とその反対給付との関係が契約上明らかになるように，またホイアーリングに自己の世帯運営に必要な時間が残るように留意させる（第5条）．

③同委員会は，ホイアーリングの申請に応じて付属小屋住居が第2条を満たすのか否かを判定する（第6条第1項）．

④同委員会は，係争化した場合ホイアーリングの労役と土地保有者の反対給付について地域一般の報酬基準額を確定する（第6条第2項）．

⑤同委員会が賃料を考慮して1家族の扶養に十分であると宣言することがないホイアーの設定は許されない．土地保有者がこれに反してホイアーを新設し，受け入れたホイアーリングが貧窮化すれば，その扶養は，ゲマインデではなく，まずその土地保有者の責任とされる（第6条第3項）[93]．また，行政村の決定（「投票権をもつゲマインデ成員」の過半数が賛成し，かつ賛成者の保有地が全投票権者の保有地面積の半分を超え，かつ賛成者の保有地の租税価値〔Steuerkapital，純収益[94]——引用者〕が全ての土地のそれの半分を超える場合）によって，こうした「ホイアーの十分性審査」は既存のホイアーにも現在の契約期間終了後に適用し得る（第7条）．

　以上のように，大管区庁・内務省と州議会との協働によって成立した1848年法は，行政村またはその連合の組織としてホイアーリング委員会を設置させてそれに広範な権限をもたせ，農民・ホイアーリング関係を規制させることによって，ホイアーリングにホイアーを基礎とする一定の生活基盤を確保させるというものであった．住居の質と不定労役の制限を定めたほかに具体的な規制基準の規定はなく，それを通じた領邦当局の直接的な介入は一応回避された．同法は，1816〜1820年の諸報告以来構想され，提案されていた農民・ホイアーリング関係に対する法的規制の実現であったが，1840年代中頃に一部地域で始まり，管区庁の仲介の下で3月革命期に各地に広が

った，行政村・教区ごとの調停委員会や協定・合意による規制という方式を継承している．同法は，農村住民自身による規制行為を予定し，「上から」一定の権限（責任）を課してそのための委員会を組織させるという間接的な方法で規制を制度化したのである[95]．

さて，こうした1848年法は，ホイアーリングの保護とともに，1840年代中頃の改革試行・改革案と同様に，定住管理の拡大・強化をも意味した．

定住管理的な規定に注目すれば，第6条第3項の「ホイアーの十分性審査」と受け入れ農場保有者がそれにしたがわない場合の罰則は，直接的な管理規定にほかならず[96]，さらに，ホイアーリングの保護規定である，第1条，第2条，第5条，第6条第1項・第2項の付属小屋住居・労役義務に対する規定も，やはりホイアー契約の内容（ホイアーリングを受け入れる条件）に対する規制という意味で関連規定といえる．

そして，下層民に対する定住管理制度としての基本性格をみれば，1848年法は，以下のような特質をもっている．

第1に，管理の直接の担い手は，制度上ゲマインデと領邦当局との双方が直接関与していた1774年条例・1827年両条例とはやや異なり，1848年法においては，行政村またはその連合ごとに選出される機関であるホイアーリング委員会，つまりゲマインデそのものではないにせよ，その関連組織であった．

第2に，しかも，ここで注目すべきは，定住管理の対象であるホイアーリングの代表がこの委員会に参加して，管理機構に統合されていることである．1845年にメンスラーゲ教区・バットベルゲン教区で始まり，1848年5月以降各地で成立した調停委員会にみられたホイアーリングの代表の参加が，ホイアーリング（としての定住希望者）に対する定住管理へのホイアーリング代表の参加という形に帰結したのであり，下層民管理への下層民の参加あるいはその「民主化」が行われているのである．

第3に，対象的には，自己の農場にホイアーリングを定住させようとする個々の農場保有者によるホイアー設定と，それを決めるホイアー契約の内容

に対する規制が制度化された．その結果，個々の農場保有者によるホイアーリングの受け入れ行為一般・その定住全般が管理されることになり，1774年条例や1827年両条例と比べて規制対象が大幅に拡大した．

第4に，個々の農場保有者にとっては，ホイアーリング委員会というゲマインデの関連組織によって自らがホイアーリングとしての定住希望者と結ぶホイアー契約の内容を審査され，受け入れたホイアーリングが貧窮化した場合の扶養責任を罰則として，受け入れ行為が統制されることになった．この罰則規定は，第3章において3月前期についてみたように，従来定住・結婚規制の運用上ゲマインデの要求・領邦当局による扱いが問題となった，ホイアーリング貧窮化の際の受け入れ農場保有者による扶助保証を，制度に組み込んで法制化したものと評価でき，ホイアーリング委員会による規制に，経済危機の下で強力な制裁力を与えたと思われる．

以上のような特徴をまとめれば，下層民運動を直接の契機として成立した1848年法は，農場保有者・ホイアーリング間の調停委員会・協定の延長上に位置し，ホイアーリングをも統合した管理機構に，個々の農場保有者が従来ホイアーリングの受け入れにおいてなお維持していた「恣意」（自律性）を制限させつつ，下層民に対する定住管理を大幅に拡大・強化した．ここに，「大衆窮乏」を背景とした下層民運動が，定住管理に下層民自身をも参加させた，より強力な定住管理制度をもたらしたという帰結を指摘できよう．こうした1848年法による定住管理制度は，その成立以降ハノーファー王国のプロイセン併合後に1827年両条例が失効するまで，従来の定住・結婚規制と併存しながら機能することになった．

3.2. 農村社会の対応とホイアーリング委員会の成立

以上のような1848年法に基づいて，行政村またはその連合ごとにホイアーリング委員会が成立し，定住管理の担い手が形成された．

1848年法成立の約1か月後の11月27日に，大管区庁は各管区庁に，管区内に1848年法を周知すること，特に第3条を実施することを求める通達

を出している[97]．そして，1849年4月24日及び7月7日，1850年3月26日に各管区庁に対して1848年法とホイアーリング委員会の成果に関する報告を求め，特に1849年7月の通達では，「まだ成立していないところでは，地域委員会（Ortscommissionen）の設立に慎重に努める」ことを求めた[98]．こうした姿勢の背後には，「ホイアーリング委員会の存在」によって「不合理な……新ホイアー設定に対する安全」と「農場保有者（Colonen）に対するホイアーリングの関係を堅固でより有利に形成する手段」が得られる（1852年1月14日のイブルク管区庁宛通達）[99]という認識があった．他方，「同法の精神とゲマインデの現在の自主性（Selbstständigkeit）にしたがって，同法の施行はまず第1にゲマインデ自身に任せ，ゲマインデの求めによって初めて介入するのが適切とみなされ」，「同法は管区庁の関与を規定していないので，委員会メンバーの選出は村長の指導の下にゲマインデ自身に任されなければならないとみられる」という立場を大管区庁はとっていた（1849年1月31日のイブルク管区庁宛回答）[100]．関係史料が残る4管区について管区庁と農村住民の対応をみてみよう．

　まず，オスナブリュック管区では，1848年12月10日に管区庁が管内の小管区役人に対して，1848年法の告知とその実施，特にホイアーリング委員会の設立のために各村の農場保有者とホイアーリングの全員を招集して委員選出集会を開催することを指示する通達を出し，それを受けて小管区役人が集会の日時・場所を指定した招集状を主に各村長を通じて出した．集会は農民屋敷・小学校教師宅・ガストハウス（居酒屋兼宿屋）・小管区役人宅などで開催され，まず参加者の投票でホイアーリング委員会の設立の是非が問われ，それが肯定されると委員選挙が行われた．そして，臨席した小管区役人が集会記録を作成し，管区庁に送って委員名を報告した．

　同管区全体で翌年1月までにほぼ順調に委員会が成立した．ベルム小管区（1教区9か村）では18日にベルム村で教区内全村の選出集会が開催され，行政村ごとに委員が選出された．同様にシュレデハウゼン小管区（1教区9か村）では，ホイアーリングが2世帯しかいないため招集されなかった教会

第 4 章　3 月革命と定住管理　　　　　　　　　　　　　　　　283

村を除く 8 か村で 12 月 22 日に委員が選出された．この 2 小管区では選出集会に管区長も臨席した．オスナブリュック小管区ヴァレンホルスト教区・ルレ教区（計 7 か村）では 12 月 26 日の集会でヴァレンホルスト教会村を除く 4 村とルレ教区について委員会が成立した．オスナブリュック小管区の都市教区付属農村地域（4 教区 13 か村）も，12 月 27 日から 1849 年 1 月 3 日にかけて 11 か村は独自の，2 か村が合同の委員会の委員を選出した．ビッセンドルフ小管区（3 教区 13 か村）の場合も 1 月 15 日から 20 日に，選出集会が招集されなかったビッセンドルフ教会村を除き 10 か村が独自に，2 か村が合同で委員を選出した．また，ベルムとシュレデハウゼンの 2 教区の選出集会では，既存のホイアーについても契約更新時に委員会が「十分性審査」を行うことが決議された[101]．

　次に，グレーネンベルク管区では，管区庁は，1848 年 12 月 8 日にノイエンキルヒェン，メレ，オルデンドルフの 3 教区ですでに同年 4 月以降委員会が成立していて一部は活動し，1848 年法公布以後ビューアとリームスローの両教区の諸村でも委員会が成立したと報告し，1849 年 2 月に同法周知のために同法 89 部を各教区に配付した．1849 年 9 月 9 日に管区庁は大管区庁に，「ホイアーロイテの事情を規制する地域委員会は当管区の全てのゲマインデで選出された」と報告している[102]．他方，1852 年末以降旧管区（1852 年 10 月 1 日にグレーネンベルクとメレの 2 管区に分割）では各行政村の委員の宣誓のための名簿提出が行われた．上記報告と矛盾してゲスモルト教区の 1 か村とノイエンキルヒェン教区の各村でホイアーリング委員会がなかったものの，1853 年 1～2 月にそれらの諸村でも成立したことが報告され（1 月 8 日・2 月 16 日），遅くとも 1853 年 2 月までにほぼ全行政村（59 か村中 57 か村）で委員会が存在した[103]．

　イブルク管区では，管区庁が 1848 月 12 月 22 日大管区庁に 1848 年法第 3 条の実施方法を照会して翌年 1 月 31 日に上記の回答を得て小管区役人に 2 月初めに通知した．大部分の地域，すなわち 3 月 9 日・19 日にディッセン小管区（2 教区 12 か村）の 11 か村，3 月 27 日にボルクロー小管区（1 教区

6か村)の全村(2か村は合同委員会),4月7日にグラーネ小管区(3教区17か村)の15村,4月15日にラエア小管区(1教区6か村)の5か村でホイアーリング委員会の委員が選出されたと報告された[104]。

しかし,ディッセン小管区の1か村で土地保有者とホイアーリングのそれぞれ過半数が,ラエア小管区の1か村で双方とも全員一致で委員会は設立しないと決議し,前者に対して管区庁は直ちに1848年法第3条の規定どおり反対が双方のそれぞれ過半数なのかを照会し,7月12日に村長に委員選出を求めた。さらに,グラーネ小管区ハーゲン教区の2か村とグランドルフ小管区(1教区6か村)の全村で委員の選出集会の開催が拒否された。前者の場合5月31日の小管区役人の報告から「農場保有者(Colonen)のほとんど全員とホイアーロイテの少数派」が反対であると判明し,管区庁は両村長に委員選出を求め,6月17日この2か村の合同委員会が成立した。後者では,1848年法を教会や各村の成員集会で読み聞かせたものの,農場保有者もホイアーリングも「両者が手を携える」「古い状態におかれることを願い」,両者の間に入る委員会はその関係を弛緩させ,両者の「良き了解を壊す」ので導入を望まないというと小管区役人は伝えた(2月26日・4月10日)。管区庁はその導入を勧めてホイアーリングも加えた投票を各村長に求めたが,5か村で土地保有者とホイアーリングの双方の全員が,1か村で双方の過半数が委員会設立に反対した(5月3日の小管区役人の報告)。1852年1月4日管区庁は再度同小管区の諸村に委員会設立を促したが,「村長たち,その他の影響力ある農場保有者(Colonen)とホイアーリング」は否定的に回答した(2月24日の小管区役人の報告)[105]。

フュルステナウ管区の場合,管区庁は,1848年12月5日管区会議で全村長にそれぞれの行政村の成員集会にホイアーリングも招集して1848年法を読み聞かせること,同法第3条で規定されたホイアーリング委員会の設立を決議するよう促すことを求めた[106]。1849年5月23日の大管区庁に対する管区庁報告によれば,管区内3小管区の内,シュヴァークストルフ小管区(2教区6か村)とベルゲ小管区(2教区12か村)では,委員会は「至るとこ

ろで」設立されたが，メルツェン小管区（4 教区 15 か村）で設立をみたのは 2 か村のみであり，他の諸村では委員会は不要と「過半数の得票で」決議された（土地保有者とホイアーリングのそれぞれの過半数かは不明）[107]．上記の 1849 年 7 月 7 日の大管区庁通達による督促を受けて，管区庁が委員会設立を勧めるように小管区役人に通達したところ，シュヴァークストルフ小管区では同じく「至るところ」で設立されたと回答された（9 月 5 日）ものの，ベルゲ小管区では 8 か村で成立していた（11 月 5 日回答）．メルツェン小管区では 2 か村増えて 4 か村で成立したという（11 月 26 日回答）[108]．1850 年 6 月 7 日の管区庁に対する報告には，シュヴァークストルフ小管区の「全行政村で」委員会が存在する[109]とある．

この管区では，ホイアーリング委員会は領邦当局に後押しされてゆっくりと増えていったとみられる．「委員会の有効性は至るところでゲマインデによって認められている」（1849 年 5 月 19 日のシュヴァークストルフ小管区役人の報告）と指摘される一方，1848 年法によって農場保有者は「自分の権利と財産が侵害されたと感じ」，ホイアーリングも「自分たちにあまりにもわずかしか認められていないと考える」（1849 年 11 月 5 日のベルゲ小管区役人）という状況[110]が委員会の設立を緩慢にしたようである．

以上のような 4 管区の事情をまとめると，4 管区 190 か村の内複数村の共同委員会を含めて少なくとも 162 か村（85％）で遅くとも 1853 年までにホイアーリング委員会が設立されたことが確認される[111]．委員会の設立は全ての地域で必ずしも順調に進んだわけではないが，1848 年法第 3 条の規定を遵守する限り，設立否決は容易でなかったと考えられる．

この規定の遵守の監督という点で，同法に領邦当局の役割の規定がないとはいえ，管区庁・小管区役人の関与は重要であったと思われる．最も順調に委員会が設立されたオスナブリュック管区では選出集会の招集に小管区役人が直接関わり，一部の選出集会に管区長が臨席した．イブルク管区でも管区庁が選出拒否の動きに対して指導を入れた．

それにもかかわらず，グランドルフ小管区やメルツェン小管区のように委

員会設立に対して強い抵抗を示した地域が少数ながら存在したことは，これらの小管区のように革命前に協定や革命期に管区庁の調停による協定・委員会を自主的な合意によって受け入れたわけではない地域も含めて全ての地域で，1848年法が「上から」個々の農場保有者に対して規制（彼らからみれば私権侵害）を課そうとするものであったことを改めて示している．逆にいえば，それでも大部分の地域で委員会が設立されたことはやはり注目に値し，多くの地域で特に革命期の経験が農場保有者たちから一定の覚悟と妥協を引き出したように思われる．

こうして成立したホイアーリング委員会では2年に1度半数の委員が改選されていった．1850年代前半の史料をみる限り，委員改選の時期に，旧オスナブリュック管区（1852年10月1日にオスナブリュックとシュレデハウゼンの2管区に分割）内では，管区庁が教区ごとに小管区役人に指示を出し，彼らが各村長を通じて選出集会の招集状を出す（1850年・1852年）か各村長にその開催を促した（1854年）．旧グレーネンベルク管区では，この時期に教区団体が再編された連合村（Samtgemeinde）[112]の長（Gesamtvorsteher，以下連合村長）の提案を受けて管区庁が彼らを通じて各村長に選出集会の日時・場所を伝え（1853年），集会で新委員が選出された後，管区庁が新委員を教区ごとに招集し，宣誓式が行われた[113]．

委員選出の実際をみよう．旧オスナブリュック管区で1848年12月～1849年1月，1850年12月，1852年12月，1853年4月及び1854年12月の選出集会記録が残る聖ヨハン・聖カタリーネン・聖マリエンの3教区11か村（1853年4月は2か村でのみ選出）では，1848年12月～1849年1月に9か村で独自の委員会（土地保有者委員2人・ホイアーリング委員2人）が，2か村で合同委員会（1850年まで双方各3人・1851年以降各2人）が成立し，1853年4月以降全村で独自の委員会が存在した．委員は4年を任期とし，1850年以降各委員会の土地保有者委員・ホイアーリング委員が各1人ずつ改選された．選出集会参加者は合計して1848/1849年に549人であったが，1850年152人，1852年106人，1854年107人と減少した．1850年のホイア

第4章　3月革命と定住管理

表 4-2　1849～1856 年の聖ヨハン・聖カタリーネン・聖マリエンの 3 教区のホイアーリング委員会の構成

選出	土地保有者委員							ホイアーリング委員		
	VE	HE	EK	MK	NB	その他	計	HL	その他	計
1848/1849 年	10	7	2	1		1	21	21		21
1850 年	6	3		1			10	9	1	10
1852 年	4	3		1	1	1	10	10		10
1853/1854 年	8	3		1		1	13	12	1	13
計	28	16	2	4	1	3	54	52	2	54

VE：完全エルベ；HE：半エルベ；EK：エルプケッター；MK：マルクケッター；NB：ノイバウアー；HL：ホイアーリング

註：1) 土地保有者委員側のその他は全て大農場保有者（Gutsbesitzer）で，1848/1849 年と 1850 年の 2 人は騎士身分．ホイアーリング委員側のその他は 1850 年森番（Förster），1854 年定期小作人（Pächter）．
2) ホイアーリングには煉瓦焼き業（1848/1849 年），搾油業（1850 年）との兼職表示者が各 1 人含まれる．
3) 1850 年・1852 年は改選委員のみ．1853 年にハスベルゲン村とヘネ村では 2 か村の合同委員会が解消され，両村でそれぞれ 4 人の委員が新たに選出された．1854 年にこの内 2 人が残留委員となり，残りの 2 人が投票を経て再選されたのでこの 2 か村について両年分は合わせて示した．1854 年の他村分は改選委員のみ．

史料：STAO Rep 350Osn Nr. 1101, St. 12, 37, 41, 44, 48.

ーリングの出席者減について，1848 年法以前の「古い契約」下になおとどまるホイアーリングがその農場保有者による不定労役の強化を恐れたためという風聞を小管区役人が伝える（12 月 31 日の報告）が，1848/1849 年を除き委員選出をめぐる争い[114]はなく何らかの事前交渉も推測される．1849～1856 年に 3 教区合計で 108 人の委員が在任したが，その構成をみれば表 4-2 のように，土地保有者委員 54 人は旧フーフェ農場保有者（完全エルベ・半エルベ）44 人，小農場保有者（エルプケッター・マルクケッター）6 人，零細地保有者（ノイバウアー）1 人，大農場保有者 3 人（2 人は騎士身分）であり，この地に騎士農場をもつ貴族を含む土地保有者の全階層を含むが，旧フーフェ農場保有者が圧倒的に多かった．それに対してホイアーリング委員 54 人の内 50 人は単にホイアーリングと記載され「狭義のホイアーリング」であったとみられる[115]．委員会では旧フーフェ農場保有者と「狭義のホイアーリング」とが対峙していた．

旧グレーネンベルク管区でも同様である．時期的にややずれるが，

表 4-3　1853～1866 年のビューア教区のホイアーリング委員会の構成

選出	土地保有者委員									ホイアーリング委員			
	VE	HE	EK	MK	NB	KH	EP	その他	計	HL	ZP	その他	計
1853/1854 年	14	4	4	2	1	1			26	26			26
1855/1856 年	7	0	2	2			1	1	13	12	1		13
1857 年	7	1	2	3					13	13			13
1860 年	6	2	1	4					13	12	1		13
1862 年	5	3	3	2					13	12	1		13
1864 年	9	1	1	1	1				13	11	1	1	13
計	48	11	13	14	2	1	1	1	91	86	4	1	91

VE：完全エルベ；HE：半エルベ；EK：エルプケッター；MK：マルクケッター；NB：ノイバウアー，KH：キルヒヘーファー；EP：世襲小作人；HL：ホイアーリング，ZP：定期小作人（Zeitpächter；Pächter）

註：1）土地保有者委員側のその他は旧自由農場保有者，ホイアーリング委員側のその他は指物師．
　　2）ホイアーリングにはパン屋（1853/1854 年），指物師（1855/1856 年），仕立屋（1857 年），穀物商人（1862 年）の兼職表示者が各 1 人含まれる．
　　3）1853/1854 年は継続委員・改選委員，1855/1856～1864 年は改選委員のみ．
史料：STAO Rep350Grö Nr. 977, Wahl der Heuerlingscommissionen und Beeidigung der Mitglieder (Kirchspiel Buer) より作成．

1853～1866 年について身分記載がある委員名簿が残るビューア教区 13 か村では，遅くとも 1851 年から各行政村に土地保有者委員 2 人・ホイアーリング委員 2 人から構成される委員会が存在した．4 年任期の委員は 1853 年以降概ね 2 年ごとに各 1 人ずつ改選され，選出集会後に小管区役人を通じて招集され，管区長・小管区役人・各村長の臨席の下，ビューア村のガストハウスで宣誓した[116]．1855 年の改選時には 2 か村で新制度に「反感」をもち「公的干渉」を嫌う村長や農場保有者たちが新委員の選出を拒否する事態となった（7 月 30 日の小管区役人報告）が，選出集会を開くように罰金で警告するという管区庁の強い指導が入り，翌年 3 月までに選出された．同教区の委員の構成をみると，1853～1866 年に教区全体で合計 182 人の委員が選出された（表 4-3）が，ホイアーリング委員 91 人のほとんど（82 人）が単にホイアーリングと記載され「狭義のホイアーリング」と思われ，若干の他の土地なし借家人・商工業兼職表示者を含んだ．土地保有者委員 91 人は旧フーフェ農場保有者（エルベ）が 59 人と最も多く，小農場保有者（ケッタ

一）27人，零細地保有者（キルヒヘーファー・ノイバウアー・世襲小作人）4人，その他1人（旧自由農場の保有者）であった．また，この期間常に13か村中6~7か村で土地保有者委員は旧フーフェ農場保有者のみからなった[117]．ホイアーリング委員会は，ほぼ全階層を包括しつつ，ここでも旧フーフェ農場保有者と「狭義のホイアーリング」を中心に構成された組織であったと考えられる．

以上のように，時に農場保有者たちの抵抗にあいつつも，領邦当局の強い関与によって，3月革命後のオスナブリュック地方の農村社会で，ホイアーリングを含む階層縦断的な構成をもつ，定住管理の担い手が創出され，組織されていったといえる．

3.3. ホイアーリング委員会と定住管理

ホイアーリング委員会の制度を中心的内容とする1848年法の影響については，同法成立後間もない1849年4月・7月及び1850年3月の大管区庁の求めに対する，管区庁や小管区役人の報告では，管区庁側の期待に反して，既存のホイアー，つまりこの時期にまだ多数を占める同法成立前に設定・契約されたホイアーに対して契約更新時に委員会の「十分性審査」を拡大するゲマインデ決議がオスナブリュック管区の上記の2小管区以外にほとんど拡がらず，また委員会による調停も多くはないことが指摘された[118]．背景として農場保有者たちの態度があったと思われる．例えば，グレーネンベルク管区庁は，委員会に「当事者の申告」ではなく「独自に干渉する権限はない」と考えられて既存のホイアーへの関与は避けられ（1849年5月7日），それを委員会が審査することでホイアーリングの要求が呼び起こされるという警戒感があること（1849年9月9日）を報告し，オスナブリュック管区庁は調停日に委員会の召喚にしたがうことへの反感を指摘した（同6月14日）[119]．また，ベルゲ小管区役人は，農場保有者とホイアーリングは「相互に信頼していない」という（1849年11月5日）が，ラエア小管区役人助手も，ホイアーリングは農場保有者によるホイアー契約の解約を恐れて問題を

委員会にもち込まないという（1850年5月29日）[120]．こうした状況を理由にして，ホイアーリングの状況改善に対する同法の効果の限界を指摘する意見もあった[121]．

しかしながら，定住管理面からはかなり異なった様相が見えてくる．上記の管区庁・小管区役人の報告も，1848年法は「ホイアーの新設で……用いられる」（イブルク管区庁）と肯定的に述べるにせよ，委員会の活動は「新たに受け入れられたか新たに設立された家族」の「小作関係の十分性の審査に基本的に限られる」（グレーネンベルク管区庁）と否定的に言及するにせよ，ホイアーの新設に対する委員会の審査活動（＝規制）が着実に開始されたことを確認している[122]．次に，委員会の活動の実際から，定住管理体制の変容を検討したい．

まず，ホイアー審査の実際について，行政村やその連合単位の組織であるホイアーリング委員会の日常的な活動の跡は史料として残りにくいが，保有者がホイアーリング委員会の委員を務めたベルム教区ベルム村の有力農民農場の文書群（Hofarchiv Meyer zu Belm）に，1851年8月1日付けのホイアーについての委員会（旧フーフェ農場保有者2人・ホイアーリング2人）の鑑定書が存在し，同村のノイバウアーが貸し出すホイアーが以下のように判断されている．「(1)……付属小屋住居は，収穫物を運び込めず，土間で打穀できないので，農業経営には向いていない．(2)菜園地や耕地については，高い小作料にも関わらず，高価な肥料を調達しないと何も育てられない．ものすごい勤勉をもってしても1家族がそれで生活できるほどは収穫できない」．しかもこのホイアーが2世帯に貸し出されようとしているという[123]．

ホイアーがホイアーリング世帯を農業的に扶養する実際の能力について評価されていたことが分かる．1827年両条例による定住・結婚規制でも，上述のごとく経済力・人格審査の中でホイアー審査は行われたが，1848年法の下では，この例のような審査が，ホイアーリング委員会が存在する限り，ホイアーリングの代表も参加して原則的には全てのホイアーリングの受け入れについて行われたのである．

そして，農場保有者がホイアーリング委員会の審査を無視してホイアーリングを受け入れた場合，委員会の提起に基づき，ゲマインデ・管区庁の介入を招くことになった．1856年のリームスロー教区グロスアッシェン（Groß-Aschen）村の事例をみてみよう．農場保有者Eは，1854年頃委員会審査を経ないでWをホイアーリングとして受け入れたが，委員会の事後的な検査でこれが発覚し，1856年6月にホイアー審査を受けた．委員会は，小作地は2シェッフェルザートにすぎず，W一家の扶養には不足であると鑑定してホイアー設定の変更を求めたが，Eは小作地の拡大を拒否した．委員会は村長にこれを通知し，村長は8月5日にグレーネンベルク管区庁に委員会の鑑定に反したホイアー設定として告発した．管区庁は，EにW一家が貧窮化した際の救貧負担を課すという「不利益」（処罰）を警告しつつ，Eに説明を求めた（8月6日）．Eは，Wの妻はお針子として働くため十分な収入があり，小作地は不足しておらず必要ともされていないなどと6点に渡って反論した（8月24日）．管区庁の照会を受けて，これにホイアーリング委員会は逐一反駁し，お針子の収入ではW一家を養えないこと，したがって小作地は十分といえずWも小作地をより多く望んでいること，当村のホイアーリングは十分な耕地を小作できるとは限らないためホイアー設定に委員会の規制が必要であり，農場保有者はこの点で「不快な結果」も甘受しなければならないと主張した（9月16日）．これを受けて管区庁は，「ゲマインデが望むべきは，ホイアーリングの貧困・病気・家政の劣悪・不満・移民を可能な限り回避することである．それを促すのは，良い住居，十分な土地と家畜……である」という立場から，村長を介してEにホイアー設定の変更を求めさせた（9月22日）[124]．

ホイアーリング委員会による審査・鑑定とゲマインデへの通告・後者による告発，管区庁の調査・指示という手続の中で，委員会の審査は規制として保証されていた．個々の農場保有者はホイアー設定・ホイアーリングの受け入れを監視され，管区庁は，ホイアーリングの貧窮化を防ぐために，ゲマインデをして干渉させていたのである．

さらに，ホイアーリング委員会の鑑定・指示に農場保有者がしたがわずに問題が生じると，管区庁はゲマインデとともに，実際に農場保有者を処罰した．グレーネンベルク管区のノイエンキルヒェン教区ズットルフ（Suttorf）村の例をみよう．1853年5月同村の農場保有者HはEをホイアーリングとして受け入れた際に，ホイアーを同村の委員会が審査し，「1家族の扶養には不十分」で賃料は高すぎると鑑定して，「1家族の扶養に必要な土地」を，それも適正な賃料でEに貸すことを求めた．しかしHはこの鑑定・指示にしたがわなかった．1857年5月にホイアー契約が切れるころ，Eは子供3人と妊娠した妻を抱えて貧窮化し，契約を更新できず，新たなホイアーも借りられずに宿無しとなり，E一家の扶助が問題となった．ズットルフ村長は，Hが委員会の同意なしにEを受け入れたことが原因であるとし，1848年法第6条によりHへの扶養責任規定の適用を管区庁に上申した（10月17日）．管区庁は，E，H，同村長を出頭させて事情を聞いた上で，E一家の扶助は拒否したいという同村長の主張を認め，Hに住居の供与を命じた（10月26日）．しかし，HはE一家が住んでいた付属小屋を売却しており，ほかに住居はなく，E一家は納屋に豚と一緒に寝泊まりしたという．Eは「人間的な住居」ではないと管区庁に訴えた（11月2日）．ズットルップ村長も住居を見つけてやれず，管区庁は，ノイエンキルヒェン連合村（ズットルフ村を含む救貧・居住権団体をなす[125]）長に緊急に教区救貧金庫から支出して新しいホイアーが得られるまでEに適切な住居を与えるよう指示し，その費用負担はHに課すとした（11月11日）[126]．

　このようにホイアー審査はゲマインデの救貧責任と直接絡みあっていたが，1854年のビューア教区ヴェッター村の一件は，領邦当局との関係やホイアーリング委員会によるホイアー審査の意味をよく示す．1851年の秋に同村の農場保有者Kは，ホイアーリング委員会への通知とその審査なくB（居住権をビューア連合村にもつ[127]）を農場に受け入れたが，1854年5月にBが病気になって貧窮化し，その扶助負担が問題となった．Kはそれを拒否し，ヴェッター村は，5月20日に1848年法に反したホイアー設定であると

して農場保有者に対する扶養責任規定をKに適用するよう，メレ管区庁に申し立てた．同管区庁が6月7日関係者を召集すると，Kは委員会に通知することなくBを農場に受け入れたものの，Bをホイアーリングとしてではなく宿無しの貧窮者（Obdachlose）として受け入れたという．それに対して，委員会は，Bの受け入れの可否は委員会のホイアー審査次第であるという小管区役人の決定が1851年10月1日に出されたと主張したが，Kは受け取っていないという．管区庁は，人道的立場から受け入れられたとされるBが1848年法でいうホイアーリングであるとはいいきれないことに加え，KとBとのホイアー関係が数年来存在したにもかかわらず，管轄区域内のホイアーリングの事情に精通すべきホイアーリング委員会が，このホイアーの審査を今まで行っておらず，Kはその鑑定に反したわけではないとして，KにBの扶養負担を課すというヴェッター村の要求を認めなかった（6月23日）．これに対してビューア連合村（ヴェッター村を含む救貧・居住権団体）は大管区庁に不服申立てをしたが，大管区庁は管区庁決定を支持した（8月13日）[128]．

　この事例では，ズットルフ村の一件とは異なり，管区庁に批判されたようなホイアーリング委員会の怠慢によってゲマインデ（ビューア連合村とヴェッター村）は救貧責任を免除されず，それが降りかかってきた．委員会は――とりわけホイアーリングとしての定住希望者が地元に居住権をもつ場合――ゲマインデに対する重大な責任を常に負ってホイアーリングの受け入れを監視することを強いられていたことが明示されている．

　そして，ホイアーリング委員会の審査によるこうした受け入れ規制は，ホイアーリングとしての受け入れを希望する者からみれば，居住権取得・結婚，そして滞在（単なる居住）の制限となり得た．

　定住・結婚規制との直接的な関係を指摘したい．1827年両条例は3月革命後も存続し，定住・結婚規制は機能し続けたが，ホイアーリング委員会は，定住・結婚規制における経済力審査の一環としてホイアーを審査し，ホイアーリングに対する定住・結婚規制に関与していた．

1849年5月，新設ホイアーは法規定を満たすというホイアーリング委員会の鑑定を，ホイアーリングとして定住して結婚しようとする者にゲマインデが結婚許可の同意を与える要件にするというヒルター教区からの提案（11日のディッセン小管区役人助手の報告）を受けて，イブルク管区庁は，1848年法に規定はないが，結婚許可状の申請とゲマインデの意思決定の前にゲマインデ指導者が委員会に申請者のホイアーを鑑定させて報告させるようにするのが適当であるという見解を表明している（26日の大管区庁への報告）。これを大管区庁も「ホイアーリングの結婚の際に結婚許可状の同意の前提についてホイアーリング委員会の鑑定を聞くのは適当であるとしばしば証明された」と肯定した（1852年1月14日の同管区庁宛回答）[129]。オスナブリュック管区でも，オスナブリュック小管区役人が1849年5月1日の報告で，ホイアー新設の際に委員会の「法的証明書」が求められ，それは結婚許可状申請の際に添付されるという[130]。

ハーゲン教区ナトルップ（Natrup）村の例をみよう。1848年9月頃同村で結婚してホイアーリングとして世帯を構えようとするBが，結婚許可への同意を申請したが，Bの居住権はハーゲン教区にはないとして，同教区は結婚許可への同意を与えなかった。11月以降Bの居住権地がBの義父の出身地のビッセンドルフ教区ホルシュテン・ミュンドルップ（Holsten-Mündrup）村なのか，義父の結婚許可状の取得地であるハーゲン教区（1848年当時厳密には義父が結婚して居住した同教区ナトルップ村[131]）なのかをめぐり，出身村とハーゲン教区が激しく対立したが，最終的に1849年9月21日イブルク管区庁がBに「ナトルップ村での居住権」とともに結婚許可状を与えることに，ハーゲン教区が「反対しない」ということで決着した。同教区が譲歩し得たのは，Bが義父から財産を相続することに加え，Bが「比較的長期の」契約を結んだホイアーを，ナトルップ村で成立して間もないホイアーリング委員会が審査し，その「ホイアーは彼とその家族を扶養しうる」と鑑定したからであった[132]。

同様に，1861年11月5日にバットベルゲン教区ヴルフテン（Wulften）

村の村長は，若者Rの結婚許可に「異存がない」理由として，Rと婚約者が同村に居住権をもち，完全な所帯道具の所有を適切に証明したことに加え，Rが同村で見つけたホイアーを同村のホイアーリング委員会が „gut" と鑑定したことをクヴァッケンブリュック（Quakenbrück）管区[133]庁に挙げている[134]．

そして，定住・結婚を規制される若者が定住・結婚規制とのこうした関係を認識し，逆手にとってしたたかにホイアーリング委員会の鑑定を利用することもあった．例えば，1858年にメンスラーゲ教区ボットルフ（Botorf）村の「未婚」女性Dが婚約者の奉公人Rとともに，同村が結婚許可への同意を拒否したが，「ホイアーリング委員会が十分であると宣言したホイアー」を借りているとしてクヴァッケンブリュック管区庁に不服申立てをし，8月30日に同村長に通知されている[135]．

この事例のように，確かにホイアーリング委員会の肯定的な鑑定結果は，ゲマインデが結婚許可への同意や居住権を与えるための十分条件で必ずしもなかった．1856年にヒルター教区で関連する問題が起こっている．ヒルター村のホイアーリング委員会が，結婚希望者のホイアーの審査を求められたが，ヒルター連合村の参事会（Ausschuß）によって鑑定結果が「非難される」例が最近あるので，委員会の権限が明らかになるまで審査は行えないとディッセン管区[136]庁に訴えた（7月30日）．それに対して，翌日管区庁は，ホイアー審査は委員会の専管事項であり，ゲマインデ指導部は「非難」できないこと，ただし，居住権の付与や結婚許可への同意は，申請者のホイアー以外に他の規準（財産額や健康状態）も考慮されるので，委員会の（肯定的な）鑑定結果に反してゲマインデ指導部は拒否し得ると回答している[137]．

しかしながら，逆に，ホイアーリング委員会の否定的な鑑定結果は，定住・結婚希望者にとって致命的であった．すでに1849年8月29日シュレデハウゼン小管区役人は，小管区内のホイアーリング委員会がホイアーの「十分性審査」を3件行ったが，いずれも結婚希望者の新設ホイアーであり，1件は1家族の扶養に不十分という鑑定が出て，その借り手は「未だに」結婚

許可状を得ていないと報告している[138]．

　ヴェリングホルツハウゼン教区のSの例は印象的である．同教区シュロホターン村のノイバウアーからホイアー（住居と菜園地1.5シェッフェルザート）を借りて結婚し，世帯を構えようとした仕立て親方Sは，1860年4月26日同村のホイアーリング委員会から，そのホイアーは1家族の扶養に不十分という鑑定を得た．Sは6月2日グレーネンベルク管区庁に，手工業収入を考慮しないホイアー鑑定の不当性を訴えたため，管区庁は7月11日に官吏を同村に派遣して，委員会から，仕立業を行うには付属小屋住居が狭すぎるし，Sの仕立て業収入はわずかで妻子を養うほどではないと説明され，委員とともに実地検分を行った後，8月10日にホイアーの不十分性を理由にSの訴えを認めなかった．そこでSは耕地を追加小作して1861年3月18日に管区庁に結婚許可状を申請したが，住居に関して委員会と同じ見解を同村長が管区庁に述べたため，認められず（同23日），不服申立ても大管区庁に認められなかった（5月15日）．Sは9月30日・11月1日にも大管区庁・管区庁に結婚許可状を申請したが認められなかった（11月5日）．

　しかし，その直後の11月14日にSが同じ教区の出身村ハンダルペ（Handarpe）村で村長Nからホイアーを借りて同村の結婚許可同意を得た（この教区では行政村が居住権を管轄[139]）ことが管区庁に報告され，管区庁が調査すると，委員にNを含む同村のホイアーリング委員会の審査を経ていないことが1862年1月に別の委員の証言から発覚した．そこで委員会がSのホイアーを検分し，2月14日付属小屋住居は破損しており居住できないと説明したため，管区庁は結婚許可状の付与を留保した．Sは付属小屋が修理されたとして10月3日結婚許可状を管区庁に申請したが，委員会が，付属小屋は前回の審査時と変わらない状態で，しかもNはSに付属小屋住居を土地付きで貸す気を失ったと説明したため，10月30日同村は結婚許可に同意せず，管区庁も結婚許可状を付与しなかった[140]．2年間以上粘り強く繰り返された結婚許可状の申請は，何度もホイアーリング委員会に妨げられ，ついに認められなかったのである．

第4章　3月革命と定住管理　　　297

　ホイアーリング委員会の以上のような定住・結婚規制への関与は，委員会がゲマインデ内のホイアーリングの事情を職掌するためであるが，最後にやや違った例を挙げたい．1854年にボルクロー教区ヴェレンドルフ（Wellendorf）村から焼け出されたHは，ヒルター教区ヒルター村の農民農場に付属小屋住居を見つけて7月1日ホイアー契約を結び，家族とともに同村に居住しようとした．しかし，ヒルター連合村長は，Hが「ボルクロー（連合村――引用者）での居住権」[141]を保ったまま同村に居住すること（居住権取得を伴わない「一時的滞在」）をHによれば「許そうとしなかった」．Hはディッセン管区庁に訴えたが，同20日の連合村長の説明によると，Hはここ数年間ほとんど仕事（仕立業）をしておらず「怠け者」といわれ，他人の妻と子供をつくるなど評判が良くないことに加えて，ヒルター村のホイアーリング委員会がHのホイアーは「1家族の扶養に十分ではない」と言明したからであった．委員会も同日，Hのホイアーの賃料は高すぎ，菜園地は小さく収穫力も乏しいため1家族の扶養に不十分で，農業中心の当地では副業収入を得る機会もあまりないと管区庁に説明した．小管区役人も同日委員会の鑑定を肯定し，Hの風評が良くないことも確認したとした上で，H一家の生計は危ぶまれて「面倒」が予想されるので，連合村の意思に反して「一時的滞在」を許可する理由はないと上申した．管区庁は同27日委員会の鑑定を主な理由にして連合村の決定を支持する決定をHに通知した[142]．

　この例ではゲマインデが居住権の付与どころか滞在（単なる居住）を拒否したことを管区庁も追認した．第3章（4.2.）の3月前期のボルクロー教区のHの例とも異なり，ゲマインデは，風評のみならず委員会のホイアー審査・鑑定を根拠にして農場保有者によるホイアーリングの受け入れに異議を唱えており，そこから経済的な理由をもっても他所者の単なる居住を事実上規制して排除し得たことが分かる．

　これらの事例は，ホイアーリング委員会による審査・鑑定が基本的にかなりの重みをもって定住・結婚規制や単なる居住の規制に組み込まれ，その現実の運用の中で大きな役割を担っていたことを示しているが，それを通じて

ホイアーリングの代表も，ホイアーリングとして定住・結婚を希望する者に対する規制と排除に参加していたことにも注目したい（ゲマインデによる規制と排除への下層民の参加）．

本小節で挙げた諸事例から，以下のような定住管理をめぐる社会状況が理解できよう．反動期において，ゲマインデの救貧扶助負担を押さえるために，ホイアーリングも参加した委員会が，設定されるホイアーの農業的扶養力の観点から個々の農場保有者によるホイアーリングの受け入れを常時監視し，また領邦当局がその後ろ盾になり，必要に応じてゲマインデに農場保有者に対して干渉を行わせるという，定住管理システムが形成されていた．そして，この管理システムは，1827年両条例による定住・結婚規制と併存し，ホイアー審査において結合してそれを補完した．このようなシステムによってホイアーリングに一定の農業的生活基盤を与えてその生活の安定が追求され——それが不可能なら結婚・居住権・滞在（居住）から排除——，3月革命期の下層民運動に噴出した，「大衆窮乏」による社会的危機の解決が図られたのである．

1848年法によって修正された，かかる定住管理体制は，ハノーファー王国のプロイセン併合後に定住・結婚規制が廃止されるまで存続した．

北西ドイツにおける全般的な傾向同様に，オスナブリュック地方でも1850年代になお続く北米への移民運動（1850～1859年に14,979人の移民を公式に記録，農村部人口は1848～1861年間に128,559人から124,331人へやや減少[143]）と，「工場・工業・鉱山経営の進歩」，つまりこの地方でも始まりつつある工業化[144]の影響によって，農業労働力不足が問題になってきていると，シュトゥーヴェが州農業協会で1860年に語った[145]ように，この時期に下層民の立場は次第に有利になり，ホイアーリングの生活状況も徐々に安定しつつあったとみられる[146]．事実同年1～3月にオスナブリュック地方の11地域の農業協会及びその会員[147]が州協会にホイアーリングの事情を報告しているが，全報告がその状況は基本的に改善されたことを明示的に指摘した．そして，小作地規模の拡大（8報告）・耕作の改良（9報告）・畜産

第４章　３月革命と定住管理　　　　　　　　　　　　　　299

の改良と拡大（9報告），さらに外国への出稼ぎ活動の停止・相当の減少（9報告）から農業的基盤の拡大がみてとれ，また賃料の低下・停滞（6報告），労役，特に無償かそれに近い労役の廃止・減少（6報告），耕作での連畜援助などによる受け入れ農場保有者への依存の減少（4報告）も分かる．そして，5報告がホイアーリング数の減少に注目して3報告がその状況改善と結びつけたほか，1848年の経験を踏まえた，農場保有者によるホイアーリングのより慎重な扱いを1報告，1848年法の効果・意義に3報告がふれている[148]．また，やはり1860年に「ホイアーリングの状況は最近確実に改善された．それは，ホイアーリング委員会の制度による影響が考慮されうるし，また最近生じた大規模な移民のために，よりよい収入機会が提供されたためでもある」[149]という印象的な報告をメレ管区庁は行っている．検証は本章の範囲を超えるが，1848年法は，確かに研究史の一部が認める[150]ように工業化や特に移民運動という巨大な社会経済動向に比べてホイアーリングの生活安定化・生活基盤の農業化の主要因とはいえないものの，それらを補う効果が指摘されているように思われる．むろん，3月革命前夜からの経緯の上で，上述のごとく多くの地域で定住管理制度から新たな社会的関係を成立させていったことにこそ，同法の歴史的意義を求めるべきであろうが．

　なお，ハノーファー王国のプロイセン併合後に，北ドイツ連邦の立法，すなわち1867年の移動の自由法（及び1870年の扶助籍法）と1868年の行政的結婚制限の廃止法[151]とによって1827年両条例が失効した[152]後も，1848年法は廃止されなかった．同法はハノーファー州の現行法として1880年前後の法令集に収録されている[153]ほか，社会政策学会による有名な農業労働者調査がオスナブリュック地方でも行われ，この地方を含む北ヴェストファーレンで見いだされた農業的な「近代的ホイアーリング制度」[154]を東エルベ農村に移植する提案をケルガーが行った[155]後1890年代末にまだ完全には失効していなかったことが確認される[156]．同法に基づくホイアーリング委員会については，本節で注目したホイアー新設に対する審査・鑑定と移動の自由法との抵触が問題となり，1870年代にディッセン管区で関連した係争も生

じた[157]．委員会制度それ自体が法的に問題となったわけではない[158]が，この時期に委員選出を含めて委員会に関する報告が著しく減る反面，委員選出停止の報告もみられる[159]．

さて，本節の考察を以下のようにまとめたい．前節で3月革命期の各地の調停委員会・協定において指摘し得た地域管理のあり方の変容傾向は，1848年法によってより明確に制度化されたといってよい．領邦当局の後押しの下で，多くの地域で，ゲマインデ成員に加えて，従来管理対象にすぎなかったホイアーリングをも参加させて階層縦断的に，行政村またはその連合ごとにホイアーリング委員会が創出され，これを担い手として，1827年両条例による定住・結婚規制の限界を超えてホイアーリングの全ての定住に対して管理が拡大され，強化された．そこでは，領邦当局を後ろ盾として，またそれに監督されつつ，委員会とゲマインデがホイアー設定・ホイアーリング受け入れを監視してそれに干渉し，農民・ホイアーリング関係における個々の農場保有者の自律性（下層民の個別管理）を大きく制限するという形で，従来の定住管理体制が修正された．それは，農村における地域管理の新たなあり方が反動期のオスナブリュック地方に成立したことを意味する．

結びに

本章では，1840年代後半の社会的危機が農村の地域管理のあり方に与えた影響を考察するために，3月革命期の下層民対策立法である1848年法をめぐる諸事情に注目して検討を進めたが，オスナブリュック農村社会が危機に対応する過程で，領邦当局の干渉を介しつつ，3月前期の定住管理体制に重要な修正が生じたことが解明された．

すなわち，ホイアーリングの貧窮化に対する1840年代中頃の議論では，それらの農業的生活基盤を拡充する必要が提起され，そのために農民・ホイアーリング関係を規制することが提案された．これは，一部地域で農場保有

者たち自身によってすでに試行され，州議会で立法化も図られたが，個々の農場保有者によるホイアーリング受け入れの規制，つまり定住管理の拡大・強化を意味した．

3月革命期に生じたホイアーリングによる騒擾・請願活動は，領邦当局や農場保有者たちに，こうした貧窮化対策が焦眉の課題であることを明示した．領邦当局は，まず，各地で行政村または教区ごとに農場保有者たちとホイアーリングとの集団交渉を行わせ，前者の妥協を促し，農民・ホイアーリング関係を調停しようとした．

こうした政策と関連して1848年法が制定され，1827年両条例による定住・結婚規制では欠けていた，個々の農場保有者によるホイアーリングの受け入れに対する監視・統制システムが創出された．そこでは，ホイアーリングに適切な農業的基礎を与えるため，ホイアーリングをも参加させて行政村またはその連合単位でホイアーリング委員会が設立され，ゲマインデと連携しつつホイアー設定の監視・干渉を行い，領邦当局は必要ならばこれらを監督・支援する形で間接的に介入した．かかるホイアー設定の監視・統制システムが，従来の定住・結婚規制と絡みあいながら，この地方における反動期の定住管理体制が形成された．ここにおいて，一方で1827年両条例によって定住希望者の経済状況を事細かに監視し，他方でその経済生活の健全化を強制するため1848年法によってそれを受け入れる個々の農場保有者を統制するという，ホイアーリング定住を全面的に管理する体制が成立した．

さて，こうした定住管理体制の修正から，第3章でみたように近世的性格をまだ残す3月前期の農村の地域管理のあり方が，1840年代後半の社会的危機とそれへの対応によって，不可逆的に変容したことが指摘されよう．

(1) 3月前期の定住・結婚規制の下でも，個々の農場保有者（家父）は，ゲマインデ・領邦当局に対して近世以来の農場における自律性（＝下層民の個別管理）を私権としてなお保っていたが，3月革命期以降農民・ホイアーリング関係は農場保有者と下層民との農場における個別関係という性格を相当程度制限され，ホイアーリング世帯の農業的生活基盤の確保という，この時期

に社会秩序の維持にとって不可避の要請と考えられた目的のために，この古い自律性は農場保有者集団としてのゲマインデと領邦当局によって大幅に制約されることになった．

(2)ゲマインデは，3月前期の定住・結婚規制において領邦当局の監督下にありつつもそれとは異なる論理で動いていたが，1848年法による規制において，一方で(1)のように個々の農場保有者を強く制約しつつ，他方で明らかに領邦当局との関係を深めて，必要に応じてその指揮に服するようになり，領邦当局の関与は強まった．

(3)(1)・(2)の結果，近世末以来次第に形成されてきた領邦当局の支援を受けた農場保有者集団としてのゲマインデと下層民とが対峙するという社会的構図（「共同体と農村プロレタリアート」の対立）が純化されていった．階層対峙的な社会的構図に強く規定されつつ，領邦当局の監督下にある農場保有者集団としてのゲマインデによる下層民の共同管理的構造が完成された．

(4)しかし，まさにこの時に，かかる階層対峙的な社会的構図をいわば支えるために，居留者・滞在者（「非家持ち」）として管理・統制，そして排除の対象に過ぎなかったホイアーリング自身がそうした下層民管理に参加することになったのである．

　最後の点に関して補足すれば，シュトゥーヴェは農村自治体制に関する著作で1848年法の「原理」の一つとしてゲマインデの決定への土地なし借家人の参加を挙げ，それを推奨している[160]．成員権から排除されていた下層民をもゲマインデ行政に限定的にではあれ参加させ，社会秩序の安定化を図るという領邦当局の統治手法は，ハノーファー王国の邦レベルでは，シュトゥーヴェが関わった1849年2月1日の邦政府の覚書で，ゲマインデにおける投票権は「従来権利全体が農場保有者（Hofbesitzer）のみの手にあったが，それは変えられなければならない」，ホイスリンゲなどの「『非家持ち（Nichtangesessenen）』も投票権をもたなければならない」と表明されて打ち出された[161]．それは，農場保有者及びその他の住居所有者（「家持ち」）に加えて居住権をもつその他の男性世帯主にも，4級選挙制に基づいて前者

の優越を保証しつつ，ゲマインデにおける投票権——ゲマインデ集会の参加資格ともなる——を認めるという形で，3月内閣の退陣（1850年10月末）後に成立した1852年の農村自治体法[162]に付属した内務省令（農村自治体制規則）で暫定的に導入され[163]，1859年の農村自治体法によって確立した[164]．農村下層民が「敗北」したはずの3月革命の後の反動期に，国家の立法によって農場保有家父の身分団体というゲマインデの閉鎖的な構成が終焉することが確定していったのである[165]．もっとも，1852年規則・1859年法ではゲマインデ負担の分担が投票権行使の前提とされ[166]，それらの投票権条項は各ゲマインデの規約・投票規則で具体化される形がとられた[167]ため，それらの成立によって土地なし借家人が現実に直ちにゲマインデ集会に参加し，投票し始めたわけではない[168]が，1848年法は，農村住民の相当部分を占めた「非家持ち」下層民の，ゲマインデ行政への参加という点で，19世紀後半の農村自治体制——住民団体（Einwohnergemeinde）としてのゲマインデ——に直接連なる先導的な意義をもっていたといえよう．

そして，1852年規則・1859年法によって，制度的にはゲマインデ集会での審議・投票への参加を通じて，下層民管理に関するゲマインデの決定に関与する道が土地なし借家人に開かれたことを考えれば，1848年法によって実現した定住管理体制は，下層民参加の下層民管理（統制と排除）システムの成立という意味で，19世紀後半に進展する状況に対して先駆的な意義をもっていたとは考えられないだろうか[169]．

さて，以上のような考察成果から，社会的分化の高度な進展という意味でドイツ農村の頂点的地域の一つであるオスナブリュック地方にとって，3月革命期は，近世以来の下層民問題の帰結点であったのと同時に，民衆の生活を監視しつつ，それを統合しようとする統治様式の一部としての近代農村自治の成立へ向けた転換点であったと考えられる．

その転換は，農村社会内部の自己規制の動きに領邦当局が応じて，それと「上から」の政策とが絡み合った性格をもっていたと評価できよう．すなわち，3月革命期を挟んで領邦当局の影響力が拡大したのは全く疑いないが，

1840年代中頃の動向を考慮すれば，こうした性格は，一方においてホイアーリングの受け入れに対する一定の制限を甘受し，下層民の参加も容認するという，一部地域で始まった農場保有者たちの主体的な動き（自己規制）を前提とし，他方において領邦当局がそうした動向を「上から」拡大・補完するという形をとったため，反動期の定住管理体制は，農場保有者集団としてのゲマインデによる自己管理に領邦当局による管理が結合した性格をもっていた．領邦当局は，「秩序の統御者」になったが，農村社会の日常生活を自ら監視してそれに干渉するものとしてではなく，個々の農場保有者が支配し経営する「家」・農場を監視してその自律性を制限し，下層民をも動員・統合して再編された広義の自治機構の監督者として，そうなったのである．1840年代後半の社会的危機への対応として，単に領邦権力が農村社会の日常に浸透していったというよりも，下層民から領邦当局までを巻き込んで合理化された秩序維持システム——地域管理のあり方が出現したと整理したい．

1) 例えば，旧西ドイツではFranz [1959]；Koch [1989]．旧東ドイツではBleiber [1969]；ders. [1985]．我が国でも，柳澤 [1974]，第2部第1章を初めとして一定の蓄積があり，末川 [1958]；佐藤 [1992]，第1章；坂井 [1998]，第4章（初出1967年）；松尾 [2001] などが挙げられよう．

2) 例えば，Gailus [1990], S. 91f., 113-126, bes. 121-125；Dipper [1998], bes. 264-266；Ries [1998], bes. S. 560-564；藤田 [1979], 232-242頁；同 [1984]；山井 [2001], 22-23頁．プロイセン東部を対象とする柳澤 [2006]，第8章（初出1979年）も大土地所有が圧倒的な地方に関して下層民運動中心地域の存在を指摘した（256, 262, 322-324頁）．旧東ドイツのBleiber [1975] も同様である（bes. S. 66）が，その他の地方については反グーツヘル的農民運動への下層民の統合を強調した．

3) なお，坂井 [1998]，第5章（初出1978年）は，前者の系譜にあっても，我が国におけるかつてのこうした評価とは一線を画し，中間権力の排除・領邦当局による一元的な臣民把握の完成に「1848年と，それを通じたグルントヘルシャフトの解体」の意義を求めた（145-149頁，引用は149頁）．

4) 総括的にRies [1998], S. 267f.；山井 [2001], 24頁．藤田 [1984] と平井

[1994] にも妥当する．

5) プロイセンに関して，Mooser [1982], S. 77-82；ders. [1984], Kap. 10；ders. [1984b]；Schildt [1992], S. 299-302. ハノーファー王国南部とブラウンシュヴァイク公領に関して，Schildt [1986], S. 112, 119-121；Düwel [1996], bes. Kap. 8. オルデンブルク大公領に関して，Parisius [1984], S. 201-203；ders. [1985], S. 30-41. なお，Düwel [1996], S. 244-247 は，農民（農場保有者）は保守派（旧エリート）の「最強の支持者」であるが農村住民中少数派であり革命の政治的「挫折」にとって決定的に重要であったわけではないとして，下層民の保守派・領邦当局支持の政治的意義を強調している．

6) 本章で検討するオスナブリュック地方の事情に加え，ブラウンシュヴァイク公領ではホイスリンゲの請願運動を受けてその小作地その他の要求に領邦当局は経済的に可能な限り応えようとし（Düwel [1996], S. 161-167, 170），また 1849～1855 年に農村部で人口減少下に住居数が増加し，1848 年の運動への領邦当局の対応——農場保有者たちの利害に反する——の結果とみられるという（Deich [1985], S. 249 - 257）．メクレンブルク大公領（Großherzogtum Mecklenburg-Schwerin）では 1848 年 4 月の下層民運動を受けて，5 月 15 日に領邦当局はグーツヘルと農場日雇い（Hoftagelöhner）との紛争調停委員会の設置条例を制定した（Hübner [1958], S. 147f.；ders. [1968], S. 863；Mahlert [1961], S. 176f.）．

7) 坂井 [1981], 32 頁．

8) 川越 [1988], 227-236 頁，特に 235-236 頁；山根 [1994], 特に 512-514 頁．

9) 例えば，Matz [1980], S. 181, 183；若尾 [1996], 95 頁．Mantl [1997], S. 29 も，ティロル・フォーアアルルベルクは 1850～1870 年に「最も厳しい特色と最も厳格な適用を経験した」という．

10) Gesetz, die Verhältnisse der Heuerleute betreffend, vom 24. 10. 1848, in：SGH [1848], Abt. 3, S. 58f..

11) Stüve [1851], S. 147, 190, 247f., 250, 266；Wrasmann [1919-1921], Teil 2, S. 115-120；Rothert [1921], S. 16f.；Herzog [1938], S. 131；Behr [1970], S. 100f.；ders. [1974], S. 186；Hagenah [1985], S. 201；Schlumbohm [1994], S. 614；Pelzer [2002], S. 91f.. 我が国ではごく簡単に，平井 [1994], 60 頁．

12) 「……家族設立への介入も必要である……重労働に依存する下層身分の家族で，相応しい真剣さもなく，必要を満たす世帯を設立するための資力もなく，確実かつ十分に稼ぐ見込みもなく設立されたものは，単に貧困の温床となるに

とどまらない……子供をもうけるが自ら養い，十分に育てる資力も真剣な意思もない者は，人間性の第1の戒律を犯しているし，そこから必ず悪徳が生じる．そのような家族を設立する軽率さやそこから不可避となる帰結である困窮は，必ず悪徳に行き着くのである．困窮の中で欲求を規則正しく満たすことなく，物乞いと他人の財産を侵す習慣の中で育てられる子供は，ゲマインデの厄介となる……この原則の当然の帰結の例は，残念ながら，何よりもプロイセン領のゲマインデであまりにも身近に存在する．結婚許可状手続によって我々の（ハノーファー領の──引用者）ゲマインデには災いに対抗して働く手段が与えられ，居住権地条例第3条が含む規定は，きちんと適用されれば，極めて十分な保護を与える」(Stüve [1851], S. 247f.)．同個所は行政的結婚規制の代表的な主張として我が国でも取り上げられた（若尾 [1996], 82-83頁）が，本来の文脈では付属小屋住居の新設規制や1848年法と関わらせながら1827年両条例に言及したものである．

13) Stüve [1851], S. 147.
14) Stüve [1851], S. 247. ただし，同法で現実に規制されたのはホイアー設定である．
15) STAO Rep335 Nr. 4046；Rep350Bers Nr. 465；Rep350Grö Nr. 980；Rep350Iburg Nr. 2044；Rep350Osn Nr. 1100.
16) STAO Rep350 Für Nr. 804；Rep350Grö Nr. 977；Rep350Iburg Nr. 2046；Rep350Osn Nr. 1101.
17) Ledebur [1845], in：OH, Nr. 9, 1. 3. 1845；Einige über die Verarmung der niedern Volksclassen auf dem Lande und Aufhülfe derselben, in：OH, Nr. 10-11, 1. 4. u. 1. 5. 1845；Über den Zustand der Heuerleute im Fürstentum Osnabrück, in：OH, Nr. 12, 1. 6. 1845；Verein für die Interessen der ärmern Landleute, in：OH, Nr. 15, 1. 9. 1845.
18) Über die gegenwärtige Lage der Heuerleute im Fürstenthume Osnabrück, in：HM Nr. 13-17, 14., 18., 21., 25. u. 28. 2. 1846.
19) STAO Rep335 Nr. 4046, Bl. 208-212, 245-293, 361-378.
20) STAO Rep335 Nr. 4046, Bl. 382-384；Nr. 4047, Bl. 207-274.
21) SNV.
22) Funke [1847], S. 51.
23) Funke [1847], S. 39, 53-75. 1フーダーは934リットル（Twelbeck [1949], S. 8f.）．

24) STAO Rep335 Nr. 4046, Bl. 210, 249-251, 262, 278, 289f., 363-365, 374f..
25) Wrasmann [1919-1921], Teil 2, S. 91.
26) STAO Rep335 Nr. 4046, Bl. 210, 249-251, 262-264, 282, 289-291, 363-365, 374-376.
27) STAO Rep350Bers Nr. 465, Bl. 23-36. なお，原則（ebd., Bl. 23-26）の作成日を11月7日とする史料も混在する（ebd., Bl. 31, 39）．原則はDep6b Nr. 1003 にも所収．
28) STAO Rep350Bers Nr. 465, Bl. 37-55, 64-68, 82-90. 原則はBl. 82-87（Dep6b Nr. 1003 にも所収）．
29) STAO Rep350Bers Nr. 465, Bl. 56-63, 69-81, 130. 合意成立は，フェース村，ランゲン（Langen）村，ヴルフテン村，ヴェーデル村，レヒテルケ（Lechterke）村．
30) STAO Rep350Bers Nr. 465, Bl. 126-129.
31) STAO Rep350Bers Nr. 465, Bl. 133-136.
32) STAO Rep335 Nr. 4046, Bl. 375.
33) STAO Rep350Grö Nr. 977.
34) Pelzer [2002], S. 91.
35) STAO Rep350Ber Nr. 465, Bl. 91f., 95f..
36) STAO Rep335 Nr. 13166a, Bl. 7, 26f., 36.
37) STAO Rep350Grö Nr. 978.
38) STAO Rep350Iburg Nr. 2044. なお，1847年5月4日にグラーネ，グランドルフ，ヒルター，ボルクローの4教区からそれぞれ農場保有者1人・ホイアーリング1人が管区庁に招集されて，ホイアーリング貧窮化の原因が確認された後，対策としてゲマインデごとの調停委員会（Compromiss-Commission）の設立が提案された（ebd.）．
39) STAO Rep350Bers Nr. 465, Bl. 139.
40) 委員会には，ホイアーリング問題の専門家というべき上述のレーデブーア（自由土地保有者会）に加え，シュトゥーヴェ（都市会）も入っていた（Dep2b II Nr. 26）
41) STAO Rep335 Nr. 4046, Bl. 93f., Nr. 4047, Bl. 75-78 ; Dep2b II Nr. 26. 法案はさらに，Wrasmann [1919-1921], Teil 2, S. 92f..
42) 経緯はSTAO Rep335 Nr. 4046, Bl. 405. 1846年5月の内務省回答はBl. 108-114, 引用はBl. 109.

43) STAO Rep335 Nr. 4046, Bl. 246, 264, 289, 362, 365, 376.

44) STAO Rep335 Nr. 4046, Bl. 246. 同管区庁への報告では、ヴェリングホルツハウゼン小管区役人が法的措置は必要とし（1846年8月10日）、ノイエンキルヒェン小管区役人も「規制は非常に必要と思われる……私法関係への干渉は憂慮すべきかもしれないが、ある身分を他の身分に対して保護し……前者を没落させないことも必要である」（同8月19日）という（STAO Rep350Grö Nr. 978）。

45) STAO Rep335 Nr. 4046, Bl. 376. 同管区庁への報告では、1846年9月19日ラエア小管区役人が法的規制の必要性を主張した（STAO Rep350Iburg Nr. 2044）。

46) 例えば、Oberschelp [1988], S. 198-201；Oppermann [1862], S. 11-26, 30f.．

47) ハノーファー王国では1837年以降の穀物価格の上昇を背景にして、1840年代から1860年代初頭に償却が進んだ。1853年までに領主制的負担の推定総額の2/5, 1865年までに2/3が償却された（Wittich [1896], S. 446；Ventker [1935], S. 43；Hagenah [1985], S. 183）。ハノーファー王国における領主制の償却（北西ドイツ型領主制の解体）の実態に関する研究はなお乏しいが、王国全域の貴族と騎士農場を対象にしたHindersmann [2001], S. 241-303が、オスナブリュック地方、リューネブルク地方、ヒルデスハイム地方、カレンベルク・ゲッチンゲン・グルベンハーゲン地方の計11の騎士農場に付属する領主権の償却を分析した。オスナブリュック地方の場合、償却は1850年まで緩慢であったが、1850年代に償却契約の締結が増え、1864年までに負担の大部分は償却された（Herzog [1938], S. 101, 107）。

48) 3月革命期のハノーファー王国における農村住民運動の研究は多くないが、Penners [1953], bes. S. 120-122；Golka/Reese [1973]；Behr [1974]；Geiling [1985], S. 99-114；近年の業績として、Düwel [1996]。

49) ハノーファー王国全域について下層民の状況調査が行われ、1850年分の一部は公刊された（VHE）。調査での階層区分の定義は、ebd., S. XII. オスナブリュック大管区では少なくとも1849～1851年の3年に渡って調査された（STAO Rep335 Nr. 127, Bl. 184-255；Nr. 128, Bl. 554-617；Nr. 129, Bl. 259-373）。

50) 家屋のみの所有者としては世襲小作人や旧ハノーファー選帝侯領で農民・騎士農場内に借地し、自己の住居を建てる下層民（アップバウアー及びバイバウアー）が存在した（Wittich [1896], S. 108f.；Mittelhäusser [1980], S. 239）。

51) リューネブルク大管区では Reihestellen（輪番義務保有地）世帯とされているが，同地方ではブリンクジッツァーの零細保有地も Reihestelle をなした（Wittich [1896], S. 104）ため，同大管区分にはブリンクジッツァー世帯も含まれると考えられる．
52) なお，リューネブルク地方とホヤ地方でホイスリンゲは受け入れ農場の領主（グルントヘル）に対して賦役・賦役金の給付義務を負った（第1章註72））が，1848年7月21日法（Gesetz, betreffend die Aufhebung des Häuslings-Dienstgeldes, vom 21. 7. 1848, §§ 1, 4, in：SGH [1848], Abt. 1, S. 221f.）によって国庫からの補償で廃止された（Grefe [1860], S. 254f.；Mittelhäusser [1980], S. 252．なお，旧ハノーファー選帝侯領のホイスリンゲ保護金（第1章註117)及び第2章註19)）は1838年5月8日法（Gesetz, die Aufhebung der von den Häuslingen in verschiedenen Theilen des Königreichs zu entrichtenden schutzherrlichen Abgaben betreffend, vom 8. 5. 1838, bes. §§ 1, 7, in：SGH [1838], Abt. 1, S. 133, 135）と同法によって同様の方法で廃止された（Mittelhäusser [1980], S. 252）．オスナブリュック地方の一部地域で存在した地区裁判官に対する貢租（第2章註19)）も1849年10月に1848年7月21日法を適用して廃止されたとみられる（STAO Rep350Bers Nr. 104, Bl. 12）．
53) 3月革命期のオスナブリュック地方の農村住民運動については，Behr [1974] が標準作である．
54) シュペンゲ騒擾については，Mager [1984], S. 182-188. さらに，平井 [1994], 58頁を参照．
55) STAO Rep335 Nr. 4046, Bl. 429f..
56) Wrasmann [1919-1921], Teil 2, S. 103f.；Behr [1974], S. 129-131.
57) STAO Rep335 Nr. 4046, Bl. 413f.；Rep350Osn Nr. 1100.
58) STAO Rep335 Nr. 4046, Bl. 429-434, 465-468.
59) STAO Rep335 Nr. 4046, Bl. 542-548；HSAH Hann. 108 Nr. 5392.
60) STAO Rep335 Nr. 4046, Bl. 524f.；Rep350Grö Nr. 980, Vereinigungen zwischen Colonen und Heuerleuten, 1848.
61) STAO Rep350Bers Nr. 465, Bl. 97-103. Behr [1974], S. 135 は，さらにアンクム教区アンクム村も挙げるが出典不明である．
62) HSAH Hann. 108 Nr. 5392.
63) STAO Rep335 Nr. 4046, Bl. 539-540, 546-548；Das Loos der Heuerleute,

in: OT, Nr. 22-23, 15. u. 16. 4. 1848.
64) Warnung des Königlichen Gesammt-Ministeriums, die in einzelnen Landestheilen stattgehabten Ruhestörungen betreffend, vom 2. 4. 1848, in: SGH [1848], Abt. 1, S. 91f..
65) Gesetz, die Verpflichtung zum Ersatz des bei Aufläufen verursachten Schadens an öffentlichem oder Privateigenthum betreffend, vom 16. 4. 1848, in: SGH [1848], Abt. 1, S. 117-119; Bekanntmachung des Königlichen Ministeriums des Innern, die Errichtung von Bürgerwehren (Schutzwachen) in den Gemeinden betreffend, vom 16. 4. 1848, in: SGH [1848], Abt. 1, S. 121-123; Ausschreiben des Königlichen Ministeriums des Innern an die Obrigkeiten des Landes, die Errichtung von Bürgerwehren in den Städten und von Schutzwachen auf dem Lande betreffend, vom 16. 4. 1848, in: SGH [1848], Abt. 2, S. 1f..
66) Zur Sache der Heuerleute, in: OT, Nr. 55-56, 25. u. 26. 5. 1848; Einige Worte, die Verhältnisse der Heuerleute betreffend, in: OT, Nr. 74, 16. 6. 1848.
67) Gesetz wegen des Schulgeldes im Fürstenthume Osnabrück vom 15. 6. 1848, in: SGH [1848], Abt. 3, S. 33.
68) STAO Rep335 Nr. 4046, Bl. 420, 422f., 455-457（引用は Bl. 454）.
69) STAO Rep335 Nr. 4046, Bl. 419.
70) Ledebur [1848] (STAO Rep335 Nr. 4046, Bl. 57-60; Rep350 Grö Nr. 980 所収).
71) STAO Rep350Bers Nr. 465, Bl. 91f..
72) STAO Rep335 Nr. 4046, Bl. 425-427; Rep350 Iburg Nr. 2045; Wrasmann [1919-1921], Teil 2, S. 113f.. 合意成立は，ゼントルップ（Sentrup）村，フィスベック（Visbeck）村，オステンフェルデ（Ostenfelde）村．
73) STAO Rep335 Nr. 4046 Bl. 481-490, 534. 協定・合意の成立は，ヴェーレンドルフ（Wehrendorf）村，ハルペンフェルト（Harpenfeld）村，アイエルシュテット（Eielstedt）村，ロックハウゼン（Lockhausen）村，エッセン村，ヒュゼーデ（Hüsede）村，バルクハウゼン村，リネ（Linne）村，ハレン・ノルトハウゼン（Harren-Nordhausen）村，ヒッツ・イェシュティゲン（Hitz-Jöstigen）村，シュティルペ・エリンゲン（Stirpe-Ölingen）村，ヘリングハウゼン（Herringhausen）村，シュヴァークストルフ村．

第 4 章　3 月革命と定住管理　　　311

74)　STAO Rep350Grö Nr. 980, Vereinigungen zwischen Colonen und Heuerleuten, 1848. 協定・合意は，ヴェッター村，ヴェニヒセン村，ノイエンキルヒェン教区全 8 か村，ゲルデン村．

75)　STAO Rep335 Nr. 4046, Bl. 500-503, 511-515；Rep350Osn Nr. 1100；Heuvel [1990], S. 321. 協定・合意の成立は，ヴァレンホルスト村，ホラーゲ（Hollage）村，パイエ（Peye）村，レヒティゲン（Lechtigen）村，シンケル村，ガステ村，ヘラーン村，オーアベック（Ohrbeck）村，ヘネ（Hönne）村，ハスベルゲン村，ポヴェ（Powe）村，フェーアテ（Vehrte）村，ヒムベルゲン（Himbergen）村，ホルテ・ズュンスベック（Holte-Sünsbeck）村，ネムデン（Nemden）村，ユディングハウゼン・ヴァリングホーフ村．

76)　STAO Rep335 Nr. 4046, Bl. 497-499. 村名は，リーステ（Rieste）村，ペンテ村，エンクター村，カルクリーゼ（Kalkriese）村．

77)　STAO Rep335 Nr. 4046, Bl. 502f., 511-513.

78)　STAO Rep335 Nr. 4046, Bl. 483-489.

79)　Wrasmann [1919-1921], Teil 2, S. 113.

80)　STAO Rep350 Grö Nr. 980, Vereinigungen zwischen Colonen und Heuerleuten, 1848.

81)　藤田 [1984]，149，154 頁．

82)　STAO Rep335 Nr. 4046, Bl. 405-410, 473-480（引用は Bl. 407）．

83)　STAO Rep335 Nr. 4046, Bl. 417-418, 471-472；Rep335 Nr. 4047, Bl. 58-66.

84)　例えば，STAO Rep350 Grö Nr. 980 所収．

85)　STAO Rep335 Nr. 4047, Bl. 79-83.

86)　先述のごとくこの時期の内務大臣は 1845 年に州議会委員会案作成に関わったシュトゥーヴェであるが，従来立法化に慎重だった内務省の側で彼が果たした役割の解明は，戦災による内務省文書の焼失のため困難である．

87)　STAO Rep335 Nr. 4047, Bl. 85-92, 133-141.

88)　STAO Rep335 Nr. 4047, Bl. 142-145.

89)　STAO Rep335 Nr. 4047, Bl. 146-151.

90)　約 50 キロメートル南のミュンスター市とともにオスナブリュック市を調印地とするヴェストファーレン条約締結の 200 周年記念日であった．

91)　SGH [1848], Abt. 3, S. 58f. より整理．

92)　8 月 19 日の州議会修正案でそれまでの法案における農場保有者（Colonen）という表現が土地保有者というより「一般的な名称」に変更されたが，規制対

象を騎士農場保有者も含む土地保有者全階層のホイアー関係にするためであった．この際騎士会の要求により1ゲマインデをなす大農場は除外されるという規定が加えられた（STAO Rep335 Nr. 4047, Bl. 143）．

93) なお，ホイアーと同様に，世襲小作地やノイバウアー地の設置にも，当局の留保権の下で，それが家族扶養に十分であるという同委員会の宣言が必要とされた（第8条）．

94) Ubbelohde [1834], S. 220.

95) 前小節でふれた4月11日の大管区庁通達のように農場保有者とホイアーリングの代表による調停方式は，法規定による私権侵害を避ける意味をもつが，6月20日の州議会修正案に対する8月10日の政府案の修正点がここに関わる．州議会は，委員会の設立の「法的強制」を避けて設立は農場保有者のみの過半数の決議によるとしつつ，付属小屋住居・小作地の状態・賃料の審査と必要な小作地規模・賃料の確定などの強い権限を委員会に与えた．それに対して内務省は，後の第3条のように委員会の設立を常態としつつ，後の第6条第3項及び第7条のように「ホイアーの十分性審査」を新設ホイアーに限定し，既存のホイアーへの適用はゲマインデの自主性に委ねた（STAO Rep335 Nr.4047, Bl. 81, 134-136, 140）．私権侵害に慎重な内務省は，委員会の活動範囲を「できるだけ制限して」「法的に確定する」ことによって，委員会自体が「容易く私権を侵害し過ぎる」事態を避けることを意図したという（ebd., Bl. 133f.）．

96) 註93)でふれた，第8条の世襲小作地・ノイバウアー地の設置の条件規定が，「家持ち」として自立する入植者に対する定住管理の規定であることは，むろんいうまでもない．

97) STAO Rep350Für Nr. 804, Bl. 64；Rep350Osn Nr. 1101；Rep350Iburg Nr. 2046.

98) STAO Rep350Grö Nr. 980；Rep350Für Nr. 804, Bl. 65, 70, 134；Rep350Osn Nr. 1101, St. 4, 19, 28, 30；Rep350Iburg Nr. 2046.

99) STAO Rep350Iburg Nr. 2046.

100) STAO Rep350Iburg Nr. 2046.

101) STAO Rep350Osn Nr. 1101, St. 7-12, 15.

102) STAO Rep350Grö Nr. 980.

103) STAO Rep350Grö Nr. 977, Wahl und Beeidigung der Mitglieder；Wahl der Heuerlingscomissionen und Beeidigung der Mitglieder (Kirchspiele Buer, Melle u. Oldendorf). 委員名簿提出日や委員選出日の初出は，リームス

ロー教区・ホイエル（Hoyel）教区分（計9か村中8か村）：1852年11月7日・12月7日，ゲスモルト教区分（オスナブリュック管区部分を除く4か村）：1852年12月27日・1853年1月8日，ヴェリングホルツハウゼン教区分（全9か村）：1853年1月12日，ノイエンキルヒェン教区分（全8か村）：1853年2月16日，メレ教区分（全10か村）：1853年5月13～27日，ビューア教区分（全13か村）：1853年6月26日，オルデンドルフ教区分（教会村を除く5か村）：1853年8月29日．これらの時点で，ゲスモルト教区1か村とノイエンキルヒェン教区分以外では名簿・選出集会招集状などからすでに委員会が存在していたことが分かる．

104) STAO Rep350Iburg Nr. 2046.
105) STAO Rep350Iburg Nr. 2046.
106) STAO Rep350Für Nr. 804, Bl. 64.
107) STAO Rep350Für Nr. 804, Bl. 65, 69.
108) STAO Rep350Für Nr. 804, Bl. 70-74.
109) STAO Rep350Für Nr. 804, Bl. 139.
110) STAO Rep350Für Nr. 804, Bl. 66, 72.
111) したがって，Wrasmann [1919-1921], Teil 2, S. 120 や Behr [1970], S. 101 が「かなりの行政村で（In manchen Bauerschaften）」委員会の設立が拒否されたとするのは適切ではないだろう．
112) 連合村とは，1852年の農村自治体制規則で認められた連合自治体制度である（Ausschreiben des Königlichen Ministeriums des Innern, die Regelung der Verhältnisse der Landgemeinden betreffend, vom 4. 5. 1852, §§ 1-9, in：SGH [1852], Abt. 2, S. 3f.）．同規則施行に伴い，すでに3月前期に教区団体のゲマインデとしての結合が特に強かった旧イブルク管区と旧グレーネンベルク管区などでは，概ね従来の教区団体が連合村に再編された．それは，プロイセン・ライン州などでみられる都市と農村を包括した連合自治体とは異なり，同ヴェストファーレン州の1841年の農村自治体条例（Landgemeindeordnung für die Provinz Westfalen vom 31. 10. 1841, §§ 106-109, in：GKP [1841], S. 317-319）で制度化された連合農村（Amt）と同じく農村部の連合自治体である（Meyer zum Gottesberge [1933], bes. S. 166f.；三成 [1997]，18頁，さらに肥前 [1988]，208-210頁）．
113) STAO Rep350Grö Nr. 977, Wahl der Heuerlingscomissionen und Beeidigung der Mitglieder (Kirchspiele Melle u. Oldendorf)；Rep350Osn

Nr. 1101, St. 36-45.

114) 1849年1月2日にヘラーン村で農場保有者たちが選んだホイアーリング委員の1人はホイアーのほかに煉瓦焼き場を賃借し，「通常のホイアーリング」ではないと，ホイアーリングたちが抗議した．なお，近隣のヴァレンホルスト教区レヒティゲン村のホイアーリングたちは，1852年12月18日の選出集会で，1850年12月の選出集会は日時を直前にしか知らされなかったとしてその改選分の再選出も求め，農場保有者たちに拒否されると，出席した17人中13人が投票を拒否し，29日ホイアーリング30人が管区庁に1850年と1852年の改選分の再選出を請願した（STAO Rep350Osn Nr. 1101, St. 12, 43）．

115) 以上，STAO Rep350 Osn Nr. 1101, St. 12, 37, 41, 44, 46-48.

116) 例えば，1853年8月26日の宣誓式では以下の宣誓文が読まれた．「1848年10月24日法によるホイアーリング委員会の委員の義務を引き受け，それを誠実かつ良心的に果たし，いかなる理由からもそれを躊躇しないことを誓います」．宣誓文は教区を越えて管区内で定型化されていた．

117) 以上，STAO Rep350Grö Nr. 977, Wahl der Heuerlingscomissionen und Beeidigung der Mitglieder (Kirchspiel Buer).

118) 1849年5月1日のオスナブリュック小管区役人報告・1850年6月14日のオスナブリュック管区庁報告（STAO Rep350Osn Nr. 1101, St. 20, 35），1849年4月24日・同9月9日のグレーネンベルク管区庁報告（STAO Rep350Grö Nr. 980），同11月5日のベルゲ小管区役人報告（STAO Rep350Für Nr. 804, Bl. 72），1850年5月29日のラエア小管区役人助手報告・同6月2日のディッセン小管区役人報告・同3日のグラーネ小管区役人報告・同22日のイブルク管区庁報告（STAO Rep350Iburg Nr. 2046）．

119) STAO Rep350Grö Nr. 980；Rep350Osn Nr. 1101, St. 35.

120) STAO Rep350Für Nr. 804, Bl. 72；Rep350Iburg Nr. 2046.

121) 例えば，1850年5月22日のイブルク管区庁報告（STAO Rep350Iburg Nr. 2046）．

122) 1849年5月1日のオスナブリュック小管区役人報告・同6月20日のベルム小管区役人報告・同21日のオスナブリュック管区庁報告・同8月29日のシュレデハウゼン小管区役人報告・1850年3月26日ビッセンドルフ小管区役人報告・同6月14日のオスナブリュック管区庁報告（STAO Rep350Osn Nr. 1101, St. 20, 24, 25, 29, 33, 39），1849年4月24日のグレーネンベルク管区庁報告（STAO Rep350Grö Nr. 980），1850年3月26日のグラーネ小管区役人報

第 4 章　3 月革命と定住管理　　　　　　　　　　　　315

　　　告・同 6 月 2 日のディッセン小管区役人報告・同 18 日のボルクロー小管区役人報告・同 22 日のイブルク管区庁報告（STAO Rep350Iburg Nr. 2046）．

123）　zit. in：Schlumbohm［1994］, S. 615. なお，借家人の 1 人は鞍職人で，零細地保有者が受け入れたのは，「狭義のホイアーリング」ではないこうした世帯だったと考えられる．

124）　STAO Rep350Grö Nr. 977, die Heuer des Heuermanns Wellenkötter bei Colon Ebeler zu Gr. Aschen (Kirchspiel Riemsloh), 1856.

125）　1853 年 7 月 8 日に大管区庁が承認した連合村規約によってノイエンキルヒェン教区は連合村で救貧・居住権単位とされ，救貧は連合村全体の負担とされた（STAO Rep 335 Nr. 13166b, Bl. 26, 34）が，ズットルフ村長の言動は 1857 年の時点で宿所・食糧の提供が個々の行政村の責任とされていたことを示す．

126）　STAO Rep350Grö Nr. 977, die Wohnungen der Heuerleute, 1855–1858.

127）　1853 年 5 月 4 日に大管区庁が承認した連合村規約ではビューア教区は連合村をなして救貧・居住権単位とされたが，「通常の救貧負担」（宿所・食糧の提供など）は個々の行政村に課せられた（STAO Rep335 Nr. 13166a, Bl. 95, 101）．

128）　STAO Rep350Grö Nr. 977, die Aufnahme des Heuerlings Brehsert auf Köllings Kotten zu Wetter ohne Vorwissen und Genehmigung der Commission, 1854.

129）　STAO Rep350Iburg Nr. 2046.

130）　STAO Rep350Osn Nr. 1101, St. 20.

131）　イブルク管区においても，居住権団体は，先述の 1847 年 7 月 2 日の大管区通達により，この時点で公式には個々の行政村であった．しかし，この事例からも，居住権付与・結婚許可同意に関わる決定を引き続き教区団体が行っていたことが分かる．第 3 章註 149）参照．

132）　STAO Rep350Iburg Nr. 5895.

133）　1852 年 10 月 1 日にベルゼンブリュック管区が 2 分割されて成立した．

134）　STAO Rep350Bers Nr. 513, Bl. 99.

135）　STAO Rep350Bers Nr. 513, Bl. 95f..

136）　1852 年 10 月 1 日にイブルク管区が 2 分割されてディッセン管区とイブルク管区が成立した．

137）　STAO Rep350Iburg Nr. 2046. 同教区でも，1853 年 3 月 14 日に大管区庁によって承認された連合村規約では連合村が居住権団体をなした（STAO

Rep335 Nr. 13199, Bl. 486) ことから，連合村が結婚許可同意も決定していたと考えられる．

138) STAO Rep350Osn Nr. 1101, St. 29.

139) 1853年12月14日に大管区庁が承認した連合村規約によれば，ヴェリングホルツハウゼン教区は連合村をなし，救貧・居住権単位とされたが，ホイアーリングの居住権は行政村単位とされ，個々の行政村が管轄した（STAO Rep13166a, Bl. 36f.）ことから，結婚許可同意も行政村が決定していたと考えられる．

140) STAO Rep350Grö Nr. 977, die vom Schneidermeister Conrad Sutmüller zu Schlochtern (Kirchspiel Wellingholzhausen) beabsichtigte neue Heuer, 1860.

141) ボルクロー教区は，1853年3月22日に大管区庁が承認した連合村規約で，連合村をなし「全行政村を包括する居住権団体」とされた（STAO Rep335 Nr. 13199, Bl. 58）．

142) STAO Rep350Iburg Nr. 2046.

143) 移民数は，Kiel [1941], S. 166-173, 人口は，Kaufhold/Denzel (Hg.) [1998], S. 46, 54 より算出．

144) 1850・1860年代前半に工業化は緩慢に始まり，19世紀末までにオスナブリュック市周辺を中心に金属工業，繊維工業，タバコ製造業，煉瓦製造業，製紙業が一定程度成長した．1861年の営業統計によれば，オスナブリュック地方全体で681の「工業経営（Fabriken）」が存在し，計3,755人（全人口の2.5％）が雇用されていた（繊維産業・金属工業で72経営・労働者1,340人雇用）．また，蒸気機関は62台・972馬力が稼働しており，12台・496馬力が鉱山業で，30台235.5馬力が「製造業（Fabrikation）」（繊維産業8台・機械工業3台・金属関係3台など）で使用されていた（Kaufhold/Denzel (Hg.) [1998], S. 46, 116f.）．

145) Stüve [1896], S. 31. 当時シュトゥーヴェは州農業協会の会長でもあった．

146) Herzog [1938], S. 131f.；Kiel [1941], S. 155f.. 北ヴェストファーレン全般については，Seraphim [1948], S. 24f.；Henkel [1996], S. 208f..

147) 報告地は，エッセン教区，ベルム教区，ベルゲ教区，ベルゼンブリュック教区，メンスラーゲ教区，聖マリエン教区，バットベルゲン教区，ルレ教区，ブラムシェ教区（2報告），ヴェネ教区である．

148) Provinzialverein [1896], S. 50-52, 54f., 65f., 70-73, 75f., 84-87, 95f., 98f.,

第 4 章　3 月革命と定住管理　　　　　　　　　　　　　　317

104. なお，19 世紀のオスナブリュック地方の農業協会について近作として Pelzer［2002］．地域農業協会は主に 1830・1840 年代に教区単位で設立された（ebd., 26f.）．
149) STAO Rep335 Nr. 138, Bl. 775.
150) Wrasmann［1919-1921］, Teil 2, S. 120f.；Behr［1970］, S. 101；Pelzer［2002］, S. 92.
151) Gesetz über die Freizügigkeit vom 1. 11. 1867, in：BNB［1867］, S. 55-58；Gesetz über die Aufhebung der polizeilichen Beschränkungen der Eheschließung vom 4. 5. 1868, in：BNB,［1868］, S. 149f.；Gesetz über den Unterstützungswohnsitz vom 6. 6. 1870, in：BNB［1870］, S. 360-373.
152) 1827 年居住権地条例の失効は，1870 年の北ドイツ連邦法のプロイセン施行法の第 74 条（Gesetz, betreffend die Ausführung des Bundesgesetzes über den Unterstützungswohnsitz, vom 8. 3. 1871, § 74, in：GKP［1871］, S. 149f.）による（Just［1890］, S. 218）が，オスナブリュック地方では Stork［1935］, S. 127-135 によれば，1867～1868 年の段階で定住・結婚規制は停止された．より一般に，北ドイツ連邦議会による定住規制と行政的結婚制限の廃止に関しては，北住［1990］, 164-166 頁；若尾［1996］, 126-132 頁．
153) Grotefend［1879］, S. 463f.；Rudorff［1884］, S. 370f..
154) 一般に，Seraphim［1948］, S. 24f.. 邦語では，若尾［1996］, 216 頁．
155) 1890 年に行われたケルガーの北西ドイツ調査は，Kaerger［1892］．オスナブリュック地方については，ebd., S. 57-71, その提案は S. 220. これに対する批判は，肥前［2003］, 212, 219, 226 頁を参照．
156) 1897 年 11 月 5 日のベルゼンブリュック郡長によるオスナブリュック県庁（Regierung zu Osnabrück）への報告で，「農業労働者家族」の救貧扶助との関係で言及されている（STAO Rep335 Nr. 14837, Bl. 5-13）．
157) 1868 年 8 月 18 日にヴェリングホルツハウゼン教区シュロホターン村でホイアーリングの受け入れに際して同村からその貧窮化の際の扶養責任を求められた農場保有者がグレーネンベルク管区庁に訴え，管区庁は大管区庁に 1848 年法と 1867 年の移動の自由法との関係を照会した．同 25 日大管区庁は，移動の自由法（特に第 3 条）によって 1848 年法第 6 条第 3 項によるホイアー新設に関するホイアーリング委員会の「異議権（Widerspruchrecht）」（!）は廃止されたとみなされるが，移動の自由法には救貧扶助に関する規定がないので，委員会鑑定に反して受け入れたホイアーリングの貧窮化に伴う受け入れ農場保有

者の扶養責任の規定は失効しないと回答した（STAO Rep 350 Grö Nr. 960）．そして，1870年10月から1877年6月までボルクロー教区で付属小屋新築に伴う委員会によるホイアー鑑定の効力をめぐって，移動の自由法からそれを否定する大農場保有者と関係2か村・それらが属するボルクロー連合村との係争が生じた（STAO Rep350Iburg Nr. 2046）．

158) 例えば，メレ管区庁は，ビューア小管区役人に対する1871年3月25日の回答で，1848年法は1866年以降の立法の趣旨に反する点があるが廃止措置はとられていないので，委員会の存在自体は正当であるという（STAO Rep350Grö Nr. 960）．なお，1884年12月29日にシュレデハウゼン教区アストルップ（Astrup）村の村長に対してシュレデハウゼン管区庁は1848年法第5条は廃棄されたと説明している（STAO Rep350 Osn Nr. 1101）．

159) ディッセン管区庁文書では1872年6月20日のディッセン教区ディッセン村を，イブルク管区庁文書では1876年11月15日のグラーネ教区グラーネ村を委員選出集会記録の最後とする（STAO Rep350Iburg Nr. 2046）．シュレデハウゼン管区では1873年3〜4月にシュレデハウゼン教区ヴルフテン（Wulften）村から委員選出の停止が報告された（STAO Rep350 Osn Nr. 1101）．メレ管区では1871年3月18日にオルデンドルフ教区で委員選出が停止されたと報告された．また，ビューア教区ではプロイセン併合後委員が選出されておらず，管区庁は同25日に，新立法による1848年法の廃止の見込みから，委員会がすでに消滅したゲマインデでは委員選出の必要はないと小管区役人に回答している（STAO Rep350Grö Nr. 960）．

この時期以降史料は乏しいが，1880年代に委員会が再建された事例がみられる．すなわち，1882年9月4日ルレ教区ルレ村で，また1885年1月7日シュレデハウゼン教区アストルップ村ですでに消滅していた委員会の委員が1848年法に基づき新たに選出され，1887年1月26日にオスナブリュック郡長は，ベルム教区のポヴェ村長に委員会が存在しなければ設立するように勧めた（STAO Rep350Osn Nr. 1101）．さらに，1921年に，ベルゼンブリュック郡長であった地方史家ローテルトは「いわゆるホイアーリング委員会はかなりのゲマインデで今日まで静かでしかし恵み豊かな活動を発展させた」という（Rothert [1921], S. 17）が，史料的な検証は本章の対象範囲を超える．

160) Stüve [1851], S. 250.

161) Schreiben des Königlichen Gesammt-Ministerii vom 1. 2. 1849, die Grundzüge der Organisation der Landgemeinden betreffend, S. 6, in：HSAH

第4章　3月革命と定住管理

Hann. 108 Nr. 5997；Meier [1898], S. 592f..

162)　Gesetze, die Landgemeinden betreffend, vom 4. 5. 1852, in：SGH [1852], Abt. 1, S. 83-96.

163)　§§ 29, 35, 36, in：SGH [1852], Abt. 2, S. 7, 9. 同規定に付された趣旨説明は、「無産大衆が他人の財産を利用する」ことを防ぎつつ、「従来投票権からたいてい排除されていた」「非家持ち」も、「共同決定から完全に排除されてはならないので」、「投票権を得なければならない」という (ebd., S. 22)．なお、1852年法に投票権規定はなく、この点でヘフターの記述 (Heffter [1969], S. 302) は正確ではない．

164)　Gesetz, die Landgemeinden betreffend, vom 28. 4. 1859, §§ 8, 17, in：SGH [1859], Abt. 1, S. 394, 396f.. 投票権規定の分析は、Just [1890], S. 213, 221f.. 同法はハノーファー王国のプロイセン併合後も存続し、その投票権規定は、1891年の東部7州の農村自治体条例 (Landgemeindeordnung für sieben östlichen Provinzen der Monarchie vom 1. 6. 1891) の制定の際に、家屋・土地を所有しない農業労働者などへの投票権の付与方式に関して参照された (Anlagen zu den stenographischen Berichten [1891], S. 288；北住 [1990], 152, 154頁)．その意味で、同法は、世紀後半にプロイセンを中心に普及した、ゲマインデ自治への下層民統合形式の先駆の一つとなったといってよいだろう．

なお、第2帝政期のゲマインデ市民権は、(1)プロイセンやバーデンなどにおける等級別選挙権、(2)バイエルン（ライン右岸）と北ドイツの自由都市における伝統的成員権と結合した選挙権、(3)ヴュルテンベルクにおける「伝統的成員身分の概念」が「広範に民主化」されたものに三分される (Koch [1983], S. 92f.；三ツ石 [1997], 97頁) が、ハノーファー州も含む(1)が領域的に最も一般的であったとみられる．

165)　北西ドイツの他地域をみても、ブラウンシュヴァイク公領では1850年の農村自治体条例 (Landgemeindeordnung vom 19. 3. 1850) によって、3級選挙制の下で自己の世帯を営む住民全体にゲマインデ参事会員選挙権が付与され、土地なし借家人も選挙権を得た (Schildt [1986], S 75f.). プロイセン・ヴェストファーレン州でも、1850年の自治体条例 (Gemeindeordnung für den Preußischen Staat vom 11. 3. 1850, § 4, in：GKP [1850], S. 214) と1856年の農村自治体条例 (Landgemeindeordnung für die Provinz Westfalen vom 19. 3. 1856, §§ 15, 25, 29, in：GKP [1856], S. 269f., 272-274) では、ゲマインデ投票権の要件として、直接国税支払額に最低規準を設けながらも、藤田

[1984], 167頁や三成［1997］, 18頁が言及した1841年の農村自治体条例（§§ 40, 41, in：GKP［1841］, S. 304f.）とは異なり，家屋所有・地税支払いはもはや不可欠の要件ではない．

166) §32, in：SGH［1852］, Abt. 2, S. 8；§11, in：SGH［1859］, Abt. 1, S. 395.
167) §§25, 28, in：SGH［1852］, Abt. 2, S. 6f.；§§3, 7, in：SGH［1859］, Abt. 1, S. 394.
168) この点は，Jacobi［1852］, S. 16を参照．したがって，ハノーファー王国の土地なし借家人がどの時点でゲマインデ集会に参加し，投票を行う資格を得たのかを確認するには，ゲマインデごとの検証を要するが，1859年法によって土地なし借家人に投票権が付与されたという研究史の一部（Wrasmann［1919-1921］, Teil 2, S. 115；Prass［1997］, S. 227）の理解は，1852年規定との関係でもゲマインデ規約との関係でも正確ではない．
169) 足立［1997］は19世紀末以降の北ドイツの農業労働者（下層民）に関して，労働市場・労使関係と生活世界，そして社会国家との関係で「土着」と対比されるものとして「他所者」を考察した．本章で分析した事態は，ゲマインデ自治との関係に着目すれば，いわば「土着」下層民の形成プロセスの一部ともいえないだろうか．政治的にゲマインデに一定程度統合されていく下層民は，農場保有者たちとともに，「他所者」農業労働者の統制にも排除にも参加し得るのである．

終　章

　本書では，これまで主に領邦当局に対する政治的自治という観点からなされてきたドイツの農民・農村社会の自律性の評価に対して，農村住民の社会的分化と下層民問題に注目して日常的な地域管理の自律性の如何という問題関心の下で，近世後半から農業改革期の農村社会の下層民管理——地域秩序の形成・維持上の重要問題——における農民の位置・役割に注目した．すなわち，現実に地域秩序を形成・維持し，下層民を管理・統制するファクターである個々の農場保有者・ゲマインデ・領邦当局の三者の相互関係に着目して地域管理における農民の自律性をとらえ，その長期的な動態を探ろうとした．

　かかる問題関心・方法の下で，以上の第1～4章では，これまで体系的な検討に乏しかった下層民に対する定住管理体制を，北西ドイツ・オスナブリュック地方を事例地に17世紀末から19世紀中頃まで詳細に検討した．本章では，これまでの実証内容を整理した上で，下層民管理と農民の自律性という観点から考察を総括して結論とその意義を示したい．

1. 定住管理体制の構造と展開

(1)近世後半におけるこの地方の農村社会における定住管理制度は，ゲマインデ（マルク共同体）がもつ住居新設や共有地の開墾・入植に対する同意権と領邦当局による住居新設に対する同意金の賦課とからなり立っていた．直接的な規制対象は制度上定住行動そのものではなく住居新設で，また定住者というよりも住居新設者であった．

　領邦当局はマルク共同体の同意権によって零細地保有者の入植政策を制約

された一方，住居新設に対する関心は定住管理ではなく財政的なものであり，しかも全ての住居新設に同意金を賦課し得ていたわけではなかった．実質的に定住管理を主導したマルク共同体は，零細地保有者の入植を制限できたものの，その成員である個々の農場保有者が労働力確保や賃料収入を目的に借家人を受け入れるために行う付属小屋住居の新設は十分に規制できなかったと考えられる．

したがって，零細地保有者の入植が押さえられた反面，土地なし借家人世帯たるホイアーリングの定住，つまり個々の農場保有者による受け入れは領邦当局もマルク共同体も十分に統制できず，その結果個々の農場保有者の私的寄留者というべきホイアーリングが18世紀後半には農村住民世帯の過半を占めるにいたった（第1章）．

(2)共有地と小作地に依存する極小規模の農業経営と亜麻織物業やオランダへの出稼ぎなどといった副業に依存する，生活が不安定なホイアーリングの増加・堆積によって，救貧・治安問題が7年戦争後に深刻化し，特に1770年代初頭に生じた食糧危機は，メーザーら領邦指導層に領邦の「過剰人口」状態とホイアーリングに対する定住管理問題とを認識させることになった．

このような状況に対して領邦当局が制定した1766年・1774年の両救貧条例は，ゲマインデ（教区団体）に救貧義務を課しつつ，前者はその日常的範囲を狭く行政村に限定してホイアーリングを受け入れる個々の農場保有者の責任を喚起し，後者は教区外から受け入れる他所者ホイアーリングに関して個々の農場保有者の責任を法定し，そうしたホイアーリングの貧窮化の際の追放制度を導入した．農場保有者たちはかかる立法に積極的に対応し，法規定を超えて居住拒否・新定住者に対する直接的な規制を行い，定住管理の自主的強化を目指す農民運動も出現した．そして，農場保有者集団としてのゲマインデと領邦当局が連携して，他所者ホイアーリングの定住を監視する体制が形成された．

もっとも，この体制も人口抑制や救貧問題に関してさしたる成果は上げられず，19世紀初頭にはホイアーリングとして定住（世帯設立）する地元下

層民への規制の拡大が農村社会の側からも領邦当局からも提起されていた（第2章）．

(3)かかる状況を受けて，この地方がハノーファー王国の1州となった後3月前期に入ってもホイアーリングに対する定住管理の強化が官吏や州議会によって提案されていた．

こうした段階で定住・結婚規制法たる居住権地条例・結婚許可状条例が1827年に成立し，ゲマインデ（教区団体・行政村）は，居住権付与と結婚許可への同意によって，ホイアーリングとして定住を希望する他所者のみならず地元下層民をも規制の下におくようになった．この制度の下でゲマインデはホイアーリングとして居住権・結婚許可を希望する下層民の経済力・人格を厳しく監視・審査し，またそれらの申請を受理せず，救貧責任の成立を意味する居住権付与・結婚許可への同意をできるだけ回避しようとした．これに対して，最終決定権者である領邦当局は，一方でゲマインデによる経済力・人格審査を前提とし，他方で申請先のゲマインデを判断し，経済力・人格審査の基準に関して法規定を遵守させようとし，ゲマインデの規制を監督・制約していた．

このような定住管理体制においても居住権付与・結婚許可に関係しないホイアーリングの定住はゲマインデも領邦当局も規制できず，また経済力審査の基準の前提でもある下層民の生活基盤の動揺・縮小（特に亜麻織物業の危機）によって貧窮世帯の増加は進んだと考えられる（第3章）．

(4)ホイアーリングの貧窮化を主問題とするこの地方の「大衆窮乏」は，1840年代中頃・後半に頂点に達した．かかる社会的危機に対して，同時代の議論では農民・ホイアーリング関係を規制（個々の農場保有者に対するホイアーリングの受け入れを規制）し，その農業的基盤を拡充することが検討されていたが，一部の地域では農場保有者たちがそうした規制を自主的に協定する動きがみられ，州議会もその立法化を図った．

こうした経緯の後に，3月革命期のホイアーリング運動を受けて，領邦当局は調停の形で農民・ホイアーリング関係に介入していき，さらに，各行政

村で選出された，農場保有者側・ホイアーリング側双方の委員からなる委員会が借家・小作契約を規制するという1848年法を制定した．同法によって，従来の定住・結婚規制に加えて，ゲマインデの関連組織である同委員会が領邦当局に監督されて，ホイアーリングに一定の生活基盤を確保させるために個々の農場保有者によるその受け入れ全般を管理するシステムが大半の地域で成立して反動期以降機能していった（第4章）．

2. 下層民管理と農民の自律性

上述の定住管理体制の展開は，下層民の増加・堆積が引き起こす社会的圧力の絶えざる増大の中で，農村社会における近世的な下層民管理が次第に再編（＝合理化）され，下層民に対する監視・統制システムが発展していく過程であったといえる．

すなわち，近世後半の下層民管理は，土地保有に関係しない限り，個々の農場保有者に強く依存したものであり，その意味で領邦当局はもとよりゲマインデの影響も比較的限定されたものであったといってよい．しかし，その帰結でもある救貧・治安問題を背景にしてゲマインデによる下層民に対する本格的でより直接的な監視・統制が18世紀末に始まると19世紀中頃までに，その対象は他所者のホイアーリング定住から，居住権付与・結婚許可に関わる他所者・地元下層民の定住，そしてホイアーリング定住全体へ拡大していった．その方法も，定住後の追放や居住拒否から，居住権・結婚申請時の経済力・人格審査，さらに小作地・借家の扶養力審査・設定統制へと精緻になっていった．また，監視・統制の目的も，実際の貧窮者の空間的な排除から，貧窮化に備えた潜在的な救貧負担・救貧責任の増加抑止と管理，さらに貧窮化の事前阻止に発展した．ゲマインデ・領邦当局は下層民の経済生活を次第に細かく監視するようになり，最終的にその安定化のために生活基盤のいわば健全化を強制しようと干渉するまでになったのである．

下層民に対する監視・統制システムの発展は，「共同体の閉鎖性」にもよ

終　章

く示されている．それはこの地方では近世後半において何よりも土地保有の閉鎖性であったのに対して，近世末以降閉鎖性の質が転換し，一種の対人的な閉鎖化が進行していったといえよう．こうした傾向は近世的な身分制秩序の存続や遺制というよりも，下層民の増加・堆積による社会的圧力の増加への対応がなされる中で生じた，近世末以来の下層民管理の展開に関わる問題であったと考えられる．

　17世紀末から19世紀中頃のこのような下層民管理の進展は，領邦当局の介入と農民の対応によって地域管理のあり方が転換していき，農民の身分的な自律性が縮減していった過程と表裏一体であった．
(1)近世後半において，領邦当局に対してゲマインデが，その両者に対して個々の農場保有者が対立し，それぞれ後者は前者に対して事実上広範な自律性をもっていたと考えられる．ゲマインデの政治的自治が領邦当局によって制限されていった時期と一般にみられている近世後半にも，農村社会の日常的世界に降りれば，農民によるいわば二重の意味で自律的な地域管理が存在し，機能していたことが指摘できよう．ここにおける農民の自律性は，個々の農場保有者（家父）の自律性とその身分団体たるゲマインデの自律性からなり，その意味でいわば身分制的で古い自律性であった．
(2)こうした社会的構図は，下層民問題による社会的圧力の増大によって，18世紀末から19世紀中頃までに徐々に変質していった．すなわち，まず，18世紀末にメーザーの立法を契機に成立したと考えられる，他所者ホイアーリングの定住に対する監視・統制体制では，ゲマインデは在地官吏を介して規制意図を実現し，両者の協調によって個々の農場保有者の自律性が部分的に制約される関係にあった．ここで，領邦当局・農場保有者集団としてのゲマインデと下層民との対立という関係が部分的・萌芽的に成立した．次に，3月前期の定住・結婚規制において，ゲマインデは，領邦当局と協調・対立しながら，そしてそれに制約・監督されつつ，他所者及び地元のホイアーリング定住希望者を個々の農場保有者を介さずに直接規制した．ゲマインデと下層民との対峙という関係が制度的に一応確立したが，実際には個々の農場保

有者は，不服申立て制度や規制範囲の限界から，ゲマインデ・領邦当局に対して一定の自律性を保持していた．そして最後に，かかる自律性は，3月革命期の1848年法の成立によって大幅に制限され，その運用によって決定的に縮小した．ゲマインデは，領邦当局の監督を受けつつ，個々の農場保有者が保っていた旧来の自律性を大半の地域で制約することになった．以上のように，下層民管理においてゲマインデに対して個々の農場保有者がもっていた自律性の縮減，農場保有者集団としてのゲマインデによる主導性の強化，そうしたゲマインデに対する領邦当局の関与・監督の強化という3つの過程が漸進的にみられた．

(3) しかしながら，地域管理のあり方と農民の自律性のこうした変容は，全体的にみて，下層民問題に対応して領邦権力が農村社会に一方的・直接的に浸透していく「上から」の過程であったとはいえないだろう．こうした変容は，下層民問題に対して領邦当局が「上から」介入していくという過程とともに，農場保有者たちが下層民問題やそれへの立法的対応に対して一定程度主体的に対応する過程を含み，両過程の複合・絡み合いとして進展していった．すなわち，領邦当局による三度にわたる立法的対応に関連して，農場保有者集団としてのゲマインデに担われた独自の動向が存在した．18世紀末・19世紀初頭の法規定を超えたゲマインデによる規制行動や一部地域での農民運動，3月前期における定住・結婚規制法の法的規準を超えたゲマインデの規制行動，1840年代におけるゲマインデ単位の農場保有者間の協定の受け入れなどは，単に領邦当局の下受けなどとはいえない，独自の論理をもった自己規制的な行動の存在を示す．それは，近世以来個々の農場保有者が保ったホイアーリングの受け入れの自由を，救貧問題の圧力の下で農場保有者集団としてのゲマインデが自主的に制限するという一種の自己規律化という性格をもっていたと考えられる．そうしたゲマインデによる独自の対応は，領邦当局の介入と近世末や1840年代のように比較的協調的な場合も3月前期の定住・結婚規制のごとくしばしば対立する場合もあったが，最終的に両過程は領邦当局によって監督されたゲマインデによる下層民管理へと収斂していっ

たのである．

(4)こうして農場保有者集団としてのゲマインデ・領邦当局と下層民とが対峙するという社会的構図が３月革命期に完成したのとまさに同時に，それまで管理・統制の対象にすぎなかった下層民が管理主体（一種のゲマインデ機関）に参加し始めた．３月前期にもなお残存していた，下層民管理における個々の農場保有者の古い自律性の決定的な縮小は，階層対立的な状況を前提にして，限定的にではあれ下層民をゲマインデ自治に参加させてその統合を図るという点で，19世紀後半の農村自治体制へとつながっていたのである．

以上のような考察成果を地域管理における農民の自律性という基本関心に即してまとめれば，以下のようになる．近世後半の農村社会において機能していた農民の古い身分的自律性のあり方が，下層民問題による社会的圧力の増大に対する国家干渉と農民の主体的対応によって近世末以降変容し，そのことが日常的世界に介入して下層民の監視・統制と統合を図り，下層民から領邦当局までを巻き込んで合理化された地域管理システムの形成に帰着していったのである．

本書は18・19世紀前半を中心にした時期の農村社会における地域管理の変容に関する，下層民に対する定住管理問題という視角からみた１事例研究にすぎないが，農民の古い自律性に支えられた地域管理に対する下層民問題の重みが浮かび上がってくるように思われる．これに関連して，以下では，本書の考察成果が18・19世紀前半のドイツ農村社会史研究に対してもち得る意義と問題提起を――やや仮説的に――示して本書の結びとしたい．

第１に，本書の考察成果の位置づけに関して，それは北西ドイツの１地方で解明されたものであり，下層民に対する定住管理体制の展開について他地方の長期的な実証研究が序章（2.3.）のようにほとんどない以上，本書の考察成果をドイツ全体に厳密に位置づけた上でその一般性と限界を確定することは困難であるが，事例地の位置づけから次のようなことがいえよう．

オスナブリュック地方では，グルントヘルシャフト・農場一子相続制地帯として個々の農場・ゲマインデの社会的機能が明瞭であると考えられる点に

加え，18世紀までに非農業的な副業の発達に経済的に支えられて農村下層民の定住が進み，住民の社会的分化が高度な発展をみた点と3月前期にその生活基盤が縮小して社会的危機が生じた点で典型的であった．そして，当地方でみられた下層民に対する定住管理制度の発展は，ゲマインデの伝統的な定住規制，18世紀後半の救貧政策に関連する再編，3月前期の定住・結婚規制の立法化，3月革命後のその強化という基本線において一般性をもった．したがって，事例地の下層民管理の展開は下層民に対する監視・統制システムの発展という点では一定の代表性をもつのではないかと思われる．

しかし，事例地は同時に，農村下層民の中でも土地なし借家人を中心的な集団とするという地域に属し，しかも18世紀には住民中それが過半数を占めた点でそうした地域の中でも頂点的であった．それゆえ，その定住管理体制は，土地なし借家人（「農民の寄留者」で「非家持ち」としてゲマインデ成員権から排除）の管理・統制に関連して発展したという性格を強くもち，そうした下層民管理の展開の際だった事例であったとみてよいだろう．したがって，本書の考察成果は，下層民問題の圧力の下での地域管理における農民の自律性の変容の代表的な実例と位置づけられ，具体的なあり方においてその1類型がもつ特徴を集約的に示すと考えられる．

第2に，個々の農場保有者とゲマインデとの関係という観点からみた，農民・下層民関係及びそれと領邦当局との関連に関する考察枠組みについてである．

本書では，従来の研究とは異なり個々の農場保有者とゲマインデとは農民として必ずしも一体的に扱えないという，いわば仮説的な立場から両者を区別するという方針（序章〔2.2.〕）を立てて分析を進めたが，下層民に関する両者の関係は対立性を含む上に下層民問題の進展に応じて変化するものであり，その結果農民・下層民関係の構図は従来の研究とかなり異なったように見えた．すなわち，少なくとも18・19世紀前半の北ドイツの農村社会に関して，研究史がその社会的構図を把握する上で事実上暗黙の前提とした，ゲマインデに結集する農場保有者たちあるいは農場保有者集団としてのゲマ

インデが下層民と対峙・対立するという関係は，個々の農場保有者の「家」支配（個別の下層民管理）が強固な近世後半には——下層民の最大部分（土地なし借家人）に関して——見いだし難く，下層民問題の圧力に応じて個々の農場保有者とゲマインデとの関係が変化する中で近世末以降徐々に形成された歴史的産物（下層民の共同管理体制）によるものであり，3月前期にも不完全であった．

そのため，個々の農場保有者（家父）の位置づけを捨象して，農場保有者集団としてのゲマインデ（家父の連合）と下層民とを対峙させる，あるいは領邦当局・農民・下層民の三者からなる考察枠組みを分析上無前提にまた一般的には設定できないことになるし，「共同体農民と下層民」あるいは「（領邦当局と連携した——引用者）共同体と農村プロレタリアート」という理解構図も18世紀はもちろん19世紀前半に関しても必ずしも適切とはいえず，少なくとも相対化・柔軟化されなければならないのではなかろうか．

第3に，下層民の増加・堆積の下での農村社会と領邦当局との関係及びその変容についてである．

やはり特に北ドイツに関して序章（2.1.）のように，社会的分化の進展の中で18世紀後半における農場保有者たち（ゲマインデ寡頭層）と領邦当局との利害の接近，19世紀前半における下層民に対する両者の連携・協調，それらを通じた農村社会への領邦当局の影響力の浸透が指摘されてきた．下層民管理の実態からみれば，上述の整理のように，近世後半には領邦当局に対してゲマインデの，その双方に対して個々の農場保有者の自律的行為余地が広範に存在したが，18世紀末以降下層民問題の長期的な圧力の下で，一方で領邦当局の干渉によって，他方で農場保有者たちの一定の自己規制，さらに3月革命期の下層民運動によって，それらの自律性は段階的に縮小していった．すなわち，農村内で増加・堆積する下層民に対する管理・統制の強化・合理化のために，下層民を排除してなりたってきたゲマインデとその成員である個々の農場保有者の旧来の自律性の大幅な縮小が必要とされて実現したという，農民の自律性の展開と下層民問題とのいわば対立的な関係を指

摘できる．

　そして，こうした展開の上で3月革命後に下層民管理に「非家持ち」が参加して，農場保有家父の閉鎖的身分団体から住民団体へのゲマインデの再編が踏み出されたと考えられる．19世紀前半においてゲマインデが下層民を排除する農民の閉鎖的身分団体としての性格は失わず，むしろ貧窮化する下層民に対する監視・統制団体として再編されたことが指摘されてきた（序章〔1.2. と 2.1.〕）が，やや敷衍していえば，そうした「身分制的に編成された自治団体」としてのゲマインデは，19世紀前半にも下層民を排除し続けてその監視・統制を強めざるを得なかったがゆえに，自らとその成員の古い自律性を縮小させ最終的に近代農村自治体へと変容していかざるを得なかったという，一種の逆説的な関係をも見通せないだろうか．

　第4に，18・19世紀前半の農村社会と領邦当局との関係に対する，下層民問題の重みの歴史的な影響の比較史的な展望についてである．

　以上の諸点は下層民問題の重みの具体的なあり方にとって下層民の存在形態がもった重要性をも示すと考えられる．西南ドイツやヘッセンにおける，領邦当局に対するゲマインデの抗議行動への下層民の参加という事情は示唆的である．序章（2.1.）で一部ふれたように，例えば，18世紀末のバーデンでは，「村当局」（ゲマインデ指導層）の権威強化にも関わらず，その意に反しても下層民を含む反対派によって領邦当局の農業改革政策に対するゲマインデの抵抗が生じ得た[1]．1830・1840年代の下層民の窮乏化を経た3月革命期には，「上層農民と下層民との対立要因を乗り越えて」農村住民はゲマインデぐるみで革命運動に参加した[2]．19世紀のヘッセンでは，農場保有者とは利害が異なるはずの下層民がゲマインデの対国家抗議行動（賦役・租税・森林用益・償却負担をめぐる）に参加した[3]．農村住民の社会的分化による圧力が領邦当局に対するゲマインデの抗議行動に結びつくという，農民の自律性と下層民問題との関係がみてとれるように思われる．

　これらの地方では，下層民の最大部分は零細地保有者であり，「家持ち」としてゲマインデ成員，しかもしばしば「完全資格をもつゲマインデ市民」

であり得た[4]．社会的分化に伴い存在するはずの下層民の独自の利益要求が，ゲマインデ制度への下層民の参加と依存から農場保有者たちの利益要求と調整され（「村政治」），ゲマインデの伝統的な枠組みの中で領邦当局に対して両者の「同盟」が成立し得たという[5]．

したがって，農村社会と領邦当局の関係に対する下層民問題の重みの歴史的な影響のあり方にとって，少なくとも地域内で中心的な下層民とゲマインデ成員権との関係は特に重要な意義をもったと考えられる．序章（1.2.）でふれたように，研究史においてゲマインデにおける「大農寡頭制」の観点から，下層民がゲマインデ機関に関与する意義は必ずしも評価されていないが，この問題はまた，農村ゲマインデの「大農寡頭制」の，18・19世紀前半における下層民統合型と下層民排除型というべき類型化にも繋がると思われる．特にこの点は今後の展望としたい．

1) Zimmermann [1983], S. 161-168.
2) 藤田 [1984], 260-282 頁，引用は 272 頁．
3) Friedeburg [1997], Kap. 2. フランケンについても，ebd., S. 128f..
4) 例えば，バーデンについて，Zimmermann [1983], S. 38；Friedeburg [1997], S. 125；ヘッセンについて，Reyer [1983], S. 24；Friedeburg [1996], S. 227f.；ders. [1997], S. 220. このことはまた，北西ドイツとは対照的に西南ドイツでは共有地分割を，ゲマインデ成員間の均等分割を期待した下層民が要求したことにもよく現れている（Zimmermann [1989], S. 106-108；三ツ石 [1997], 94, 98 頁）．
5) この点は特に，Friedeburg [1997], bes. S. 218-220.

参考史料・文献

1. **未公刊史料**
(1)本文註及び表の史料出典で用いた文書舘名の略語は [ ] 内に示す．
(2)本文註及び表の史料出典で未公刊史料の参照個所を示す際に，当該史料の史料番号に続けて紙片番号(Bl.)，それがない場合文書番号（St.）またはページ番号（S.）を記した．それらもない場合には当該史料が部分史料に分かれていればその部分史料題名を記したが，部分史料に分かれていない場合史料番号のみを示した．

[HSAH] Niedersächsisches Landesarchiv-Hauptstaatsarchiv Hannover
 Hann. 26a（Justizministerium）
  Nr. 3925：Entwurf der Verordnung über die Bestimmung des Wohnsitzes in polizeylicher Hinsicht, 1821

 Hann. 108（Allgemeine Ständeversammlung）
  Nr. 1370：Verordnung über das Domicil der Unterthanen in polizeylicher Hinsicht, 1827-1830
  Nr. 1604：Trauscheine, deren Ertheilung von Seiten der Obrigkeiten, 1827
  Nr. 1667：Domicilordnung, 1827-1830
  Nr. 1977：Obrigkeitliche Trauscheine, deren Ertheilung, 1827
  Nr. 5392：Die Petitionen der sämtlichen Heuerleute der Bauerschaften Epen und Pente, Amt Vörden, auch der Gemeinden Essen, Lintorf und Barkhausen, Amt Wittlage-Hunteburg, wegen Verbesserung der Lage der Häuslings-Classe, 1848
  Nr. 5997：Die Grundzüge der Organisation der Landgemeinden, 1849

[STAO] Niedersächsisches Landesarchiv-Staatsarchiv Osnabrück
Rep100（Osnabrücker Hauptarchiv）
Rep100-23
 Nr. 3：Landratssachen, 1659-1692

Rep100-88
 Nr. 74：Verhandlungen behufs besserer Einrichtung des Schatzwesens. Ämter

Grönenberg, Wittlage und Hunteburg, 1667
Nr. 75 : Verhandlungen behufs besserer Einrichtung des Schatzwesens. Ämter Fürstenau und Vörden, 1667
Nr. 87 : Conscription der Feuerstelle behufs des Schatzes, 1669-1671
Nr. 91 : Rauchschatz-Register des Amts Wittlage, 1670-

Rep100-92
Nr. 13 : Vermessung- und Prästationsregister der Schatzpflichtigen Höfe des Kirchspiels Badbergen, 1722
Nr. 17 : Vermessung- und Prästationsregister der Schatzpflichtigen Höfe des Kirchspiels Ankum, 1717-1723
Nr. 19 : Vermessung- und Prästationsregister der Schatzpflichtigen Höfe des Kirchspiels Gehrde, 1723

Rep100-167
Nr. 5 : Die von neuen Feuerstätten der Landesherrschaft zu entrichtende Recognition und Verhandlungen darüber mit den Ständen, 1718-1719
Nr. 6 : Die von neu errichteten Feuerstätten zu entnehmenden Consensgelder, 1719
Nr. 8 : Im Amte Vörden neu angelegte und bedungene Feurstätten, 1729-1730

Rep100-188
Nr. 3 : Verfügung wegen des Tagelohns der Handwerker und Tagelöhner, 1606-1608
Nr. 5 : Verschiedene Statistische Nachrichten, 1633-1801
Nr. 41 : Tabellen der im Hochstift Osnabrück lebenden Menschen, 1772
Nr. 45 : Tabellen der im Hochstift Osnabrück lebenden Menschen im Amte Vörden, 1772
Nr. 46 : Tabellen der im Hochstift Osnabrück lebenden Menschen im Amte Fürstenau, 1772
Nr. 48 : Die Niederlassung Auswärtiger und die Aufnahme von Heuerleuten, 1772-1794
Nr. 52 : Statistische Nachrichten, insbesondere die Beschaffenheit der sämtlichen Kirchspiele, extrahiert mit den Berichten der Vögte vom Jahre 1723, 1775
Nr. 73 : Statische Nachrichten über das Fürstentum Osnabrück, 1802-1803
Nr. 77 : Die von den preußischen und französischen Behörden verlangte statistische Nachrichten, 1806-1807

Rep100-193
  Nr. 29：Die öffentlichen Anstalten zur Herbeischaffung des fehlenden Brodkorns. Generalia, 1771-1773

Rep100-198
  Nr. 5：Rescript und Verordnungen wegen der Unvermögenden und Ertheilung der Collecten-Briefe, 1698-1794
  Nr. 29：Verordnungen wegen Collecten und Betteln und die hierzu ertheilte Erlaubnis, 1767
  Nr. 31：Maaßregeln zur Einziehung und Abhaltung verdächtiger Personen, insbesondere die gleichzeitigen in den benachbarten Ländern vorgenommenen sog. Vagabunden-Jagden, 1770-1793
  Nr. 32：Vorstellungen des Vogts zu Ankum gegen den Inhalt der Verordnung wegen der Armen, daß solche in ihrer Bauerschaft bleiben sollen und darauf ertheilte Resolution von Möser, 1771
  Nr. 33：Die von jedem Kirchspiele vom Rauchschatze abzuziehende 5 p.c. behuf der Armen, 1776-1784

Rep100a (Vermessungsregister, 1784-1790/1791; Schatzungsregister, 1789-1804)
  I Nr. 11：Grönloh
  I Nr. 15a：Groß-Dreele
  I Nr. 19a：Suttrup, Druchhorn
  III Nr. 13a：Bieste, Klein-Dreele
  III Nr. 22a：Fladderlohausen, Grandorf, Ambten

Rep110 II (Landesarchiv)
  Nr. 244：Osnabrücker Landtagsverhandlungen, 1770-1783
  Nr. 339：Die Verbindlichkeit der Kirchspiele, ihre Armen zu ernähren, 1776

Rep150Für (Amt Fürstenau)
  Nr. 130：Feuerstättengeld, 1651-1797

Rep150Grö (Amt Grönenberg)
  Nr. 706：Aufnahme fremder Heuerleute, 1772-1774

Rep150Vör (Amt Vörden)
  Nr. 88：Die Berichte der Vögte über die Verhältnisse der Heuerleute, 1806
  Nr. 89：Holzungsprotokoll über die Deesberger Mark, 1612-1702

Nr. 90 : Holzungsprotokoll über die Deesberger Mark, 1703-1745
Nr. 91 : Holzungsprotokoll über die Deesberger Mark, 1762-1785
Nr. 92 : Holzungsprotokoll über die Deesberger Mark, 1786-1800

Rep321 (Provinzialregierung zu Osnabrück)
Nr. 533 : Die von der Königl. Preußischen Administrations-Commission verlangten Nachrichten über die Verhältnisse der hiesigen Heuerleute, 1806-1820

Rep335 (Landdrostei/Regierung-Älterer Hauptbestand)
Nr. 127 : Geschäftsberichte der Landdrostei Osnabrück, 1849
Nr. 128 : Geschäftsberichte der Landdrostei Osnabrück, 1850
Nr. 129 : Geschäftsberichte der Landdrostei Osnabrück, 1851
Nr. 138 : Geschäftsberichte der Landdrostei Osnabrück, 1860
Nr. 844 : Volkszählung vom 1. 7. 1833
Nr. 847 : Volkszählung vom 1. 7. 1842
Nr. 3149 : Die Anlegung neuer Feuerstätten und das von denselben zu entrichtende Consens- und Rauchanfangsgeld, 1766-1788
Nr. 3152 : Die von neuen Feuerstätten zu entrichtenden Consens- oder Rauchanfangsgelder, 1815-1844
Nr. 4046 : Die Verhältnisse der Heuerleute, Vol. I, 1845-
Nr. 4047 : Die Verhältnisse der Heuerleute, Vol. II, 1848
Nr. 7744 : Die Armen-Verpflegung auf dem Lande, 1827-
Nr. 7745 : Die Verwaltung der Kirchspielarmencasse, 1823
Nr. 8062 : Die Verhältnisse der Landgemeinde, die Einrichtung der Amtsvertretung und die Wahlen der Gerichtsschöffen (Gesetz vom 27. Juli 1852)
Nr. 13166a : Die Regelung der Gemeindeverhältnisse des Amts Grönenberg, Vol. I
Nr. 13166b : Die Regelung der Gemeindeverhältnisse des Amts Grönenberg, Vol. II
Nr. 13199 : Die Regelung der Gemeindeverhältnisse im Amte Iburg, Vol. I
Nr. 15512 : Die Regelung der Gemeindeverhältnisse im Amte Iburg, Vol. II
Nr. 14836 : Die Anlegung vom Neubauer, 1826-
Nr. 14837 : Die Verhältnisse der Heuerleute, Vol. III, 1850

Rep350Bers (Amt Bersenbrück)
Nr. 98 : Das Rauchanfang- oder Feuerstättengeld, 1646-1769
Nr. 104 : Die von mehreren Heuerleuten des hiesigen Amts zu entrichtenden Gerichtseier und Richterpfennig und deren Aufhebung, 1850

Nr. 465：Verhältnisse der Heuerleute im Amtsbezirk und deren Verbesserung, 1821-1851
Nr. 510：Domicil- und Trauscheins-Sachen/Verschiedenes Lit. C, 1806-1856
Nr. 511：Domicil- und Trauscheins-Sachen/Verschiedenes Lit. E, 1806-1856
Nr. 512：Domicil- und Trauscheins-Sachen/Verschiedenes Lit. L, 1804-1867
Nr. 513：Domicil- und Trauscheins-Sachen/Verschiedenes Lit. R, 1806-1866
Nr. 1492：Verordnungen, Ausschreiben und sonstige allgemeine Verfügungen hinsichtlich der Fürsorge für arme hülfsbedürftige einheimische Personen sowie für fremde kranke Individuen, 1826-1882
Nr. 1537：Verordnungen, Ausschreiben und sonstige allgemeine Verfügungen betr. Domicil- und Trauscheinsachen, Vol. I, 1827-1860
Nr. 1538：Verordnungen, Ausschreiben und sonstige allgemeine Verfügungen betr. Domicil- und Trauscheinsachen, Vol. II, 1837-1882
Nr. 1545：Domicil- und Trauscheins-Sachen. Insbesondere Lit. A, 1833-
Nr. 1549：Domicil- und Trauscheins-Sachen. Insbesondere Lit. E, 1836-
Nr. 1554：Domicil- und Trauscheins-Sachen. Insbesondere Lit. K, 1844-
Nr. 1555：Domicil- und Trauscheins-Sachen. Insbesondere Lit. L, 1828-
Nr. 1556：Domicil- und Trauscheins-Sachen. Insbesondere Lit. M, 1828-
Nr. 1560：Domicil- und Trauscheins-Sachen. Insbesondere Lit. R, 1827-
Nr. 1561：Domicil- und Trauscheins-Sachen. Insbesondere Lit. S, 1827-
Nr. 1562：Domicil- und Trauscheins-Sachen. Insbesondere Lit. T, 1827-
Nr. 1565：Domicil- und Trauscheins-Sachen. Insbesondere Lit. W, 1827-
Nr. 1754：Die Vollerbenstätte Nr. 8, 1597-
Nr. 1755：Die Halberbenstätte Nr. 11, 1651-
Nr. 1794：Die Vollerbenstätte Nr. 2, 1805-
Nr. 1796：Die Vollerbenstätte Nr. 3, 1799-
Nr. 1805：Die Vollerbenstätte Nr. 8, 1655-
Nr. 1805b：Die Vollerbenstätte Nr. 11, 1647-
Nr. 1872：Die Vollerbenstätte Nr. 3, 1608-
Nr. 1873：Die Vollerbenstätte Nr. 4, 1659- ; Vollerbenstätte Nr. 6, 1660- ; Goehlinghorstsche Colonat, 1710-
Nr. 1882：Die Vollerbenstätte Nr. 1, 1678-
Nr. 1884：Die Vollerbenstätte Nr. 4, 1598-

Rep350Für（Amt Fürstenau）
Nr. 804：Das Verhältnis der Heuerleute im Amt und Vorschläge zur Verbesserung des Zustandes derselben, 1799-1850
Nr. 815：Armenunterstützungen im Allgemeinen und deshalb erlassene höhere

Verfügungen, 1724-1813
Nr. 818 : Vertheilung der von Sr. Königlichen Majestät den Armen hiesigen Amtes zur Anschaffung von Brodt geschenkten 1100 Rthr, 1772

Rep350Grö (Amt Grönenberg)
Nr. 531 : Die Stimmzählung bei Gemeindebeschlüssen, 1836
Nr. 960 : Die Freizügigkeit nach dem Bundes-Gesetze vom 1. 11. 1867
Nr. 977 : Die Heuerlings-Commissionen nach dem Gesetze vom 24. 10. 1848
Nr. 978 : Die Lebensverhältnisse der Heuerleute im Amte Grönenberg, 1819-1866
Nr. 980 : Die Ausführung des Gesetzes über die Heuerleute vom 24. 10. 1848 sowie deren Lebensverhältnisse seither, 1848-1850
Nr. 1451 : Linderung der nach der Mißernte des Jahres 1846 eingetretenen Not und Unterstützung von Armen, 1846-1847
Nr. 1462 : Errichtung und Unterhaltung der Armenanstalten im Amte und in den Kirchspielen, 1820-1882

Rep350Iburg (Amt Iburg)
Nr. 2044 : Die statistischen Nachrichten über die landwirtschaftlichen Betriebe und Hülfsquellen der Heuerleute und Neubauer, 1847-
Nr. 2045 : Gütliche Abstellung des auf den Heuerleuten lastenden Drucks, 1848-1851
Nr. 2046 : Die Verhältnisse der Heuerleute. Heuerlingscommissionen, 1848-
Nr. 2078 : Die Verwaltung der Kirchspielarmenkasse, 1823
Nr. 5893 : Das Domicil des Heuerlings Josef Boberg aus Ohrebeck, derzeit in Hagen, 1847
Nr. 5894 : Den von dem Leibzüchter Brinkmann zu Osterfelde nachgesuchten u. demselben verweigerten Trauschein, 1847-1848
Nr. 5895 : Das Trauscheinsgesuch des Heinrich Brönstrup zu Natrup, Kirchspiel Hagen, sowie das Domicil des Heuerlings Johann Friedrich Lüneberger zu Natrup, 1848-1849
Nr. 5948 : Die Niederlassung des Casper Hr. Hüvel von Peingdorf, im Amte Iburg 1838 ; dessen zeitweiliger Aufenthalt zu Glandorf und Trauscheinsgesuch, 1856, 1857 und 1858
Nr. 5950 : Die Niederlassung des Bernd Hüvel von Peingdorf im Kirchspiel Borgloh, 1840
Nr. 5952 : Das Trauscheinsgesuch des Conrad Heinrich Hakenesch von Hardenberge, 1843

Nr. 5958：Das Gesuch des Wilhelm Hehemann aus Hasbergen um Ertheilung eines Trauscheins und um Niederlassung in Hagen, 1847

Rep350 Osn (Amt Osnabrück)
Nr. 1100：Regulierung der Verhältnisse zwischen den Heuerleuten und Colonen und Verbesserung der Lage der Heuerleute, 1848-1849
Nr. 1101：Die Verhältnisse der Heuerleute (Ges. v. 24. 10. 1848) im spc. die Errichtung von Heuerlings-Commission

Rep560 (Obere Domänenverwaltungskammer Hannover) XII Vörden
Nr. 421：Die von Crußen auf dem Masche, Kirchspiel Damme, prätendierte Feuerstätte, 1725-1726

Dep1b (Ritterschaft)
Nr. 495：Protokolle, 1774
Nr. 496：Protokolle, 1775
Nr. 507：Protokolle, 1785
Nr. 518：Protokolle, 1796
Nr. 521：Protokolle, 1799
Nr. 545：Protokolle, 1819
Nr. 547：Protokolle, 1821
Nr. 553：Protokolle, 1827
Nr. 554：Protokolle, 1828
Nr. 642：Protokolle, 1747-1754
Nr. 644：Protokolle, 1765-1771
Nr. 648：Protokolle, 1717

Dep2b II (Curie der freien Grundbesitzer)
Nr. 26：Landschaftliche Curie der freien Grundbesitzer, 1845

Dep3b XII (Stadt Osnabrück)
Nr. 358：Protokolle, 1826
Nr. 359：Protokolle, 1828

Dep6b (Historischer Verein Osnabrück)
Nr. 1003：Die Anlage von Heuerleuten und Neubauern in den einigen Bauerschaften der Kirchspiele Badbergen und Menslage

Dep37b (von Bar zu Barenau)
    Nr. 141 : Holz- und Markengerichtsprotokoll, 1721-1752
    Nr. 144 : Holzungsprotokoll, 1690-1719

Dep69b (von Hammerstein zu Loxten)
    Nr. 1438 : Holzgerichtsprotokoll, 1741-1748

K. 100 (Karten, 1784-1790/1791)
    Nr. 1 H-III 13 : Bieste, Klein-Dreele
    Nr. 1 H-III 14 : Hörsten
    Nr. 1 H-III 15 : Nellinghof, Grapenhausen, Neuenkirchen
    Nr. 1 H-III 16 : Neuenkirchen
    Nr. 1 H-III 17 : Hinnenkamp, Greven, Röttinghausen, Ahe, Ossenbeck, Uphausen
    Nr. 1 H-III 18 : Börninghausen, Damme, Osterdamme, Reselage, Sierhausen
    Nr. 1 H-III 19 : Kemphausen, Rüschendorf, Oldorf, Ildorf, Huede, Dümmerlohhausen
    Nr. 1 H-III 20 : (in Nr. 1 H-III 23 enthalten)
    Nr. 1 H-III 21 : Holldorf
    Nr. 1 H-III 22 : Fladderlohausen, Grandorf, Ambten
    Nr. 1 H-III 23 : Oster-und Bergfeine, Dahlinghausen, Bokern, Haverbecker, Krämer Moor

[STAOl] Niedersächsisches Landesarchiv-Staatsarchiv Oldenburg
Best-Nr. 89-6 Ab (Pfandbesitz, strittige Gebiete und abgetretene Gebiete-Amt Vörden)
    Nr. 2 : Schatzungsregister für das Kirchspiel Damme, 1724
    Nr. 3 : Steuerrollen der münsterschen und osnabrückischen Eingesessenen in Damme und Neuenkirchen, 1725
    Nr. 4 : Osnabrücker Hebe- und Rauchschatzregister des Kirchspiels Damme und Neuenkirchen, 1785

2. 公刊史料
    本文註で用いた略語は [ ] 内に示す．

Anlagen zu den stenographischen Berichten über die Verhandlungen des Hauses der Abgeordneten während der 3. Session der 17. Legislatur-Periode, 1890/91, Bd. 1, Berlin 1891

Beins, Ernst/Pleister, Werner (Hg.)：Justus Möser Briefe, Hannover/Osnabrück 1939

Beiträge zur Kenntnis der landwirtschaftlichen Verhältnisse im Königreich Hannover, Hannover 1864

Berg, von Gunther Heinrich：Handbuch des deutschen Policeyrechts, Theil 3, Hannover 1803

Bitzer, Friedrich：Das Recht auf Armenunterstutzung und die Freizugigkeit. Ein Beitrag zu der Frage des allgemeinen deutschen Heimathrechts, Stuttgart 1863

Bluntschli, J. C./Brater, K (Hg.)：Deutsches Staats-Wörterbuch. In Verbindung mit deutschen Gelehrten, Stuttgart 1857-1860

[BNB] Bundesgesetzblatt des Norddeutschen Bundes, Berlin

Braun, Karl：Studien über Freizügigkeit, in：Vierteljahrschrift für Volkswirtschaft und Kulturgeschichte, Jg. 1, Bd. 3, 1863

─────：Das Zwangs-Zölibat für Mittellose in Deutschland, in：Vierteljahrschrift für Volkswirtschaft und Kulturgeschichte, Jg. 5, Bd. 4, 1868

[CCO] Codex Constitutionum Osnabrugensium, 2 Teile, Osnabrück 1783-1819

Ebhardt, Christian Hermann (Hg.)：Gesetze, Verordnungen und Ausschreiben für das Königreich Hannover aus dem Zeitraume von 1813 bis 1819, Bd. 7, Hannover 1840

Funke, Georg：Ueber die gegenwärtige Lage der Heuerleute im Fürstenthume Osnabrück, mit besonderer Beziehung auf die Ursachen ihres Verfalls und mit Hinblick auf die Mittel zu ihrer Erhebung, Bielefeld 1847

[GKP] Gesetz-Sammlung für die Königlichen Preußischen Staaten, Berlin

Grefe, F. B.：Hannoversches Recht, 3. umgearbeitete, vervollständigte und verbesserte Aufl. des Leitfadens zum Studium des Hannoverschen Privatrechts, Teil 1, Hannover 1860

Grotefend, G. A.：Die Gesetze und Verordnungen für die Provinz Hannover aus der Hannoverschen und Preussischen Gesetz-Sammlung, chronologisch zusammengestellt und durch die darauf bezüglichen Ministerial-Erlasse, Ausschreiben der Königl. Landdrosteien, Konsistorien, Düsseldorf 1879

Haxthausen, August von：Gutachten über den nach den Beschlüssen eines Königlichen Hohen Staatsraths redigierten Entwurf einer ländlichen Gemeinde-Ordnung für die Provinzen Westphalen und Rheinland, Berlin 1834

[HM] Hannoversches Magazin, Hannover

Jacobi, C (arl Georg Friedrich)：Zur Ausführung der Landgemeinde-Ordnung. Geschrieben für die Gemeinden des Amtes Grönenberg, Osnabrück 1852

─────/Ledebur, A (ugust)：Ueber die Verhältnisse der Heuerleute im Osnabrückischen nebst Vorschlägen für deren Verbesserung. Bearbeitet mit Rücksicht auf die Verhandlungen des Local-Gewerbe-Vereins im Amte Grönenberg, Melle 1840

Justi, Johann Heinrich Gottlob von : Der Grundriß einer guten Regierung in 5 Büchern, Frankfurt/Leipzig 1759

Kaerger, Karl : Die ländlichen Arbeitsverhältnisse in Nordwestdeutschland, in : Die Verhältnisse der Landarbeiter in Nordwestdeutschland, Württemberg, Baden und in den Reichslanden, Leipzig 1892

Kaufhold, Karl Heinrich/Denzel, A. Markus (Hg.) : Historische Statistik des Kurfürstentums Hannover, St. Katharinen 1998

Klöntrup, Johann Aegidius : Alphabetisches Handbuch der besondern Rechte und Gewohnheiten des Hochstifts Osnabrück, 3 Bde., Osnabrück 1798-1800

Kraus Antje (Bearb.) : Quellen zur Bevölkerungsstatistik Deutschlands 1815-1875, Boppard 1980

Ledebur, A (ugust) : Über Abhülfe der Noth der Heuerleute und Förderung des Spinnens und Webens im Amte Grönenberg. Bemerkungen eines Landmanns, in : OH, Nr. 9, 1. 3. 1845

——————— : Regulativ zur Feststellung der Verhältnisse der Heuerleute dem Grundbesitzer gegenüber ; besonders im Amte Grönenberg und namentlich für die Kirchspiele Buer und Riemsloh-Hoyel, Wetter 1848

Lodtmann, Justus Friedrich August : Acta Osnabrugensia oder Beyträge zu den Rechten und Geschichten von Westfalen, insonderheit vom Hochstifte Osnabrück, Teil 1, Osnabrück 1778

Mangold : Bevölkerung, in : Bluntschli/Brater (Hg.) [1857-1870], Bd. 2 (1857)

Medicus : Niederlassung, Freizügigkeit, in : Bluntschli/Brater (Hg.) [1857-1870], Bd. 7 (1862)

Merson, M. : Annuaire Statistique du Département de l'Ems Supérieur, pour l'an 1812, Osnabrück 1812

[MSW] Justus Mösers Sämtliche Werke. Historisch-kritische Ausgabe, 14 Bde., Oldenburg/Berlin/Hamburg/Osnabrück 1943-1990

[OH] Der Osnabrückische Hausfreund zur Beförderung der Landeswohlfahrt, unter Mitwirkung des technischen und Handelsvereins zu Osnabrück, Osnabrück

Osnabrücker Volksblätter, Osnabrück

[OT] Osnabrücker Tageblatt, Osnabrück

Provinzialverein für den Landdrosteibezirk Osnabrück (gesammelt) : Berichte der Localvereine, in : Vorstande des Hauptvereins (Hg.) [1896], Anhang

Richard, Konrad Heinrich : Ausführliche Abhandlung von den Bauerngütern in Westfalen, besonderes im Fürstentum Osnabrück, mit Anlage, Göttingen 1818

Roscher, Wilhelm：Die gegenwärtige Productionskrise des Hannoverschen Leinengewerbes, mit besonderer Rücksicht auf den Absatz in Amerika, Göttingen 1845

Rudorff, Otto：Das Hannoversche Privatrecht. Eine systematische Zusammenstellung der in der Provinz Hannover geltenden Partikulargesetze unter Berücksichtigung der hannoverschen Rechtsprechung und Litteratur, Hannover 1884

Schübler, E.：Die Gesetze über Niederlassung und Verehelichung in den verschiedenen deutschen Staaten；nebst Kritik und Vorschlägen. Für Rechtsanwälte, Staatsbeamte, Geschäftsmänner und gesetzgebende Behörden, Stuttgart 1855

[SGH] Sammlung der Gesetze, Verordnungen und Ausschreiben für das Königreich Hannover, Hannover

[SNV] Statistische Nachrichten über die Verhältnisse der im Verwaltungsbezirke der Landdrostei Osnabrück vorhandenen Heuerleute, sowie Neubauer und Erbpächter, Osnabrück 1849

Strandes, A. (Hg.)：Zusammenstellung der im Königreiche Hannover geltenden allgemeinen Vorschriften über die obrigkeitlichen Trauscheine, Hannover 1863

Stüve, Johann Carl Bertram：Über die Lasten des Grundeigenthums und Verminderung derselben in Rücksicht auf das Königreich Hannover, Hannover 1830

―――― ：Über die gegenwärtige Lage des Königreichs Hannover, Jena 1832

―――― ：Wesen und Verfassung der Landgemeinden und des ländlichen Grundbesitzes in Niedersachsen und Westphalen. Geschichte und statistische Untersuchungen mit unmittelbarer Beziehung auf das Königreich Hannover, Jena 1851

―――― ：Zur Begrüßung der Königl. Landwirtschafts-Gesellschaft bei ihrer Sommer-Versammlung am19. Juni. 1860, in：Vorstand des Hauptvereins (Hg.) [1896], Anhang

Taanmann, Cees (Bearb.)：Tabelle der im Kirchspiele Menslage lebenden Menschen nach ihrem Stande und Handthierungen (24. März 1772), Bennekom 1991

Thudichum, Friedrich：Ueber unzulässige Beschränkungen des Rechts der Verehelichung, Tübingen 1866

Twelbeck, Gerhard Rudolf：Lagebuch für das Kirchspiel Gehrde im Amt Bersenbrück, Osnabrück 1867

Ubbelohde, Johann Georg Ludwig Wilhelm：Über die Finanzen des Königreichs Hannover und deren Verwaltung, Hannover 1834

[VHE] Verhältnisse der Häuslinge, An- und Abbauer u. Erläuterungen zu den Tabellen, in：ZSH, Abt. 2

Vorstand des Hauptvereins (Hg.)：Entwicklung und Thätigkeit des landwirtschaftl. Hauptvereins für das Fürstenthum Osnabrück in den 50 Jahren seines Bestehens von 1846 bis 1896, Osnabrück 1896

Wöchentliche Osnabrückische Anzeigen, Osnabrück

[ZSH] Zur Statistik des Königreichs Hannover, Heft 2, Hannover 1851-1852

3. 欧文研究文献

雑誌略語は以下のとおりである.

HZ : Historische Zeitschrift

JbWG : Jahrbuch für Wirtschaftsgeschichte

NJbL : Niedersächsisches Jahrbuch für niedersächsische Landesgeschichte

OM : Mitteilungen des Vereins für Geschichte und Landeskunde von Osnabrück; Osnabrücker Mitteilungen des Vereins für Geschichte und Landeskunde von Osnabrück

VSWG : Vierteljahrschrift für Sozial- und Wirtschaftsgeschichte

ZAA : Zeitschrift für Agrargeschichte und Agrarsoziologie

ZHF : Zeitschrift für Historische Forschung

Abel, Wilhelm : Massenarmut und Hungerkrisen im vorindustriellen Europa, Hamburg/Berlin 1974

──────── : Geschichte der deutschen Landwirtschaft, 3. Aufl., Stuttgart 1978

Achilles, Walter : Vermögensverhältnisse braunschweigischer Bauernbetriebe im 17. und 18. Jahrhundert, Stuttgart 1965

──────── : Die steuerliche Belastung der braunschweigischen Landwirtschaft und ihr Beitrag zu den Staatseinnahmen im 17. und 18. Jahrhundert, Hildesheim 1972

──────── : Die Bedeutung des Flachsanbaues im südlichen Niedersachsen für Bauern und Angehörige der unterbäuerlichen Schicht im 18. und 19. Jahrhundert, in : Kellenbenz, Hermann (Hg.) : Agrarisches Nebengewerbe und Formen der Reagrarisierung im Spätmittelalter und 19./20. Jahrhundert. Bericht über die 5. Arbeitstagung der Gesellschaft für Sozial- und Wirtschaftsgeschichte, Stuttgart 1975

──────── : Waren die Stein-Hardenbergischen Reformen Vorbild der hannoversch-braunschweigischen Ablösungsgesetze?, in : NJbL, Bd. 46/47, 1975 (=[1975a])

──────── : Die Lage der hannoverschen Landbevölkerung im späten 18. Jahrhundert, Hildesheim 1982

──────── : Landwirtschaft in der Frühen Neuzeit, München 1991

Adelmann, Gerhard : Strukturelle Krisen im ländlichen Textilgewerbe Nordwestdeutschlands zu Beginn der Industrialisierung, in : Kellebenz, Hermann

(Hg.) : Wirtschaftspolitik und Arbeitsmarkt, München 1974
Aengenvoort, Anne : Migration —— Siedlungsbildung —— Akkulturation. Die Auswanderung Nordwestdeutscher nach Ohio 1830-1914 (VSWG, Beiheft 150), Stuttgart 1999
Arning, Hilde : Hannovers Stellung zum Zollverein, Hannover 1930
Arnold, Philipp : Almosen und Allmenden. Verarmung und Rückständigkeit in der Urner Markgenossenschaft 1798-1848, Zürich 1994
Asch, Ronald G./Freist, Dagmar (Hg.) : Staatsbildung als kultureller Prozesse. Strukturwandel und Legitimation von Herrschaft in der Frühen Neuzeit, Köln/Weimar/Wien 2005
Aubin, Hermann : Das westfälische Leinengewerbe im Rahmen der deutschen und europäischen Leinwanderzeugung bis zum Ausbruch des Industriezeitalters, Dortmund 1964
Bader, Siegfried : Das mittelalterliche Dorf als Friedens- und Rechtsbereich, Weimar 1957
――――― : Dorfgenossenschaft und Dorfgemeinde, Weimar 1962
――――― : Rechtsformen und Schichten der Liegenschaftsnutzung im Mittelalterlichen Dorf, Wien/Köln/Graz 1973
Bär, Max : Abrißeiner Verwaltungsgeschichte des Regierungsbezirks Osnabrück, Hannover und Leipzig 1901
Beheim-Schwarzbach, M. : Hohenzollernsche Colonisation. Ein Beitrag zu der Geschichte des preußischen Staates und der Colonisation des östlichen Deutschland, Leipzig 1874
Behr, Hans-Joachim : Obrigkeitliche Maßnahmen zur Förderung der Agrikultur und Viehzucht im Fürstentum Osnabrück im 18. Jahrhundert, in : OM, Bd. 72, 1964
――――― : Politisches Ständetum und landschaftliche Selbstverwaltung. Geschichte der Osnabrücker Landschaft im 19. Jahrhundert, Osnabrück 1970
――――― : Zur Rolle der Osnabrücker Landbevölkerung in der bürgerlichen Revolution von 1848, in : OM, Bd. 81, 1974
Bergmann, Jürgen/Volkmann, Heinrich (Hg.) : Sozialer Protest. Studien zu traditioneller Resistenz und kollektiver Gewalt in Deutschland vom Vormärz bis zur Reichsgründung, Opladen 1984
Berner, Hans : Gemeinden und Obrigkeit im fürstbischöflichen Birseck, Liestal 1994
Berner, Rolf : Siedlungs-, Wirtschafts- und Sozialgeschichte des Artlandes bis zum Ausgang des Mittelalters, Bersenbrück 1965
Beutin, L. : Nordwestdeutschland und die Niederlande seit dem Dreißigjährigen

Kriege, in : VSWG, Bd. 32, 1939

Bierbauer, Peter, Die ländliche Gemeinde im oberdeutsch-schweizerischen Raum, in : Blickle (Hg.) [1991]

Blaschke, Karlheinz : Bevölkerungsgeschichte von Sachsen bis zur industriellen Revolution, Weimar 1967

――――― : Dorfgemeinde und Stadtgemeinde in Sachsen zwischen 1300 und 1800, in : Blickle (Hg.) [1991]

Bleiber, Helmut : Bauern und Landarbeiter in der bürgerlich-demokratischen Revolution von 1848/49 in Deutschland, in : Zeitschrift für Geschichtswissenschaft, Bd. 17, 1969

――――― : Zum Anteil der Landarbeiter an den Bewegungen der Dorfbevölkerung in der deutschen Revolution 1848/49, in : JbWG, Teil 4, 1975

――――― : Bauernbewegungen und bäuerliche Umwälzung im Spannungsfeld zwischen Revolution und Reform in Deutschland 1848/49, in : Kossok/Loch (Hg.) [1985]

Blickle, Peter : Bäuerliche Landschaft und Landstandschaft, in : Franz [1976]

――――― : Die Staatliche Funktion der Gemeinde ―― Die politische Funktion des Bauern. Bemerkungen aufgrund von oberdeutschen Ländlichen Rechtsquellen, in : Blickle (Hg.) [1977]

――――― : Deutschen Untertanen. Ein Widerspruch, München 1981（服部良久訳『ドイツの臣民――平民・共同体・国家1300～1800年――』ミネルヴァ書房, 1990年）

――――― : Untertanen in der Frühneuzeit. Zur Rekonstruktion der politischen Kultur und der sozialen Wirklichkeit Deutschlands im 17. Jahrhundert, in : VSWG, Bd. 70, Heft 4, 1983

――――― : Kommunalismus, Parlamentarismus, Republikanismus, in : HZ, Bd. 242, 1986

――――― : Unruhen in der ständischen Gesellschaft 1300-1800, München 1988

――――― : Kommunalismus. Begriffsbildung in heuristischer Absicht, in : Blickle (Hg.) [1991]

――――― : Deutsche Agrargeschichte in der zweiten Hälfte des 20. Jahrhunderts, in : Troßbach/Zimmermann (Hg.) [1998]

――――― : Einführung. Mit den Gemeinden Staat machen, in : Blickle (Hg.) [1998] (=[1998a])

――――― : Kommunalismus, 2 Bde., München 2000

――――― (Hg.) : Deutsche ländliche Rechtsquellen. Probleme und Wege der Weistumsforschung, Stuttgart 1977

――――― (Hg.) : Landgemeinde und Stadtgemeinde in Mitteleuropa. Ein struktu-

reller Vergleich (HZ, Beiheft 13), München 1991
─────── (Hg.) : Gemeinde und Staat im Alten Europa (HZ, Beiheft 25), München 1998
Böhme, Ernst/Kreter : Karljosef, Die Rodenbrocksche Armenstiftung in Buer 1823 -1872. Armenpflege und Geldgeschäft im Osnabrücker Land in der Periode von Pauperismus und Frühindustrialisierung, in : OM, Bd. 95, 1990
Boelcke, Willi A. : Wandlungen der dörflichen Sozialstruktur während Mittelalter und Neuzeit, in : Boelcke, Willi A/Haushofer, Heinz (Hg.) : Wege und Forschungen der Agrargeschichte. Festschrift zum 65. Geburtstag von Günter Franz, Frankfurt 1967
Bölsker-Schlicht, Franz : Die Hollandgängerei im Osnabrücker Land und im Emsland. Ein Beitrag zur Geschichte der Arbeiterwanderung vom 17. bis zum 19. Jahrhundert, Sögel 1987
─────── : Quellen für eine Quantifizierung der Hollandgängerei im Emsland und im Osnabrücker Land in der Hälfte des 19. Jahrhunderts, in : Hinrichs/Zon (Hg.) [1988]
─────── : Sozialgeschichte des ländlichen Raumes im ehemaligen Regierungsbezirk Osnabrück im 19. und frühen 20. Jahrhundert unter besonderer Berücksichtigung des Heuerlingswesens und einzelner Nebengewerbe, in : Westfälische Forschungen, Bd. 40, 1990
─────── : Torfgräber, Grasmäher, Heringsfänger⋯─── deutsche Arbeitswanderer im 'Nordsee-System', in : Bade, Klaus (Hg.) : Deutsche im Ausland, Fremde in Deutschland. Migration in Geschichte und Gegenwart, München 1992
Brakensiek, Stefan : Agrarreform und ländliche Gesellschaft. Die Privatisierung der Marken in Nordwestdeutschland 1750-1850, Paderborn 1991
─────── : Regionalgeschichte als Sozialgeschichte. Studien zur ländlichen Gesellschaft im deutschen Raum, in : Brakensiek, Stefan/Flügel, Axel : Regionalgeschichte in Europa. Methoden und Erträge der Forschung zum 16. bis 19. Jahrhundert, Paderborn 2000
─────── : Grund und Boden ─── eine Ware? Ein Markt zwischen familialen Strategien und herrschaftlichen Kontrollen, in : Prass/Schlumbohm/Béaur/Duhamelle (Hg.) [2003]
─────── : Lokale Amtsträger in deutschen Territorien der Frühen Neuzeit. Institutionelle Grundlagen, akzeptanzorientierte Herrschaftspraxis und obrigkeitliche Identität, in : Asch/Freist (Hg.) [2005]
Braun, Rudolf : Industrialisierung und Volksleben. Veränderungen der Lebensformen unter Einwirkung der verlagsindustriellen Heimarbeit in einem ländlichen Industriegebiet (Züricher Oberland) vor 1800, 2. Aufl., Göttingen 1979

Brunner, Otto : Land und Herrschaft. Grundfragen der territorialen Verfassungsgeschichte Österreich im Mittelalter, 5. Aufl., Darmstadt 1965
—————— : Neue Wege der Verfassungs- und Sozialgeschichte, 2. Aufl., Göttingen 1968（石井紫郎他訳『ヨーロッパ――その歴史と精神――』岩波書店，1974年）
Buchholz, Ernst Wolfgang : Ländliche Bevölkerung an der Schwelle des Industriezeitalters. Der Raum Braunschweig als Beispiel, Stuttgart 1966
Conze, Werner : Die liberalen Agrarreformen Hannovers im 19. Jahrhundert, Hannover 1947
—————— : Die Wirkungen der liberalen Agrarreformen auf die Volksordnung in Mitteleuropa im 19. Jahrhundert, in : VSWG, Bd. 38, 1950
—————— : Vom „Pöbel" zur „Proletariat". Voraussetzungen für Sozialismus, in : VSWG, Bd. 41, 1954
Cordes, Rainer : Die Binnenkolonisation auf den Heidegemeinheiten zwischen Hunte und Mittelweser (Grafschaften Hoya und Diepholz) im 18. und frühen 19. Jahrhundert, Hildesheim 1981
Deich, Werner : Die braunschweigische Bevölkerungspolitik und die Lage des Landesproletariats im Zeichen der Revolution von 1848, in : Kossok/Loch (Hg.) [1985]
Deike, Ludwig : „Burschaft", „Go" und Territorium im nördlichen Niedersachsen, in : Meyer (Hg.) [1964], Bd. 1
Dipper, Christof : Ländliche Klassengesellschaft 1770-1848. Bemerkungen zum gleichnamigen Buch von Josef Mooser, in : Geschichte und Gesellschaft, Jg. 12, 1986
—————— : Deutsche Geschichte 1648-1789, Frankfurt 1991
—————— : Übergangsgesellschaft. Die ländliche Sozialordnung in Mitteleuropa um 1800, in : ZHF, Bd. 23, Heft 1, 1996
—————— : Revolutionäre Bewegungen auf dem Lande, in : Dowe, Dieter/Haupt, Heinz Gerhard/Langewiesche, Dieter (Hg.) : Europa 1848. Revolution und Reform, Bonn 1998
Dobelmann, Werner : Schatzungen und Steuern im Osnabrücker Nordlande, in : Mitteilungen des Kreisheimatbundes Bersenbrück, Heft 5, 1956
—————— : Mark und Markgenossenschaft in Suttrup-Durchhorn, in : Mitteilungen des Kreisheimatbundes Bersenbrück, Heft 6, 1957
—————— : Ein altes Heuerlingsgeschlecht, in : Mitteilungen des Kreisheimatbundes Bersenbrück, Heft 11, 1963
Dörner, Ruth/Franz, Norbert/Mayr, Christine (Hg) : Lokale Gesellschaft im historischen Vergleich. Europäische Erfahrungen im 19. Jahrhundert, Trier 2001
Dülmen, Richard van : Kultur und Alltag in der Frühen Neuzeit, Bd. 1-2, München

1990-1992（佐藤正樹訳『近世の文化と日常生活』第 1-2 巻，鳥影社，1993-1995 年）

Düring, A. von : Ortschaften-Verzeichniß des ehemaligen Hochstifts Osnabrück, in : OM, Bd. 21, 1896

Düwel, Andreas : Sozialrevolutionärer Protest und konservative Gesinnung. Die Landbevölkerung des Königreichs Hannover und des Herzogtums Braunschweig in der Revolution von 1848/49, Frankfurt 1996

Ebel, Wilhelm : Zur Rechtsgeschichte der Landgemeinde in Ostfriesland, in : Meyer (Hg.) [1964], Bd. 1

Ehmer, Josef : Heiratsverhalten, Sozialstruktur, ökonomischer Wandel. England und Mitteleuropa in der Formationsperiode des Kapitalismus, Göttingen 1991

——— : Bevölkerungsgeschichte und historische Demographie 1800-2000, München 2004

Eimer, Olaf : Friedrichshof. Grundzüge einer Ortsgeschichte, in : Eimer, Olaf/ Reker, Karl Otto : Friedrichshof 1786-1986. Festschrift zur 200-Jahr-Feier, Gütersloh-Avenwedde 1986

Elster, Ludwig : Bevölkerungslehre und Bevölkerungspolitik, in : Handwörterbuch der Staatswissenschaften, Bd. 2, Jena 1909

Endres, Rudolf : Ländliche Rechtsquellen als sozialgeschichtliche Quellen, in : Blickle (Hg.) [1977]

——— : Sozialer Wandel in Franken und Bayern auf der Grundlage der Dorfordnungen, in : Hinrichs/Wiegelmann (Hg.) [1982]

——— : Stadt- und Landgemeinde in Franken, in : Blickle (Hg.) [1991]

Espenhorst, Jürgen : Kirchspielvogte im Osnabrücker Land, in : Osnabrücker Land, Bd. 21, 1994

Falkenhagen, Jürgen : Absolutes Staatswesen und Autonomie der Territorialverbände und Genossenschaften. Eine Studie zur Entwicklung des modernen Staates in Schleswig-Holstein an Hand der landesherrlichen Gesetzgebung des 17. und 18. Jahrhunderts, Diss., Kiel 1967

Fertig, Georg : Gemeinheitsteilung in Löhne : Eine Fallstudie zur Sozial- und Umweltgeschichte Westfalens im 19. Jahrhundert, in : Ditt, Karl/Gudermann, Rita/Rüße, Norwich : Agrarmodernisierung und ökologische Folgen. Westfalen vom 18. bis zum 20. Jahrhundert, Paderborn 2001

——— : „Der Acker wandert zum besseren Wirt"? Agrarwachstum ohne preisbildenden Bodenmarkt im Westfalen des 19. Jahrhuderts, in : ZAA, Jg. 52, Heft 1, 2004

Frank, Michael : Dörfliche Gesellschaft und Kriminalität. Das Fallbeispiel Lippe 1650-1800, Paderborn 1995

Franz, Günter : Die agrarische Bewegung im Jahre 1848, in : ZAA, Jg. 7, Heft 2, 1959
——— : Geschichte des deutschen Bauernstandes vom frühen Mittelalter bis zum 19. Jahrhundert, 2. Aufl., Stuttgart 1976
Franz, Norbert : Diskussionen des Workshops „Staat im Dorf" : eine Zusammenfassung, in : Franz/Grewe/Knauff (Hg.) [1999]
——— : Finanzielle Handlungsmöglichkeiten ausgewählter französischer und luxemburgischer Landgemeinden im 19. Jahrhundert. Methodische Erfahrungen mit der Verbindung mikrogeschichtlicher und vergleichender Ansätze : in : Dörner/Franz/Mayr (Hg.) [2001]
———/Knauff, Michael : Gemeindeverfassungen und gesellschaftliche Verhältnisse ausgewählter Landgemeinden zwischen Maas und Rhein im 19. Jahrhundert —— eine Skizze, in : Franz/Grewe/Knauff (Hg.) [1999]
———/Grewe, Bernd Stefan/Knauff, Michael (Hg.) : Landgemeinden im Übergang zum modernen Staat. Vergleichende Mikrostudien im linksrheinischen Raum, Mainz 1999
Freist, Dagmar : Einleitung. Staatsbildung, lokale Herrschaftsprozesse und kultureller Wandel in der Frühen Neuzeit, in : Asch/Freist (Hg.) [2005]
Friedeburg, Robert von : „Kommunalismus" und „Republikanismus" in der frühen Neuzeit? Überlegungen zur politischen Mobilisierung sozial differenzierter ländlicher Gemeinden unter agrar- und sozialhistorischem Blickwinkel, in : ZHF, Bd. 21, Heft 1, 1994
——— : „Reiche", „geringe Leute" und „Beamte" : Landesherrschaft, dörfliche „Fraktionen" und gemeindliche Partizipation 1648-1806, in : ZHF, Bd. 23, Heft 2, 1996
——— : Ländliche Gesellschaft und Obrigkeit, Gemeindeprotest und politische Mobilisierung im 18. und 19. Jahrhundert, Göttingen 1997
——— : Lebenswelt und Kultur der unterständischen Schichten in der frühen Neuzeit, München 2002
——— : Brach liegende Felder. Grundzüge der deutschen Agrargeschichtsschreibung, in : Bruckmüller, Ernst/Langthaler, Ernst/Redl, Josef (Hg.) : Agrargeschichte schreiben. Traditionen und Innovationen im internationalen Vergleich, Innsbruck 2004
Frohneberg, Erich : Bevölkerungslehre und Bevölkerungspolitik des Merkantilismus unter besonderer Berücksichtigung des 17. und 18. Jahrhunderts und der Länder Deutschland, England, Frankreich und Italien, Diss., Frankfurt 1930
Fuhrmann, Rosi/Kümin, Beat/Würgler, Andreas : Supplizierende Gemeinden. Aspekte einer vergleichenden Quellenbetrachtung, in : Blickle (Hg.) [1998]

Gabel, Helmut : Widerstand und Kooperation. Studien zur politischen Kultur rheinischer und maasländischer Kleinterritorien (1648-1794), Tübingen 1995

Gailus, Manfred : Zur Politisierung der Landbevölkerung in der Märzrevolution, in : Steinbach (Hg.) [1982]

─────── : Straße und Brot. Soziale Protest in den deutschen Staaten unter besonderer Berücksichtigung Preußens, 1847-1849, Göttingen 1990

───────/Volkmann, Heinrich : Einführung, in : Gailus, Manfred/Volkmann, Heinrich (Hg.) : Der Kampf um das tägliche Brot : Nahrungsmangel, Versorgungspolitik und Protest 1770-1990, Opladen 1994

Geiling, Heiko : Die moralische Ökonomie des frühen Proletariats. Die Entstehung der Hannoverschen Arbeiterbewegung aus den arbeitenden und armen Volksklassen bis 1875, Frankfurt 1985

Gleixner, Ulrike : Das instrumentelle Verhältnis des Dorfes zum herrschaftlichen Patrimonialgericht („Unzuchtsverfahren" in Preußen im 18. Jahrhundert), in : Kriminologische Journal, Bd. 25, Heft 3, 1993

─────── : „Das Mensch" und „der Kerl", Die Konstruktion von Geschlecht in Unzuchtsverfahren der Frühen Neuzeit (1700-1760), Frankfurt 1994

─────── : Das Gesamtgericht der Herrschaft Schulenburg im 18. Jahrhundert. Funktionsweise und Zugang von Frauen und Männern, in : Peters (Hg.) [1995]

─────── : Rechtsfindung zwischen Machtsbeziehungen, Konfliktregelung und Friedenssicherung. Historische Kriminalitätsforschung und Agrargeschichte in der frühen Neuzeit, in : Troßbach/Zimmermann (Hg.) [1998]

Gömmel, Rainer : Die Entwicklung der Wirtschaft im Zeitalter des Merkantilismus 1620-1800, München 1998

Göttsching, Paul : „Bürgerliche Ehre "und „Recht der Menschheit" bei Justus Möser. Zur Problematik der Grund-und Freiheitsrechte im „aufgeklärten Ständetum", in : OM, Bd. 84, 1978

Golka, Heribert/Reese, Armin : Soziale Strömung der Märzrevolution von 1848 in der Landdrostei Hannover, in : NJbL, Bd. 45, 1973

Graf, Christa Volk : The Hanoverian Reformer Johann Carl Bertram Stüve 1798-1872, Diss., Cornell 1970

Grees, Hermann : Ländliche Unterschichten und ländliche Siedlung in Ostschwaben, Tübingen 1975

Grewe, Bernd Stefan : Lokale Eliten im Vergleich. Auf der Suche nach einem tragfähigen Konzept zur Analyse dörflicher Herrschaftsstrukturen, in : Franz/Grewe/Knauff (Hg.) [1999]

─────── : Zur Frage der kommunalen Autonomie im 19. Jahrhundert. Die staatliche Einflußnahme auf die Gemeindewaldwirtschaft in Frankreich, Luxemburg und dem linken Rheinland, in : Dörner/Franz/Mayr (Hg.) [2001]

————— : Der versperrte Wald. Ressourcenmangel in der bayerischen Pfalz (1814 -1870), Köln/Weimar/Wien 2004

Hagenah, Ulrich : Ländliche Gesellschaft im Wandel zwischen 1750 und 1850. Das Beispiel Hannover, in : NJbL, Bd. 57, 1985

Hanssen, Georg : Agrarhistorische Abhandlungen, Bd. 1, Göttingen 1880

Harder-Gersdorff, Elisabeth : Nutzen und Nachteil des Handels mit baltischer Leinsaat für den osnabrückischen Flachsbau im 18. Jahrhundert, in : OM, Bd. 86, 1980

————— : Leinen-Regionen im Vorfeld und im Verlauf der Industrialisierung (1780 -1914), in : Pohl, Hans (Hg.) : Gewerbe- und Industriallandschaften vom Spätmittelalter bis ins 20. Jahrhundert (VSWG, Beiheft 78), Stuttgart 1986

Harnisch, Hartmut : Die Landgemeinde im ostelbischen Gebiet (mit Schwerpunkt Brandenburg), in : Blickle (Hg,) [1991]

Harrasser, Claudia : Von Dienstboten und Landarbeitern. Eine Bibliographische zu (fast) vergessenen Berufen, Innsbruck 1996

Hartmann, Herman : Die Angelbecker Mark, in : OM, Bd. 16, 1891

Hartong, Kurt : Die Deesberger Mark. Ein Beitrag zur Rechts- und Wirtschaftsgeschichte der westfälischen Marken. Unter besonderer Berücksichtigung der Oldenburgischen Verhältnisse, in : Oldenburger Jahrbuch, Bd. 33, 1929

Hatzig, Otto : Justus Möser als Staatsmann und Publizist, Hannover 1909

Hauptmeyer, Carl Hans : Bäuerlicher Widerstand in der Grafschaft Schaumburg-Lippe, im Fürstentum Calenberg und im Hochstift Hildesheim. Zur Frage der qualitativen Veränderung bäuerliche Opposition am Ende des 18. Jahrhunderts, in : Schulze (Hg.) [1983]

————— : Entstehen und Verlust lokaler Autonomien im ländlichen Raum. Die deutsche Tradition der Gemeindereformen, in : Essener geographische Arbeiten, Bd. 15, 1986

————— : Dorf und Territorialstaat im zentralen Niedersachsen, in : Lange (Hg.) [1988]

————— : Die Landgemeinde in Norddeutschland, in : Blickle (Hg.) [1991]

—————/Wunder, Heide : Zum Feudalismusbegriff in der Kommunalismusdiskussion, in : Blickle (Hg.) [1991]

Haverkamp, Christop : Die Heuerleutebewegung im 20. Jahrhundert im Regierungsbezirk Osnabrück, in : Emsländische Geschichte, Heft 6, 1997

Heckscher, Kurt : Bersenbrücker Volkskunde. Eine Bestandsaufnahme aus den Jahren 1927/30, Bd. 1, Osnabrück 1969

Heffter, Heinrich : Die deutsche Selbsterwaltung im 19. Jahrhundert. Geschichte

der Ideen und Institutionen, zweite Aufl., Stuttgart 1969
Heidrich, Hermann : Grenzübergänge. Das Haus und die Volksglaube in der frühen Neuzeit, in : Dülmen, Richard van (Hg.) : Kultur der einfachen Leute. Bayerisches Volksleben vom 16. bis zum 19. Jahrhundert, München 1983
Henkel, Anne-Katrin : „Ein besseres Loos zu erringen, als das bisherige war." Ursachen, Verlauf und Folgewirkungen der hannoverschen Auswanderungsbewegung im 18. und 19. Jahrhundert, Hameln 1996
Henning, Friedrich-Wilhelm : Landwirtschaft und ländliche Gesellschaft in Deutschland, Bd. 1 (800 bis 1750), Paderborn 1985
Herzig, Arno : Unterschichtenprotest in Deutschland 1790-1800, Göttingen 1988 （矢野久・矢野裕美訳『パンなき民と「血の法廷」——ドイツの社会的抗議 1790～1870年——』同文館，1993年）
Herzog, Friedrich : Das Osnabrücker Land im 18. und 19. Jahrhundert. Eine kulturgeographische Untersuchung, Oldenburg 1938
Heuvel, Christine van : Beamtenschaft und Territorialstaat. Behördenentwicklung und Sozialstruktur der Beamtenschaft im Hochstift Osnabrück 1550-1800, Osnabrück 1984
Heuvel, Gerd van : Vormärz und Revolution auf dem Lande. Sozialer Wandel und politischer Protest in Schledehausen 1830-1848, in : Bade, Klaus (Hg.) : Schelenburg-Kirchspiel-Landgemeinde, Bissendorf 1990
Hindersmann, Ulrike : Der ritterschaftliche Adel im Königreich Hannover 1814-1866, Hannover 2001
Hinrichs, Ernst/Wiegelmann, Günter (Hg.) : Sozialer und kultureller Wandel in der ländlichen Welt des 18. Jahrhunderts, Wolfenbüttel 1982
Hinrichs, Ernst/Zon, Henk van (Hg.) : Bevölkerungsgeschichte im Vergleich. Studien zu den Niederlanden und Nordwestdeutschland, Aurich 1988
Hippel, Wolfgang : Armut und Unterschichten, München 1995
Hirschfelder, Heinrich : Herrschaftsordnung und Bauerntum im Hochstift Osnabrück im 16. und 17. Jahrhundert, Osnabrück 1971
Hömberg, Albert : Grundfragen der deutschen Siedlungsforschung, Berlin 1938
Hoene, Otto zu : Kloster Bersenbrück. Das ehemalige adelige Zisterzienserinnen —— Kloster St. Marien zu Bersenbrück, 2 Bde., Osnabrück 1977-1978
Hohkamp, Michaela : Herrschaft in der Herrschaft. Die vorderösterreichische Obervogtei Triburg von 1737 bis 1780, Göttingen 1998
Holenstein, André : Bauern zwischen Bauernkrieg und Dreißigjährigem Krieg, München 1996
——— : Bittgesuche, Gesetze und Verwaltung. Zur Praxis „guter Policey" in Gemeinde und Staat des Ancien Régime am Beispiel der Markgrafschaft Baden

(-Durlach), in : Blickle (Hg.) [1998]

Hommel, Heinrich : Die Eigenbehörigkeit im Osnabrückischen und ihre Ablösung, Diss., Berlin 1923

Hornung, Erich : Entwicklung und Niedergang der hannoverschen Leinwandindustrie, Hannover 1905

Hübner, Hans : Die Bewegung der ostelbischen Landarbeiter in der Revolution von 1848/49, Diss., Halle 1958

——— : Die mecklenburgischen Landarbeiter in der Revolution von 1848/49, in : Beiträge zur Geschichte der Deutschen Arbeiterbewegung, Jg. 10., Heft 5, 1968

Hugenberg, Alfred : Innere Colonisation im Nordwesten Deutschlands, Strassburg 1891

Hugo, Ferdinand von : Uebersicht über die neuere Verfassung des im Jahre 1802 saecularisierten Hochstifts Osnabrück, in : Mitteilungen des Vereins für Geschichte und Altersthumskunde des Hasegau, Heft 2, 1893

Husung, Hans Gerhard : Zur ländlichen Sozialschichtung im norddeutschen Vormärz in : Mommsen, Hans/Schulze, Winfried (Hg.) : Vom Elend der Handarbeit. Probleme historischer Unterschichtenforschung, Stuttgart 1981

Just (Regierungsrat in Hildesheim) : Provinz Hannover, in : Berichte über die Zustände und die Reform des ländlichen Gemeindewesens in Preußen, Leipzig 1890

Kaiser, Hermann : Vom Leben in halben Häusern. Mehrfamilienwohnungen im Osnabrücker Nordland und im Oldenburger Münsterland (17.-19. Jahrhundert), in : Schlumbohm (Hg.) [1993]

Kamphoefner, Walter Dean : Westfalen in der Neuen Welt. Eine Sozialgeschichte der Auswanderung im 19. Jahrhundert, Münster 1982

———/Marschalck, Peter/Nolte-Schuster, Birgit : Von Heuerleuten und Farmern. Die Auswanderung aus dem Osnabrücker Land nach Nordamerika im 19. Jahrhundert (Emigration from the Osnabrück region to North America in the 19th Century), Bramsche 1999.

Kappelhoff, Bernd : Absolutistisches Regiment oder Ständeherrschaft? Landesherr und Landstände in Ostfriesland im ersten Drittel des 18. Jahrhuderts, Hildesheim 1982

Kaschuba, Wolfgang : Lebenswelt und Kultur der unterbürgerlichen Schichten im 19. und 20. Jahrhundert, München 1990

——— : Kommunalismus als sozialer „common sense", Zur Konzeption von Lebenswelt und Alltagskultur im neuzeitlichen Gemeindegedanken, in : Blickle (Hg.) [1991]

Kiel, Karl : Gründe und Folgen der Auswanderung aus dem Osnabrücker Regierungsbezirk, insbesondere nach den Vereinigten Staaten, im Lichte der hannoverschen Auswanderungspolitik betrachtet (1823-1866), in : OM, Bd. 61, 1941

Kischnick, Klaus : 750 Jahre Wissingen. Festschrift zur 750-Jahr-Feier des Dorfes Wissingen, Osnabrück 1974

Kleeberg, Wilhelm : Holländgänger und Heringsfischer. Ein Stück niedersächsischer Wirtschaftsgeschichte, in : Neues Archiv für Landes- und Volkskunde von Niedersachsen, N. F., Bd. 2, Bremen 1948

Knodel, John : Law, Marriage and Illegitimacy in Nineteenth-Century Germany, in : Population Studies, vol. 10, 1967

Koch, Rainer : Staat oder Gemeinde? Zu einem politischen Zielkonflikt in der bürgerlichen Bewegung des 19. Jahrhunderts, in : HZ, Bd. 236, Heft 1, 1983

────── : Die Agrarrevolution in Deutschland 1848. Ursachen ── Verlauf ── Ergebnisse, in : Heideking, Jürgen/Hufnagel, Gerhard/Knipping, Franz (Hg.) : Wege in die Zeitgeschichte. Festschrift zum 65. Geburtstag von Gerhard Schulz, Berlin 1989

Kocka, Jürgen : Weder Stand noch Klasse. Unterschichten um 1800, Bonn 1990

────── : Arbeitsverhältnisse und Arbeitexistenzen. Grundlage der Klassenbildung im 19. Jahrhundert, Bonn 1990 (=[1990a])

Köllmann, Wolfgang : Bevölkerung in der industriellen Revolution. Studien zur Bevölkerungsgeschichte Deutschlands, Göttingen 1974

Kossok, Manfred/Loch, Werner (Hg.) : Bauern und bürgerliche Revolution, Vadus 1985

Kraus, Antje : Antizipierter Ehegesetze im 19. Jahrhundert. Zur Beurteilung der Illegitimität unter sozialgeschichtlichen Aspekten, in : VSWG, Bd. 66, 1979

Kriedte, Peter/Medick, Hans/Schlumbohm, Jürgen : Industrialisierung vor Industrialisierung. Gewerbe Warenproduktion auf dem Land in der Formationsperiode des Kapitalismus, Göttingen 1977

────── : Sozialgeschichte in der Erweiterung ── Protoindustrialisierung in der Verengung? Demographie, Sozialstruktur, moderne Hausindustrie : eine Zwischenbilanz der Proto-Industrialisierungs-Forschung, in : Geschichte und Gesellschaft, Jg. 18, 1992

Krüger, Kersten : Die landschaftliche Verfassung Nordelbiens in der frühen Neuzeit : Ein besonderer Typ politischer Partizipation, in : Jäger, Helmut/Petri, Franz/Quirin, Heinz (Hg.) : Civitatum Communitas. Studien zum europäischen Städtewesen, Teil 2, Köln 1984

Lange, Ulrich (Hg.) : Landgemeinde und frühmoderner Staat. Beiträge zum Problem der gemeindlichen Selbstverwaltung in Dänemark, Schleswig-Holstein und Niedersachsen in der frühen Neuzeit, Sigmaringen 1988

Liebel, Helen : Enlightened bureaucracy versus enlightened despotism in Baden 1750-1792, Philadelphia 1965

Linde, Hans : Das Königreich Hannover an der Schwelle des Industriezeitalters, in : Neues Archiv für Niedersachsen, Heft 4, 1951

Lippe, Carola : Dörfliche Formen generativer und sozialer Reproduktion, in : Lippe, Carola/Kaschuba, Wolfgang : Dörfliche Überleben. Zur Geschichte materieller und sozialer Reproduktion ländlicher Gesellschaft im 19. und frühen 20. Jahrhundert, Tübingen 1982

Lucassen, Jan : Migrant Labour in Europe 1600-1900. The Drift to the North Sea, London 1987

─────── : Quellen zur Geschichte der Wanderungen, vor allem der Wanderarbeit, zwischen Deutschland und den Niederlanden vom 17. bis zum 19. Jahrhundert, in : Hinrichs/Zon (Hg.) [1988]

Luebke, David Martin : Symbolische Konstruktionen politischer Repräsentation im ländlichen Ostfriesland 1719-1727, in : Westfälische Forschungen, Bd. 53, 2003

Lütge, Friedrich : Geschichte der deutschen Agrarverfassung. Vom frühen Mittelalter bis zum 19. Jahrhundert, 2. verbesserte und stark erweitere Aufl., Stuttgart 1967

Mager, Wolfgang : Haushalt und Familie in protoindustrieller Gesellschaft. Spenge (Ravensberg) während der ersten Hälfte des 19. Jahrhunderts, in : Bulst, Neithard/Goy, Joseph/Hoock, Jochen (Hg.) : Familie zwischen Tradition und Moderne, Göttingen 1981

─────── : Protoindustrialisierung und agrarisch-heimgewerbliche Verflechtung in Ravensberg während der Frühen Neuzeit. Studien zu einer Gesellschaftsformation im Übergang, Geschichte und Gesellschaft, Jg. 8, 1982

─────── : Spenge vom frühen 18. Jahrhundert bis zur Mitte des 19. Jahrhunderts, in : Mager, Wolfgang (Hg.) : Geschichte der Stadt Spenge, Spenge 1984

───────/Ebeling, Dietrich (Hg.) : Protoindustrie in der Region. Europäische Gewerbelandschaften vom 16. bis zum 19. Jahrhundert, Bielefeld 1997

Mahlert, Karl Heinz : Die soziale und ökonomische Lage der mecklenburgischen Landarbeiter nach der Aufhebung der Leibeigenschaft und ihr Kampf in der Revolution von 1848-1849, Diss., Potsdam 1961

Mahlerwein, Gunter : Handlungsspielräume dörflicher Amtsträger unter Kurfürst, Napoleon und Großherzog : Rheinhessen 1700-1850, in : Franz/Grewe/Knauff (Hg.) [1999]

─────── : Wandlungen dörflicher Kommunikation im späten 18. und in der ersten Hälfte des 19. Jahrhunderts, in : Rösener, Werner (Hg.) : Kommunikation in der ländlichen Gesellschaft vom Mittelalter bis zur Moderne, Göttingen 2000

―――― : Die Herren im Dorf. Bäuerliche Oberschicht und ländliche Elitenbildung in Rheinhessen 1700-1850, Mainz 2001

Mantl, Elisabeth : Heirat als Privileg. Obrigkeitliche Heiratsbeschränkungen in Tirol und Vorarlberg 1820 bis 1920, München 1997

Marschalck, Peter : Bevölkerungsgeschichte Deutschlands im 19. und 20. Jahrhundert, Frankfurt 1984

Martiny, Rudolf : Hof und Dorf in Altwestfalen. Das westfälische Streusiedlungsproblem, Stuttgart 1926

Matz, Klaus-Jürgen : Pauperismus und Bevölkerung. Die gesetzlichen Ehebeschränkungen in den süddeutschen Staaten während des 19. Jahrhunderts, Stuttgart 1980

Maurer, Georg Ludwig von : Geschichte der Dorfverfassung in Deutschland, Bd. 1, Erlangen 1865

Meier, Ernst : Hannoversche Verfassungs- und Verwaltungsgeschichte 1680-1866, 2 Bde., Leipzig 1898

Meitzen, August : Siedlung und Agrarwesen der Westgermanen und Ostgermanen, der Kelten, Römer, Finnen und Slawen, Berlin 1895

Meyer, Theodor (Hg.) : Die Anfänge der Landgemeinde und ihr Wesen, 2 Bde., Konstanz 1964

Meyer zum Gottesberge, Ruth : Die geschichtlichen Grundlagen der westfälischen Landgemeindeordnung vom Jahre 1841, Bonn 1933

Middendorff, Rudolf : Der Verfall und die Aufteilung der gemeinen Marken im Fürstentum Osnabrück bis zur napoleonischen Zeit, in : OM, Bd. 49, 1927

Mittelhäusser, Käthe : Häuslinge im südliche Niedersachsen, im : Blätter für deutsche Landgeschichte, Bd. 116, 1980

―――― : Ländliche und städtische Siedlung, in : Patze, Hans (Hg.) : Geschichte Niedersachsens, Bd. 1, Hildesheim 1985

Mitterauer, Michael : Lebensformen und Lebensverhältnisse ländlicher Unterschichten, in : Matis, Herbert (Hg.) : Von der Glückseligkeit des Staates. Staat, Wirtschaft und Gesellschaft in Österreich im Zeitalter des aufgeklärten Absolutismus, Berlin 1981

―――― : Historisch-Anthropologische Familienforschung. Fragestellung und Zugangsweisen, Wien/Köln 1990 (若尾祐司他訳『歴史人類学の家族研究――ヨーロッパ比較家族史の課題と方法――』新曜社, 1994 年)

Mooser, Josef : Gleichheit und Ungleichheit in der ländlichen Gemeinde. Sozialstruktur und Kommunalverfassung im östlichen Westfalen vom späten 18. bis in die Mitte des 19. Jahrhunderts, in : Archiv für Sozialgeschichte, Bd. 19, 1979

―――― : Familie und soziale Plazierung in der ländlichen Gesellschaft am

Beispiel des Kirchspiels Quellenheim im 19. Jahrhundert, in : Kocka, Jürgen (Hg.) : Familie und soziale Plazierung. Studien zum Verhältnisse von Familie, sozialer Mobilität und Heiratsverhalten an westfälischen Beispielen im späten 18. und 19. Jahrhundert, Opladen 1980

―――――― : Rebellion und Loyalität 1789-1848. Sozialstruktur, sozialer Protest und politisches Verhalten ländlicher Unterschichten im östlichen Westfalen, in : Steinbach (Hg.) [1982]

―――――― : Ländliche Klassengesellschaft 1770-1848. Bauern und Unterschichten, Landwirtschaft und Gewerbe im östlichen Westfalen, Göttingen 1984

―――――― : „Furcht bewahrt das Holz", Holzdiebstahl und sozialer Konflikt in der ländlichen Gesellschaft 1800-1850 an westfälischen Beispielen, in : Reif, Heinz (Hg.) : Räuber, Volk und Obrigkeit. Studien zur Geschichte der Kriminalität in Deutschland seit dem 18. Jahrhundert, Frankfurt 1984 (=[1984a])

―――――― : Region und sozialer Protest. Erweckungsbewegung und ländliche Unterschichten im Vormärz am Beispiel von Minden-Ravensberg, in : Bergmann/Volkmann (Hg.) 1984 (=[1984b])

―――――― : Unterschichten in Deutschland 1770-1820, in : Berding, Helmut (Hg.) : Deutschland und Frankreich im Zeitalter der Französischen Revolution, Göttingen 1989

Müller-Scheessel, Karsten : Jürgen Christian Findorff und die kurhannoversche Moorkolonisation im 18. Jahrhundert, Hildesheim 1975

Nawiasky, H. : Heimatrecht, in : Handwörterbuch der Staatswissenschaften, 4. Aufl., Bd. 5, Jena 1923

Niehaus, Heinrich : Das Heuerlingssytem und die Heuerlingsbewegung. Ein Beitrag zur Lösung der Heuerleutefrage, Quakenbrück 1923

Niemann, Hans Werner : Leinenhandel im Osnabrücker Land. Die Bramscher Kaufmannsfamilie Sanders 1780-1850, Bramsche 2004

―――――― : Leinenhandel und Leinenproduktion im Osnabrücker Land. Die Bramscher Leinenhändlerfamilie Sanders, in : OM, Bd. 110, 2005

Nitz, Hans-Jürgen : Historische Kolonisation und Plansiedlung in Deutschland, Berlin 1994

Nolte, Paul : Gemeindebürgertum und Liberalismus in Baden 1800-1850. Tradition ―― Radikalismus ―― Republik, Göttingen 1994

Oberschelp, Reinhard : Niedersachsen 1760-1820. Wirtschaft, Gesellschaft, Kultur im Lande Hannover und Nachbargebieten, 2 Bde., Hildesheim 1982

―――――― : Politische Geschichte Niedersachsens 1803-1866, Hildesheim 1988

Oer, Rudolfine Freiin von : Landständische Verfassungen in den geistlichen Fürstentümern Nordwestdeutschlands, in : Gerhard, Dietrich (Hg.) : Ständische

Vertretungen in Europa im 17. und 18. Jahrhundert, Göttingen 1969

Oestreich, Gerhard：Strukturprobleme des europäischen Absolutismus, in：VSWG, Bd. 55, Heft 3, 1969（阪口修平・平城照介訳「ヨーロッパ絶対主義の構造に関する諸問題」ハルトゥング，フリッツ・フィーアハウス・ルードルフ他〔成瀬治編訳〕『伝統社会と近代国家』岩波書店，1982年）

Ogilvie, Sheilagh：The Beginnings of Industrialization, in：Ogilvie, Sheilagh (Hg.)：Germany. A New Social and Economic History, vol. 2, London 1996

Oppermann, H. Albert：Zur Geschichte des Königreichs Hannover von 1832 bis 1860, Bd. 2, Leipzig 1862

Parisius, Bernhard：„Daß die liebe alte Vorzeit wo möglich wieder hergestellt werde." Politische und soziokulturelle Reaktionen von oldenburgischen Landarbeitern auf ihren sozialen Abstieg 1800-1848, in：Bergmann/Volkmann (Hg.) [1984]

─────：Vom Groll der „kleinen Leute" zum Programm der kleinen Schritte. Arbeiterbewegung im Herzogtum Oldenburg 1840-1890, Oldenburg 1985

Pelzer, Marten：Landwirtschaftliche Vereine in Nordwestdeutschland. Das Beispiel Badbergen. Eine Mikrostudie zur Vereins- und Agrargeschichte im 19. und frühen 20. Jahrhundert, Cloppenburg 2002

Penners, Theodor：Entstehung und Ursachen der überseeischen Auswanderungsbewegung im Lande Lüneburg vor 100 Jahren, in：Lüneburger Blätter, Bd. 4, 1953

Peters, Jan：Ostelbische Landarmut ── Sozialökonomisches über landlose und landarme Agrarproduzenten im Spätfeudalismus, in：JbWG, Teil 3, 1967

─────：Ostelbische Landarmut ── Statistisches über landlose und landarme Agrarproduzenten im Spätenfeudalismus, in：JbWG, Teil 1, 1970

───── (Hg.)：Gutsherrschaft als soziales Modell. Vergleichende Betrachtungen zur Funktonensweise frühneuzeitlicher Agrargesellschaften (HZ, Beiheft 18), München 1995

Pfister, Christian：Bevölkerungsgeschichte und historische Demographie 1500-1800, München 1994

Pintschovius, Hans Joska：Die „Kleinen Leute", Häuslinge-Handwerker-Tagelöhner, in：Harburger Jahrbuch, Nr. 30, 1975

Potente, Dieter：Ländliche Gesellschaft im Zeitalter der Revolution. Wandlung der ländlichen Sozialstruktur im ehemaligen Fürstentum Lippe von 1770-1850. Ein Beispiel zur Sozialgeschichte und Regionalgeschichte im Unterricht, Diss., Münster 1987

Potthoff, Heinz：Die Bevölkerung von Minden und Ravensberg im 18. Jahrhundert, in：Jahresbericht des Historischen Vereins für Grafschaft Ravensberg, Bd. 37,

1923
Prass, Reiner : Reformprogramm und bäuerliche Interessen. Die Auflösung der traditionellen Gemeindeökonomie im südlichen Niedersachsen 1750-1883, Göttingen 1997

———— : Die Reformen im Dorf. Gemeinheitsteilungen im Beziehungsgeflecht dörflicher Gesellschaft, in : JbWG, Teil 2, 2000

————/Schlumbohm, Jürgen/Béaur, Gérard/Duhamelle, Christophe (Hg.) : Ländliche Gesellschaften in Deutschland und Frankreich, 18.-19. Jahrhundert, Göttingen 2003

Press, Volker : Kommunalismus oder Territorialismus? Bemerkungen zur Ausbildung des frühmodernen Staates im Mitteleuropa, in : Timmermann, Heiner (Hg.) : Die Bildung des frühmodernen Staates —— Stände und Konfessionen, Saarbrücken-Scheidt 1989

———— : Stadt- und Dorfgemeinden in territorialstaatlichen Gefüge des Spätmittelalters und der frühen Neuzeit, in : Blickle (Hg.) [1991]

Raphael, Lutz : Das Projekt „Staat im Dorf" : vergleichende Mikrostudien zwischen Maas und Rhein im 19. Jahrhundert —— eine Einführung, in : Franz/Grewe/Knauff (Hg.) [1999]

———— : Staat im Dorf. Transformation lokaler Herrschaft zwischen 1750 und 1850 : Französische und westdeutsche Erfahrungen in vergleichender Perspektive, in : ZAA, Jg. 51, Heft 1, 2003

Rebel, Hermann : Peasant Classes : The Bureaucratization of Property and Family Relations under Early Habsburg Absolutism 1511-1636, Princeton 1983

Reekers, Stephanie : Beiträge zur statistischen Darstellung der gewerblichen Wirtschaft Westfalens um 1800, Teil 3 : Tecklenburg-Lingen, Reckenberg, Rietberg und Rheda, in : Westfälische Forschungen, Bd. 19, 1966

Reif, Heinz : Westfälischer Adel 1770-1860. Vom Herrschaftsstand zur regionalen Elite, Göttingen 1979

Reinders-Düselder, Christoph : Ländliche Bevölkerung vor der Industrialisierung. Geburt, Heirat und Tod in Steinfeld, Damme und Neuenkirchen 1650 bis 1850, Cloppenburg 1995

———— : Das Artland. Demographische, soziale und politisch-herrschaftliche Entwicklungen zwischen 1650 und 1850 in einer Region des Osnabrücker Nordlandes, Cloppenburg 2000

———— : Eigenbehörigkeit als soziale Praxis der Grundherrschaft in osnabrückischen und münsterischen Regionen vom 17. bis 19. Jahrhundert, in : Klußmann, Jan (Hg.) : Leibeigenschaft. Bäuerliche Unfreiheit in der frühen Neuzeit, Köln/Weimar/Wien 2003

Renger, Reinhard : Landesherr und Landstände im Hochstift Osnabrück in der Mitte des 18. Jahrhunderts. Untersuchungen zur Institutionengeschichte des Ständestaates im 17. und 18. Jahrhundert, Göttingen 1968
―――― : Justus Mösers amtlicher Wirkungskreis. Zu seiner Bedeutung für Mösers Schaffen, in : OM, Bd. 77, 1970
Reyer, Herbert : Die Dorfgemeinde im nördlichen Hessen. Untersuchungen zur hessischen Dorfverfassung im Spätmittelalter und in der frühen Neuzeit, Marburg 1983
Riepenhausen, Hans : Die bäuerliche Siedlung des Ravensberger Landes, Münster 1938
Ries, K. : Bauern und ländliche Unterschichten, in : Dipper, Christof (Hg.) : 1848 Revolution in Deutschland, Frankfurt 1998
Robisheaux, Thomas : Rural society and the search for order in early modern Germany, Cambridge 1989
Roeck, Bernd : Außenseiter, Rundgruppen, Minderheiten. Fremde im Deutschland der frühen Neuzeit, Göttingen 1993 (中谷博幸・山中淑江訳『歴史のアウトサイダー』昭和堂, 2001 年)
Rösener, Werner : Die Bauern in der europäischen Geschichte, München 1993 (藤田幸一郎訳『農民のヨーロッパ』平凡社, 1995 年)
Rothert, Hermann : Haus Sögeln. Aus der Vergangenheit eines Osnabrück'schen Edelsitzes, Bersenbrück 1920
―――― : Die geschichtliche Entwicklung des Heuerlingswesens, in : Rothert, Hermann : Aus der Vergangenheit des Osnabrücker Landes, Bersenbrück 1921
―――― : Die Besiedlung des Kreises Bersenbrück. Ein Beitrag zur Siedlungsgeschichte Nordwestdeutschland, Bersenbrück 1924
―――― : Westfälische Geschichte, 3 Bde., Gütersloh 1949-1951 (ND, Osnabrück 1986)
Rottmann, Rainer : Hagen am Teutoburger Wald. Ortschronik, Osnabrück 1997
Rouette, Susanne : Erbrecht und Besitzweitergabe : Praktiken in der ländlichen Gesellschaft Deutschlands, Diskurs in Politik und Wissenschaft, in : Prass/ Schlumbohm/Béaur/Duhamelle (Hg.) [2003]
Rudersdorf, Manfred : „Das Glück der Bettler". Justus Möser und die Welt der Armen. Mentalität und soziale Frage im Fürstbistum Osnabrück zwischen Aufklärung und Säkularisation, Münster 1995
Runge, Friedrich : Justus Mösers Gewerbetheorie und Gewerbepolitik im Fürstbistum Osnabrück in der zweiten Hälfte des 18. Jahrhunderts, Berlin 1966
Saalfeld, Diedrich : Stellung und Differenzierung der ländlichen Bevölkerung Nordwestdeutschlands in der Ständegesellschaft des 18. Jahrhunderts, in :

Hinrichs/Wiegelmann (Hg.) [1982]

——— : Ländliche Bevölkerung und Landwirtschaft Deutschlands am Vorabend der Französischen Revolution, in : ZAA, Jg. 37, 1989

Sabean, David Warren : Landbesitz und Gesellschaft am Vorabend des Bauernkriegs, Stuttgart 1972

Sailer, Rita : Untertanenprozesse vor dem Reichskammergericht. Rechtsschutz gegen die Obrigkeit in der zweiten Hälfte des 18. Jahrhundert, Köln 1999

Schaer, Friedrich : Die ländlichen Unterschichten zwischen Weser und Ems vor der Industrialisierung. Ein Forschungsproblem, in : NJbL, Bd. 50, 1978

Scharpwinkel, Klaus : Die westfälischen Eigentumsordnungen des 17. und 18. Jahrhunderts, Göttingen 1965

Schildt, Bernd : Bauer —— Gemeinde —— Nachbarschaft. Verfassung und Recht der Landgemeinde Thüringens in der frühen Neuzeit, Weimar 1996

Schildt, Gerhard : Tagelöhner, Gesellen, Arbeiter. Sozialgeschichte der vorindustriellen und industriellen Arbeiter in Braunschweig 1830-1880, Stuttgart 1986

——— : Landbevölkerung und Revolution, in : Geschichte in Wissenschaft und Unterricht, Jg. 43, Heft 5, 1992

Schilling, Heinz : Profil und Perspektiven, in : Schilling, Heinz (Hg.) : Institutionen, Instrumente und Akteure sozialer Kontrolle und Disziplinierung im frühneuzeitlichen Europa, Frankfurt 1999

Schloemann, Heinrich : Beitrag zur Geschichte der Besiedlung und der Bevölkerung des Gebietes der Angelbecker Mark im 16.-18. Jahrhundert unter besonderer Berücksichtigung der Folgen des 30 jährigen Krieges, in : OM, Bd. 47, 1925

Schlumbohm, Jürgen : Der saisonale Rhythmus der Leinenproduktion im Osnabrücker Lande während des späten 18. und der ersten Hälfte des 19. Jahrhunderts. Erscheinungsbild, Zusammenhänge und interregionaler Vergleich, in : Archiv für Sozialgeschichte, Bd. 19, 1979

——— : Agrarische Besitzklassen und gewerbliche Produktionsverhältnisse : Großbauern, Kleinbesitzer und Landlose als Leinenproduzenten im Umland von Osnabrück und Bielefeld während des frühen 19. Jahrhunderts, in : Mentalitäten und Lebensverhältnisse : Beispiele aus der Sozialgeschichte der Neuzeit. Rudolf Vierhaus zum 60. Geburtstag, Göttingen 1982

——— : ‚Wilde' Ehen : Zusammenleben angesichts kirchlicher Sanktionen und staatlicher Sittenpolizei (Osnabrücker Land, ca. 1790-1870), in : Schlumbohm (Hg.) [1993]

——— : Lebensläufe, Familien, Höfe. Die Bauern und Heuerleute des Osnabrückischen Kirchspiels Belm in proto-industrieller Zeit, 1650-1860, Göttingen 1994

―――― : Das Osnabrücker Land vom 18. bis zur Mitte des 19. Jahrhunderts : Bauern und Heuerleute, Landwirtschaft und Leinengewerbe, in : Panke-Kochinke, Birgit/Spilker, Rolf (Hg.) : Verzögerter Aufbruch. Frühindustrialisierung in Osnabrück, Bramsche 1994 (=[1994a])

―――― (Hg.) : Familie und Familienlosigkeit. Fallstudien aus Niedersachsen und Bremen vom 15. bis 20. Jahrhundert, Hannover 1993

―――― (Hg.) : Eheschließungen im Europa des 18. und 19. Jahrhunderts. Muster und Strategien, Göttingen 2003

Schmidt, Georg : Die frühneuzeitlichen Hungerrevolten. Soziale Konflikte und Wirtschaftspolitik im Alten Reich, in : ZHF, Bd. 18, Heft 1, 1991

Schmidt, Heinrich Richard : Dorf und Religion. Reformierte Sittenzucht in Berner Landgemeinden der Frühen Neuzeit, Stuttgart/Jena/New York 1995

Schmiechen-Ackermann, Detlef : Ländliche Armut und die Anfänge der Lindener Fabrikarbeiterschaft. Bevölkerungswanderungen in der frühen Industrialisierung des Königreichs Hannover, Hildesheim 1990

Schmitz, Edith : Leinengewerbe und Leinenhandel in Nordwestdeutschland (1650-1850), Köln 1967

Schmoller, Gustav : Preußische Kolonisation des 17. und 18. Jahrhunderts, in : Zur inneren Kolonisation in Deutschland. Erfahrungen und Vorschläge, Leipzig 1886

Schotte, Heinrich : Die rechtliche und wirtschaftliche Entwicklung des westfälischen Bauernstandes bis zum Jahre 1815, in : Kerckerinck zu Borg, Engelhardt von (Hg.) : Beiträge zur Geschichte des westfälischen Bauernstandes, Berlin 1912

Schröter, Hermann : Handel, Gewerbe und Industrie im Landdrosteibezirk Osnabrück 1815-1866, in : OM, Bd. 68, 1959

Schulte, Hermann : Das Heuerlingswesen im Oldenburgischen Münsterlande, Diss., Bonn 1939

Schulze, Hans Kurt : Grundstrukturen der Verfassung im Mittelalter, 2. verbesserte Aufl., 2 Bde., Stuttgart/Berlin/Köln 1990-1992 (千葉徳夫他訳『西欧中世史事典――国制と社会組織――』ミネルヴァ書房, 1997年)

Schulze, Oskar : Die Entwicklung der Landwirtschaft, in : Tümpel, Heinrich (Hg.) : Minden-Ravensberg unter der Herrschaft der Hohenzollern, Bielefeld/Leipzig, 1909

Schulze, Winfried (Hg.) : Aufstände, Revolten, Prozesse. Beiträge zu bäuerlichen Widerstandsbewegungen im frühneuzeitlichen Europa, Stuttgart 1983

Scribner, Robert W. : Communalism : Universal Category or Ideological Construct? A Debate in the Historiography of Early Modern Germany and Switzerland, in : The Historical Journal, Vol. 37, 1994

Seraphim, Hans-Jürgen : Das Heuerlingswesen in Nordwestdeutschland, Münster 1948

Steinbach, Peter (Hg.) : Probleme politischer Partizipation im Modernisierungsprozeß, Stuttgart 1982

Steinert, Mark Alexander : Die alternative Sukzession im Hochstift Osnabrück. Bischofswechsel und das Herrschaftsrecht des Hauses Braunschweig-Lüneburg in Osnabrück 1648-1802, Osnabrück 2003

Stoob, Heinz : Landausbau und Gemeindebildung an der Nordseeküste im Mittelalter, in : Meyer (Hg.) [1964], Bd. 1

Stork, Karl : Der Übergang Osnabrücks an Preußen, Münster 1935

Stüve, Johann Carl Bertram : Geschichte des Hochstifts Osnabrück, Bd. 2, Osnabrück 1872

Stüve, Johann Eberhard : Beschreibung und Geschichte des Hochstifts und Fürstentums Osnabrück mit einigen Urkunden, Osnabrück 1789

Suter, Andreas : Die Träger bäuerlicher Widerstandaktionen beim Bauernstand im Fürstbistum Basel 1726 - 1740 : Dorfgemeinde —— Dorffrauen —— Knabenschaften, in : Schulze (Hg.) [1983]

——— : „Troublen" im Fürstbistum Basel (1726-1740). Eine Fallstudie zum bäuerlichen Widerstand im 18. Jahrhundert, Göttingen 1985

Swart, Friedrich : Zur friesischen Agrargeschichte, Leipzig 1910

Symann, Ernst : Die politischen Kirchspielsgemeinden des Oberstifts Münster. Eine Verfassungs- und Verwaltungsgeschichtliche Studie, Münster 1909

Tack, Johannes : Die Hollandgänger in Hannover und Oldenburg. Ein Beitrag der Geschichte der Arbeiter-Wanderung, Leipzig 1902

Thimme, Friedrich : Die inneren Zustände des Kurfürstentums Hannover unter der französisch-westfälischen Herrschaft 1806-1813, 2 Bde., Hannover/Leipzig 1893-1895

Triphaus, Hans : Das Heuerlingswesen im ausgehenden 19. und 20. Jahrhundert, Quakenbrück 1987

Troßbach, Werner : Bauernbewegungen im Wetterau-Vogelsberg-Gebiet 1648-1806. Fallstudien zum bäuerlichen Widerstand im Alten Reich, Darmstadt/Marburg 1985

——— : Soziale Bewegung und politische Erfahrung. Bäuerlicher Protest in hessischen Territorien 1648-1806, Weingarten 1987

——— : Die ländliche Gemeinde im mittleren Deutschland (vornehmlich 16.-18. Jahrhundert), in : Blickle (Hg.) [1991]

——— : Bauern 1648-1806, München 1993

———— : Historische Anthropologie und frühneuzeitliche Agrargeschichte deutscher Territorien. Anmerkungen zu Gegenständen und Methoden, in : Historische Anthropologie, Jg. 5, Heft 2, 1997

———— : Beharrung und Wandel „als Argument". Bauern in der Agrargesellschaft des 18. Jahrhunderts, in : Troßbach/Zimmermann (Hg.) [1998]

———— : „Ortsvorsteher" als Nahtstelle zwischen Staat und Dorf im 18. Jahrhundert. Ein Kommentar zu Gunter Mahlerwein, in : Franz/Grewe/Knauff (Hg.) [1999]

————/Zimmermann (Hg.) : Agrargeschichte. Positionen und Perspektiven, Stuttgart 1998

Twelbeck, Gerhard : Maße und Münzen im Gebiet des ehemaligen Bistums Osnabrück, Osnabrück 1949

Ventker, August Friedrich : Stüve und die hannoversche Bauernbefreiung, Oldenburg 1935

Verhey, Hans : Waldmark und Höltingsleute in Niedersachsen im Lichte der Volkskunde, Würzburg 1935

Vincke, Johannes : Die Besiedlung des Osnabrücker Landes bis zum Ausgang des Mittelalters, in : OM, Bd. 49, 1927

Vogler, Günter : Dorfgemeinde und Stadtgemeinde zwischen Feudalismus und Kapitalismus, in : Blickle (Hg.) [1991]

Wehler, Hans Ulrich : Deutsche Gesellschaftsgeschichte, Bd. 1, München 1987

Welker, Karl H. L. : Rechtsgeschichte als Rechtspolitik. Justus Möser als Jurist und Staatsmann, Osnabrück 1996

Westerfeld, Heinrich : Beiträge zur Geschichte und Volkskunde des Osnabrücker Landes, Osnabrück 1934

Wiemann, Hermann : Die Osnabrücker Stadtlegge, in : OM, Bd. 35, 1910

Wilms, Wilhelm : Großbauern und Kleingrundbesitz in Minden-Ravensberg, Bielefeld 1913

Winkler, Klaus : Landwirtschaft und Agrarverfassung im Fürstentum Osnabrück nach dem Dreißigjährigen Kriege. Eine wirtschaftsgeschichtliche Untersuchung staatlicher Eingriffe in die Agrarwirtschaft, Stuttgart 1959

Wismüller, Franz : Geschichte der Moorkultur in Bayern, München 1909

Witt, M. : Die Grundsteuer im Königreich Hannover, Göttingen 1926

Wittich, Werner : Grundherrschaft in Nordwestdeutschland, Leipzig 1896

Wolf, Brigitte : Unterbäuerliche Schichten im Hamburger Marschgebiet. Die Kätner in der Landherrenschaft Bill- und Ochsenwerder im 18. und Anfang des 19. Jahrhunderts, Hamburg 1989

Wrasmann, Adolf : Das Heuerlingswesen im Fürstentum Osnabrück, Teil 1, in :

OM, Bd. 42, 1919 ; Teil 2, in : OM, Bd. 44, 1921

Wrede, Günther : Die Langstreifenflur im Osnabrücker Lande. Ein Beitrag zur ältesten Siedlungsgeschichte im frühen Mittelalter, in : OM, Bd. 66, 1954

————— : Die Entstehung der Landgemeinde im Osnabrücker Land, in : Meyer (Hg.) [1964], Bd. 1

————— : Geschichtliches Ortsverzeichnis des ehemaligen Fürstentums Osnabrück, 3 Bde., Hildesheim 1975-1980

Wüllner, Klaus : Die soziale und wirtschaftliche Lage der Heuerleute in der vorindustriellen Zeit im Fürstentum Osnabrück, dargestellt an Beispielen aus dem Amt Vörden, in : 50 Jahre. Heimatverein Vörden, Löhne 1985

Würgler, Andreas : Desideria und Landesordnungen. Kommunaler und landständischer Einfluß auf die fürstliche Gesetzgebung in Hessen-Kassel 1650-1800, in : Blickle (Hg.) [1998]

Wunder, Heide : Die bäuerliche Gemeinde in Deutschland, Göttingen 1986

————— : Die ländliche Gemeinde als Strukturprinzip der spätmittelalterlich-frühneuzeitlichen Geschichte Mitteleuropas, in : Blickle (Hg.) [1991]

————— : Das Selbstverständliche denken. Ein Vorschlag zur vergleichenden Analyse ländlicher Gesellschaften in der Frühen Neuzeit, ausgehend vom „Modell ostelbische Gutsherrschaft", in : Peters, Jan (Hg.) [1995]

Ziekursch, Johannes : Hundert Jahre schlesischer Agrargeschichte. Vom Hubertusburger Frieden bis zum Abschluß der Bauernbefreiung, Breslau 1915

Zimmermann, Clemens : Reformen in der bäuerlichen Gesellschaft. Studien zum aufgeklärten Absolutismus in der Markgrafschaft Baden 1750-1790, Ostfildern 1983

————— : Entwicklungshemmnisse im bäuerlichen Milieu : die Industrialisierung der Allmende und Gemeinheiten um 1780, in : Pierenkemper, Toni (Hg.) : Landwirtschaft und industrielle Entwicklung. Zur ökonomischen Bedeutung von Bauernbefreiung, Agrarreform und Agrarrevolution, Stuttgart 1989

————— : Grenzen des Veränderbaren im Absolutismus. Staat und Dorfgemeinde in der Markgrafschaft Baden, in : Aufklärung, Bd. 9, 1996

————— : Zentralstaatliche Bürokratien und Dorfgemeinden um 1800. Anmerkungen zum Beitrag von Norbert Franz und Michael Knauff, in : Franz/Grewe/Knauff (Hg.) [1999]

Zissel, Ines:„...daß der Begriff der Armuth in jeder Gemeinde ein anderer ist" . Dörfliche Armenversorgung im 19. Jahrhundert, in : Franz/Grewe/Knauff (Hg.) [1999]

4. 邦語研究文献

足立芳宏『近代ドイツの農村社会と農業労働者——「土着」と「他所者」のあいだ——』京都大学学術出版会，1997年

飯田恭「18世紀プロイセン貴族の社会史的特質」『社会経済史学』第58巻第4号，1992年

池田利昭「中世後期・近世ドイツの犯罪史研究と『公的刑法の成立』——近年の動向から——」『史学雑誌』第114編第9号，2005年

伊藤宏二『ヴェストファーレン条約と神聖ローマ帝国——ドイツ帝国諸侯としてのスウェーデン』九州大学出版会，2005年

浮田典良『北西ドイツ農村の歴史地理学的研究』大明堂，1970年

海老原明夫「カメラールヴィッセンシャフトにおける『家』—— J.H.G. フォン・ユスティの思想を中心として——」（三）『国家学会雑誌』第95巻第7・8号，1982年

岡本明「ナポレオン支配下のヴェストファーレン王国——官僚制度と隷農身分の廃止をめぐって——」服部春彦・谷川稔編『フランス史からの問い』山川出版社，2000年

踊共二『改宗と亡命の社会史——近世スイスにおける国家・共同体・個人——』創文社，2003年

加藤房雄『ドイツ世襲財産と帝国主義——プロイセン農業・土地問題の史的考察——』勁草書房，1990年

―――『ドイツ都市近郊農村史研究——「都市史と農村史のあいだ」序説——』勁草書房，2005年

金子邦子「19世紀ドイツにおける農業奉公人——バイエルンを中心として——」秋元英一他編『市場と地域．歴史の視点から』日本経済評論社，1993年

川越修『ベルリン　王都の近代——初期工業化・1848年革命——』ミネルヴァ書房，1988年

川本和良『ドイツ社会政策・中間層政策史論』未来社，第1巻，1997年

北住炯一『近代ドイツ官僚国家と自治——社会国家への道——』成文堂，1990年

坂井榮八郎「ドイツ統一期における国家と社会」『西洋史研究』新編第10号，1981年

―――『ドイツ近代史研究——啓蒙絶対主義から近代的官僚国家へ——』山川出版社，1998年

―――『ユストゥス・メーザーの世界』刀水書房，2004年

酒井綱紀「バイエルン王国の1834年定住・婚姻関係法と農業奉公人」『土地制度史学』第173号，2001年

桜井健吾『近代ドイツの人口と経済—— 1800-1914年——』ミネルヴァ書房，2001年

佐藤勝則『オーストリア農民解放史研究——東中欧地域社会史序説——』多賀出版，1992年

柴田英樹「19世紀前半の北西ドイツからアメリカ合衆国への海外移民——連鎖移民の成立と社会的意義——」『経済学論纂』（中央大学），第37巻第3・4合併号，

1997年
末川清「3月革命期における封建的賦課廃棄の運動——シュレージエン州を中心として——」『西洋史学』第38号，1958年
千葉徳夫「近世ドイツ国制史研究における社会的規律化」『法律論叢』第67巻第2-3号，1995年
―――「中世後期・近世ドイツにおける都市・農村共同体と社会的規律化」『法律論叢』第67巻第5-6号，1995年（=[1995a]）
橡川一郎『西欧封建社会の比較史的研究』青木書店，1972年
成瀬治『絶対主義国家と身分制社会』山川出版社，1988年
―――「『市民的公共性』の理念」二宮宏之他編『社会的結合』岩波書店，1989年
服部良久「訳者解説」ブリックレ，ペーター『ドイツの臣民——平民・共同体・国家1300〜1800年——』ミネルヴァ書房，1990年
馬場哲「東部ドイツ農村工業展開の歴史的前提——16〜18世紀内地植民政策の意義——」『土地制度史学』第120号，1988年
―――『ドイツ農村工業史——プロト工業化・地域・世界市場——』東京大学出版会，1993年
―――「北西ドイツ・ラーヴェンスベルク地方における『プロト工業化』——領邦国家と都市商人——」『経済学論集』第62巻第4号，1997年
肥前栄一「ハクストハウゼンのドイツ農政論——農民身分の定住様式把握を中心として——」小林昇編『資本主義世界の経済政策思想』昭和堂，1988年
―――「北西ドイツ農村定住史の特質——農民屋敷地に焦点をあてて——」『経済学論集』第57巻第4号，1992年
―――「家族史からみたロシアとヨーロッパ——ミッテラウアーの所説に寄せて——」『ユーラシア研究』第3号，1994年
―――「訳者解題——マックス・ヴェーバーの東エルベ・ドイツ農業労働者調査報告について——」ヴェーバー，マックス『東エルベ・ドイツにおける農業労働者の状態』未来社，2003年
平井進「19世紀前半北西ドイツの農民・ホイアーリング関係——東ヴェストファーレンを中心に——」『社会経済史学』第60巻第4号，1994年
藤瀬浩司『近代ドイツ農業の形成——いわゆる「プロシャ型」進化の歴史的検証——』御茶の水書房，1967年
―――「近代初期ドイツにおける社会経済構造」『岩波講座世界歴史——近代世界の形成——』第14巻，岩波書店，1969年
―――「プロシャ=ドイツにおける救貧法と労働者保険制度の展開」『経済科学』第20巻第4号，1974年
藤田幸一郎「オーデンヴァルト農村の運動」良知力編『（共同研究）1848年革命』大月書店，1979年
―――『近代ドイツ農村社会経済史』未来社，1984年

―――「若尾祐司著『ドイツ奉公人の社会史――近代家族の成立――』」『社会経済史』第53巻第1号,1987年
―――『手工業の名誉と遍歴職人――近代ドイツの職人世界――』未来社,1994年
―――「近代ドイツにおける農地開発」『一橋論叢』第118巻第6号,1997年
―――「オルデンブルクの共有地分割と農地開発」『Study Series』(一橋大学社会科学古典資料センター)No.39,1998年
―――「19世紀オルデンブルクの農地開発による人口成長と農業集落の拡大」『土地制度史学』第162号,1999年
―――「19世紀初期の西北ドイツ北海沿岸低湿地(マルシュ)における農村景観と農業の特質」『経済学研究』第43号,2001年
―――「18～19世紀のオルデンブルク農村における土地保有権の移転」『経済学研究』第46号,2004年
ブラウン,ルードルフ(髙橋秀行訳)「チューリヒ州におけるプロト工業化と人口動態」メンデルス・ブラウン他[1991]
フランツ,ギュンター(寺尾誠・中村賢二郎・前間良爾・田中真造訳)『ドイツ農民戦争』未来社,1989年
ブレンターノ,ルヨ(我妻榮・四宮和夫訳)『プロシャの農民土地相続制度』有斐閣,1956年
北条功『プロシャ型近代化の研究――プロシャ農民解放期よりドイツ産業革命期まで――』御茶の水書房,2001年
前間良爾『ドイツ農民戦争史研究』九州大学出版会,1998年
―――「ペーター・ブリックレ.共同体主義,議会主義,共和主義――邦訳と解説――」『九州情報大学研究論集』第2巻第1号(別冊),2000年
―――「近世ドイツ農村社会史研究動向―P.ブリックレ『共同体主義』をめぐって――」『九州情報大学研究論集』第5巻第1号(別冊),2003年
増井三夫『ドイツ近代社会の学区再編にともなう文化変容と社会的規律化の実証的研究』(平成10～13年度科学研究費補助金報告),2002年
松尾展成『ザクセン農民解放運動史研究』御茶の水書房,2001年
松田智雄『ドイツ資本主義の基礎研究――ヴュルテンベルク王国の産業発展――』岩波書店,1967年
―――『新編「近代」の史的構造論――近代社会と近代精神,近代資本主義の「プロシャ型」――』ぺりかん社,1968年
水津一郎『ヨーロッパ村落研究』地人書房,1976年
三ツ石郁夫『ドイツ地域経済の史的形成――ヴュルテンベルクの農工結合――』勁草書房,1997年
三成賢次『法・地域・都市――近代ドイツ地方自治の歴史的展開――』敬文堂,1997年
三成美保『ジェンダーの法史学――近代ドイツの家族とセクシュアリティ――』勁草

書房，2005年
メディック，ハンス（馬場哲訳）「伝統的社会から産業資本主義への移行における世帯と家族の構造的機能——プロト工業家族——」メンデルス・ブラウン他［1991］
メンデルス，フランクリン・ブラウン，ルードルフ他（篠塚信義・石坂昭雄・安元稔編訳）『西欧近代と農村工業』北海道大学図書刊行会，1991年
屋敷二郎『規律と啓蒙——フリードリヒ大王の啓蒙絶対主義——』ミネルヴァ書房，1999年
柳澤治『ドイツ3月革命の研究』岩波書店，1974年
————『資本主義史の連続と断絶——西欧的発展とドイツ——』日本経済評論社，2006年
山井敏章「1848/49年のドイツ革命と比較近代史研究の展開」『立命館経済学』第49巻第3号，2001年
山崎彰『ドイツ近世的権力と土地貴族』未来社，2005年
山根徹也「食糧蜂起と革命——19世紀前半のベルリン——」『史学雑誌』第103編第4号，1994年
————『パンと民衆——19世紀プロイセンにおけるモラル・エコノミー——』山川出版社，2003年
若尾祐司『ドイツ奉公人の社会史——近代家族の成立——』ミネルヴァ書房，1986年
————『近代ドイツの結婚と家族』名古屋大学出版会，1996年

あ と が き

　本書は，農村下層民問題への農民・領邦国家の対応から，近代社会形成期のドイツにおける地域の自律性のあり方を考えてみようとする試みである．題名に含まれる近代には若干の説明が必要であろう．近世後半も対象時期とするため，我々の感覚では近世後期・近代初期とすべきかもしれないが，ドイツ語で近世は（時期区分としての）近代（Neuzeit）の初期（Frühe Neuzeit）として表現されることから，題名の時期は単に近代とした．

　本書は，2002年3月に東京大学大学院経済学研究科より学位を授与された博士論文に基づいている．本書をまとめるにあたり，新たな史料研究の成果をも加えて加筆・修正を行った．序章・終章（書き下ろし）を除き各章のもととなった既発表論文は以下のとおりである．

「近世後期北西ドイツ村落社会における社会統制と農民身分——オスナブリュック司教領の定住管理——」『土地制度史学』第165号，1999年（第1章）

「近世末北西ドイツの下層人口と村落社会秩序——オスナブリュック司教領の定住管理に注目して——」『社会経済史学』第66号第1巻，2000年（第2章）

「3月前期北西ドイツの定住・結婚規制と村落社会秩序——ハノーファー王国の1827年条例を中心に——」『社会経済史学』第68巻第1号，2002年（第3章）

「北西ドイツ村落社会における3月革命と定住管理——ハノーファー王国オスナブリュック州の1848年法を中心に——」『社会経済史学』第69巻第2号，2003年（第4章）

拙いものとはいえ一書をまとめることができたのは，これまで多くの方々にお世話になり，学ばせていただいたからにほかならない．

まず，筆者は東京大学教養学部教養学科在学中に，経済学部の肥前栄一先生のゼミで，家族史的視点を踏まえた比較農村社会史を学び，ドイツ農村社会史研究に関心をもった．同大学院経済学研究科に進学を許されてからは，北西ドイツを事例地にその研究を始め，最初は肥前先生に，その御退官後には馬場哲先生に指導教官を引き受けていただいた．幾度も問題にぶつかり思うように研究が進まなかった筆者は，両先生にしばしば御心配をかけた．筆者が研究者の末席を汚すことができたのは，両先生が忍耐強く御指導くださり，折にふれて励ましてくださったおかげである．

博士論文の審査では，馬場先生のほかに，廣田功先生，森建資先生，大沢真理先生，小野塚知仁先生から貴重な御意見をいただくことができた．

また，現在の勤務先である小樽商科大学では，若手教員を大切にして研究させようとする環境の中で，赴任以来多くの同僚たちに助けられてきた．特に今西一先生には，「戦後史学」から「現代史学」に至るまでの歴史学に関する批評によって学問的刺激を与えてもらっているほか，筆者の研究環境にも御配慮いただいている．

本書の成立にとってドイツでの研究活動は重要な意味をもっている．大学院在学中にドイツ学術交流会（DAAD）の研究奨学生としてビーレフェルト大学に留学する機会を得たが，マーガー先生（Prof. Dr. Wolfgang Mager）には快く指導教授になっていただいた．ブラーケンジーク氏（Dr. Stefan Brakensiek）とフランク氏（Dr. Michael Frank）は，教授資格論文の執筆で多忙にもかかわらず，常に親切に助言してくださった．小樽赴任後オスナブリュック大学で在外研究を許された際には，ニーマン先生（Prof. Dr. Hans Werner Niemann）に受け入れ教授になっていただいたほか，バーデ先生（Prof. Dr. Klaus Bade）とその移民研究所（IMIS）の職員の方々にお世話になった．

史料研究にあたっては，ドイツの開放的な文書館制度に支えられた．留学

時に博士論文に関わる史料研究を始めてから,国立(＝ニーダーザクセン州立)オスナブリュック文書館,同ハノーファー中央文書館,同オルデンブルク文書館で職員の方々に多大な便宜を図っていただいた．特に頻繁に通った国立オスナブリュック文書館では,最初にマルク共同体文書を調査すると史料目録(Findbuch)自体が19世紀の手書きであったのに驚いたが,アルヒヴァールのデルバンコ氏(Dr. Werner Delbanco)に史料の探し方から読み方まで教えていただいた．在外研究時には博士論文の加筆・補充のための史料研究も行うことができたが,国立オスナブリュック文書館では,新アルヒヴァールのリュッゲ氏(Dr. Nicolas Rügge)に何かと助けていただいた．また,ドイツ各地の図書館,特にゲッティンゲン大学図書館,ミュンスター大学図書館,ビーレフェルト市立文書館地方史図書室,ニーダーザクセン州立ハノーファー図書館の職員の方々には,貴重な文献の閲覧にたびたび御協力いただいた．

さらに,ドイツ史研究という専門分野で「僻地」に暮らす筆者も,先学の先生方から御指導・御教示を賜ってきた．ドイツ農村社会史研究の大先達で我が国における北西ドイツ史研究の開拓者でもある藤田幸一郎先生からは,ビーレフェルト留学時代オスナブリュックの聖ヨハン教会前でお会いして以来,貴重な御助言・御意見をいただいてきた．オスナブリュック歴史協会の会員でもある坂井榮八郎先生からは,地域史研究のあり方について学ばせていただいた．小樽商科大学の教員として大先輩でもある増井三夫先生からは,農村社会における社会的規律化という観点に基づく鋭い御批評をいただいてきた．

多くの同学の士・友人たちも,御助言・御支援を与えてくれた．特に竹林史郎氏,島村賢一氏,西田哲史氏,飯田恭氏,森田直子氏との議論は知的刺激に満ち,また文献収集などでしばしばお世話になった．

以上,筆者の研究生活を支えてくださった全ての方々に心から感謝したい．

昨今の困難な出版事情の中で,本書の出版を快くお引き受けくださった日本経済評論社の谷口京延氏及び編集実務を担当された安井梨恵子氏にもお礼

申し上げたい．

　最後に，私事ながら，これまで自由に研究をさせてくれた家族に感謝の言葉を述べたい．

2007 年 1 月　小樽の研究室にて

平井進

〔付記〕本書の刊行にあたっては，平成 18 年度日本学術振興会科学研究費補助金（研究成果公開促進費）の交付を受けた．また，本書は平成 11 年度・平成 12 年度・平成 13 年度の日本学術振興会科学研究費補助金（奨励研究 A）及び平成 14 年度文部科学省在外研究員制度の研究成果の一部である．関係各位に感謝したい．

索　引

［あ行］

アーハウゼン村　201
アイエルシュテット村　310
アイゲンベヘリヒカイト　64-65
アイルランド　177
アストルップ村　318
アッシェン村　269,271
アムステルダム　115
アメリカ合衆国　115
アルテンメレ村　269-270
アルフハウゼン教区　72-73,129,152,201,
　　205,214,262
アルフハウゼン村　115,201
アレンドルフ村　230-231
アンクム教区　71-73,77,83,105,116,122-
　　123,140-141,152,201,249,268,309
アンクム小管区　129
アンクム村　141,268,309
アンゲルベッカー共有地　104
イギリス　115,126,156,177-178
イブルク管区　55,70,73-74,112,114-115,
　　119,144-145,168,173,179,182-185,
　　196,229,239,241,244,248-249,262,
　　264-265,282,285,290,313-315
隠居小屋　59,70,111-112,241
ヴァーレ　56-58,60,96,98
ヴァレンホルスト教区　275,283,314
ヴァレンホルスト村　311
ヴィスィンゲン村　65
ヴィットラーゲ管区　55,66,74,112,115-
　　116,126,144-145,154,161
ヴィットラーゲ・フンテブルク管区　168,
　　179-180,196,229-230,239,241,264

ヴェーデマイアー　261-263
ヴェーデル村　207,307
ヴェーレンドルフ村　310
ヴェスター共有地　78
ヴェストファーレン　30-31,52,61,68,95-
　　99,106,124,158
ヴェストファーレン王国　97,151,160-
　　161,196,240-241
ヴェストファーレン州（プロイセン）　48,
　　313,319
ヴェッター村　269-270,292-293,311
ヴェニヒセン村　269,311
ヴェネ教区　274,316
ヴェリングホルツハウゼン教区　197,242,
　　263,296,313,316-317
ヴェリングホルツハウゼン小管区　145,
　　263,308
ヴェレンドルフ村　297
ヴォックストルップ村　268,270
ヴォルトラーゲ教区　78,200,207,215
ヴォルトラーゲ村　200,207,213
ヴュルテンベルク　21,29-31,108,150,
　　164,319
ヴルフテン村（シュレデハウゼン教区）
　　318
ヴルフテン村（バットベルゲン教区）
　　295,307
永続協定　54,70,76
エーリンゲン村　137
エゼーデ教区　203-204,206,214,226,239-
　　240,269-271,274
エッシュ　57,96,170
エッセン教区　197,269,274,276,316
エッセン共有地　76

エッセン小管区　197, 239
エッセン村　310
エムスラント　51, 101-102, 105, 168
エルバーフェルト　116, 178
エルプケッター　58 - 60, 63, 65, 69, 81, 85,
　　88 - 89, 98 - 99, 105, 111, 113, 121, 156,
　　172-173, 238, 274-275, 287-288
エルンスト・アウグスト　266
エルンスト・アウグスト1世　54
エルンスト・アウグスト2世　54, 72
エンクター教区　77, 269-272, 275
エンクター共有地　77-78
エンクター村　311
エンゲラーン村　201, 203, 213, 215 - 216,
　　218
オーアターマーシュ村　218
オーアテ村　199, 206, 212, 217
オーアベック村　311
オーストリア　7, 21, 42, 108, 165, 178
オスターカッペルン教区　137, 274
オステンフェルデ村　310
オストフリースラント　31, 33, 60, 68, 116-
　　117, 143
オスナブリュック管区　168, 179, 185, 196,
　　229 - 230, 239, 244, 264, 285 - 286, 289,
　　314
オスナブリュック（市）　115 - 116, 152,
　　154, 178-179, 203, 229, 311, 316
オスナブリュック小管区　206, 222, 283,
　　294, 314
オランダ　32 - 33, 47, 62 - 63, 69, 87, 115 -
　　118, 126, 146, 177, 180 - 181, 213 - 214,
　　216, 244, 322
オルデンドルフ教区　240, 269 - 270, 275,
　　283, 313, 318
オルデンドルフ共有地　242
オルデンドルフ村　269
オルデンブルガー・ミュンスターラント
　　51
オルデンブルク公領・大公領　46, 100,
　　238, 252, 305

[か行]

ガステ村　268, 270-271, 311
カルクリーゼ共有地　77
カルクリーゼ村　311
カレンベルク侯領・地方　103, 308
完全エルベ　57 - 58, 63, 69, 80 - 81, 85, 87 -
　　89, 96, 98 - 99, 111 - 112, 156, 160, 169 -
　　172, 216, 238, 274, 287-288
騎士農場　14, 32 - 33, 60, 97, 169, 203, 228,
　　287, 308, 312
北ヴェストファーレン　10, 21, 24 - 25, 30,
　　33 - 34, 42, 46, 49, 51, 53, 64, 76, 86, 92 -
　　93, 98, 174, 299, 316
北ドイツ　21 - 23, 256 - 257, 319 - 320, 328 -
　　329
北ドイツ連邦　164, 299, 317
共有地裁判権（者）　61 - 62, 72, 74, 77 - 78,
　　80, 82-83, 170
共有地裁判集会　61, 76 - 79, 81, 104
キルヒヘーファー　58, 69, 85, 96, 99, 101,
　　106, 151, 171, 239, 288-289
クヴァッケンブリュック管区　295
グラーネ教区　269-271, 274, 276, 307, 318
グラーネ小管区　284, 314
グラーネ村　318
クラインドレーレ村　88-89
グランドルフ教区　240, 268, 307
グランドルフ小管区　284-285
クルクム村　269
グルベンハーゲン侯領・地方　103, 308
グレーネンベルク管区　55, 74, 112 - 113,
　　115 - 116, 119, 144 - 145, 158, 179, 182 -
　　185, 196, 227, 229 - 230, 233, 239, 244,
　　247, 260, 264 - 265, 268, 286, 289 - 290,
　　313-314
クレントルップ　77
グレンロー村　88-90, 139-140, 263, 273
グローテ村　140
グロスアッシェン村　291
クロスターエゼーデ村　203, 206, 214, 226
グロスドレーレ村　88-90

グロスミメラーゲ村　261
ゲーアデ教区　71,73,79,112,114,200,262
ゲスモルト教区　269,274-275,283,313
ゲッティンゲン侯領・地方　103,308
ケリングハウゼン村　200,202,207,218
ゲルデン村　269-270,311

[さ行]

ザクセン　94,164
ザルマー共有地　143,145
芝土　57,113,151,176-177,183,270,276
シュヴァークストルフ教区　141,200,205,207
シュヴァークストルフ小管区　284-285
シュヴァークストルフ村　310
シュヴァーベン　42,237
シュヴァルツヴァルト　9
住居新設同意金　70-75,78,82-84,91,127,248
自由農場　60,169,288-289
自由農圃　57,96,170
シュティルペ・エリンゲン村　310
シュトゥーヴェ　35,48,76,133,186-187,189-190,196,246,257-258,266,298,302,307,311,316
シュモーネ村　204,210,215
シュリヒトホルト騎士農場　203,216
シュレージエン　66,93,255
シュレースヴィヒ　31
シュレースヴィヒ・ホルシュタイン　30
シュレデハウゼン管区　286,318
シュレデハウゼン教区　65,275,283,318
シュレデハウゼン小管区　129,282,295,314
シュロホターン村　263,296,317
ジョージ1世　54
ジョージ3世　54,121,124,126,130
所有法　31
シンケル村　268,311
人頭税　75,112,124,175,229,240-241,271
スイス　7,94

スコットランド　177
ズットルップ・ドルヒホルン共有地　77-80,82,84,106
ズットルップ・ドルヒホルン村　78,84-90
ズットルフ村　292,315
スペイン　115,177
聖カタリーネン教区　170,210,225,275,286-287
聖堂教区　268,275
西南ドイツ　7,12,30-31,42-44,93-94,255,330-331
聖マリエン教区　137,224,268,275,286-287,316
聖ヨハン教区　203,268,286-287
ゼーグラー共有地　76,106
ゼーゲルン村　273
世襲小作人　171,185,238,253,288-289,308
ゼントルップ村　310
ゾネンフェルス　158

[た行]

ダーメ教区　73,78-79,83,104,238
ダーメ村　83
タルゲ村　122
ダルファース村　204,210,215
中南米植民地　115
中部ドイツ　255
ティーネ村　129,214
ディープホルツ伯領・地方　51,53,68,70,100,102,138
ディックホーフ　183-184,244
ディッセン管区　295,299,315,318
ディッセン教区　136,268-269,318
ディッセン小管区　196,263,283-284,294,314-315
ディッセン村　268,318
ディニンガー共有地　74
ティロル　21-22,29,165,237,305
デースベルガー共有地　73,78-79,81-86,106

デーレン村　269
テクレンブルク伯領・地方　53, 115
テューリンゲン　31
デリングハウゼン村　205, 214, 225
デ・ルイター　183, 244
デンマーク　181

［な行］

ナートルップ村　294
ニーダーザクセン　9, 10, 25, 30-31, 33, 46, 52-53, 64-65, 97, 99, 106
西インド（諸島）　115, 177
ネムデン村　311
ノイエンキルヒェン教区（グレーネンベルク管区）　124, 274, 276, 283, 292, 311, 313, 315
ノイエンキルヒェン教区（フェルデン管区）　73, 78, 104, 124, 238
ノイエンキルヒェン教区（フュルステナウ管区）　204, 206, 214, 226
ノイエンキルヒェン小管区（グレーネンベルク管区）　145, 308
ノイエンキルヒェン村（フュルステナウ管区）　214
ノイバウアー　69, 101, 169, 171, 174, 185, 239, 274-275, 287-290, 296, 312
ノルトルップ・ロクステン共有地　73, 77
ノルトルップ・ロクステン村　87
ノレ村　269-271

［は行］

ハーゲン教区　199, 202, 210-211, 213, 226, 239-240, 263, 269-270, 284, 294
バーゼル司教領　20, 29, 50
パーダーボルン司教領　95, 99, 124
バーデン　9-10, 21, 23, 31, 93, 319, 330-331
ハーレン村　200, 207, 217
パイエ村　311
バイエルン　20-21, 39, 45, 94, 108, 150, 165, 237, 254, 319

ハクストハウゼン　76
ハスベルゲン村　170, 210-211, 311
バックム共有地　242
バックム村　269
バットベルゲン教区　71-73, 79, 87, 105, 112, 116, 122-123, 139-141, 143, 155, 207, 249, 261-263, 269, 273, 280, 294, 316
ハノーファー（市）　186, 266
ハノーファー州（プロイセン）　299, 319
ハノーファー選帝侯領　32, 35, 50-51, 53-54, 67, 100, 103, 138, 152, 160-161, 242, 246, 308-309
ハノーファー大管区　243, 267
ハマーシュタイン男爵（ゲスモルト系）　95
ハマーシュタイン男爵（ロクステン系）　74, 78-79, 105
バルクハウゼン教区　269, 274
バルクハウゼン村　310
ハルダーベルク村　268, 270
ハルペンフェルト村　310
バルメン　178
ハレン・ノルトハウゼン村　310
半エルベ　57-58, 63, 69, 81, 85, 87-89, 99, 111, 139, 156, 160, 169-172, 238, 274, 287-288
ハンダルペ村　296
ハンブルク　115, 177
東エルベ　21, 27, 31, 44, 94
ビッセンドルフ小管区　283, 314
ビッセンドルフ教区　294
ヒッツ・イェシュティゲン村　310
ビッペン教区　112, 116, 179, 198, 202, 206, 212, 217-218
ビッペン村　198, 202
ヒムベルゲン村　311
ビューア教区　240, 269, 273-274, 283, 288, 292, 313, 315, 318
ビューア小管区　223, 318
ビューア連合村　293
ヒュゼーデ村　310

ヒルター教区　267-269, 274, 294-295, 297, 307
ヒルター村　269-271, 297
ヒルター連合村　295, 297
ヒルデスハイム司教領・地方・大管区　95, 243, 267, 308
フィスベック村　310
フィンテ村　204
フェーアテ村　311
フェース村　143, 147, 307
フェッキングハウゼン村　269-270
フェルデン管区　55, 71, 74, 79, 112, 114, 119, 126, 145, 155, 168, 181, 196, 229-230, 240
フェルデン公領　67
フォーアアルルベルク　21, 22, 29, 165, 305
不定労役義務　59, 114, 184, 186, 247-248, 259-260, 262, 264, 273, 276, 278-279, 287
プファルツ　31, 39
フュルステナウ管区　55, 71, 74, 114, 119, 122, 129, 140, 145, 157, 168, 180-181, 196, 229, 239, 264
ブラウンシュヴァイク・ヴォルフェンビュッテル公領　32, 106, 237
ブラウンシュヴァイク公領　237, 252, 254, 305, 319
フラッダーローハウゼン村　88-90
ブラムシェ教区　269, 273, 275, 316
フランケン　10, 20, 23, 31, 94, 331
フランス　156, 177
フランツ・ヴィルヘルム　56
ブランデンブルク　9, 11
フリードリヒスホーフ　68
フリードリヒ大王　68
ブリンクジッツァー　58, 60, 69, 85, 96, 98-99, 101, 106, 122, 151, 171, 239, 309
ブレーマーハーフェン　251
ブレーメン（市）　115, 120, 177
ブレーメン大司教領・公領　67, 95
プロイセン　9, 12, 38, 43, 45, 47-48, 51, 53, 67-69, 106, 124, 164, 168, 178, 200-201, 213, 215, 242, 254, 268, 305, 306, 319
プロイセン州（プロイセン）　254
プロイセン東部　66, 93, 97, 304
プロイセン併合　245, 281, 298-299, 318-319
フンケ　176-177, 179-181, 243, 259-260
フンテブルク管区　55, 74, 112, 126, 152
フンテブルク教区　138, 274
フンテブルク村　138
ヘアゼン村　124
ヘーラン村　137, 268, 270
ヘッセン　9, 23, 94, 108, 330-331
ベニヒセン　266
ヘネ村　311
ヘラーン村　224, 271, 311, 314
ヘリングハウゼン村　310
ベルゲ教区　73, 112, 116, 179, 204, 210, 316
ベルゲ小管区　284-285, 289, 314
ベルゼンブリュック管区　168, 180-181, 196-197, 229, 239-241, 248, 315
ベルゼンブリュック教区　71, 73, 152, 316
ベルゼンブリュック修道院　65
ヘルベルゲン村　129
ベルム教区　62, 76, 106, 114, 116, 119, 121, 154, 179, 223, 225, 231-232, 249, 275, 283, 290, 316, 318
ベルム小管区　282, 314
ベルム村　282, 290
ペンテ村　269, 311
ベントハイム伯領　168
ホイアー契約　59, 131, 140-141, 184-186, 191, 203, 218, 247, 260-265, 270, 273, 276-281, 292, 297
ホイエル教区　313
ポヴェ・フェーアテ共有地　76
ポヴェ村　311, 318
ボームテ教区　137, 274
ボームテ村　137
北西ドイツ　21, 30-34, 40, 43-44, 46, 50, 52, 60, 63, 65, 67, 93-95, 99-100, 122, 153, 155, 175, 177, 236, 255, 257, 317, 319, 331

北米　177
北海沿岸地方　31,33,60
ボットルフ村　295
ホッホベルク地方　93
ホヤ伯領・地方　51,53,68,70,100,102,309
ホラーゲ村　311
ボルクロー教区　136,230-231,239,263,297,307,316,318
ボルクロー小管区　283,315
ボルクロー連合村　318
ホルシュタイン　181
ホルシュテン・ミュンドルップ村　294
ホルツハウゼン村　225
ホルテ教区　136,269-271,275
ホルテ共有地　242
ホルテ・ズュンスベック村　311
ポルトガル　115,177
ホレンシュテッデ村　205,210
ポンメルン　181

[ま行]

マイアー法　31,64
マルクゲッター　58,63,65-66,69,76,80-81,85,88-90,96,99,101,106,111,122-123,136,143,169-170,172,174,238-239,274-275,287-288
マルベルゲン村　268,270-271
ミュンスター司教領　51,53,70,95,98,102,104-105,124,168
ミンデン司教領・侯領・地方　34,51,53,68,98,100-101
メーザー　35,48,52,56,68,94,109-111,113,115-117,121,125-126,128,130-132,134,139,142-143,145-147,151,153,156-158,161,322
メクレンブルク　166,181,305
メルツェン教区　78,143,201,203,205,213-216,218,225,268
メルツェン小管区　285
メルツェン村　268

メレ管区　283,299,318
メレ教区　269,275,283,313
メンスラーゲ教区　71-73,87,116,120,129,146-147,155,176,198,200,207,217,223,259,261-264,269,280,295,316
メンスラーゲ村　146
メントルップ村　199,226

[や行]

ヤコビ　233
ユスティ　45,67,158
ユッフェルン教区　114,118,201,243,249
ユディングハウゼン・ヴァリングホーフ村　269,311
ヨーク公　54,56,121

[ら行]

ラーヴェンスベルク伯領・地方　34,47,51,53,68-69,93,98-99,101,106,154,173,242,268
ライン州（プロイセン）　313
ラインヘッセン　12,21,41
ラインラント　31
ラエ教区　239,263,268
ラエ小管区　263,284,289,308,314
ラエ村　268
ランゲン村　307
リーステ村　311
リームスロー教区　124,269,275,283,291,312
リッペ伯領・侯領・地方　10,23,47,252
リネ村　310
リヒャルト　77
リムベルゲン村　204,206,214,226
リューネブルク侯領・地方・大管区　100,243,266-267,308-309
リュスフォート村　200
リュトケン　272
リンゲン伯領・州・管区　53,168,205,210

リントルフ教区　269
ルレ教区　275,283,316,318
ルレ村　318
レーヴェント　115-116,154,178
レーデブーア　177-178,233,273,307
レーデンブルク騎士農場　65
レッケンベルク管区　55,68,238

レヒティゲン村　311,314
レヒテルケ村　307
ローテンフェルデ村　268
ロクステン騎士農場　78
炉税　71,74-75,83,111-113,121-122,124,
　　　128,132,152,159,196,241
ロックハウゼン村　310

【著者略歴】

平井　進（ひらい・すすむ）

1966年，熊本市に生まれる．
東京大学教養学部教養学科卒業，東京大学大学院経済学研究科博士課程修了．博士（経済学，東京大学）．
現在，小樽商科大学商学部教授．

近代ドイツの農村社会と下層民

2007年2月10日　第1刷発行	定価（本体5,600円＋税）

　　　　　　　　著　者　平　井　　　進
　　　　　　　　発行者　栗　原　哲　也
　　　　　　　　発行所　㈱日本経済評論社
　　　　〒101-0051　東京都千代田区神田神保町3-2
　　　　　　電話 03-3230-1661　FAX 03-3265-2993
　　　　　　　　URL：http://www.nikkeihyo.co.jp
　　　　　　　　　　　印刷　藤原印刷
　　　　　　　　　　　製本　美行製本
　　　　　　　　　　　装幀　渡辺美知子

乱丁・落丁本はお取替えいたします．　　　Printed in Japan
© Hirai Susumu 2007　　　　　　ISBN978-4-8188-1913-9

・本書の複製権・譲渡権・公衆送信権（送信可能化権を含む）は株式会社日本経済評論社が保有します．
・JCLS＜㈳日本著作出版権管理システム委託出版物＞
本書の無断複写は著作権法上での例外を除き禁じられています．複写される場合は，そのつど事前に，㈳日本著作出版権管理システム（電話 03-3817-5670, Fax 03-3815-8199, e-mail: info@jcls.co.jp）の許諾を得てください．

木畑洋一編
ヨーロッパ統合と国際関係
A5判　三八〇〇円

ヨーロッパ連合（EU）がトルコを視野に入れての拡大を続けるいま、ヨーロッパとは何かを問い直し、ヨーロッパとのような関係を築いていくべきかを模索するための一冊。

永岑三千輝・廣田 功編著
ヨーロッパ統合の社会史
――背景・論理・展望――
A5判　五八〇〇円

グローバリゼーションが進む中、独自の対応を志向するヨーロッパ統合について、その基礎にある「普通の人々」の相互接近の歴史からなにを学べるか。

ロベール・フランク著／廣田 功訳
欧州統合史のダイナミズム
――フランスとパートナー国――
四六判　一八〇〇円

二〇世紀におけるヨーロッパのアイデンティティはいかに形成されてきたか。フランス、ドイツがそれぞれの立場を越えて強調する一方でイギリスはどう対応していくか。

廣田 功・森 建資編著
戦後再建期のヨーロッパ経済
A5判　六五〇〇円

第二次大戦から五〇年代後半にかけての各国の構想と政策はどのようであったか。戦後の経済発展の基礎はいかに築かれたのか。欧米の共存と対立の両面の構図も明らかにする。

永岑三千輝著
独ソ戦とホロコースト
――復興から統合へ――
A5判　五九〇〇円

「普通のドイツ人」の反ユダヤ主義がホロコーストの大きな要因とする最近のゴールドハーゲンの論説に対し、第三帝国秘密文書を詳細に検討しながら実証的に批判を加える。

（価格は税抜）　　日本経済評論社